新手学电脑从入门到精通

李　旭
李洪涛　编著

现如今，电脑已成为工作和生活中不可或缺的工具。早期，电脑仅用来协助科研人员解决烦琐的数据运算。而现在，电脑的用途已不再单一化，它能够帮助人们解决很多问题，如数据计算、学习娱乐、办公自动化、控制生产、远程通信等。利用电脑办公早已成为主流，无论是政府机关、企事业单位，还是大型集团公司、小型私营企业，无不都随时随地在使用电脑办公。

本书以知识应用为讲解主旨，以动手实操为组织形式，逐一对电脑的使用方法、操作技能、实际应用等方面做了全面阐述。讲解过程均通过一步一图、图文并茂的形式展开，实际应用均具有代表性，可以快速应用到现实工作中，从而达到学以致用的效果。

全书共14章，其中各章节内容如下。

章　节	内容概述
Chapter 01	本章主要讲解了电脑的用途和组成、电脑的基本操作，如鼠标、键盘的使用
Chapter 02	本章主要讲解了Windows 10操作系统的基本操作，其中包括系统的安装、系统桌面工具的应用等
Chapter 03	本章主要讲解了如何自定义Windows 10的系统环境，包括更换桌面背景、设置屏幕保护程序、设置系统主题与颜色、设置系统时间和日期等
Chapter 04	本章主要讲解了如何对电脑进行有效的管理操作，包含文件和文件夹的基本管理操作、回收站的管理操作等
Chapter 05	本章主要讲解了一些常用应用程序的操作，包括压缩包管理器WinRAR、迅雷、暴风影音、ACDSee、PDF阅读工具等
Chapter 06	本章主要讲解了输入法的基本操作，包括语言栏工具的操作、搜狗输入法的安装与设置、字体的安装与删除操作
Chapter 07	本章主要讲解了Word 2016的基本操作，包括文本的编辑和设置、图片和表格的添加、目录的提取以及文档的打印等
Chapter 08	本章主要讲解了Excel 2016的基本操作，包括工作表和单元格的基本操作、数据输入与管理、图表的创建与美化、公式与函数的应用
Chapter 09	本章主要讲解了PowerPoint 2016的基本操作，包括幻灯片的基本操作、创建与编辑幻灯片文字和图片、创建动态幻灯片、幻灯片放映等

章　节	内容概述
Chapter 10	本章主要讲解了网络连接与资源共享，包括Internet基础知识、网络连接的方法、局域网的安装、共享文件夹的使用等
Chapter 11	本章主要讲解了Edge浏览器的基本操作，包括设置Edge浏览器、浏览与收藏网页、网页的保存与打印、下载网络资源等
Chapter 12	本章主要讲解了电脑在网络生活中的应用，包括电子邮件的使用、聊天软件的使用、网上购物、网上炒股等
Chapter 13	本章主要讲解了电脑系统的管理操作，包括系统监视器、应用程序的管理、数据文件的备份与还原、系统修复光盘的创建与使用等
Chapter 14	本章主要讲解了系统安全与维护操作，包括电脑病毒的预防与查杀、Windows 10防火墙的启用、磁盘碎片的清理等

本书组织结构合理，内容全面细致，语言通俗易懂，不仅可作为大中专院校电脑应用基础的教材，还可作为职场办公人员的电脑培训用书。在学习过程中，欢迎加入读者交流群（QQ群：596855955）进行学习交流。

本书在编写过程中力求严谨细致，但由于能力所限，疏漏之处在所难免，望广大读者批评指正。

编　者

人见人爱的电脑

体验Windows 10操作系统

DIY Windows 10操作环境

轻松管理我的电脑

应用程序不可少

Chapter 06

选择适合自己的输入法

Chapter 07

文档编辑工具Word 2016

数据处理工具Excel 2016

Chapter 09

幻灯片制作工具PPT

Chapter 10

网络连接与资源共享

体验Edge的魅力

网上娱乐与生活

电脑系统管理

系统的安全与维护

Chapter

01 人见人爱的电脑

内容导读

随着科技的不断进步，电脑在日常生活中越来越不可缺少，考试阅卷需要电脑，日常办公需要电脑，科学计算需要电脑……既然电脑这么人见人爱，那么电脑的构成和用途、启动与关闭这些基本常识，你了解么？本章将对其进行介绍。

知识要点

电脑的用途与组成

电脑的启动与关闭

便捷的鼠标

神奇的键盘

Section 01 电脑知多少

电脑是一种利用电子学原理根据一系列指令来对数据进行处理的机器。第一台通用电脑ENIAC于1946年2月15日诞生。随着科技的不断发展，电脑有了巨大的进步。

01 电脑的用途

电脑从诞生至今，因其强大的功能和便捷性被广泛应用于各个领域。下面介绍电脑的主要功能。

① 数值计算

在科学研究和工程技术中，经常需要用电脑进行科学计算，如气象预报、卫星运行轨迹、油田布局、潮汐规律等。利用电脑可以让之前需要几百名专家用几周、几月甚至几年才能完成的计算只要几分钟，就能得到正确的结果。

② 信息处理

信息处理是对原始数据进行收集、整理、分类、选择、存储、制表、检索、输出的加工过程。在自动阅卷、图书检索、财务管理、生产管理、医疗诊断等领域，都能看到电脑的身影。

③ 实时控制

实时控制是指及时搜集检测数据，按最佳值对事物进程进行调节控制。例如，在煤矿检测等工业生产中就会用到自动控制。利用电脑进行实时控制，既可提高自动化水平，还能在保证产品质量的同时降低生产成本。

④ 辅助设计

利用电脑的制图功能完成各种工程的设计工作称为电脑辅助设计。通过在电脑中安装不同功能的设计软件，可以实现不同的设计功能。例如，利用CAD软件可以进行桥梁设计、集成电路设计、服装设计、房屋设计等。

02 电脑的组成

电脑分为两部分：软件系统和硬件系统。

① 软件系统

软件系统包括操作系统和应用软件。

操作系统是管理电脑硬件资源，控制其他程序运行并为用户提供交互操作界面的系统软件的集合。常见的电脑操作系统有：Linux、Mac OS X、Windows等。除了Windows，大部分操作系统为类Unix操作系统。

应用软件是为满足不同领域的应用需求而开发的软件。它可以拓宽电脑系统的应用领域，放大硬件的功能。常见的软件按照应用领域不同可分为下面几种。

- 办公软件：微软Office、永中Office、WPS等。

- 图像处理：Photoshop、绘声绘影、影视屏王等。
- 媒体播放器：暴风影音、千千静听、Windows MediaPlayer等。
- 媒体编辑器：声音处理软件cool2.1、视频解码器ffdshow等。
- 动画编辑工具：Flash、光影魔术手、picasa等。
- 通信工具：QQ、MSN、微信等。
- 防火墙和杀毒软件：金山毒霸、卡巴斯基、360安全卫士等。
- 输入法：智能ABC、五笔、QQ拼音、搜狗等。
- 下载软件：Thunder、bitcomet等。

2 硬件系统

硬件系统包括主机、显示器、键盘、鼠标等。主机包括电源、硬盘、磁盘、内存、主板、CPU、CPU风扇、光驱、声卡、网卡、显卡等。还可配置耳机、音箱、打印机、摄像头等。家用电脑的主板一般装有声卡、网卡、显卡。

电脑主要有五个部分：输入设备、存储器、运算器、控制器和输出设备。

- 输入设备是电脑的重要组成部分，输入设备的作用是将程序、原始数据、文字、字符、控制命令或现场采集的数据等信息输入到电脑。常见的输入设备有键盘、鼠标、光电输入机等。
- 存储器的功能是存储程序、数据和各种信号、命令等信息，并在需要时提供这些信息。
- 运算器的功能是对数据进行各种算术运算和逻辑运算，即对数据进行加工处理。
- 控制器是整个电脑的中枢神经，其功能是对程序规定的控制信息进行解释，根据其要求进行控制，调度程序、数据、地址，协调电脑各部分工作及内存与外设的访问等。
- 输出设备同样是电脑的重要组成部分，它把计算机的中间结果或最后结果、机内的各种数据符号及文字或各种控制信号等信息进行输出。常用的输出设备有显示终端CRT、喷墨打印机、激光打印机等。

Section 02 电脑的“三头六臂”

了解了电脑的用途和组成后，接下来需要了解如何启动和关闭电脑，以及如何使用鼠标和键盘对电脑进行操作。

01 电脑的启动与关闭

既然电脑与我们的日常生活息息相关，那么如何启动和关闭电脑呢？下面对其进行介绍。

步骤 01 **启动笔记本电脑。**按下笔记本上的电源键，即可启动笔记本电脑，如右图所示。

步骤02 启动台式机电脑。连接电源后，按下主机上的电源键，并且将显示屏打开，即可启动台式机电脑，如右图所示。

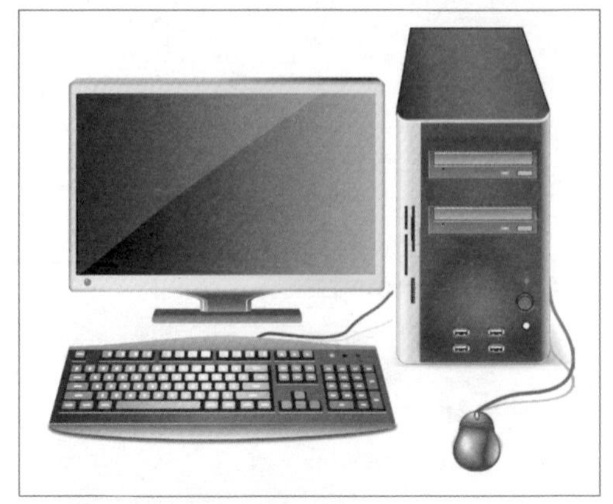

步骤03 关闭电脑。以Windos 10操作系统为例关闭电脑，只需单击桌面左下角的应用程序按钮，然后执行“电源→关机”命令，即可将电脑关闭，如右图所示。

02 便捷的鼠标

鼠标是电脑显示系统纵横坐标定位的指示器，因形似老鼠而得名“鼠标”。鼠标与电脑的关系，就像手与人的关系。没有它，将会丧失诸多便捷功能。下面对鼠标的分类、连接以及设置进行介绍。

1 鼠标的分类

根据与电脑连接的方式鼠标可分为两种：有线鼠标和无线鼠标。其中，有线鼠标通过线缆与电脑相连接，如下左图所示。无线鼠标是没有通过线缆直接连接到主机的鼠标，一般采用27M、2.4G、蓝牙技术实现与主机的无线通讯，如下右图所示。

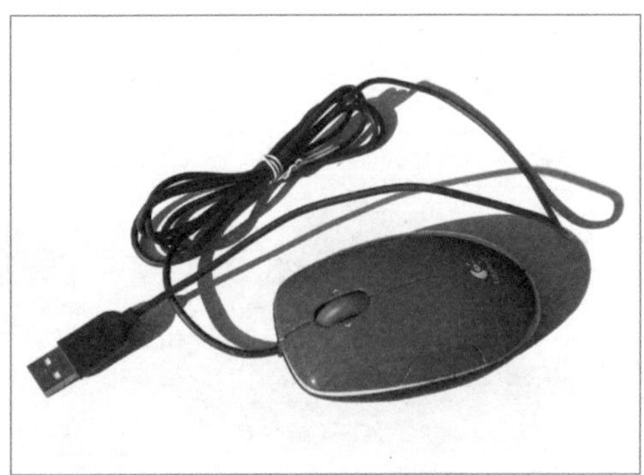

2 将鼠标与电脑连接

使用鼠标之前，需要将鼠标连接到电脑。下面进行介绍。

步骤 01 **有线鼠标连接。**直接将有线鼠标的USB接口插入电脑的USB接口，如下左图所示。

步骤 02 **无线鼠标连接。**将无线鼠标的接收端（类似U盘，有USB接口）直接插入电脑的USB接口，然后将电池装入鼠标，即可使用，如下右图所示。

3 鼠标的设置

将鼠标与电脑连接后，如何对鼠标进行设置，以便鼠标更好地工作呢？下面进行介绍。

步骤 01 **选择“设置”选项。**单击桌面左下角的应用程序图标，从打开的程序列表中选择“设置”选项，如下左图所示。

步骤 02 **选择“设备”选项。**打开“设备”窗口，选择“设置（蓝牙、打印机、鼠标）”选项，如下右图所示。

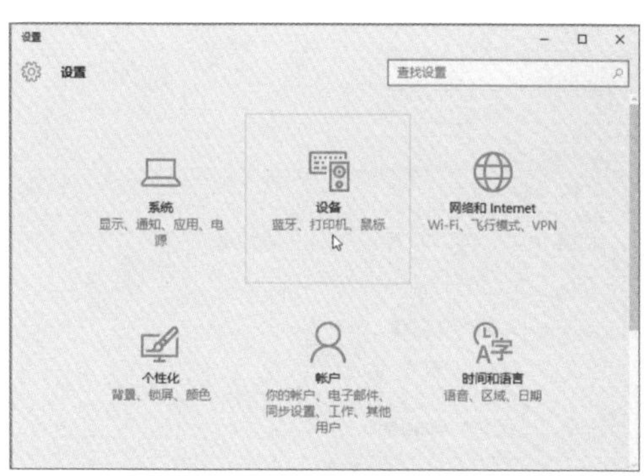

步骤 03 **设置鼠标选项。**选择“鼠标和触摸板”选项，可以对鼠标的一些常见选项进行设置，如主按钮、滚轮滚动行数等，如右图所示。

步骤 04 **设置鼠标其他选项。**如需对鼠标进行更加详细的设置，可在上一步骤中选择“其他鼠标选项”选项，打开“鼠标属性”对话框，在“鼠标键”选项卡中可以对鼠标键配置、双击速度等进行设置，如下图所示。

步骤 05 **设置指针选项。**在“指针选项”选项卡中可以对鼠标的指针移动速度、可见性等进行设置，如下左图所示。

步骤 06 **设置滑轮选项。**在“滑轮”选项卡中可以对滚轮的垂直滚动和水平滚动进行设置，如下右图所示。

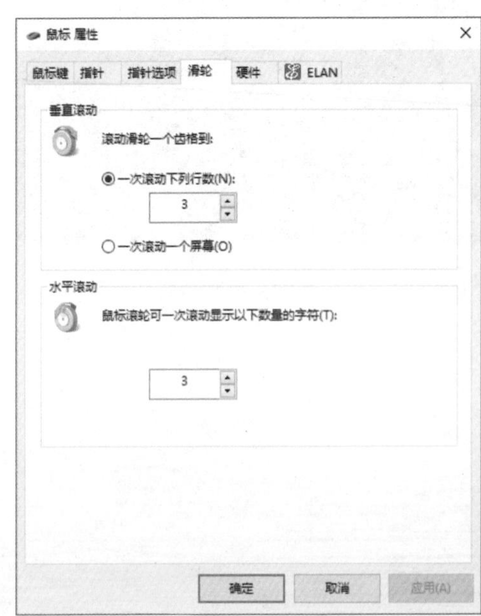

4 使用鼠标

如何使用鼠标进行工作呢？下面进行介绍。

步骤 01 **使用鼠标的姿势。**食指和中指分别控制鼠标的左键和右键，大拇指放在鼠标左侧，无名指和小拇指自然地放在鼠标右侧共同操作鼠标，如右图所示。

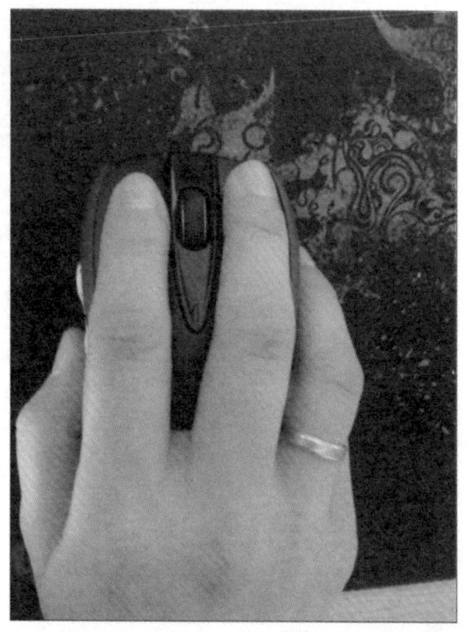

步骤 02 **移动。**连接鼠标后，电脑桌面上会出现光标，拖动鼠标，即可将光标来回移动，如右图所示。

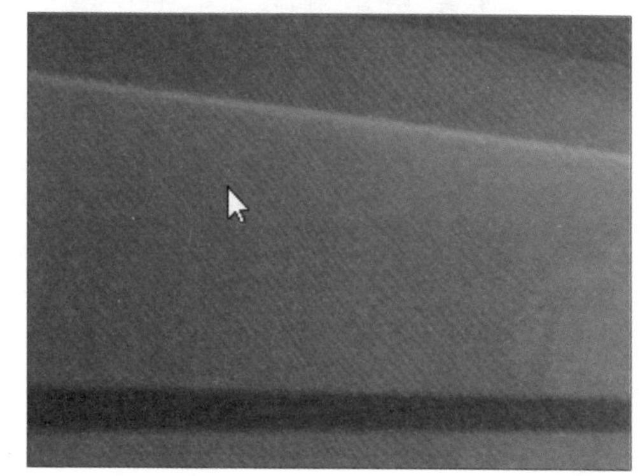

步骤 03 **单击。**将鼠标光标移至桌面上的某一图标上，食指按下鼠标左键，称为单击鼠标，可将该图标选中。选中后的图标颜色发生变化，如下左图所示。

步骤 04 **双击。**将鼠标光标移至图标上，快速用食指连续2次按下鼠标左键，称为双击鼠标，可打开图标对应的程序或者文件，如下右图所示。

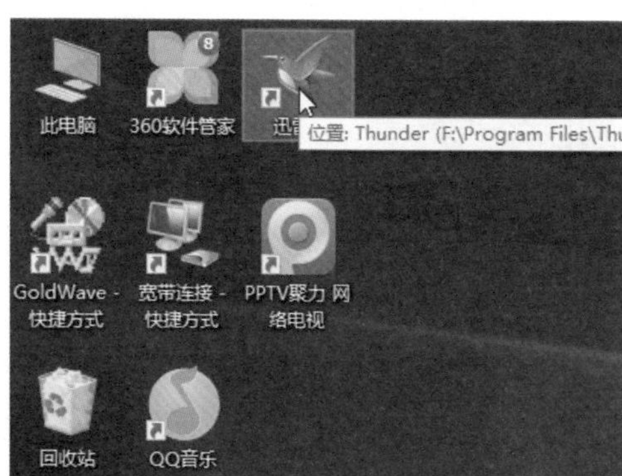

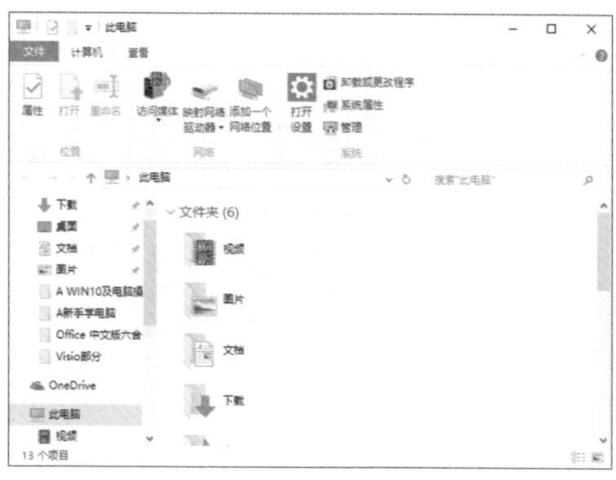

步骤 05 **拖动。**将光标移至某一图标上，食指按住鼠标左键不放，拖动鼠标，可将图标拖动，如下图所示。

5 选购鼠标

在选购鼠标时，一定要根据下面几点进行选购。

- 产品质量：产品质量是重中之重，无论鼠标的功能有多强，外形有多漂亮，质量不好就不能买。一般来说，名牌大厂的产品质量都比较好，但是要注意假冒伪劣产品。
- 按需选购：一般的家用鼠标选择机械鼠标或是半光电鼠标就可以。如果鼠标的使用频率极高，那么光电鼠标非常实用。
- 有线/无线：无线鼠标主要为红外线、蓝牙（Bluetooth）鼠标，但价格高，损耗也大。如果为了便捷，可以考虑购买。
- 手感：手感也很重要。在选购鼠标时，手的大小和形状不同，握住同一鼠标时的感觉是不同的，用户需要亲身体验。在握住鼠标时，手感好且适合自己的手形即可。

03 神奇的键盘

键盘同鼠标一样，是常用输入设备之一。通过键盘，可以将英文字母、数字、标点符号等输入到电脑中，从而向电脑发出命令、输入数据等。

1 键盘分布

以常规104键键盘的分布为例进行说明，键盘可划分为主键区、功能区键区、小键盘区，如下图所示。

其中，主键区由数字键、英文字母键、空格键（键盘下方最长的键）、其他符号键（~ ! @ # \$ % ^ & * 等）、特殊功能键组成。特殊功能键包括两个Shift键、Caps Lock键、Enter键、

Backspace键、两个Ctrl键、两个Alt键、Tab键。

功能区由Esc键、F1～F12键、Print Screen键、Scroll Lock键、Pause/Break键、方向键、多功能键组成。多功能按键包括Del键、Ins键、End键、Home键、PgUp键、PgDn键。

小键盘区一般由17个按键组成（0～9键、NumLock键、Enter键等），让用户更加便捷地进行运算。

2 键盘操作姿势

操作键盘时一定要端正坐姿。两脚平放，腰部挺直，两臂自然下垂，两肘贴于腋侧。身体可略倾斜，离键盘的距离为20～30厘米。打字教材或文稿放在键盘左边，或用专用夹固定在显示屏旁。打字时眼观文稿即可，身体不要跟着倾斜。

3 连接键盘

只有将键盘连接到电脑，键盘才能发挥作用。连接键盘的步骤如下。

步骤 01 **连接有线键盘。**只需将键盘的USB接口插入电脑的USB接口即可。

步骤 02 **连接无线键盘。**将键盘安装电池或者充电后，将接收器插入电脑的USB接口，等待自动配对后即可使用。

4 选购键盘

在选购键盘时，注意以下几点。

- 键盘手感：需要判断按键弹力是否适中，按键受力是否均匀，键帽是否松动或摇晃，键程是否合适。按键受力均匀和键帽牢固是必须保证的，否则就可能导致卡键或者让用户感觉疲劳。
- 键盘外观：主要指键盘的颜色和形状。关于键盘外观，只要用户喜欢就好。
- 键盘质量：好的键盘表面及棱角精致细腻，键帽上的字母和符号通常采用激光刻入，摸上去有凹凸的感觉。
- 键盘键位布局：键盘的键位分布虽然有标准，但是各厂商会有更优化的设计，从而让键盘更贴合用户习惯。

Chapter

02

体验Windows 10操作系统

内容导读

Windows系统是个人电脑中应用最广泛的操作系统之一，最新版本的Windows操作系统为Windows 10。本章将对Windows 10的安装及其功能进行介绍。

知识要点

安装Windows 10

认识Windows 10的“开始”菜单

认识Windows 10的任务栏

用户帐户管理

使用记事本

使用截图工具

什么是操作系统

操作系统是管理硬件资源，控制其他程序运行并为用户提供交互操作界面的系统软件的集合。操作系统是系统的关键组成部分，负责管理与配置内存、决定系统资源供需的优先次序、控制输入与输出设备等。

对于个人电脑来说，常见的操作系统有Windows 、UNIX、MAC、Linux。

❶ Windows

Windows是一款由美国的微软公司开发的窗口化操作系统。采用了GUI图形化操作模式，比指令操作系统（如DOS）更为人性化。Windows是目前世界上使用最广泛的操作系统。最新的版本是Windows 10。

❷ Unix

Unix最初是在中小型计算机上运用。它为用户提供了一个分时的系统以控制计算机的活动和资源，并且提供一个交互灵活的操作界面。

❸ Mac OS

Mac OS是美国的苹果公司为它的Macintosh电脑设计的操作系统。

❹ Linux

Linux是目前全球最大的自由免费软件，其本身是一个功能可与Unix和Windows相媲美的操作系统，具有完备的网络功能，它的用法与Unix相似。

安装Windows 10

Windows 10是美国微软公司所研发的新一代跨平台及设备应用的操作系统，它的稳定性极强，而且操作界面简洁方便。

下面对Windows 10的安装方法进行介绍。

步骤 01 **选择启动顺序。**插入光盘，启动电脑后按Esc键进入启动项选择菜单，如右图所示，选择“CD-ROM Drive”选项。

```
Boot Menu

1.   +Removable Devices
2.   +Hard Drive
3.    CD-ROM Drive
4.    Network boot from Intel E1000

    <Enter Setup>
```

步骤 02 **从光驱启动。**在确认是否从光盘启动的界面，按任意键确认，如右图所示。

步骤 03 **初步设置。**稍等片刻后，弹出“Windows安装程序”对话框，设置要安装的语言、时间和货币格式、键盘和输入方法，如下左图所示。

步骤 04 **现在安装。**单击“下一步”按钮后进入选择界面。在该界面中单击“现在安装”按钮，如下右图所示。

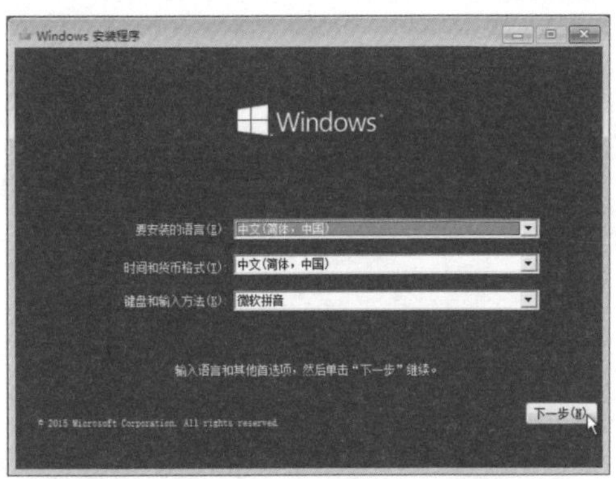

步骤 05 **启动安装程序。**系统会启动安装程序，读取必要的系统文件。用户无需操作，稍等片刻，如下左图所示。

步骤 06 **输入密钥。**在打开的“Windows安装程序”对话框中，输入产品密钥，如下右图所示，密钥一般在产品包装背面或者电子邮件中。输入密钥后单击“下一步”按钮。

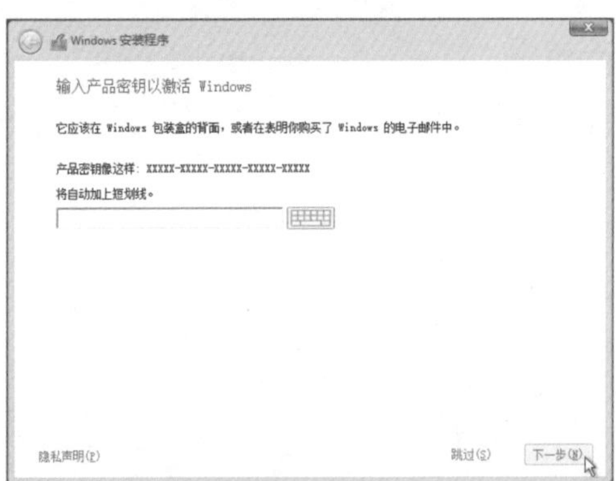

步骤 07 **接受许可。**密钥经验证无误后，在“Windows 安装程序”许可条款界面中勾选“我接受许可条款”复选框，单击“下一步”按钮，如下左图所示。

步骤 08 **选择安装方式。**Windows 10安装程序询问用户采用哪种安装类型。如果用户采用全新覆盖安装，则应选择第二项，如下右图所示，在该项上单击即可。

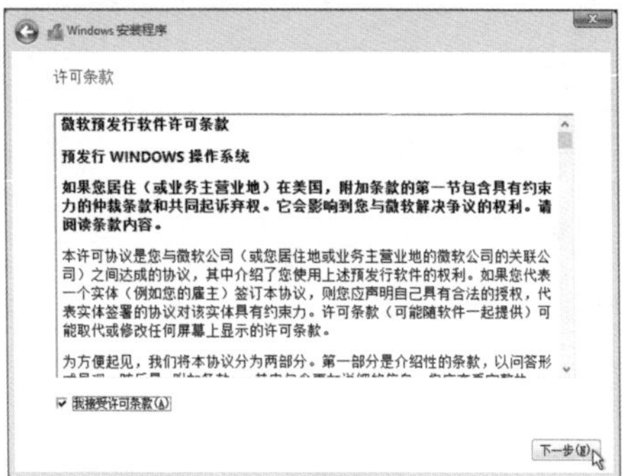

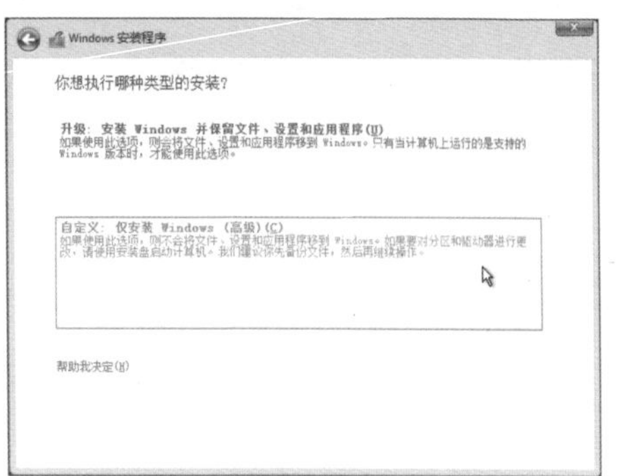

步骤 09 **开始分区。**在“你想将Windows安装在哪里”界面中，选择非系统保留主分区即可。如果用户的硬盘为新硬盘，则应先进行分区。这里以新硬盘安装为例，单击“新建”按钮，如下左图所示。

步骤 10 **设置分区大小。**在“大小”文本框中输入所需分区大小，单击“应用”按钮，如下右图所示。这里的单位是MB，与GB换算关系为1GB=1024MB。

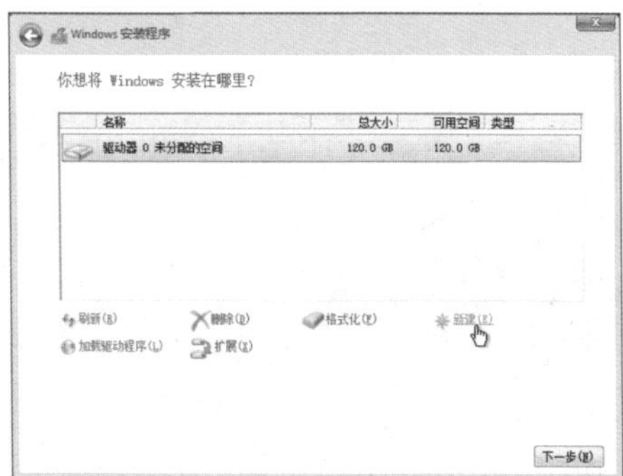

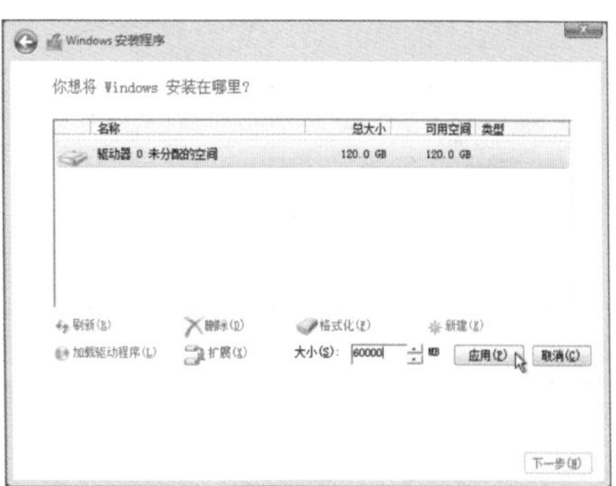

步骤 11 **创建保留分区。**打开“Windows 安装程序”对话框，系统提示要建立一个额外系统保留分区。保留分区存储了系统的启动管理程序、启动菜单等数据，单击“确定”按钮即可，如下左图所示。

步骤 12 **创建分区。**系统会建立一个保留分区，一个主分区。如果用户继续建立分区，可以选中“未分配空间”选项，继续建立。方法与前面介绍的方法相同，如下右图所示。

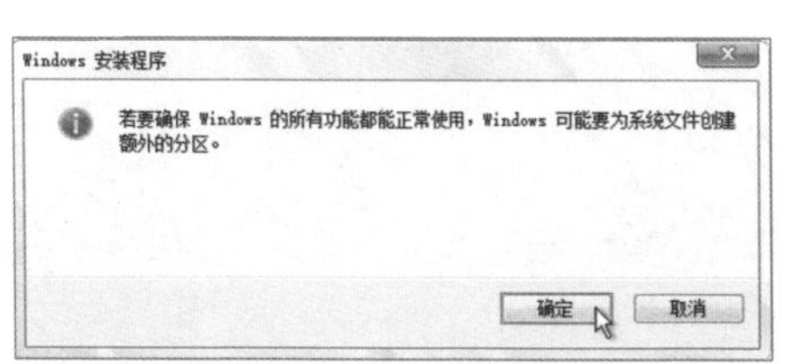

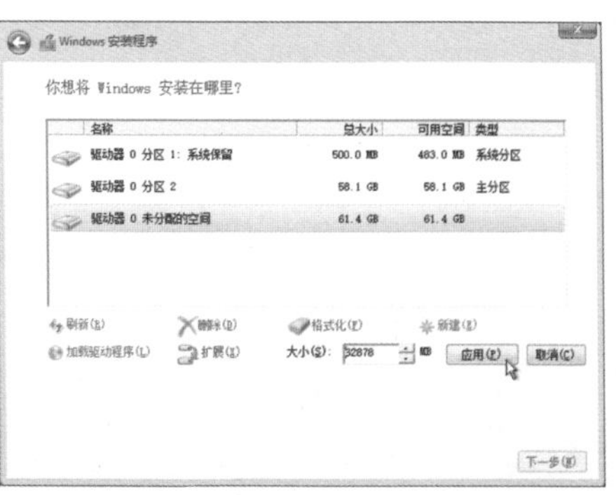

步骤 13 **选择安装分区。**在所有分区建立完毕后，选中需要安装系统的分区，单击“下一步”按钮，如下左图所示。如果在已经分区并安装过操作系统的硬盘上进行安装，最好先进行格式化操作。

步骤 14 **正在安装。**系统开始进行安装，提示用户可能需要重启数次，并进行文件的复制和展开操作，可以查看进度数据。此步骤由系统自动进行，用户只需耐心等待，如下右图所示。

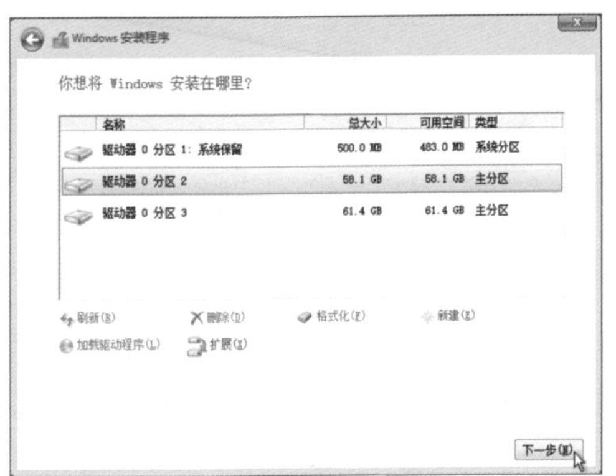

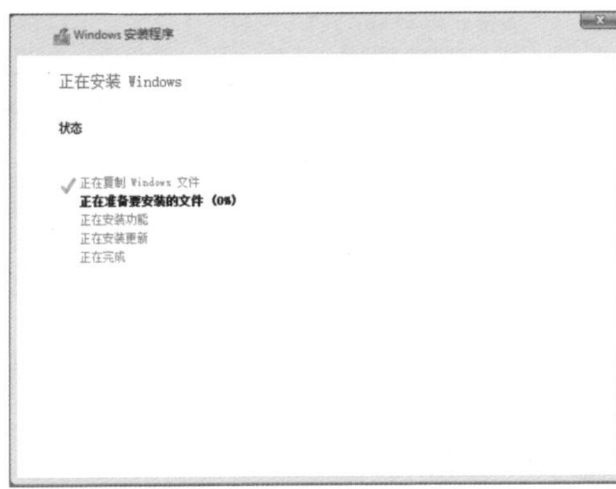

步骤 15 **重新启动系统。**完成展开后安装程序会打开自动重启界面，如下左图所示。

步骤 16 **更新文件。**重启后，系统会自动进行一系列安装设置，如更新注册表、设备信息等，如下右图所示。

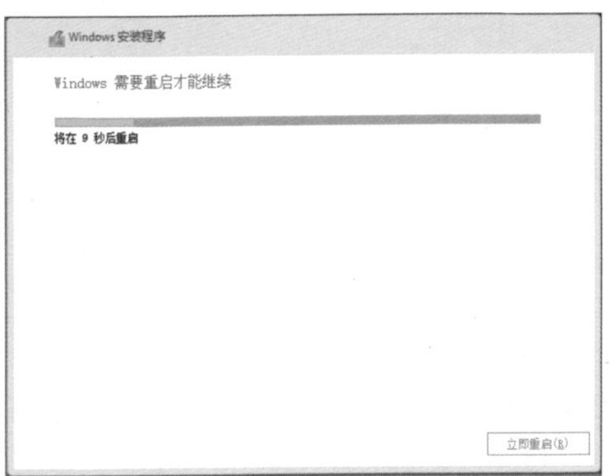

步骤 17 **自定义设置。**在“快速上手”界面中，系统告知用户进行快捷设置还是自定义，并且给出快捷设置的内容和更多设置的信息链接。这里单击“自定义”按钮，了解具体内容，如右图所示。

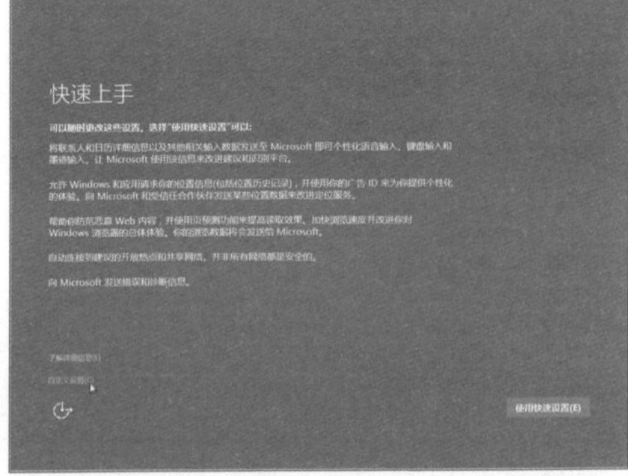

步骤18 **设置权限。**在“自定义设置”界面中进行个性化设置时，系统提示用户是否愿意为微软的用户体验提供自己的用户设置及地理信息等。用户可以根据自身的喜好进行选择。完成设置后，单击“下一步”按钮，如下左图所示。

步骤19 **选择功能选项。**对“浏览器和保护”以及“连接性和错误报告”进行设置时，选择自己需要的功能选项，完成后单击“下一步”按钮，如下右图所示。

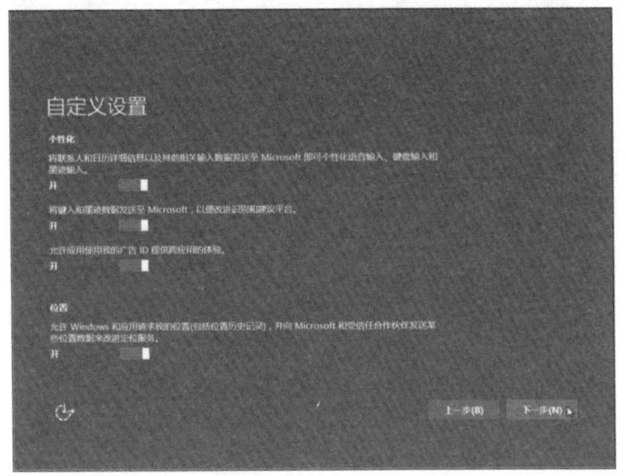

步骤20 **设置使用者。**稍等片刻，在“谁是这台电脑的所有者”界面中，如果不需要加入域环境，选中“我拥有它”选项，并单击“下一步”按钮，如下左图所示。

步骤21 **跳过登录。**系统弹出使用Microsoft帐号进行登录，并提示了使用的优势。这里单击“跳过此步骤”按钮，如下右图所示。

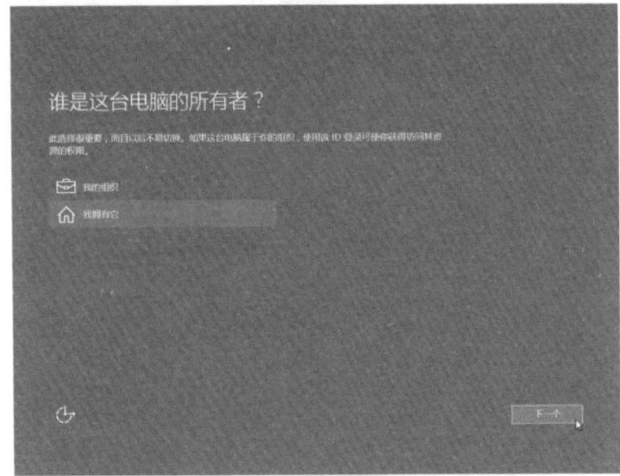

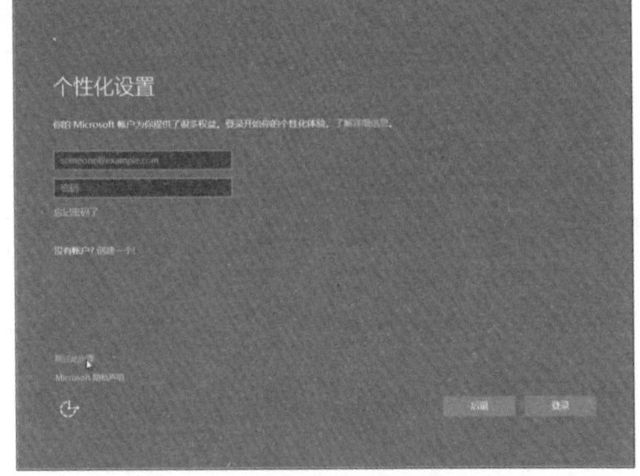

步骤22 **创建密码。**在本地帐户创建页面，输入用户名，并输入密码和提示，如右图所示，单击“下一步”按钮。

步骤 23 **保存设置。**系统对上一步的设置进行必要的保存，并设置应用信息，提示稍等片刻，如下左图所示。

步骤 24 **完成安装。**系统进行Windows 10的最后准备工作，系统提示用户是否启用网络发现协议，单击“是”按钮，如下右图所示。系统返回到桌面。

Section 03 认识Windows 10的界面

安装Windows 10后，现在来认识Windows 10的操作界面，包括“开始”菜单、任务栏、通知区域、桌面图标、语言栏以及快速启动栏。

01 “开始”菜单

为了方便用户快速访问一些功能，将常用的应用集成到了“开始”菜单中。接下来对“开始”菜单进行介绍。

步骤 01 **启动“开始”菜单。**启动电脑后，单击屏幕左下角的应用程序图标，如下左图所示。

步骤 02 **打开“开始”菜单。**启动“开始”菜单，选择相应命令即可对其快速访问，如下右图所示。

步骤 03 **启动右键“开始”菜单。**如果用户想要执行更高级的命令，则右击应用程序，在打开的右键快捷菜单中，选择相应命令即可，如下左图所示。

步骤 04 **调整磁贴大小。**在“开始”菜单的右侧，是一些常用程序的磁贴列表，选择某一磁贴并右击，在弹出的快捷菜单中执行“调整大小”命令，在打开的级联菜单中选择合适的命令，可以对磁贴的大小进行调整，如下右图所示。

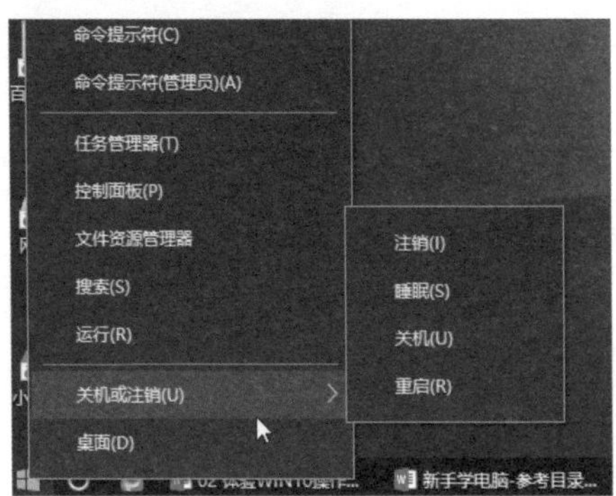

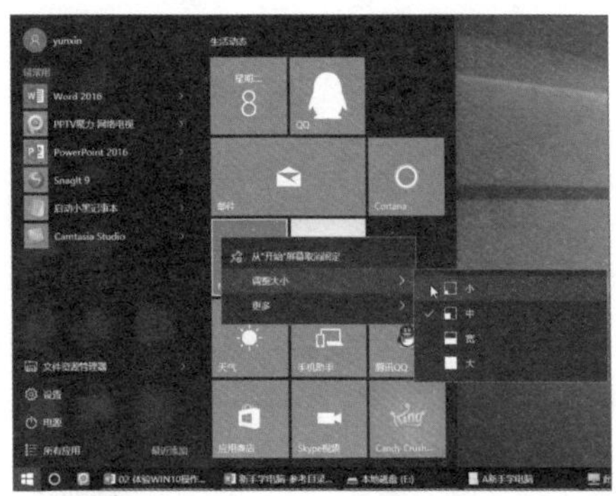

步骤 05 **调整磁贴位置。**选择需要移动的磁贴，按住鼠标左键不放，将其移至合适位置，再释放鼠标左键即可，如下左图所示。

步骤 06 **将应用程序添加到“开始”菜单。**在电脑桌面上选择需要添加的应用程序图标，右键单击，从弹出的快捷菜单中执行“固定到‘开始’屏幕”命令即可，如下右图所示。

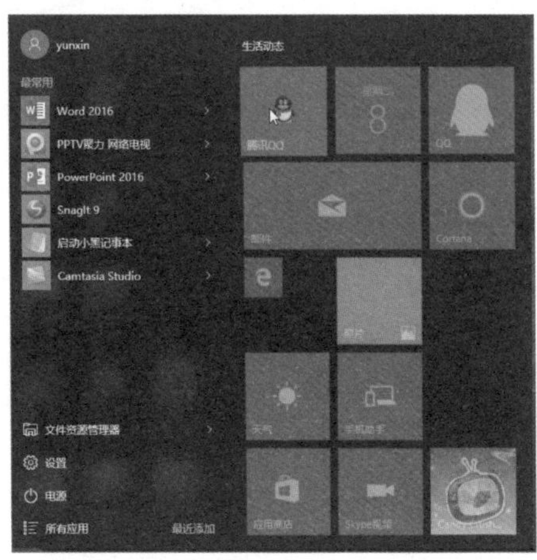

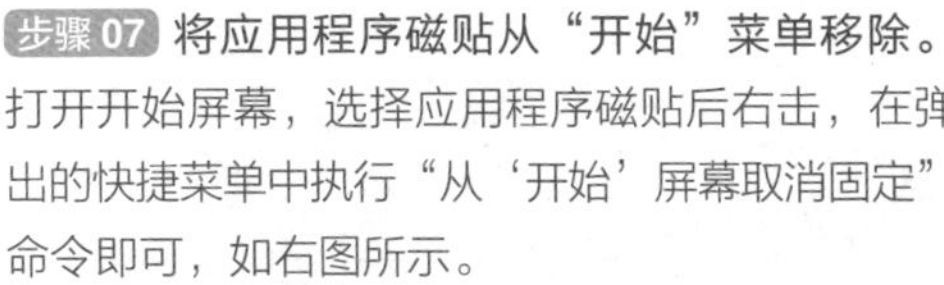

步骤 07 **将应用程序磁贴从“开始”菜单移除。**打开开始屏幕，选择应用程序磁贴后右击，在弹出的快捷菜单中执行“从‘开始’屏幕取消固定”命令即可，如右图所示。

02 任务栏

任务栏是指位于桌面最下方的小长条，从左到右依次是“开始”菜单、Cortana搜索、应用程序区、语言栏选项带、托盘区以及最右侧的显示桌面功能。

❶ 应用程序区

在进行多任务工作时，应用程序区可以存放大部分正在运行的程序窗口。将光标移至某一应用程序窗口上方，会显示该应用程序打开的多个窗口，如下左图所示。

将光标移至某一窗口上方时，可以实时全屏显示该窗口，如下右图所示。

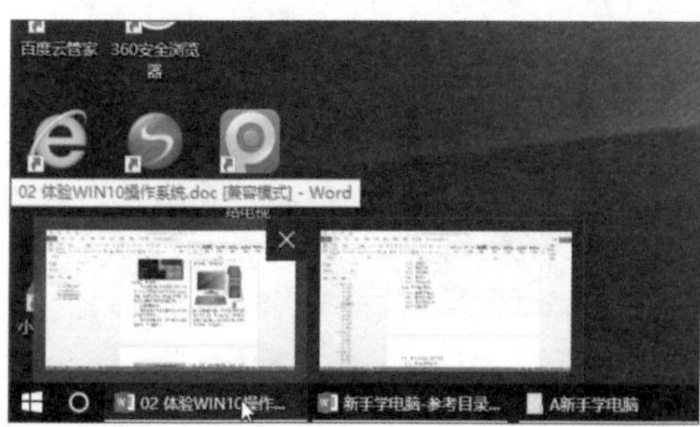

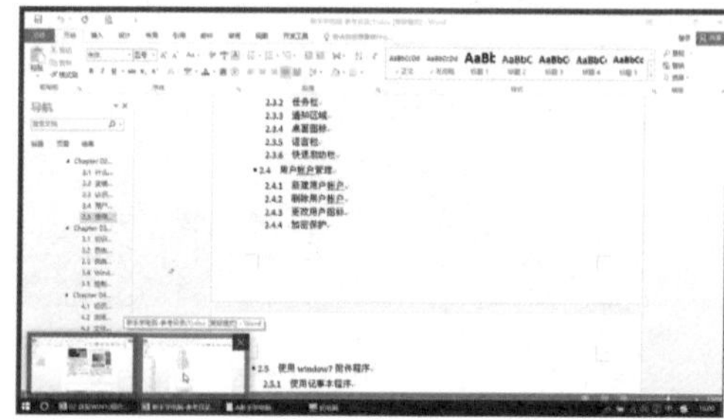

❷ 托盘区（通知区域）

托盘区通过各种小图标形象地显示电脑软硬件的重要信息与杀毒软件动态，最右侧为时钟。

❸ 显示桌面

任务栏最右侧为显示桌面，将光标移至语言栏时钟右侧白线的右侧区域，可以显示桌面，在其上单击鼠标右键，在弹出的菜单中执行“显示桌面”命令，则可以直接回到电脑桌面，如下图所示。

❹ 移动任务栏

将光标移至任务栏的空白区域，按住鼠标左键不放，拖动鼠标，可以将任务栏移至电脑桌面的左侧、右侧以及上侧，如下左图所示。

在任务栏空白处右键单击，在弹出的快捷菜单中执行“锁定任务栏”命令，可锁定任务栏，如下右图所示。

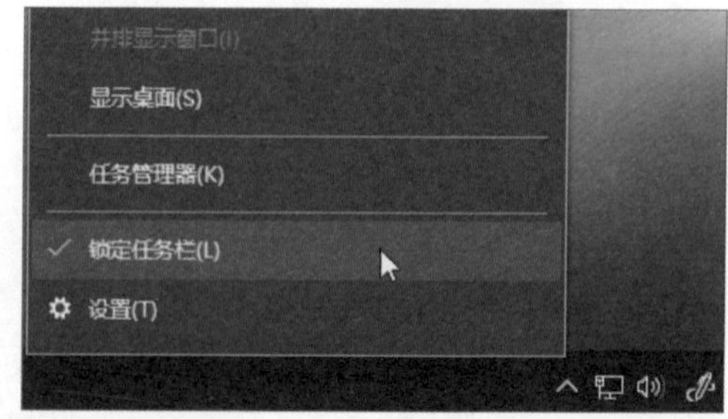

03 桌面图标

打开电脑后，在电脑桌面上会看到一个个图标，这些桌面图标是软件标识。下面介绍几种有关桌面图标的操作。

❶ 调整图标的排列方式

用户可以根据需要对桌面图标的排列进行调整。

步骤 01 **移动桌面图标。**选择需要移动的桌面图标，按住鼠标左键不放，将其拖动至合适位置即可，如下左图所示。

步骤 02 **更改桌面图标的排序方式。**在电脑桌面空白处右击，从弹出的快捷菜单中执行“排序方式”命令，然后从其级联菜单中选择合适的命令即可，如下右图所示。

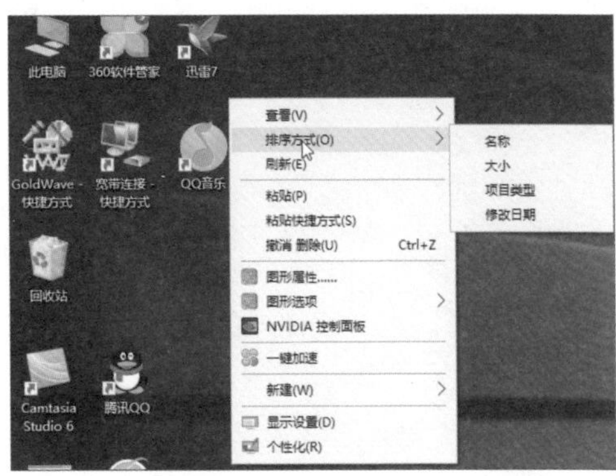

❷ 桌面图标的创建和删除

可以将常用的应用程序图标添加到桌面上以方便日常工作。以创建Word 2016的快捷方式图标为例，可按照下面的步骤进行操作。

步骤 01 **打开应用列表。**单击应用程序图标，打开“开始”菜单，选择“所有应用”选项，即可打开应用列表，如下左图所示。

步骤 02 **打开应用程序文件所在的位置。**在“Word 2016”选项上右击，从弹出的快捷菜单中执行“更多→打开文件所在的位置”命令，如下右图所示。

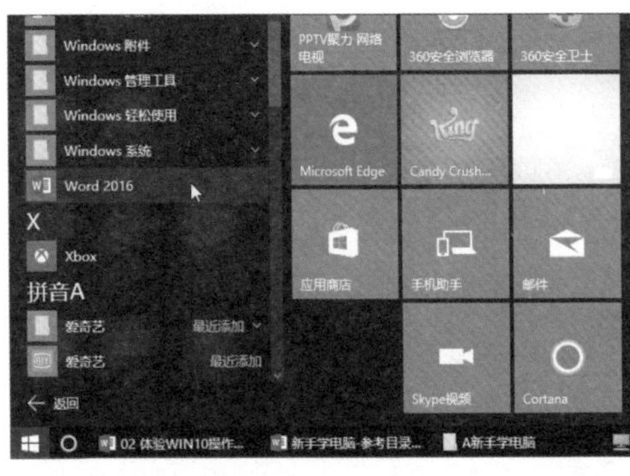

步骤 03 **创建桌面图标。**在文件夹中，找到Word 2016的快捷方式图标，在该图标上右击，在弹出的快捷菜单中执行“发送到→桌面快捷方式”命令，如下左图所示。

步骤 04 **查看创建的桌面图标。**关闭打开的文件夹窗口，返回电脑桌面，可以看到创建的Word 2016快捷方式图标，如下右图所示。

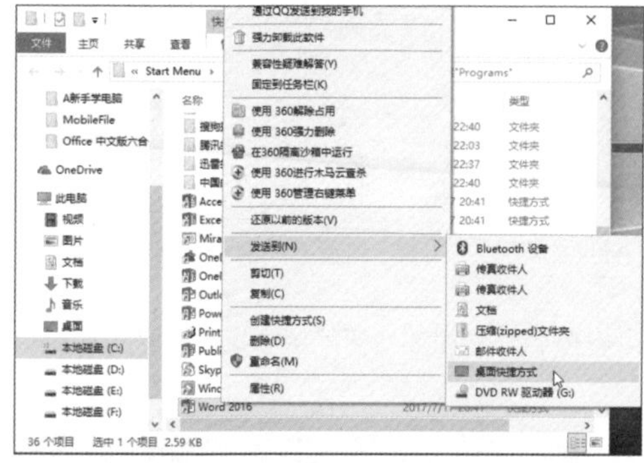

步骤 05 **删除桌面图标。**选择需要删除的桌面图标，右键单击，从弹出的快捷菜单中执行“删除”命令即可，如右图所示。

04 语言栏

语言栏位于任务栏的右侧，显示当前使用的输入法。如果已经安装的输入法没有在语言栏显示，该如何添加到语言栏呢？可以按照下面的方法进行添加。

步骤 01 **选择“设置”选项。**打开“开始”菜单，选择“设置”选项，如下左图所示。

步骤 02 **选择“时间和语言”选项。**打开“设置”窗口，选择“时间和语言”选项，如下右图所示。

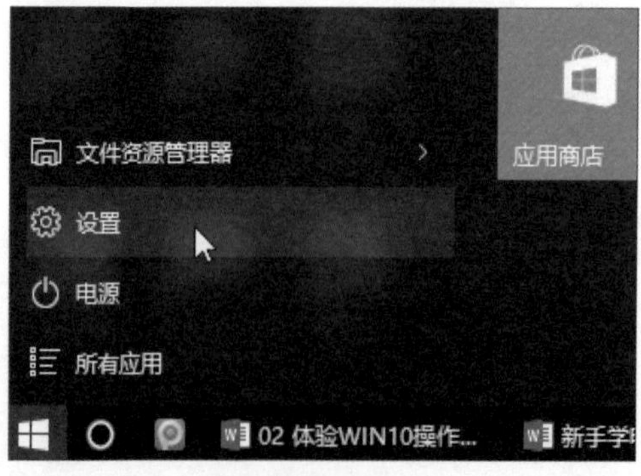

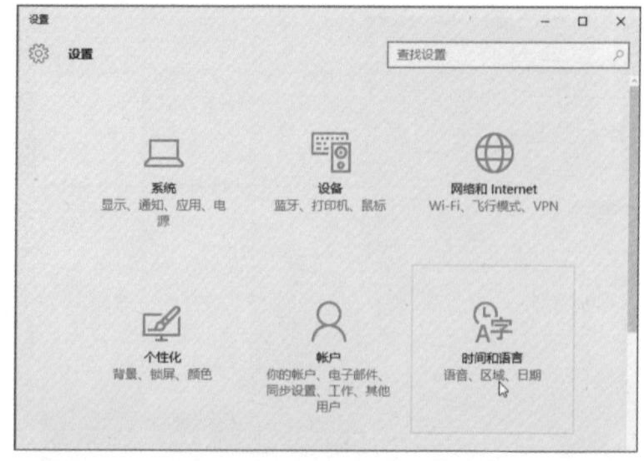

步骤 03 **单击“选项”按钮。**在打开的窗口中选择“区域和语言”选项，然后单击右侧窗口中的“选项”按钮，如下左图所示。

步骤 04 添加搜狗拼音输入法。单击“添加键盘”按钮，从列表中选择“搜狗拼音输入法”即可，如下右图所示。

05 快速启动栏

快速启动栏位于任务栏的应用程序区。通过快速启动栏可以快速启动应用程序。下面介绍如何添加或删除应用程序到快速启动栏。

步骤 01 添加应用程序到快速启动栏。在桌面上选择需要添加到快速启动栏的应用程序图标并右击，从右键快捷菜单中执行“固定到任务栏”命令，如下左图所示。

步骤 02 从快速启动栏删除应用程序。在快速启动栏中选择需要删除的应用程序并右击，从右键快捷菜单中执行“从任务栏取消固定”命令，如下右图所示。

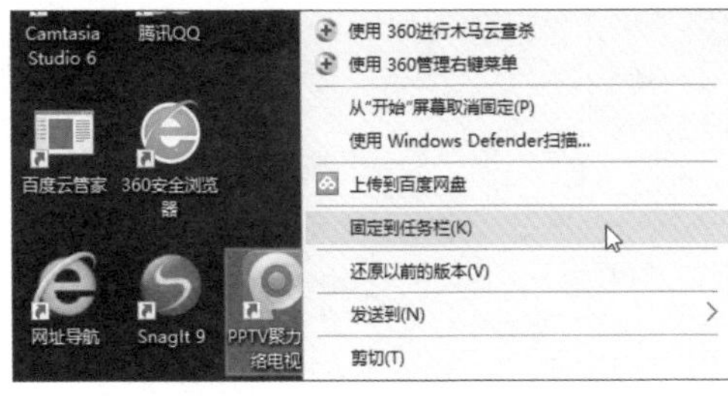

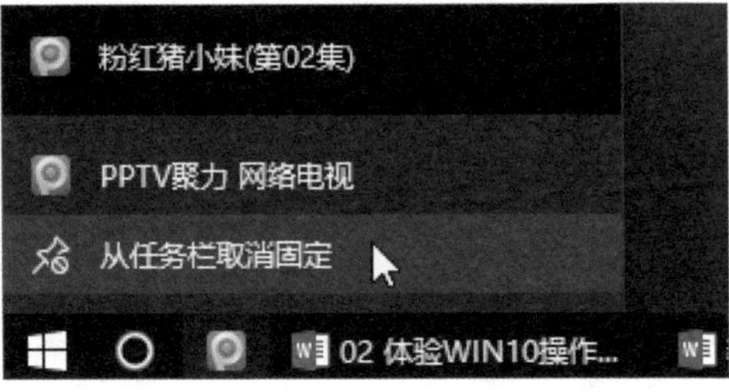

Section 04 用户帐户管理

用户帐户是一个信息集合，用于通知Windows当前用户可以访问哪些文件和文件夹、对电脑进行哪些更改等。通过用户帐户可以与他人共享信息，让其他人可以使用自己的用户名和密码访问自己的帐户。

01 新建/删除用户帐户

Windows支持多帐户登录系统。可以在同一台电脑上为家人、朋友、同事等添加或删除帐户。

步骤 01 启动“设置”窗口。打开“开始”菜单，选择“设置”选项，如下左图所示。

步骤 02 **选择相关选项。**打开“设置”窗口，选择“帐户”选项，如下右图所示。

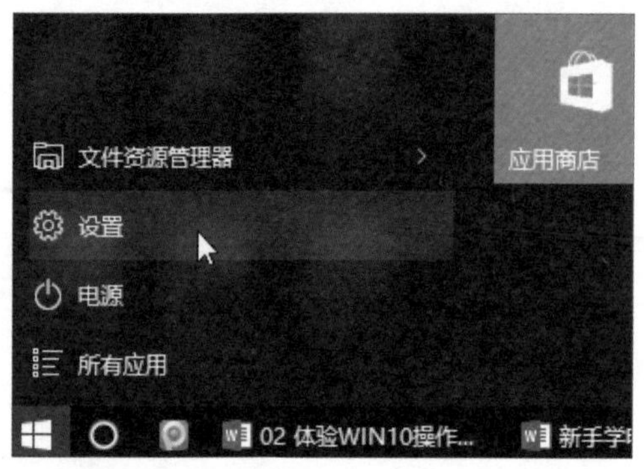

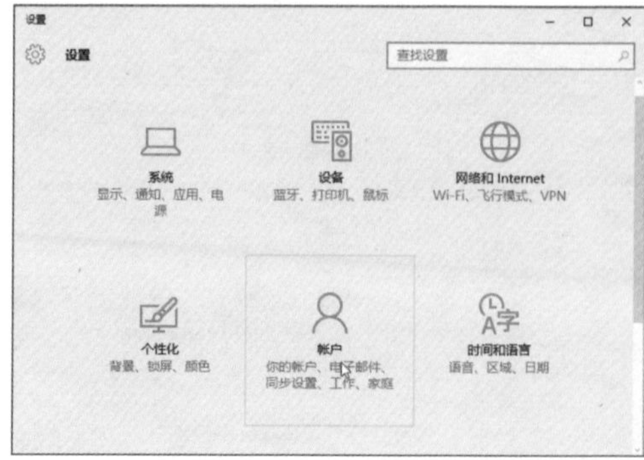

步骤 03 **设置帐户信息。**在“帐户”界面中，选择“家庭和其他用户”选项，单击“其他用户”选项下的“将其他人添加到这台电脑”按钮，如下左图所示。

步骤 04 **输入邮件地址。**弹出提示框，按需输入邮件地址，如果没有邮件地址，则单击“我没有这个人的登录信息”选项，如下右图所示。

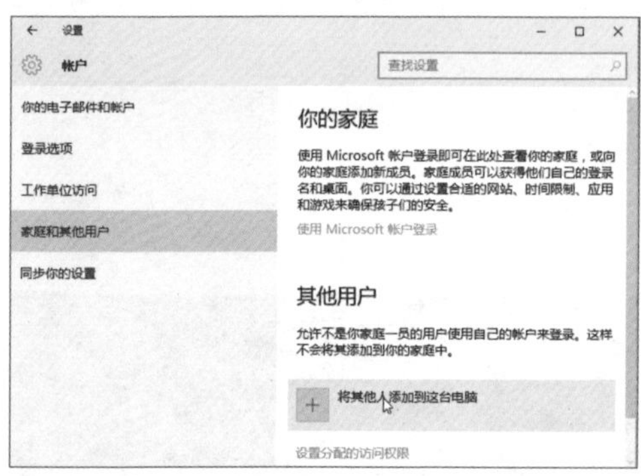

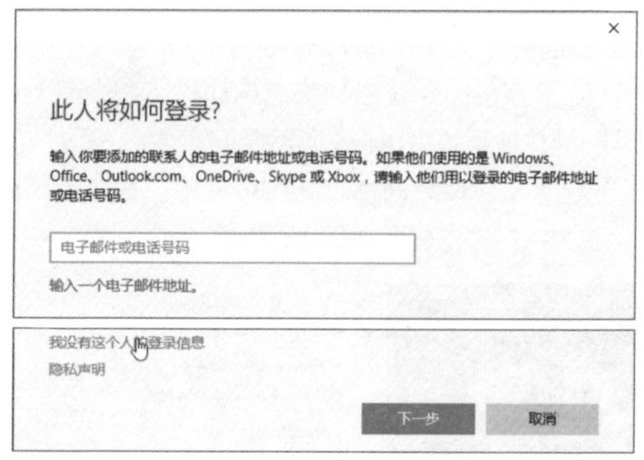

步骤 05 **选择相关选项。**单击提示框中的“添加一个没有Microsoft帐户的用户”选项，如下左图所示。

步骤 06 **输入用户信息。**输入用户名、密码、提示语，单击“下一步”按钮，如下右图所示。

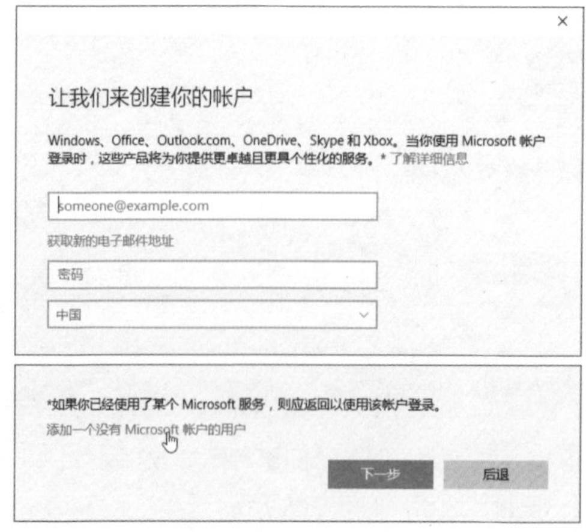

步骤 07 **删除帐户。**打开帐户设置窗口，在需要删除的帐户上单击，然后单击“删除”按钮，可将当前帐户删除，如右图所示。

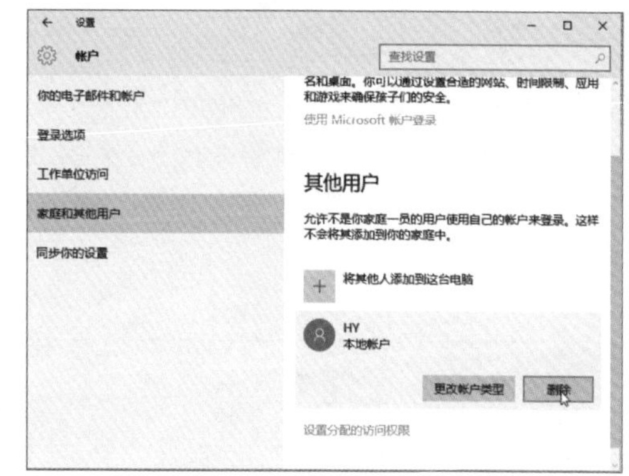

02 更改用户图标

用户可以按需对用户图标进行设置，其具体的操作步骤如下。

步骤 01 **单击“浏览”按钮。**打开帐户设置窗口，选择“你的电子邮件和帐户”选项，单击“你的头像”选项下的“浏览”按钮，如下左图所示。

步骤 02 **选择图片。**在打开的“打开”对话框中选择合适的图片，单击“选择图片”按钮，如下右图所示。

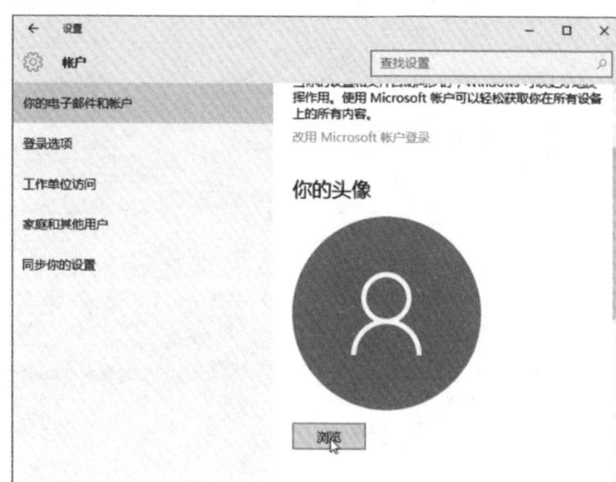

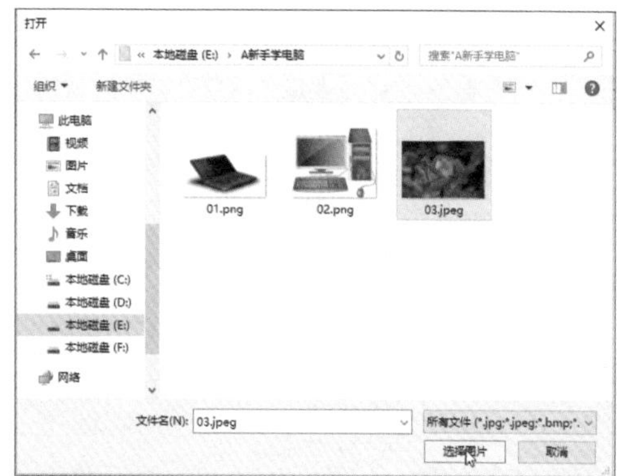

步骤 03 **设置用户图标。**可将选择的图片设置为用户图标，如右图所示。

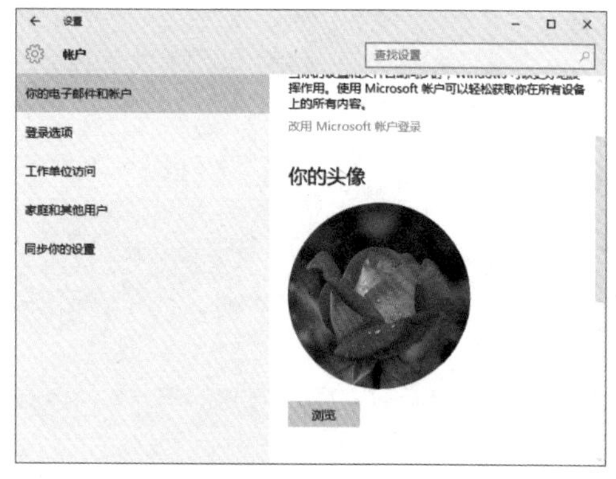

03 加密保护

为了防止他人打开电脑和读取电脑中的文件，可以将电脑加密，其操作方法如下。

步骤01 **添加密码。**打开帐户设置窗口，选择“登录选项”选项，单击“密码”选项下的“添加”按钮，如下左图所示。

步骤02 **创建密码。**打开“创建密码”提示窗口，按需输入密码，再单击“下一步”按钮，如下右图所示。

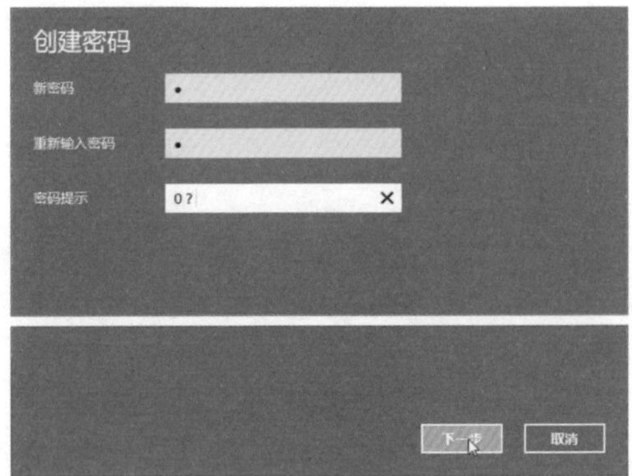

步骤03 **完成设置。**单击提示窗口中的“完成”按钮，即可完成密码的设置，如右图所示。

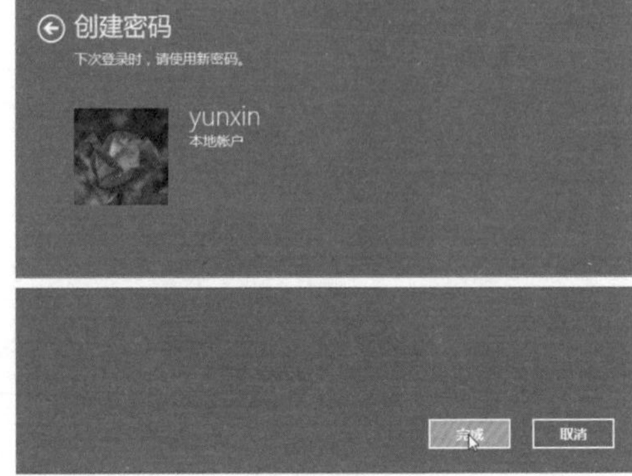

使用Windows 10附件程序

Windows还自带了一些附件程序，可以帮助用户完成工作，包括记事本、画图、计算器、写字板等，下面分别进行介绍。

01 使用记事本

Windows自带的记事本程序是一个用来创建简单文档的基本文本编辑器。记事本具有打开速度快、文件小、占用内存低、容易使用等特点。下面介绍如何使用记事本。

步骤01 **启动记事本。**执行“应用程序→所有应用→Windows附件→记事本”命令，打开记事本，如下左图所示。

步骤02 **设置文本自动换行。**在记事本中添加文本后，如果文本不能自动换行，可执行“格式→自动换行”命令，让记事本中的文本自动换行，如下右图所示。

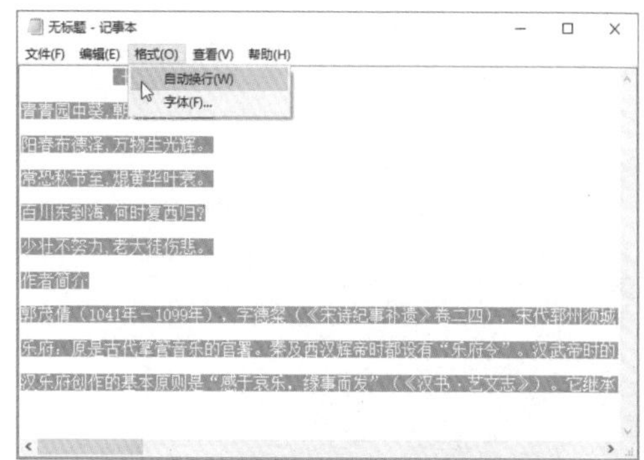

步骤03 **更改字体格式。**执行“格式→字体”命令，打开“字体”对话框，可以对记事本中的字体格式进行设置，设置完成后单击“确定”按钮即可，如下左图所示。

步骤04 **保存文件。**编辑完成后，可以执行“文件→保存”命令，将其保存在电脑中的合适位置，如下右图所示。

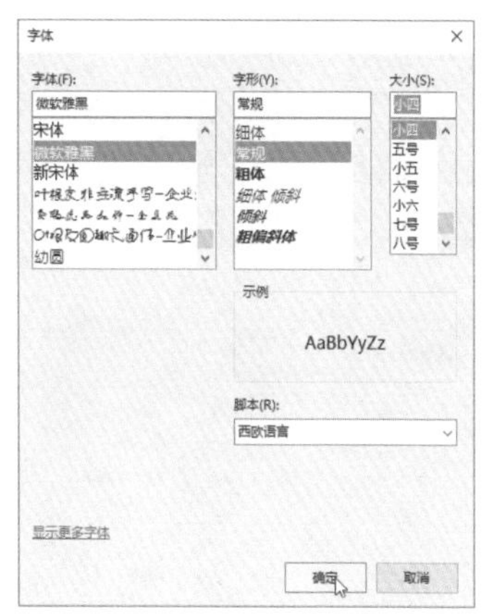

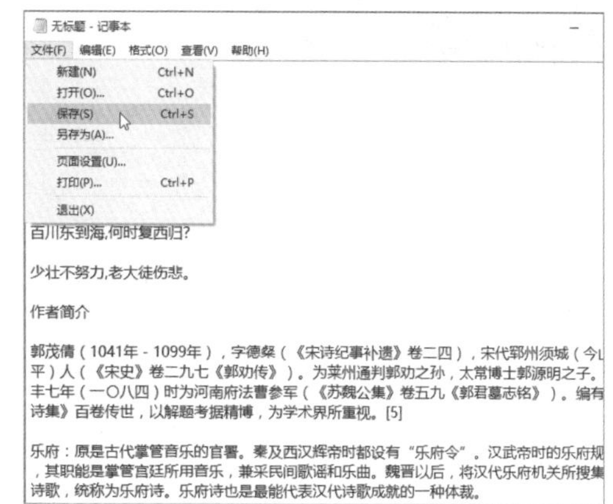

步骤05 **输入文件名并保存。**打开“另存为”对话框，输入文件名，单击“保存”按钮，保存文件，如右图所示。

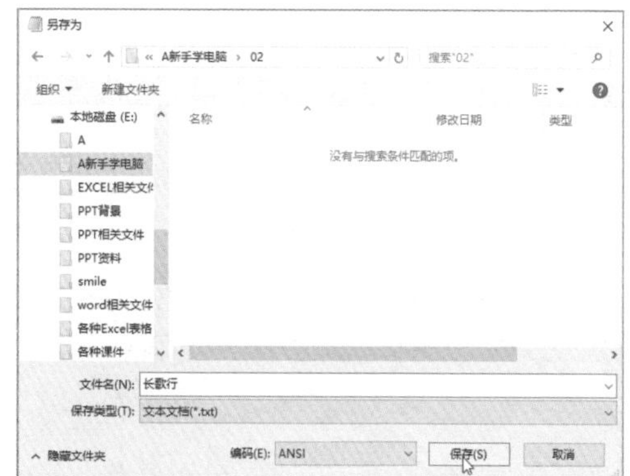

02 使用画图程序

画图程序是一个位图编辑器，可以对各种位图格式的图画进行编辑，也可以自己绘制图画。在编辑完成后，可以BMP、JPG、GIF等格式保存，还可以发送到桌面或其他文档中。下面介绍如何使用画图程序。

步骤 01 **启动画图程序。**执行“应用程序→所有应用→Windows附件→画图”命令，启动画图程序，如下左图所示。

步骤 02 **了解画图界面。**打开“画图”窗口，系统将自动创建一个无标题的画图，画图程序主要由“文件”菜单、“主页”选项卡以及“查看”选项卡组成，如下右图所示。

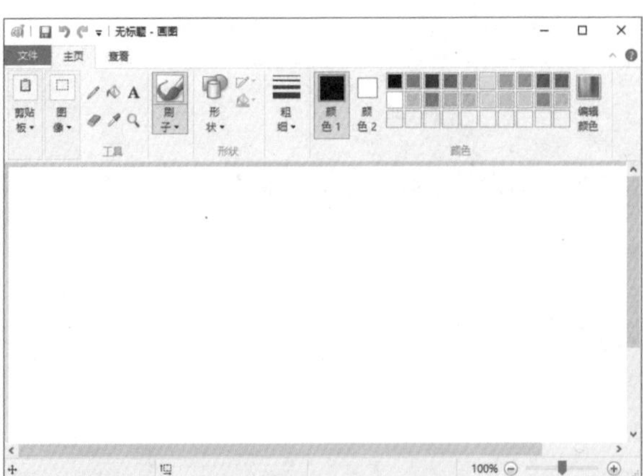

步骤 03 **选择“属性”选项。**打开“文件”菜单，从列表中选择“属性”选项，如下左图所示。

步骤 04 **设置画布大小。**打开“映像属性”对话框，可以设置画布大小，设置完成后，单击“确定”按钮，如下右图所示。

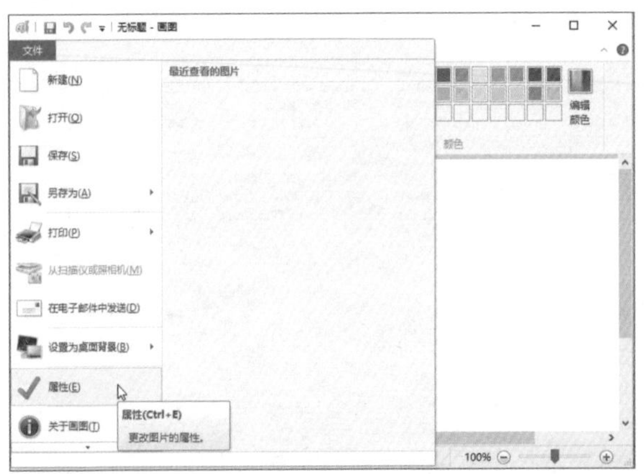

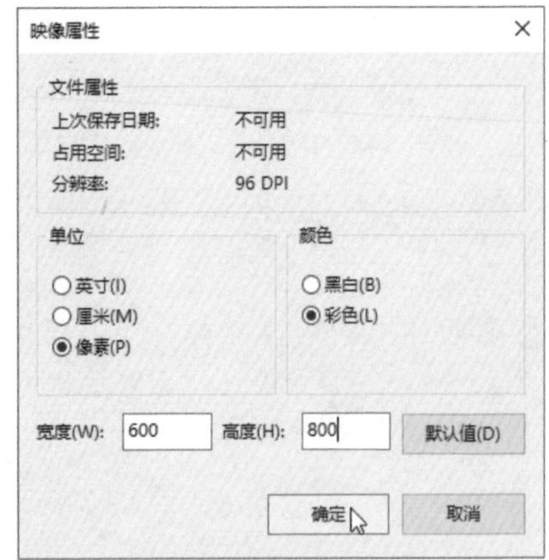

步骤 05 **打开文件。**执行“文件→打开”命令，如下左图所示。

步骤 06 **选择图片。**打开“打开”对话框，选择图片，单击“打开”按钮，如下右图所示。

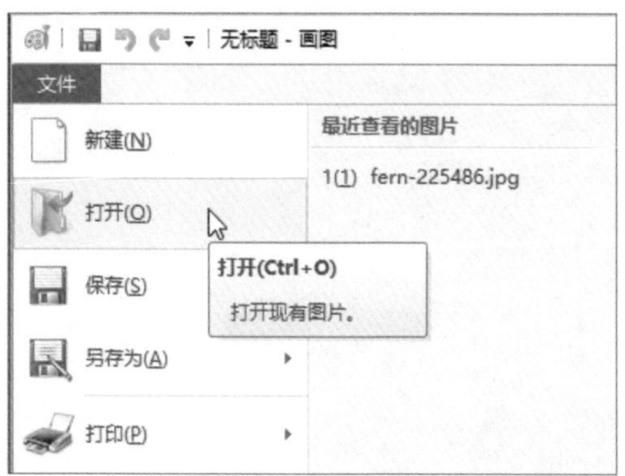

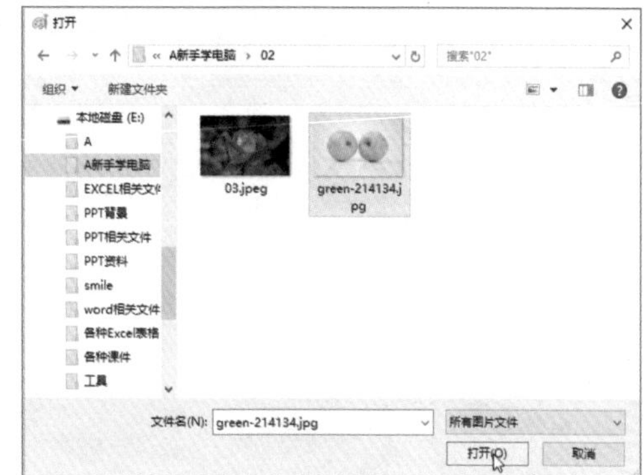

步骤 07 **更改显示比例。**在“查看”选项卡中单击“缩小”按钮，缩小图像显示比例，如下左图所示。

步骤 08 **使用滑块设置比例。**也可以通过拖动窗口右下角的显示比例滑块调整图像显示比例，如下右图所示。

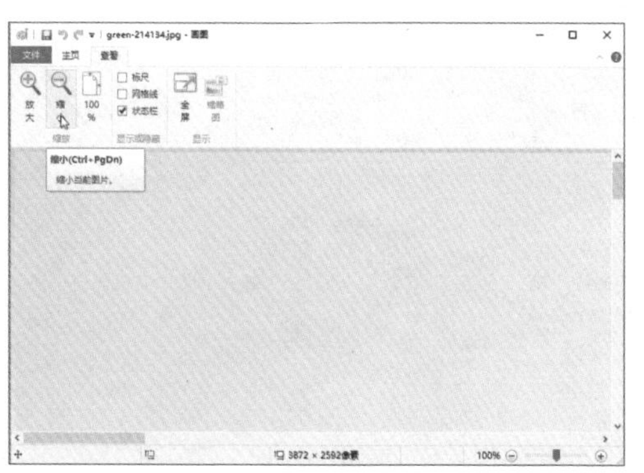

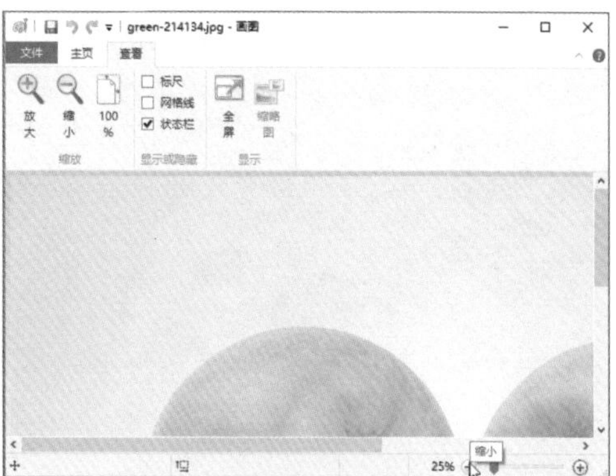

步骤 09 **旋转图片。**在“主页”选项卡中单击“图像”组中的“旋转”按钮，从列表中选择合适的命令，可以将图片旋转，如下左图所示。

步骤 10 **设置颜色和线型。**在“颜色”组中选取颜色，然后选择“粗细→8pt”选项，如下右图所示。

步骤 11 **选择形状样式。**在“形状”组中选择“心形”，如下左图所示。

步骤12 绘制形状。光标会发生变化，按住鼠标左键不放，绘制合适大小的图形，完成后释放鼠标左键即可，如下右图所示。

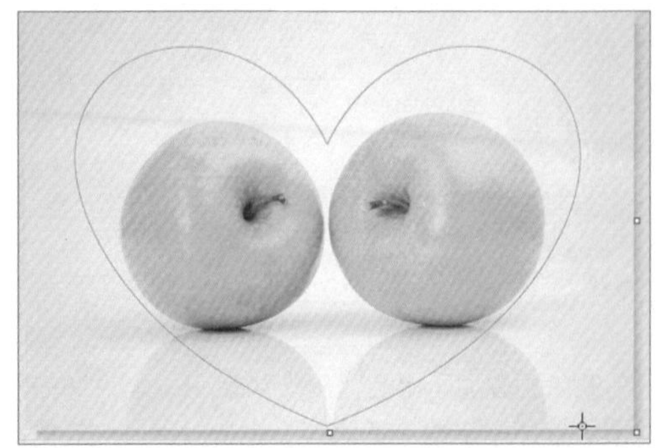

步骤13 保存文件。单击“保存”按钮，或执行“文件→保存”命令，可以将对图片所做的更改进行保存，如右图所示。

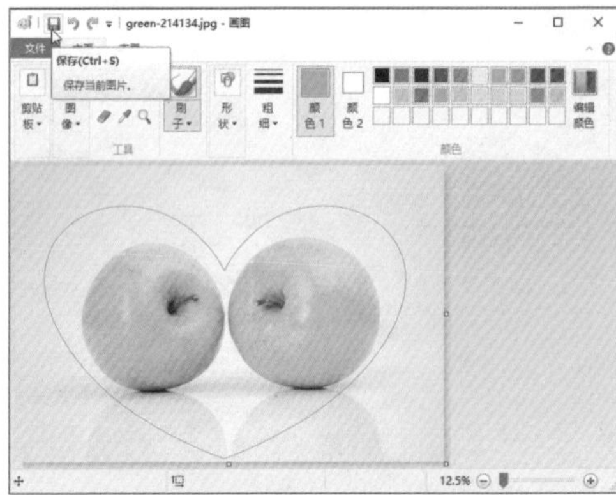

03 使用计算器

通过电脑的计算器功能，可以对数据计算。下面介绍Windows自带的计算器的使用方法。

步骤01 启动计算器程序。执行“应用程序→所有应用→计算器”命令，打开计算器，如右图所示。

步骤 02 **打开“模式”列表。**单击左上角的“模式”按钮，如下左图所示。

步骤 03 **选择数据模式。**在打开的“模式”列表中，可以看到标准、科学、程序员、日期计算、转换器等多种计算数据模式，用户可以按需选择，如下右图所示。

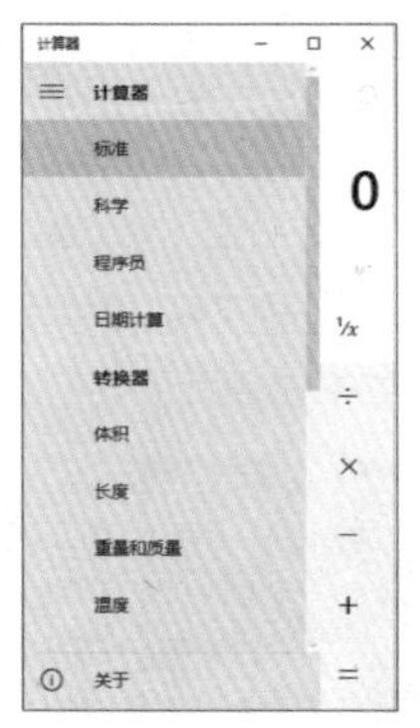

步骤 04 **角度换算。**切换为“角度”模式，直接单击下方面板中的数字，例如，输入90，则可以计算出90° 所对应的弧度数，如下左图所示。

步骤 05 **面积换算。**切换为“面积”模式，直接单击下方面板中的数字，例如，输入1000，则可计算出1000平方英尺所对应的平方米数，如下右图所示。

步骤 06 **启动“历史记录”命令。**在“标准”模式下，如果进行了多组数据计算，则单击“历史记录”按钮，如下左图所示。

步骤 07 **查看历史记录。**打开计算数据的记录，可以对之前的计算结果进行查看，如下右图所示。

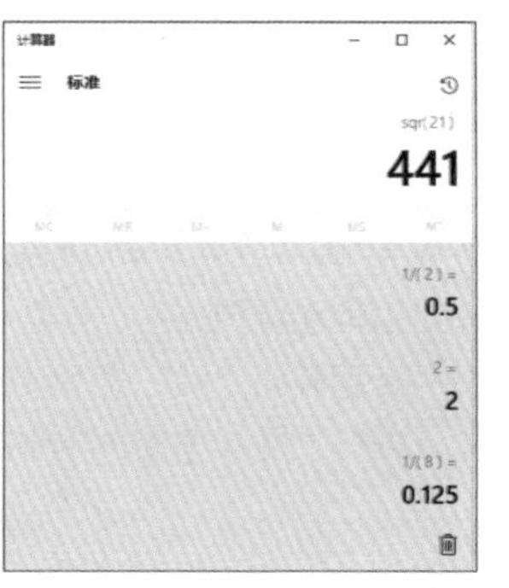

04 使用写字板

写字板有很多Word中的功能。如果用户对Word软件不熟悉，使用写字板可以很好地组织和使用文本。下面介绍如何使用写字板。

步骤 01 **启动写字板。**执行“应用程序→所有应用→Windows附件→写字板”命令，打开写字板，如下左图所示。

步骤 02 **认识写字板界面。**写字板界面主要由“文件”菜单、“主页”选项卡以及“查看”选项卡组成，其中，“主页”选项卡中的命令可以对写字板中的字体、段落格式进行设置，还可以在写字板中插入图片、时间和日期等，如下右图所示。

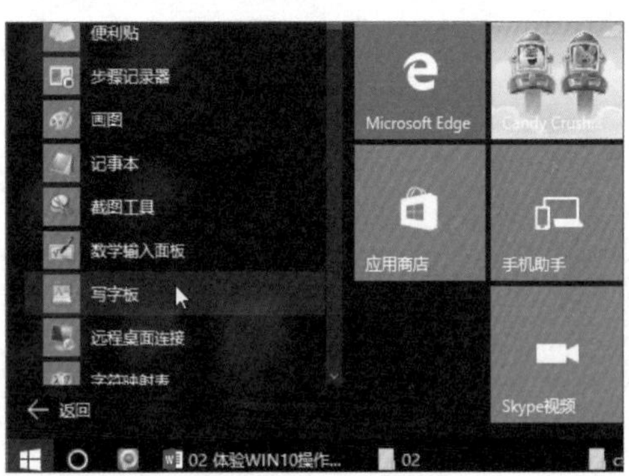

步骤 03 **添加文本内容。**按需要在写字板中添加文本内容，并设置字体格式和段落格式，如下左图所示。

步骤 04 **保存文件。**单击“保存”按钮，弹出“保存为”对话框，输入文件名，单击“保存”按钮，即可保存文件，如下右图所示。

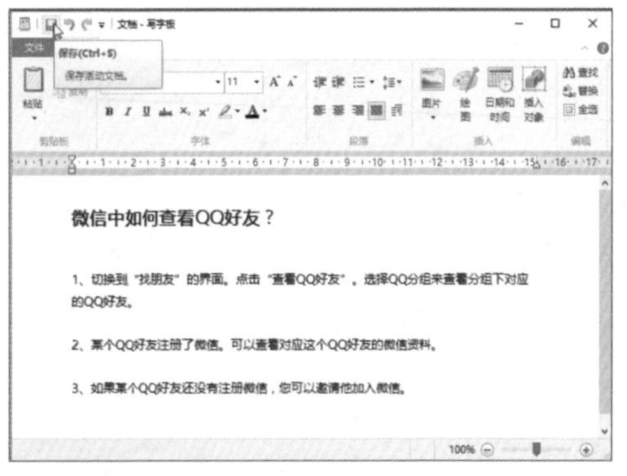

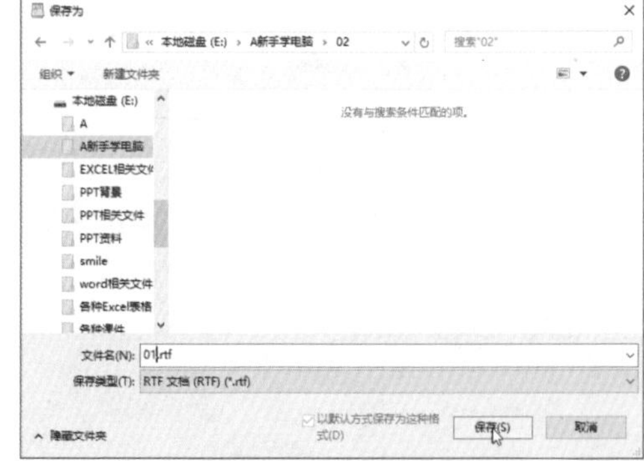

05 使用截图工具

如果用户想要简单地截取和编辑图片，无需使用专业的截图软件，使用Windows自带的截图工具即可实现。下面介绍如何使用截图工具。

步骤 01 **启动截图工具。**执行“应用程序→所有应用→Windows附件→截图工具”命令，打开截图工具，如下左图所示。

步骤 02 **新建截图。**单击“新建”按钮，从列表中选择“矩形截图”选项，如下右图所示。

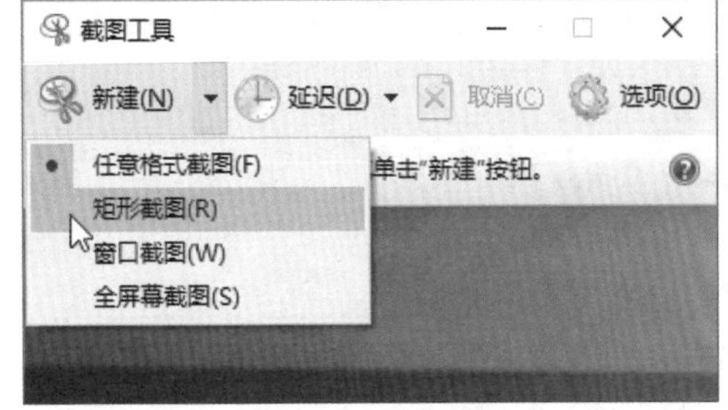

步骤 03 **查看图片显示状态。**光标变为十字形时，图片将会变得模糊，如下左图所示。

步骤 04 **截取图形。**按住鼠标左键不放，拖动鼠标，截取合适大小的图形，如下右图所示。

步骤 05 **选择“保存截图”选项。**单击“保存截图”按钮，如下左图所示。

步骤 06 **保存截图。**打开“另存为”对话框，输入文件名，单击“保存”按钮即可，如下右图所示。

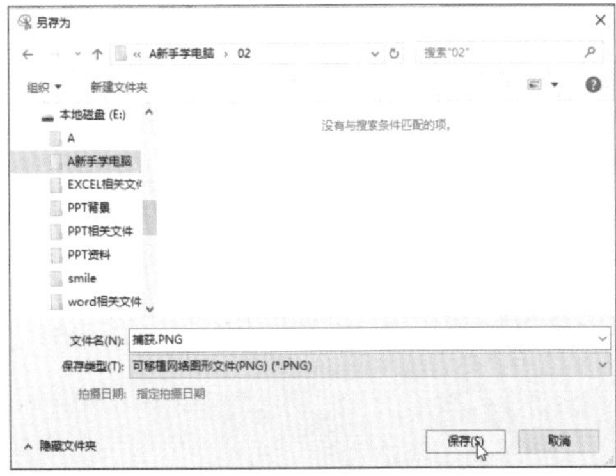

Chapter

03

DIY Windows 10操作环境

内容导读

电脑的桌面背景、系统音量、系统主题和外观颜色等统称为Windows系统的操作环境。用户可以按需对操作环境进行自定义设置，以更加符合用户需求，本章将对其进行介绍。

知识要点

轻松更换桌面背景

设置屏幕保护程序

设置系统主题和外观颜色

调整系统音量

更新与卸载程序

快速访问设置

自由更换电脑桌面

在使用电脑进行工作时，经常需要切换至电脑桌面，一个美观大方的电脑桌面可以带给人好心情。下面介绍如何设置电脑桌面。

01 轻松更换桌面背景

默认情况下，电脑的桌面背景是Windows自带的桌面背景。用户还可以按需更换桌面背景，其具体的操作方法如下。

步骤 01 执行“个性化”命令。在电脑桌面右击，在弹出的快捷菜单中执行“个性化”命令，如下左图所示。

步骤 02 单击“浏览”按钮。在默认的“背景”选项中，单击“浏览”按钮，如下右图所示。

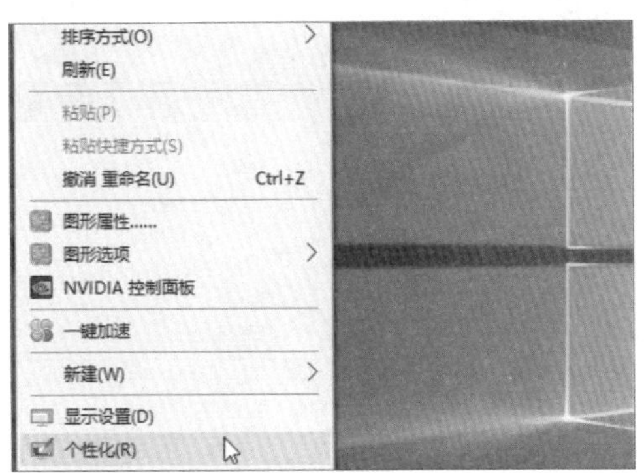

步骤 03 选择图片。打开“打开”对话框，选择图片，单击“选择图片”按钮，如下左图所示。

步骤 04 设置图片参数。单击“选择契合度”按钮，选择“适应”选项，如下右图所示。

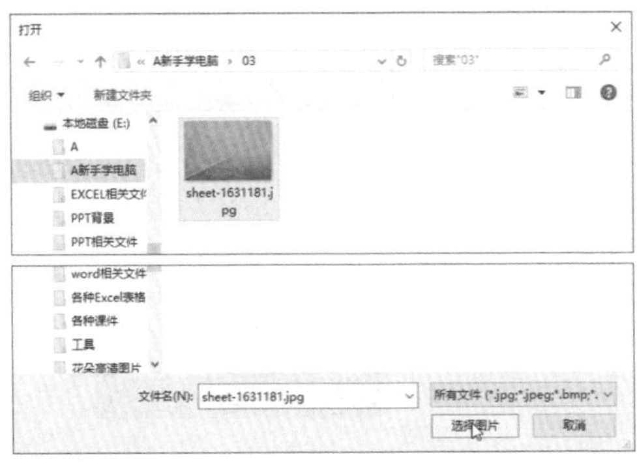

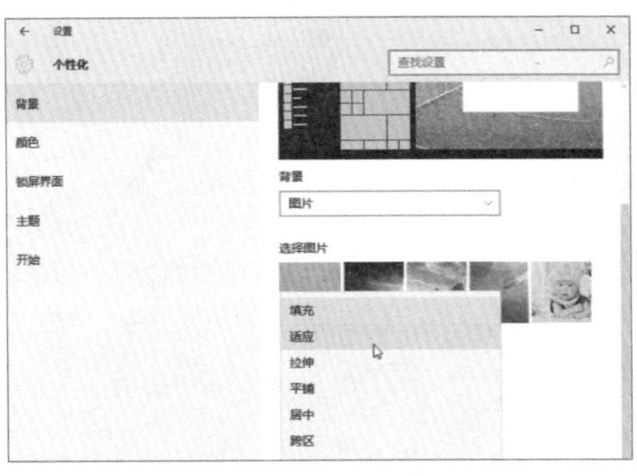

02 设置屏幕保护程序

在电脑使用过程中，可能需要临时中断工作。为了保护工作状况页面，可以设置屏幕保护程序，下面对其进行介绍。

步骤 01 **选择相关选项。**打开“设置”窗口，进入“个性化”界面，选择“锁屏界面”选项，单击“屏幕保护程序设置”选项，如下左图所示。

步骤 02 **设置屏保参数。**打开“屏幕保护程序设置”窗格，在“屏幕保护程序”列表中选择“彩带”程序，设置“等待”为1分钟，然后单击“应用”按钮，如下右图所示。

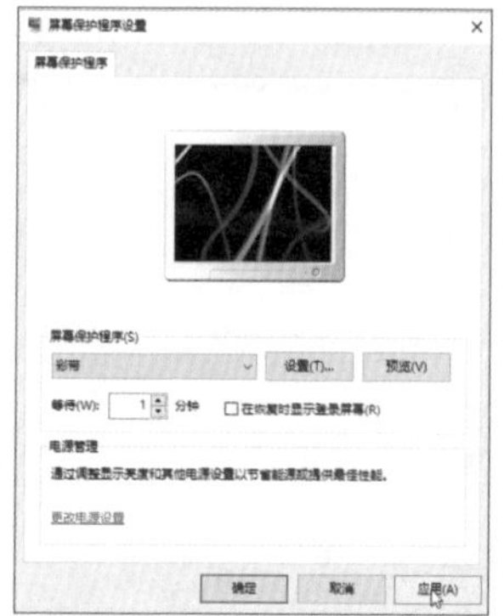

03 设置系统主题和外观颜色

用户还可以按需设置系统主题和外观颜色，具体的操作方法如下。

步骤 01 **选择“主题”选项。**打开个性化设置窗口，选择“主题”选项，单击“主题设置”选项，如下左图所示。

步骤 02 **选择主题模式。**选择“鲜花”主题，如下右图所示。

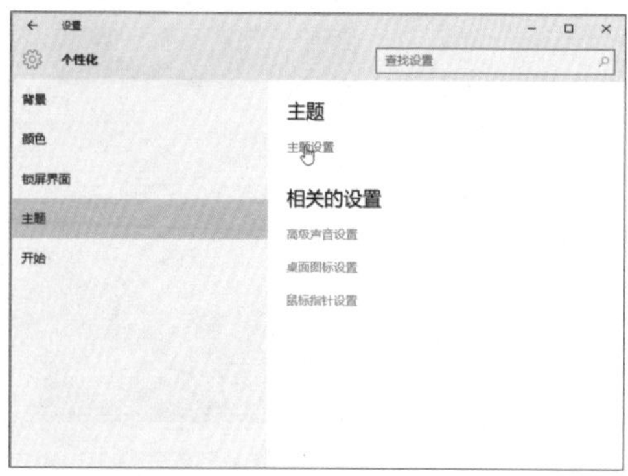

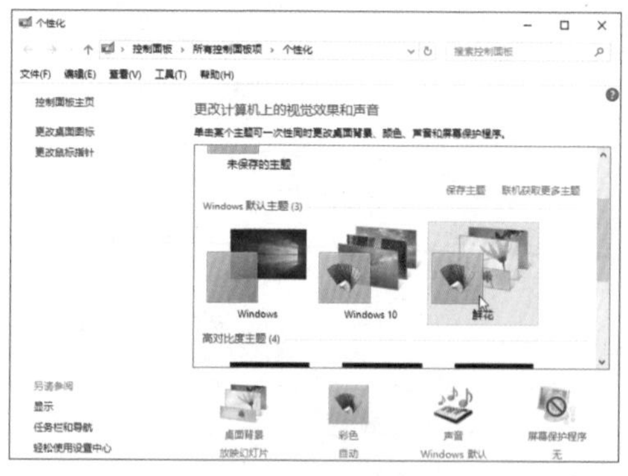

步骤 03 **设置主题色。**在个性化设置窗口中选择“颜色”选项，可以在主题色面板中选择一种合适的主题色，如右图所示。

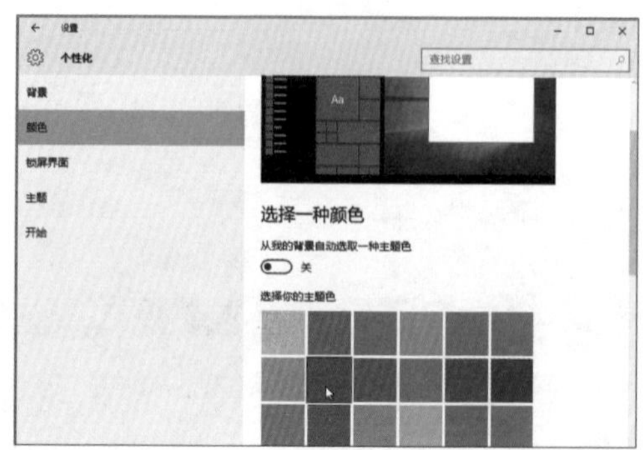

04 设置分辨率和刷新频率

默认情况下，电脑的屏幕分辨率和显示屏最佳匹配。如果用户需要调整分辨率和刷新频率，可以按照下面的方法进行操作。

步骤 01 设置分辨率。在电脑桌面空白处右击，在弹出的快捷菜单中执行“显示设置”命令，如下左图所示。

步骤 02 选择“高级显示设置”选项。打开系统设置窗口，在“显示”选项中，单击“高级显示设置”选项，如下右图所示。

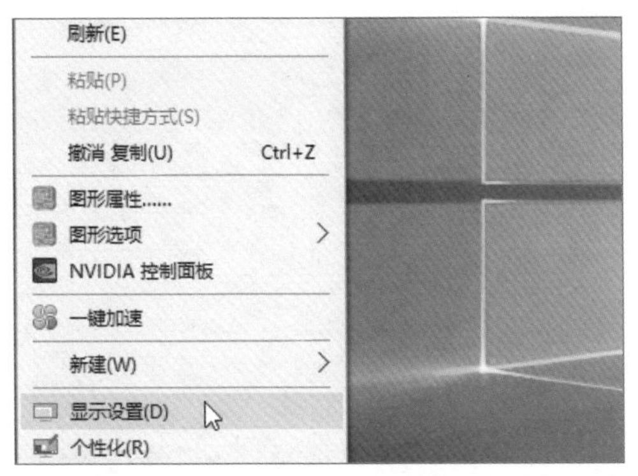

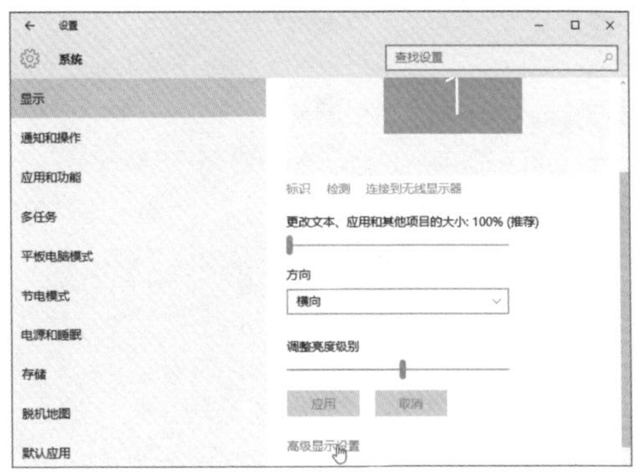

步骤 03 设置分辨率参数。进入“高级显示设置”界面，单击“分辨率”下拉按钮，选择合适的分辨率，如下左图所示。

步骤 04 设置刷新频率。在“高级显示设置”界面，单击“显示适配器属性”选项，如下右图所示。

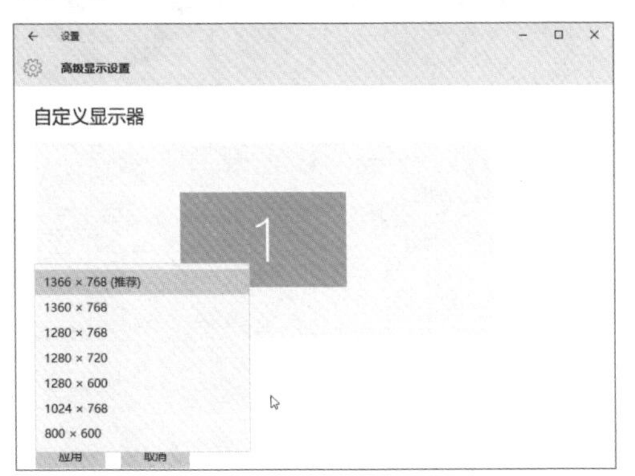

步骤 05 应用参数。在打开的窗格的“监视器”选项卡中，可以设置屏幕刷新频率，设置完成后，单击“应用”按钮，如右图所示。

自由设置时间、日期及音量

用户还可以根据实际需求，自由设置电脑的时间、日期以及音量，下面对它们分别进行介绍。

01 设置系统时间和日期

设置系统时间、日期的方法如下。

步骤 01 **选择“时间和语言”选项。**单击应用程序按钮，选择“设置”选项，打开“设置”窗口，选择“时间和语言”选项，如下左图所示。

步骤 02 **更改时间和日期。**在“时间和日期”选项右侧，单击“更改”按钮，打开“更改日期和时间”窗格，设置日期和时间，单击“更改”按钮，如下右图所示。

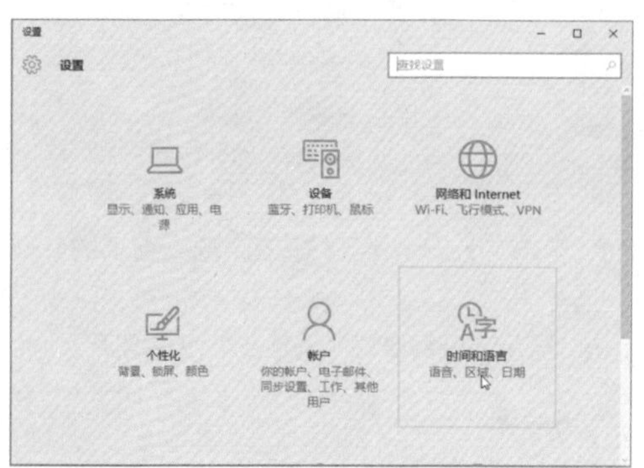

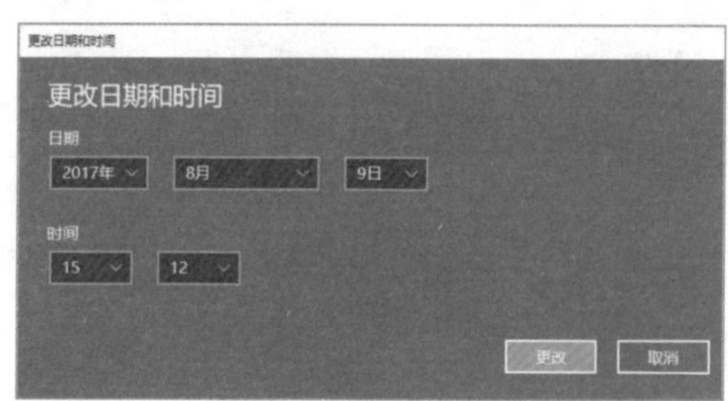

步骤 03 **更改日期和时间格式。**单击“更改日期和时间格式”选项，打开“更改日期和时间格式”窗格，按需设置日期和时间格式，如下左图所示。

步骤 04 **更改时区。**将“自动设置时区”选项设置为“关”状态，通过“时区”列表中的命令可以设置时区，如下右图所示。

步骤 05 **设置时区和时钟名称。**单击“添加不同时区的时钟”选项，打开“日期和时间”对话框，设置时区和时钟名称，单击“应用”按钮，完成操作，如右图所示。

02 调整系统音量

用户还可以对系统音量进行设置，具体操作方法如下。

步骤 01 **选择“高级声音设置”选项。**打开个性化设置窗口，选择“主题”选项，单击“高级声音设置”选项，如下左图所示。

步骤 02 **选择扬声器属性。**打开“声音”窗格，在“播放”选项卡中选择扬声器，单击“属性”按钮，如下右图所示。

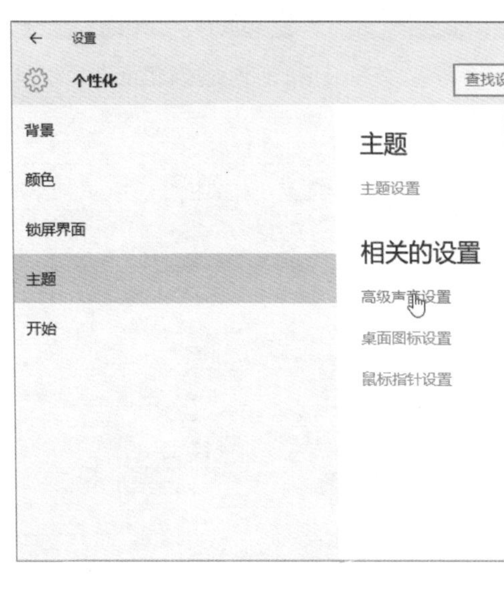

步骤 03 **设置音量。**打开“扬声器属性”对话框，在“级别”选项卡中可对扬声器的音量进行设置，如下左图所示。

步骤 04 **详细设置声音属性。**返回“声音”窗格，在“声音”选项卡中可以对声音进行详细的设置，如下右图所示。

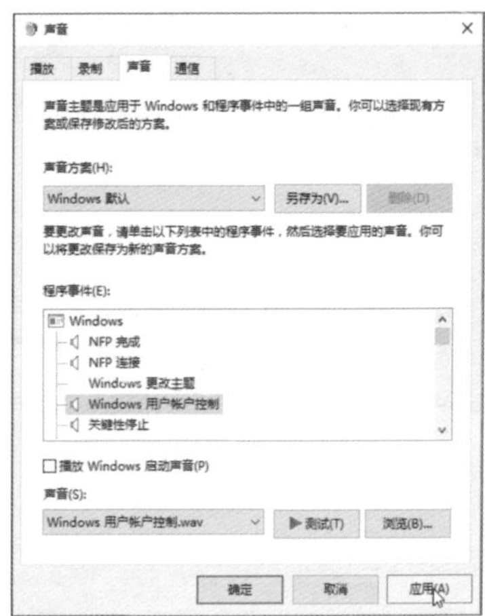

我的电脑我做主

控制面板是Windows图形用户界面的组成部分。通过控制面板，可以完成添加硬件，添加/删除软件等操作。下面介绍如何使用控制面板。

01 更新与卸载程序

在使用电脑的过程中，经常需要对程序进行更新或者卸载。下面介绍如何通过控制面板来更新/卸载QQ音乐程序。

步骤 01 **双击“此电脑”图标。**双击电脑桌面上的“此电脑”图标，如下左图所示。

步骤 02 **选择“卸载或更改程序”选项。**打开“此电脑”文件夹，切换至“计算机”选项卡，单击“系统”组中的“卸载或更改程序”按钮，如下右图所示。

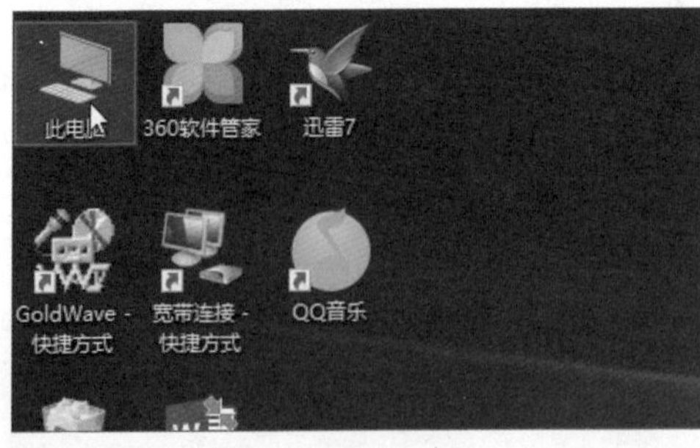

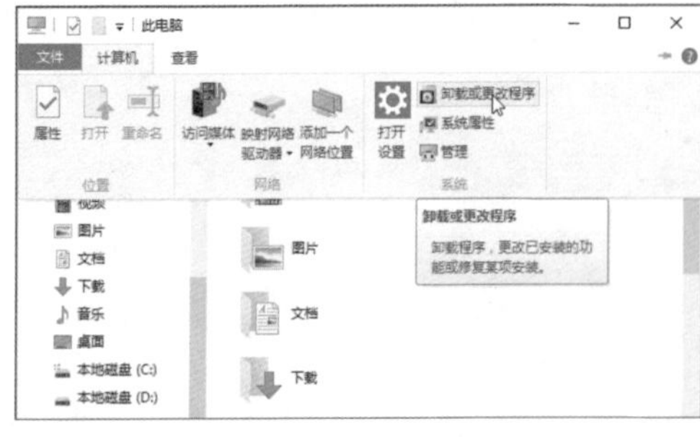

步骤 03 **执行“卸载/更改”命令。**选择需要更新/卸载的程序，右键单击，在弹出的快捷菜单中执行“卸载/更改”命令，如下左图所示。

步骤 04 **完成卸载。**弹出提示框，询问用户是否卸载或者更新程序，按需选择后，单击“下一步”按钮即可，如下右图所示。

02 快速访问设置

在使用电脑的过程中，经常会有这样的烦恼：每次打开要使用的文件夹时需要多次打开不同的文件夹进行查找。Windows支持将常用的文件夹添加到快速访问位置，这样就无需为查找文件而烦恼了。下面介绍如何将常用的文件夹添加到快速访问。

步骤 01 **执行"固定到'快速访问'"命令。**选择需要添加到快速访问的文件夹，右键单击，从弹出的快捷菜单中执行"固定到'快速访问'"命令，如下左图所示。

步骤 02 **查看结果。**双击"此电脑"图标，打开该文件夹，在窗口左侧的"快速访问"列表中可以看到该文件夹，如下右图所示。

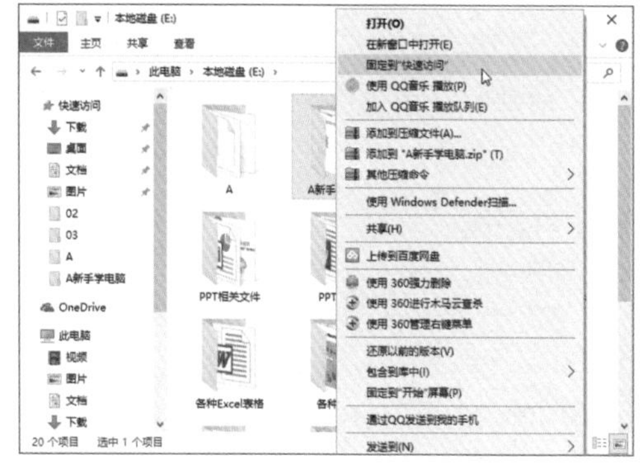

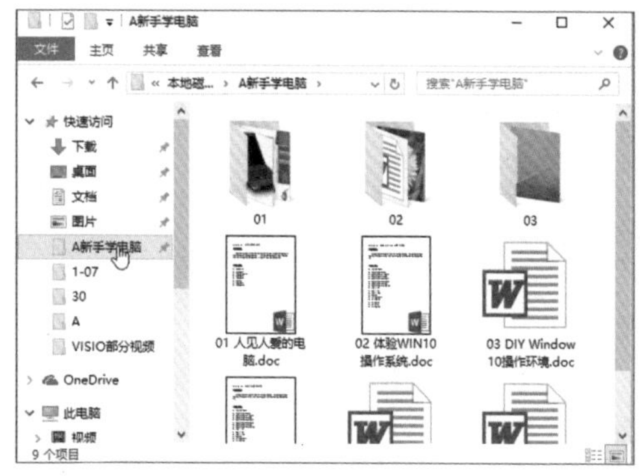

步骤 03 **删除文件夹。**如果想要将文件夹从快速访问中删除，只需选择该文件夹并右击，从弹出的快捷菜单中执行"从'快速访问'取消固定"命令即可，如右图所示。

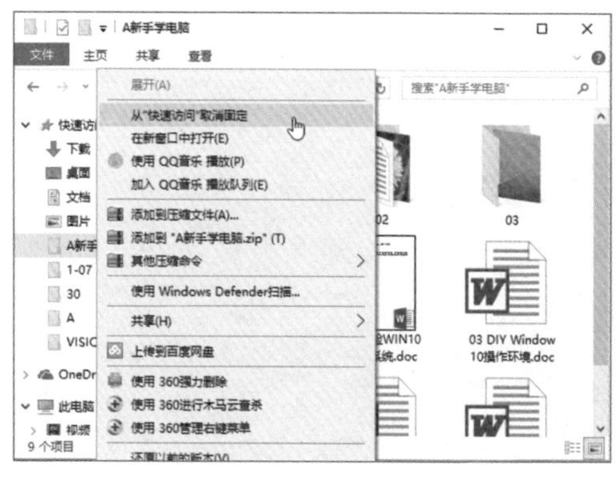

Chapter

04 轻松管理我的电脑

内容导读

在使用电脑时，需要将有用的文件或文件夹保存在电脑中。在电脑中保存了数目繁多的文件或文件夹后，如何进行有效的管理呢？本章将介绍管理文件和文件夹的相关操作。

知识要点

认识Windows资源管理器

对文件和文件夹进行排序和分组

重命名文件或文件夹

管理回收站中的文件

设置文件和文件夹属性

搜索文件和文件夹

初识文件和文件夹

为了很好地管理文件，电脑会将文件分门别类地存放在文件夹中。下面介绍什么是文件和文件夹。

01 什么是文件与文件夹

在使用电脑的过程中，文件和文件夹必不可少。那么，什么是文件和文件夹？下面分别对其进行介绍。

❶ 文件

电脑中的文件是指以电脑硬盘为载体存储在电脑上的信息集合。电脑中的文件可以是音乐、文本文档、图片、程序等。

文件通常具有三个字母的文件扩展名，用于指示文件类型。例如，图片文件扩展名为.jpg、文档文件扩展名为.doc、音乐文件扩展名为.mp3/.wav等。右图所示为图片文件。

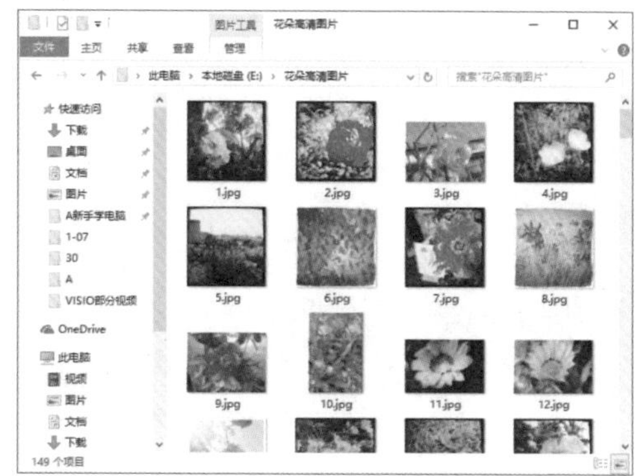

文档文件如下左图所示。视频、音乐文件如下右图所示。

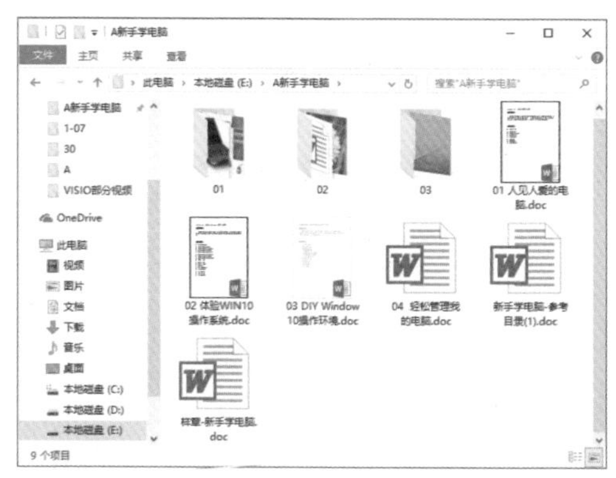

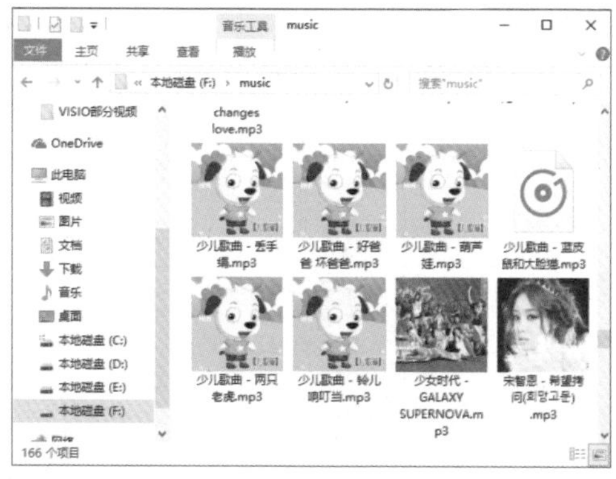

❷ 文件夹

文件夹是用来组织和管理磁盘文件的一种数据结构。在电脑中，有两种类型的文件夹。

一种是用户为了分门别类地存储电子文件而建立的有独立路径的目录，而“文件夹”就是一个目录名称。用户可以根据存储文件的类型、工作关系、关联性、时间等将文件分别存储在文件夹中，如下图所示。使用文件夹可以提高工作效率，使共享文件更为便捷快速。

另外一种是操作系统为了分门别类地有序存放文件，把文件组织在若干目录中，这些目录也称文件夹。文件夹一般采用多层次结构（树状结构），在这种结构中每个磁盘有一个根文件夹，它包含若干文件和文件夹。文件夹不但可以包含文件，还可包含下一级文件夹，以此类推，形成多级文件夹结构，既可以将不同类型和功能的文件分类储存，又可以方便文件查找，还允许不同文件夹中的文件拥有同样的文件名，如下图所示。

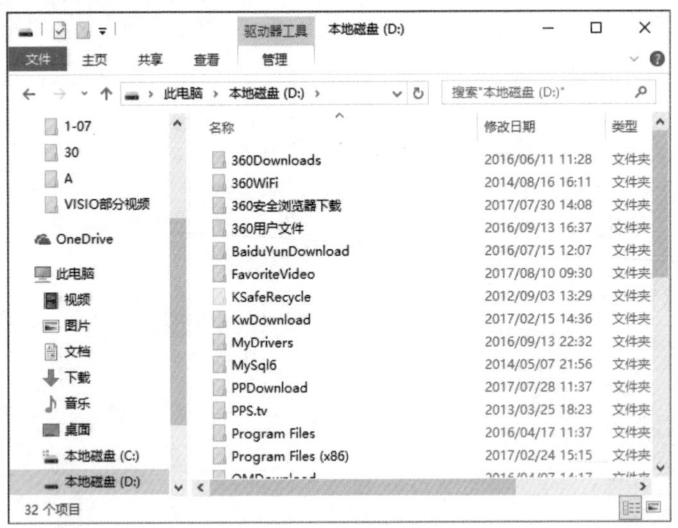

02 认识文件资源管理器

文件资源管理器是一个Windows系统自带的资源管理工具，主要负责管理数据库、持续消息队列或事务性文件系统中的持久性或持续性数据。文件资源管理器可以存储数据并执行故障恢复。

通过文件资源管理器，用户可以查看电脑的所有资源，特别是它的树形文件系统结构可以帮助用户更清楚直观地认识电脑中的文件和文件夹，这是“我的电脑”所没有的功能，如下左图所示。

但是在实际的应用中，“文件资源管理器”和“我的电脑”功能相同，二者都是用来管理系统资源的，也就是说都是用来管理文件的。

启动文件资源管理器的操作很简单。在电脑桌面左侧的应用程序按钮上右击，在弹出的快捷菜单中执行“文件资源管理器”命令，即可启动文件资源管理器，如下右图所示。

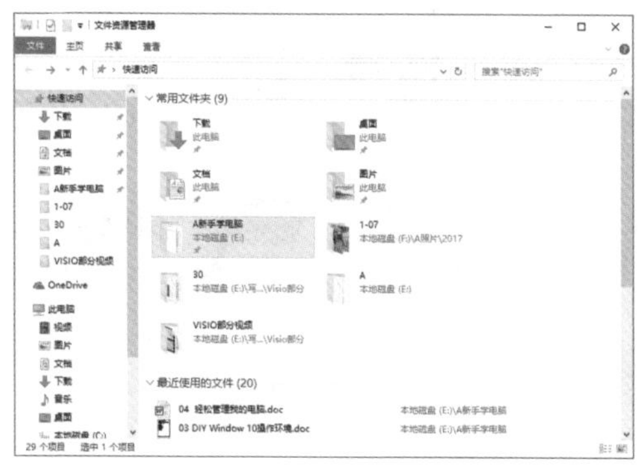

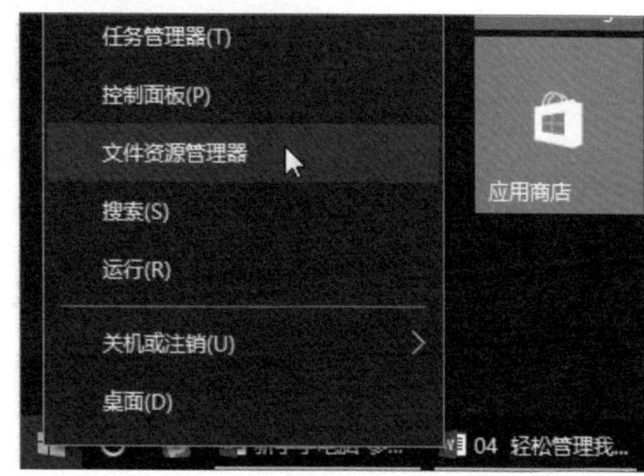

浏览与查看文件

在电脑中存储了大量文件后，如何对文件进行查看呢？下面介绍浏览与查看文件的方法。

01 改变文件和文件夹的视图方式

在电脑中存放大量文件/文件夹后，如果需要查看，可以按需更改文件/文件夹的视图方式。下面以更改图片文件的视图方式为例进行介绍。

步骤 01 **选择查看方式。**在图片文件夹空白处右击，在弹出的快捷菜单中执行“查看”命令，然后从级联菜单中执行合适的命令即可，如果执行“中等图标”命令，如下左图所示。

步骤 02 **查看结果。**此时，图片以中等图标的方式显示在文件夹中，如下右图所示。

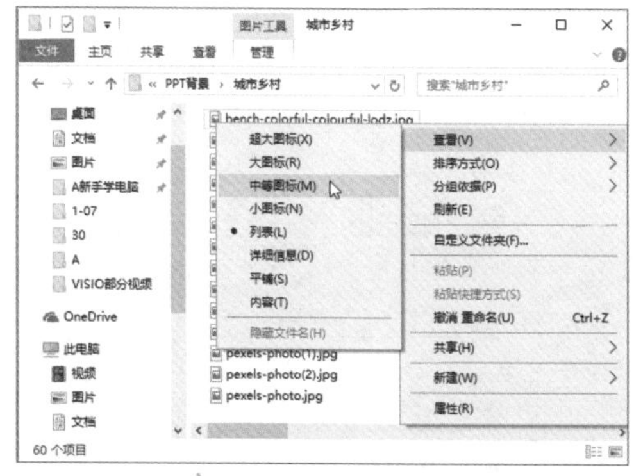

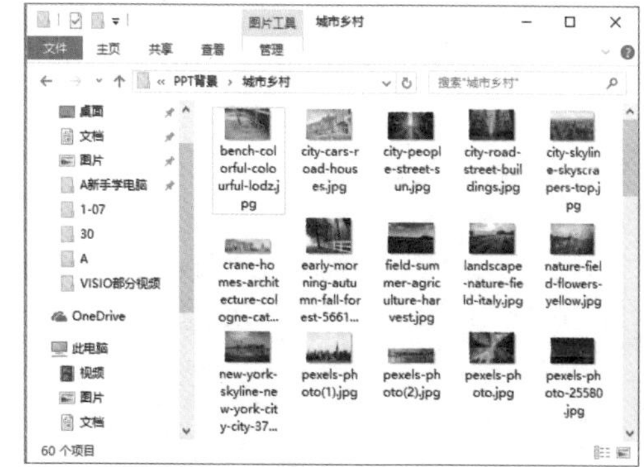

步骤 03 **大图标显示结果。**如果执行“大图标”命令，则图片以大图标的方式显示在文件夹中，如右图所示。

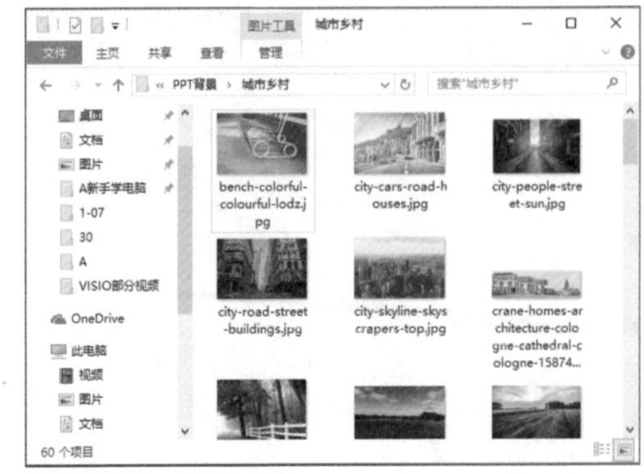

02 对文件和文件夹进行排序和分组

如果电脑中存在大量文件/文件夹，如何快速地进行排序和分组查看呢？下面介绍对文件夹进行排序和分组查看的方法。

步骤 01 **文件夹排序。**在文件夹空白处右击，在弹出的快捷菜单中执行“排序方式→日期”命令，如下左图所示。

步骤 02 **查看结果。**文件夹以创建日期的先后顺序进行排列，如下右图所示。

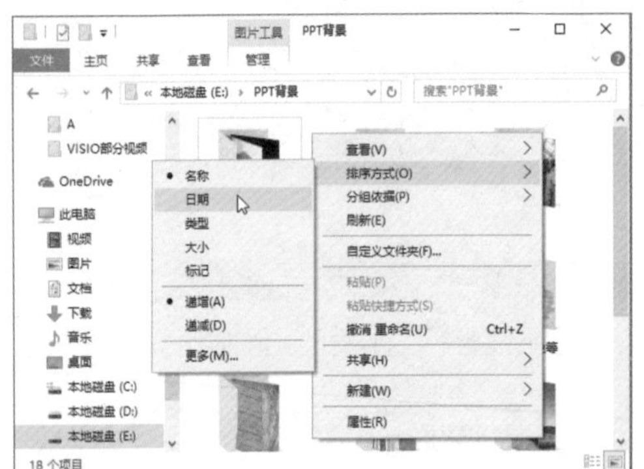

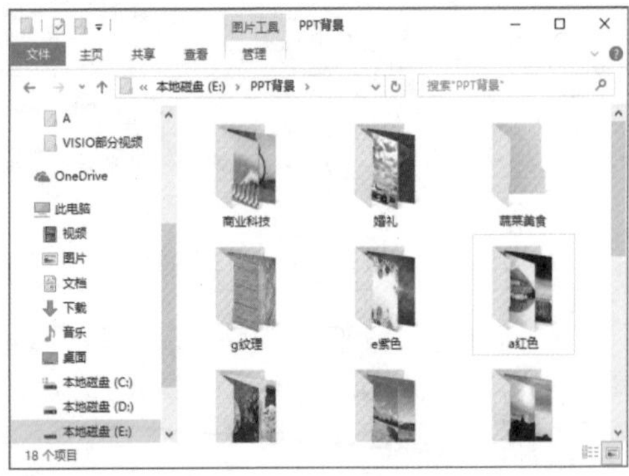

步骤 03 **文件夹分组。**在空白处右击，在弹出的快捷菜单中执行“分组依据→名称”命令，如下左图所示。

步骤 04 **查看结果。**可以看到，文件夹以名称为依据进行分组，如下右图所示。

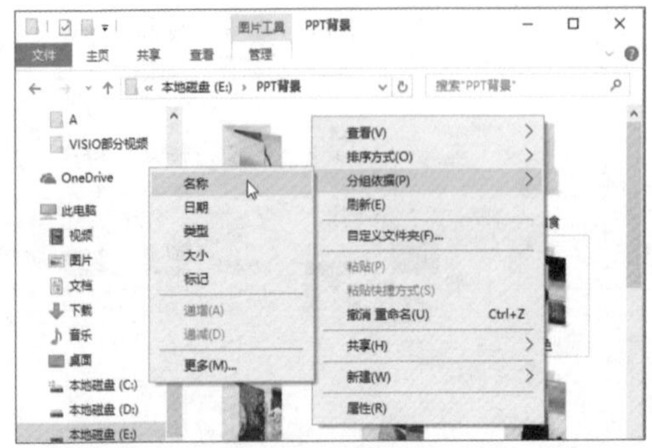

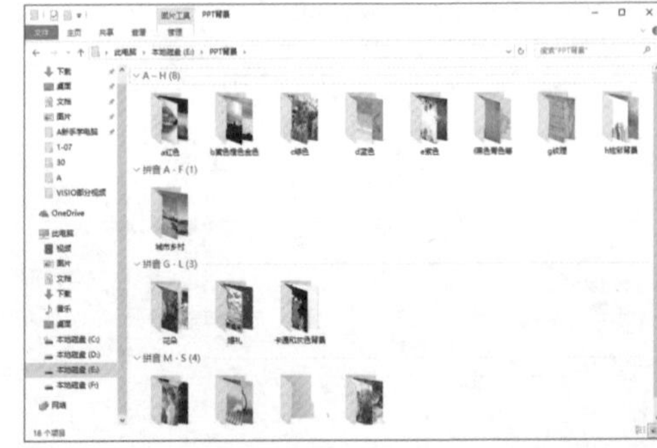

文件和文件夹的基本操作

在存储文件的过程中，用户会用到创建文件夹、选择文件/文件夹、重命名文件/文件夹等操作，下面分别对其进行介绍。

01 创建新文件夹

如果用户需要将文件保存在新类型的文件夹中，可以创建新文件夹，下面介绍如何创建新文件夹。

步骤 01 **新建文件夹。**在电脑中的合适位置空白处右击，在弹出的快捷菜单中执行“新建→文件夹”命令，如下左图所示。

步骤 02 **查看结果。**选择后即可新建一个文件夹，默认新建的文件夹名称为“新建文件夹”，如下右图所示。

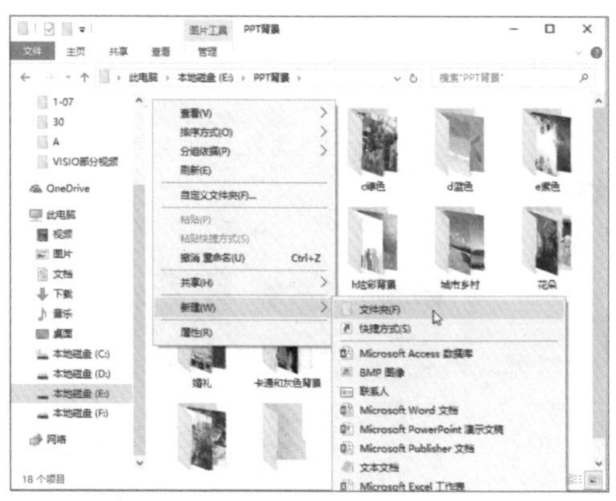

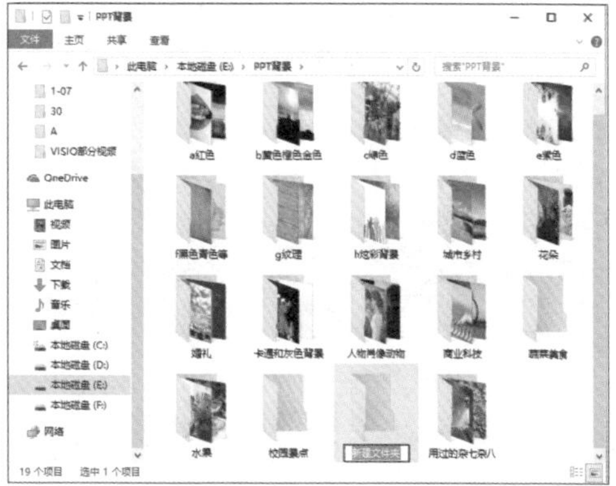

步骤 03 **命名文件夹。**选择合适的输入法，直接输入名称，然后在文件夹外单击即可为文件夹命名，如右图所示。

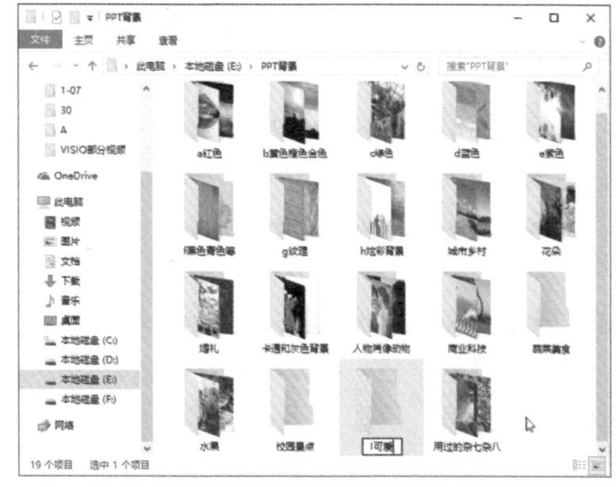

02 选择文件或文件夹

在对文件/文件夹进行操作时，选择文件/文件夹操作是必不可少的。下面介绍选择文件的方法。

步骤 01 **选择单个文件。**在需要选择的文件上单击，即可选择该文件，如下左图所示。

步骤 02 **选择多个文件。**按住Ctrl键不放，依次单击需要选择的文件，即可将其选择，如下右图所示。

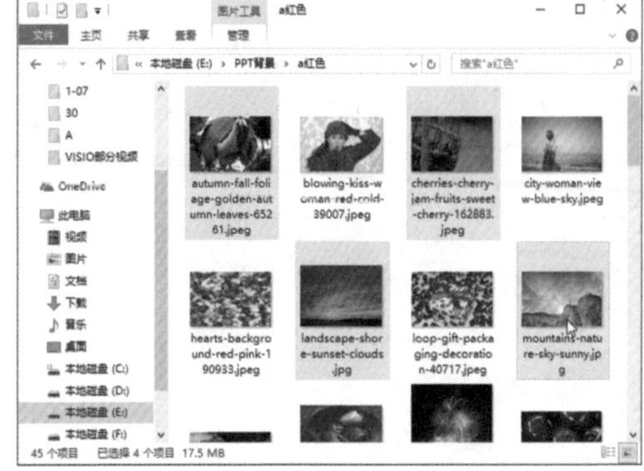

步骤 03 **选择固定区域内的文件。**将光标移至需要选择的文件区域外，按住鼠标左键不放，拖动鼠标，光标框选范围内的文件将被选择，如下左图所示。

步骤 04 **选择当前文件夹中所有文件。**按快捷键Ctrl+A，可以将当前文件夹中的所有文件选中，如下右图所示。

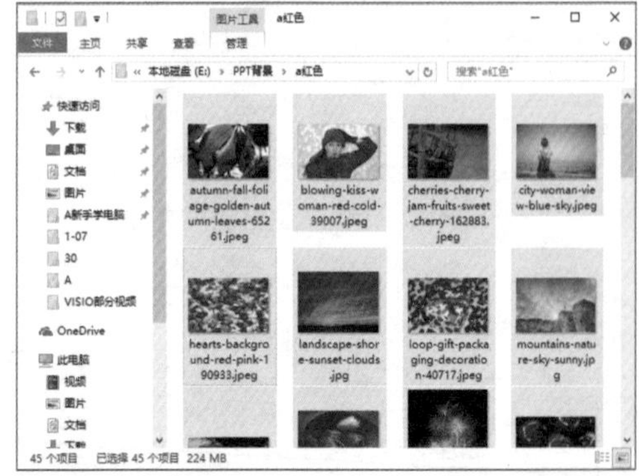

03 重命名文件或文件夹

如果发现文件/文件夹的名称不够清晰明确地传达信息，可以重命名文件/文件夹。下面介绍其操作方法。

步骤 01 **执行“重命名”命令。**选择需要重命名的文件，右键单击，在弹出的快捷菜单中执行“重命名”命令，如右图所示。

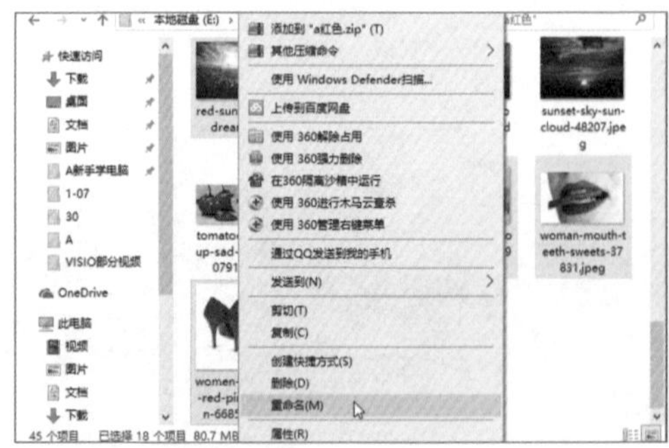

步骤 02 **输入文件名。**选择合适的输入法，按需输入文本，如下左图所示。

步骤 03 **完成重命名。**输入文本完成后，在文件外单击，完成文件的重命名，如下右图所示。

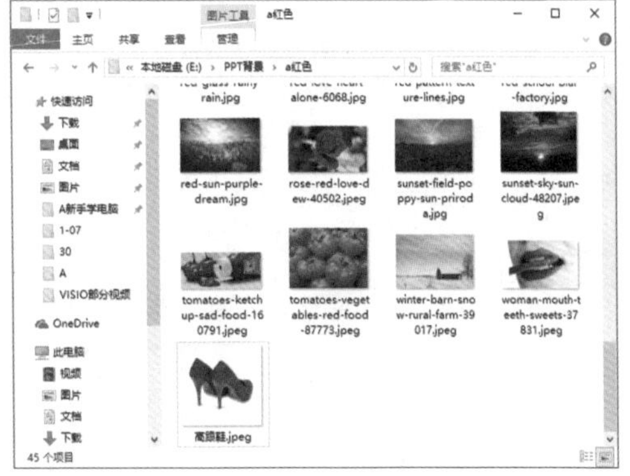

04 复制文件或文件夹

复制文件/文件夹的操作方法如下。

步骤 01 **复制文件。**选择需要复制的文件，右键单击，在弹出的快捷菜单中执行“复制”命令，如下左图所示。也可以选择图片，按快捷键Ctrl+C复制图片。

步骤 02 **粘贴文件。**在需要粘贴文件的位置右击，在弹出的快捷菜单中执行“粘贴”命令，如下右图所示。或者按快捷键Ctrl+V粘贴文件。

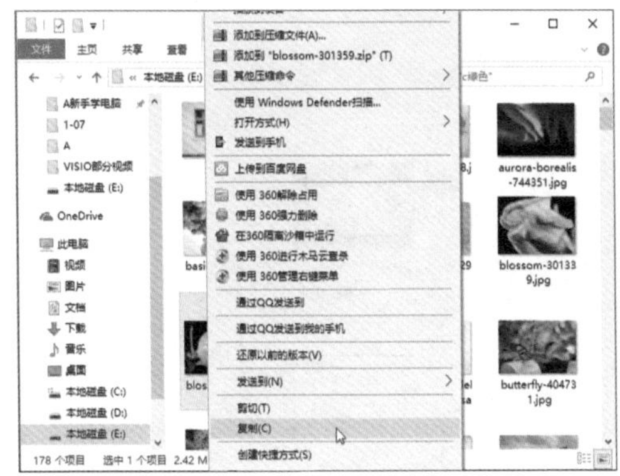

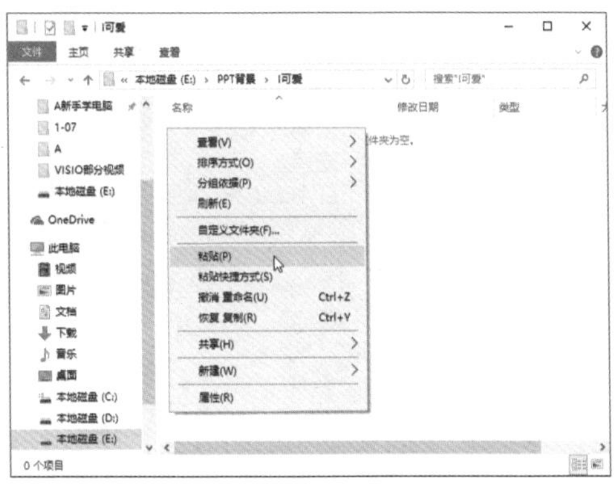

步骤 03 **查看结果。**在目标位置可以查看复制的文件，如右图所示。

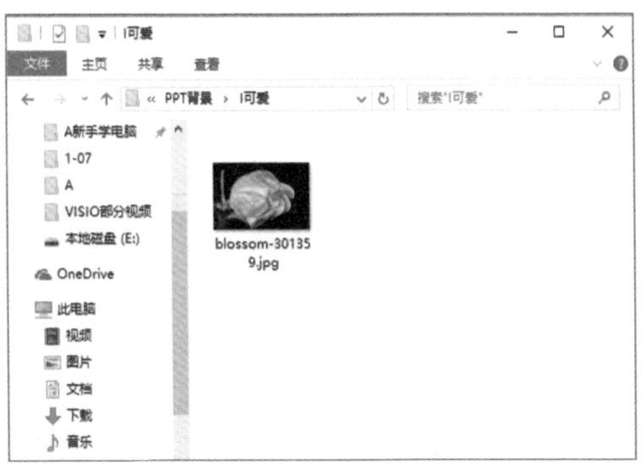

05 移动文件或文件夹

将当前文件/文件夹移动至其他位置的操作方法如下。

步骤 01 **剪切文件。**选择需要移动的文件，右键单击，在弹出的快捷菜单中执行“剪切”命令，如下左图所示。按快捷键Ctrl+X也可以剪切文件。

步骤 02 **粘贴文件。**在需移动至的位置右击，在弹出的快捷菜单中执行“粘贴”命令，如下右图所示。或者按快捷键Ctrl+V粘贴文件。

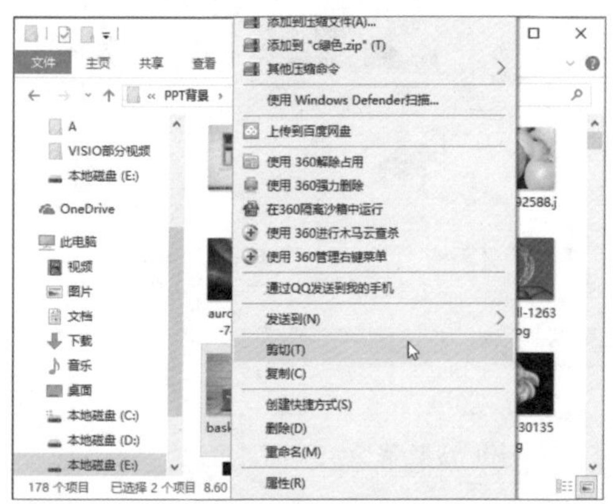

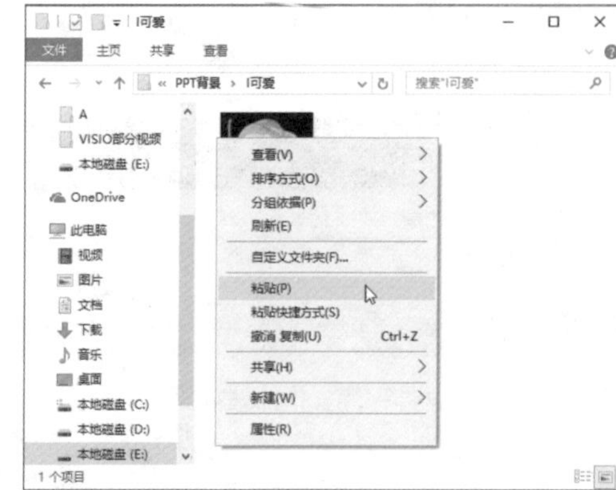

步骤 03 **查看结果。**在目标位置查看剪切的文件，如下图所示。

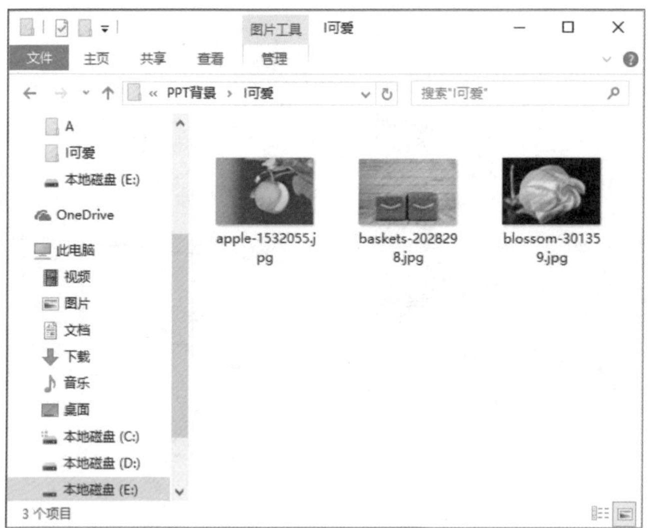

06 删除文件或文件夹

如果电脑中存在多余的文件/文件夹，为了节约电脑空间，可以将其删除，操作方法如下。

步骤 01 **删除文件。**选择需要删除的文件，右键单击，在弹出的快捷菜单中执行“删除”命令，如下左图所示。或者选择图片后按Delete键删除文件。

步骤 02 **删除结果。**删除图片后，效果如下右图所示。

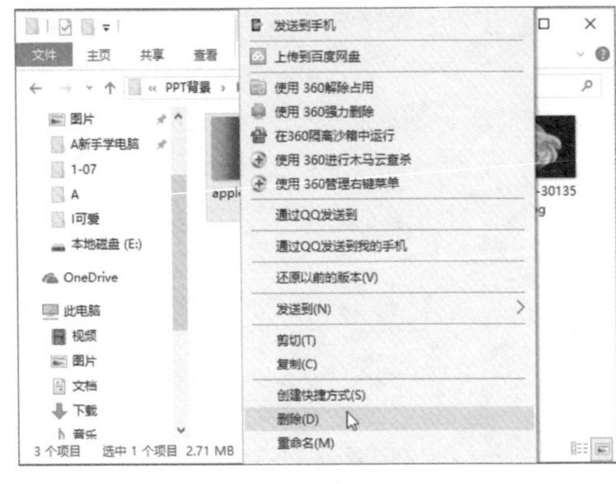

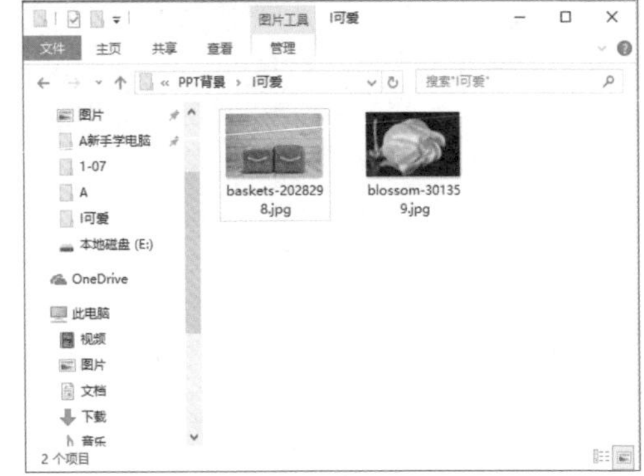

Section 04 文件和文件夹的高级操作

学习了文件和文件夹的基本操作后，下面学习文件/文件夹的高级操作，包括管理回收站中的文件、设置文件/文件夹属性以及搜索文件/文件夹。

01 管理回收站中的文件

删除的文件/文件夹会被电脑存放在回收站中。如果误删了某些文件/文件夹，可以在回收站中将相应的文件/文件夹还原。如果回收站中的文件/文件夹过多，可以清理回收站。

步骤 01 **打开回收站**。双击电脑桌面上的“回收站”图标，可以打开回收站，如右图所示。

步骤 02 **还原误删文件**。选择需要还原的文件，右键单击，在弹出的快捷菜单中执行“还原”命令，如右图所示。

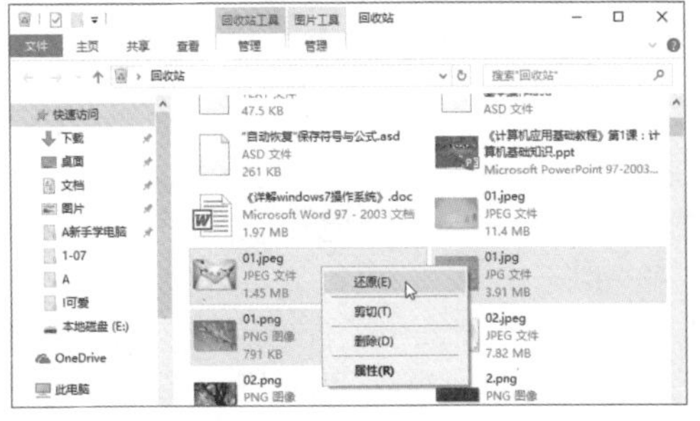

步骤 03 **使用“管理”选项卡还原文件。**还可以打开“回收站工具－管理”选项卡，通过“还原选定的项目”命令，还原选定文件，如下左图所示。

步骤 04 **设置回收站属性。**单击“回收站工具－管理”选项卡中的“回收站属性”按钮，打开“回收站属性”窗格，对回收站属性进行设置，设置完成后，单击“应用”按钮，如下右图所示。

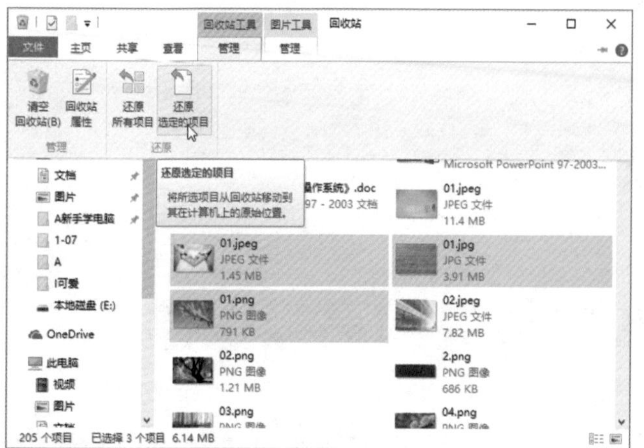

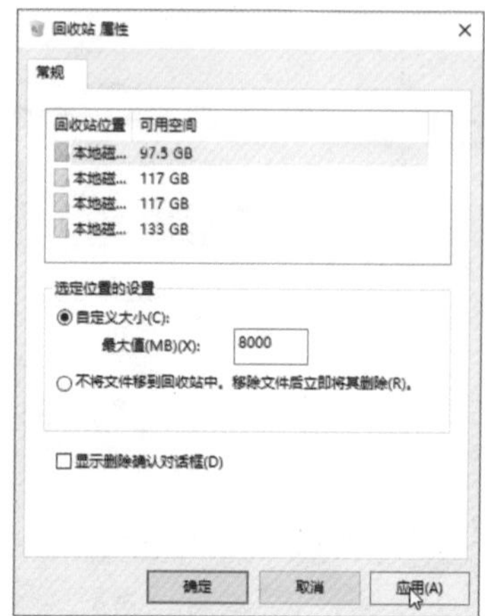

步骤 05 **清空回收站。**单击“回收站工具－管理”选项卡中的“清空回收站”按钮，可以清空回收站，如下图所示。

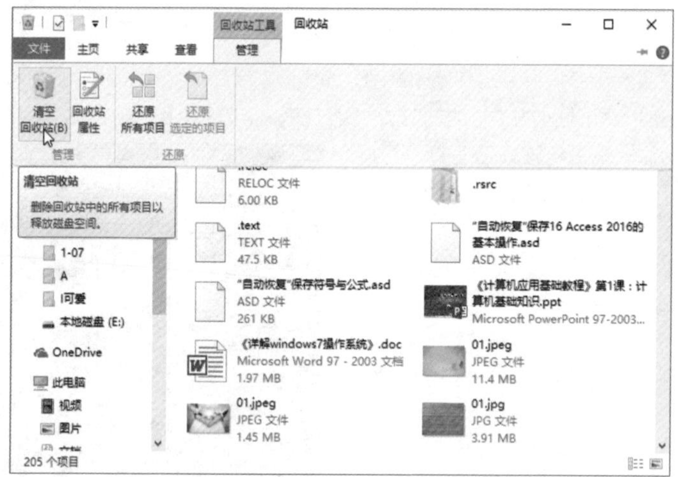

02 设置文件和文件夹属性

如果用户需要对文件/文件夹进行一些保护操作，如隐藏文件/文件夹，可以通过对文件/文件夹的属性设置来实现。下面介绍操作方法。

步骤 01 **启动“属性”对话框。**选择文件夹，右键单击，在弹出的快捷菜单中执行“属性”命令，如下左图所示。

步骤 02 **隐藏文件夹。**打开“属性”对话框，在“常规”选项卡中勾选“隐藏”复选框并单击“确定”按钮，可以将文件隐藏，如下右图所示。

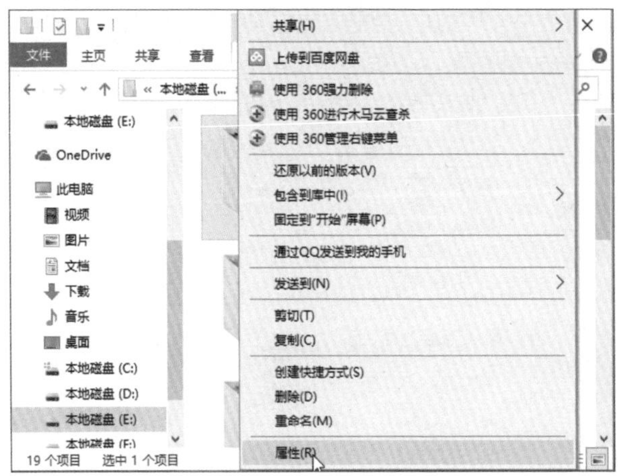

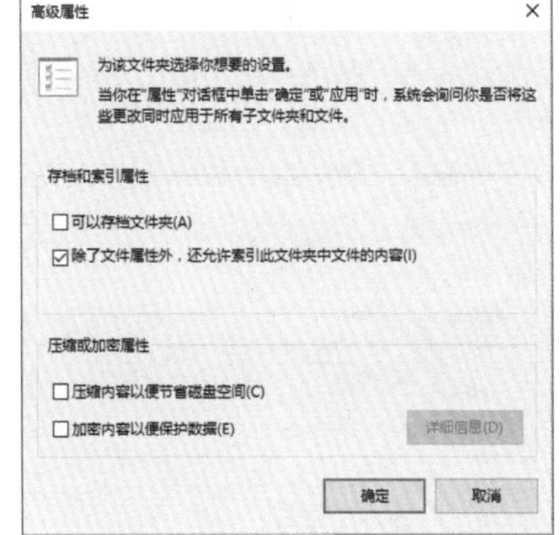

步骤03 **设置高级属性。**单击“属性”对话框中的“高级”按钮，可以打开“高级属性”对话框，对文件夹的其他属性进行设置，如右图所示。

03 搜索文件和文件夹

如果用户想要在多个文件/文件夹中搜索到指定的文件/文件夹，可以按照下面方法进行操作。

步骤01 **打开搜索工具。**打开文件夹后，鼠标单击右上方的搜索框，会出现“搜索工具－搜索”选项卡，如下左图所示。

步骤02 **选择搜索项目。**单击“位置”组中的“当前文件夹”按钮，如下右图所示。

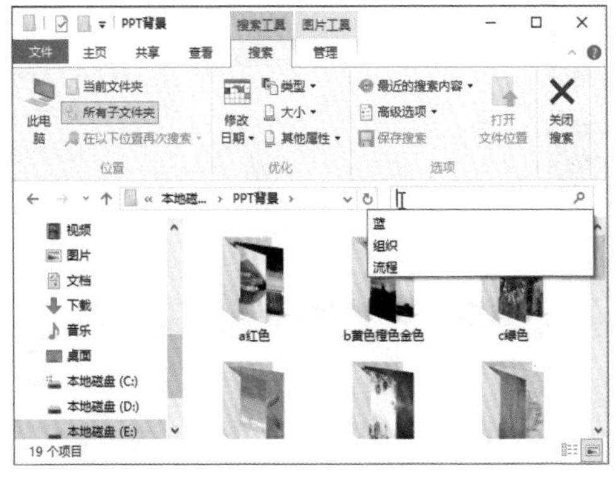
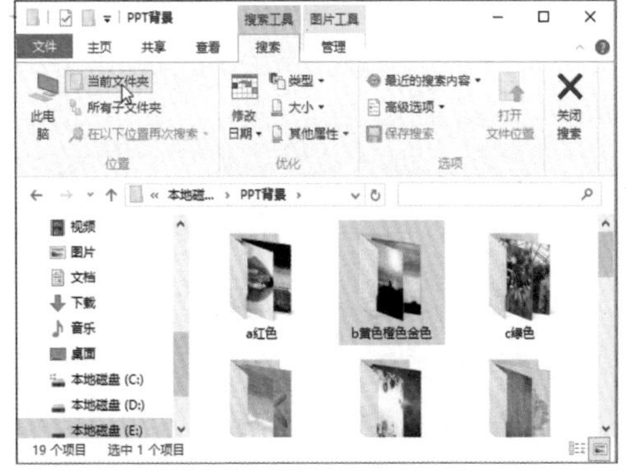

步骤 03 **显示最近搜索列表。**单击“最近的搜索内容”按钮，会出现最近搜索的内容列表，如下左图所示。

步骤 04 **输入关键字。**在搜索框中输入关键字，将自动显示搜索结果，如下右图所示。

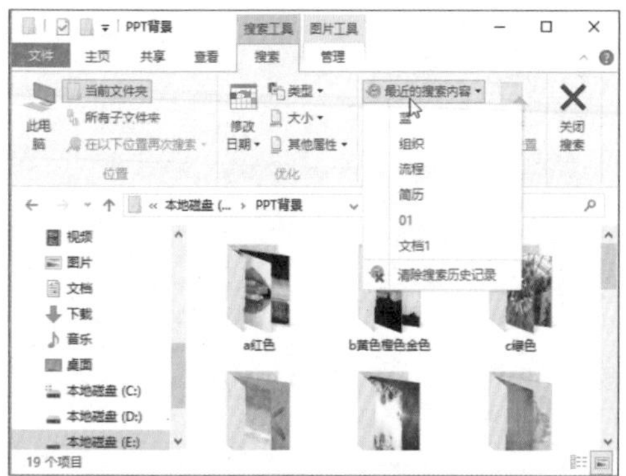

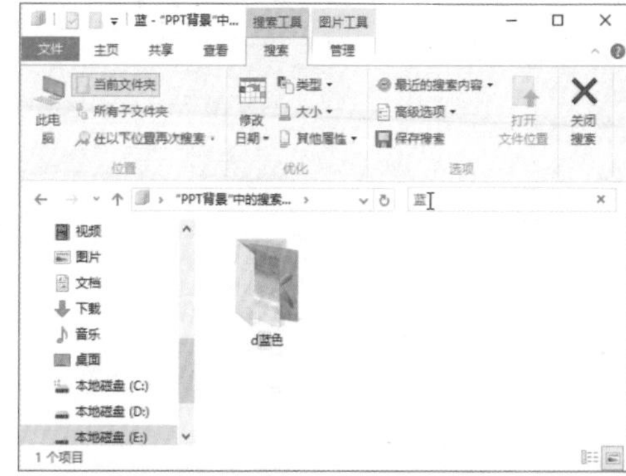

步骤 05 **单击“保存搜索”按钮。**单击“搜索工具－搜索”选项卡中的“保存搜索”按钮，如下左图所示。

步骤 06 **保存搜索文件。**打开“另存为”对话框，单击“保存”按钮，如下右图所示。

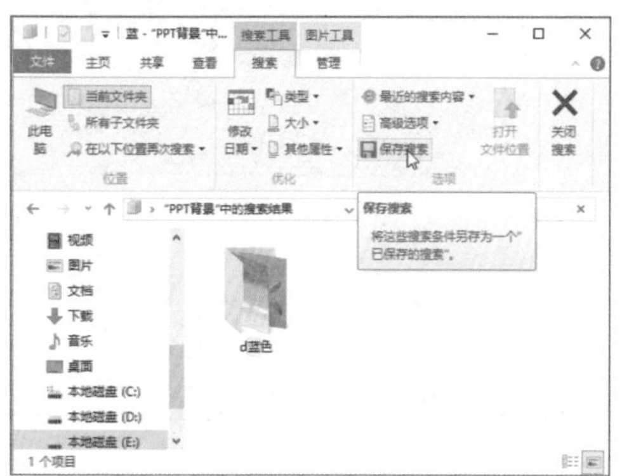

步骤 07 **查看保存结果。**双击保存的搜索图标，可直接打开搜索结果，如右图所示。

Chapter

05 应用程序不可少

内容导读

需要联网下载文件时，下载程序不可少；需要播放视频时，影音程序不可少；需要对图像进行编辑时，图像处理程序不可少……在使用电脑的过程中，经常会根据实际需求安装功能不同的应用程序，下面对常见的应用程序进行介绍。

知识要点

压缩文件并进行加密保护

使用暴风影音

使用看图软件ACDSee

图像加工软件——光影魔术手

PDF阅读工具

压缩包管理器WinRAR

WinRAR是压缩包管理器，该软件可用于备份数据，缩减电子邮件附件的大小，解压缩从Internet上下载的RAR、ZIP及其他类型的文件，并且可以新建RAR及ZIP格式的压缩类文件。

01 直接压缩文件

如果想要通过数据传输或者邮件发送容量较大的文件，将其压缩后再进行发送可以缩短文件上传时间，加快工作效率。下面介绍如何压缩文件。

步骤 01 **添加到压缩文件。**选择需要压缩的文件或文件夹，右键单击，在弹出的快捷菜单中执行“添加到压缩文件”命令，如下左图所示。

步骤 02 **更改目录。**打开“您将创建一个压缩文件-360压缩”对话框，单击“更改目录”按钮，如下右图所示。

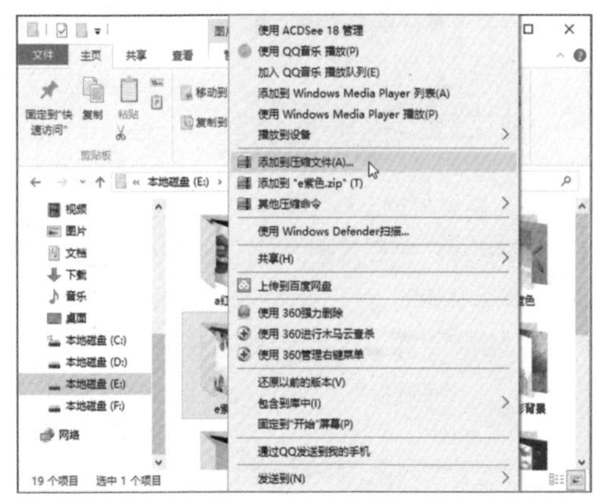

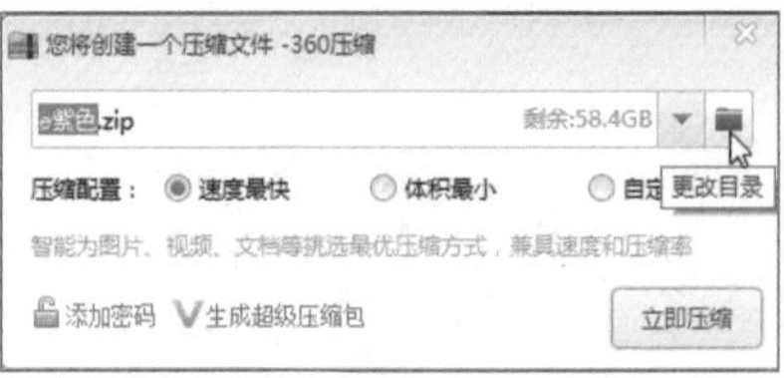

步骤 03 **保存压缩文件。**打开“另存为”对话框，按需选择压缩文件的存放位置，单击“保存”按钮，如下左图所示。

步骤 04 **立即压缩。**选中“自定义”单选按钮，在展开的列表框中按需设置压缩格式、方式、压缩分卷大小等，然后单击“立即压缩”按钮，如下右图所示。

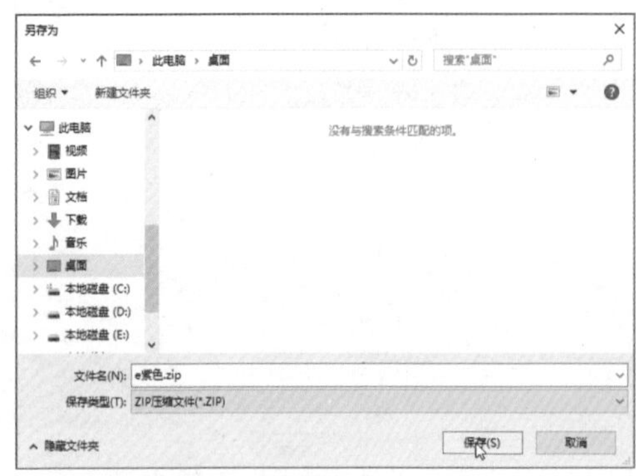

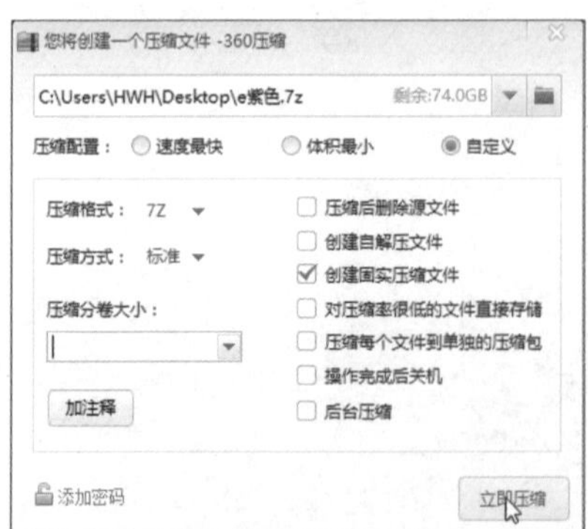

步骤 05 **取消压缩。**开始压缩文件，显示压缩进度。如果想要暂停/取消压缩操作，则单击提示窗格中的“暂停”/“取消”按钮即可，如下左图所示。

步骤 06 **查看结果。**压缩完成后，在之前设置的存放位置，可以看到压缩的文件，如下右图所示。

02 压缩时加密保护

如果想让压缩后的文件不被随意读取，可以在压缩文件时设置密码，其操作方法如下。

步骤 01 **添加密码。**选择需要压缩的文件并右击，在弹出的快捷菜单中执行“添加到压缩文件”命令，打开“您将创建一个压缩文件-360压缩”对话框，单击“添加密码”按钮，如下左图所示。

步骤 02 **输入密码。**打开“添加密码”对话框，输入密码，单击“确认”按钮，如下右图所示。

步骤 03 **设置压缩模式。**返回“您将创建一个压缩文件-360压缩”对话框，选中“体积最小”单选按钮，然后单击“立即压缩”按钮，如右图所示。

03 解压文件

在日常工作和生活中，经常会接收到压缩文件，或者下载压缩文件，如何将这些压缩文件解压呢？下面介绍操作方法。

步骤 01 **打开压缩文件。**双击压缩文件图标，将其打开，如下左图所示。

步骤 02 **设置解压路径。**单击“解压到”按钮，打开“解压文件-360压缩”对话框，设置目标路径及其他相关解压选项后，单击“立即解压”按钮，如下右图所示。

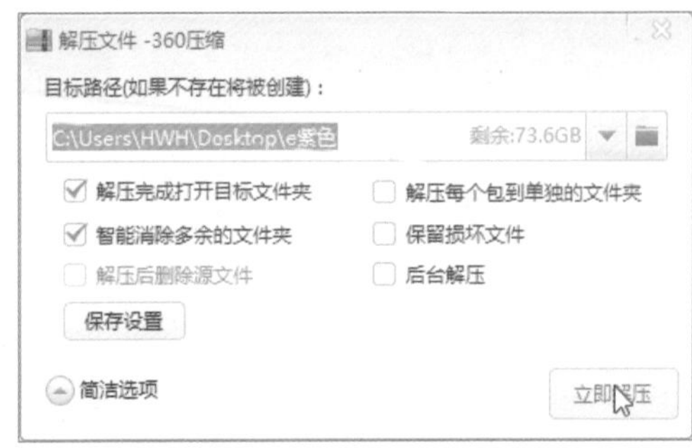

步骤 03 **查看解压过程。**显示正在压缩的进度，可以看到解压速度、已用时间、压缩率等，还可以在解压过程中暂停/取消解压操作，如下左图所示。

步骤 04 **完成解压。**解压完成后，将自动打开解压后的文件，如下右图所示。

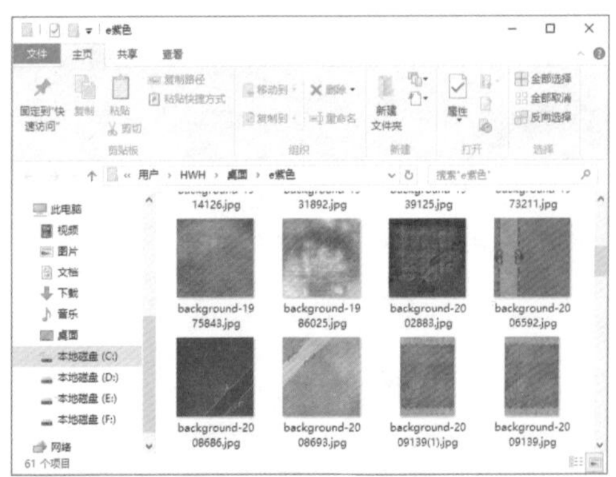

Section 02 常见下载程序

在日常工作和生活中，经常需要从网上下载一些文件。如果下载容量较大的文件，就需要使用下载程序来下载。下面介绍两种常见的下载程序：迅雷和快车。

01 迅雷

迅雷软件是迅雷公司开发的互联网下载软件。该软件不支持上传资源，只提供下载和自主上传。下面介绍如何使用迅雷软件下载文件。

步骤 01 **启动迅雷。**双击迅雷7图标，启动迅雷应用程序，如下左图所示。

步骤 02 搜索关键字。在窗口右上角搜索框中输入关键词“微信”，然后单击“搜索”按钮，如下右图所示。

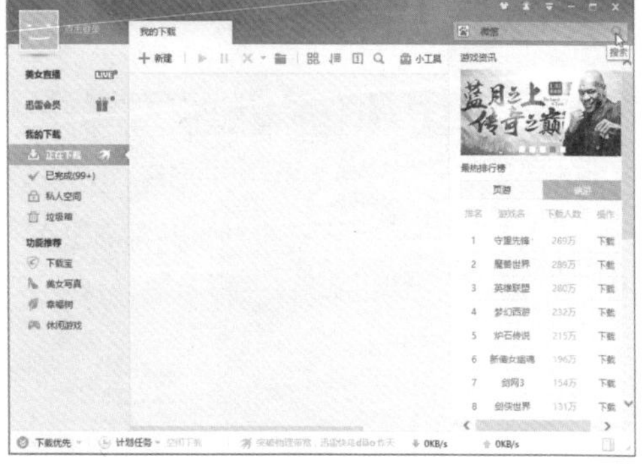

步骤 03 启动“新建下载任务”对话框。单击搜索到的列表中的“立即下载”按钮，如下左图所示。

步骤 04 使用迅雷下载。弹出“新建下载任务”对话框，单击左下角的“展开”按钮，从列表中选择“使用迅雷下载”选项，如下右图所示。

步骤 05 立即下载。弹出“新建任务”对话框，设置文件存放的位置后，单击“立即下载”按钮，如下左图所示。

步骤 06 显示下载进度。在打开的迅雷窗口中会显示下载进度，如下右图所示。

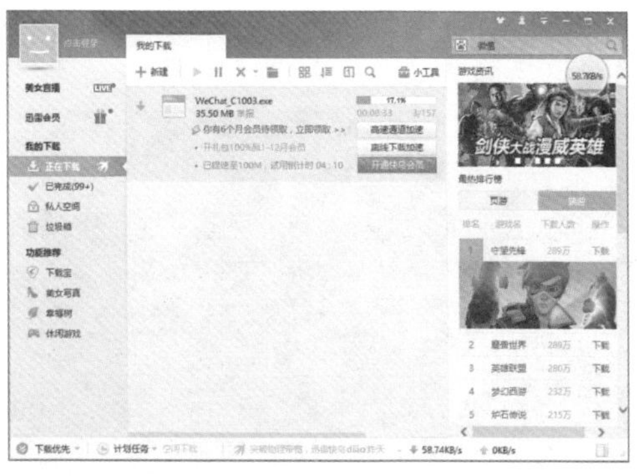

步骤 07 **查看下载信息。**关闭迅雷下载窗格后，如果想要查看下载信息，只需将光标移至电脑桌面上的迅雷小圆球图标上，即可显示下载信息，如下左图所示。

步骤 08 **显示主界面。**双击小圆球图标，或者右击后执行“显示主界面”命令，即可显示主界面如下右图所示。

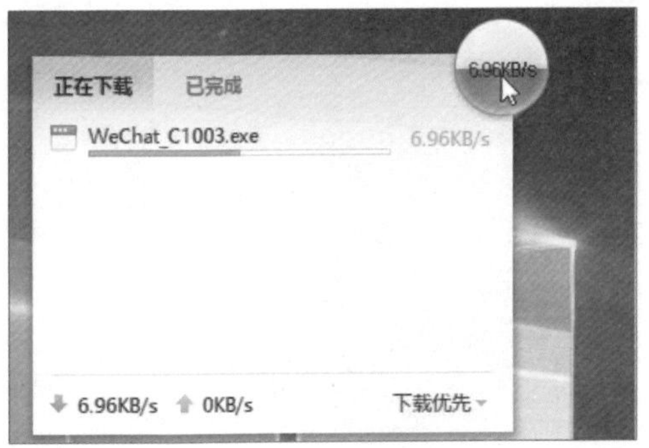

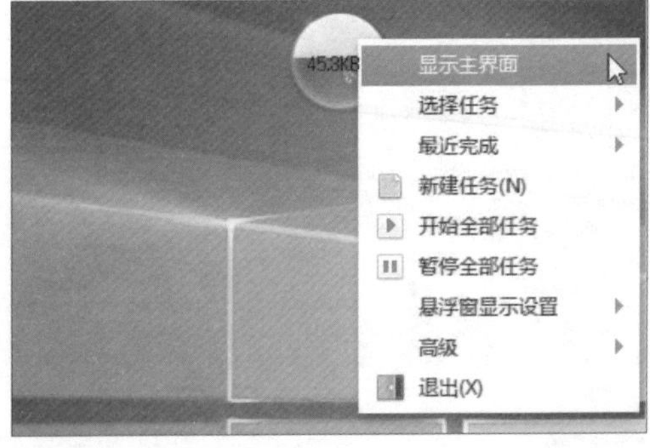

步骤 09 **查看下载文件。**返回迅雷程序主界面，下载完成后，在“已完成”列表中可以看到下载的文件。选择文件并右击，可以在弹出的快捷菜单中执行合适的命令，对下载的文件进行相应操作，如右图所示。

02 快车

快车的性能好，功能多，下载速度快，在下载过程中自动识别文件中可能藏有的间谍程序及捆绑插件，并对用户进行有效提示。下面介绍如何使用该软件下载文件。

步骤 01 **启动快车。**双击快车3图标，启动快车应用程序，如下左图所示。

步骤 02 **搜索文件。**在窗口右上角的搜索框中输入关键词“保卫萝卜”，然后单击“搜索”按钮，如下右图所示。

步骤 03 选择下载模式。单击搜索到的列表中的“普通下载”按钮，如下左图所示。

步骤 04 复制网址。弹出“新建下载任务”对话框，选择“网址”选项地址栏中的地址，按快捷键Ctrl+C复制网址，如下右图所示。

步骤 05 立即下载。复制的网址将自动出现在快车软件中的“新建任务”窗格中的“下载网址”地址栏中，然后单击“立即下载”按钮，如下左图所示。

步骤 06 查看下载进度。开始下载文件，在窗口中可以看到下载进度，如下右图所示。

步骤 07 查看下载结果。下载完成后，在“完成下载”列表中可以看到下载的文件，如下图所示。

Section 03

视频播放程序

虽然通过网页可以直接观看视频，但是通过应用程序可以更快地加载视频，还可以自定义播放。下面介绍常见的视频播放程序：暴风影音和爱奇艺PPS影音。

01 暴风影音

暴风影音是暴风网际公司推出的一款视频播放器，该播放器兼容大多数的视频和音频格式。每日更新大量影视资源，可以对影片的播放热度和时长进行标识，并且可以切换视频清晰度。下面介绍如何使用暴风影音播放器。

步骤 01 **启动暴风影音。**双击暴风影音快捷方式图标，启动应用程序，如下左图所示。

步骤 02 **打开程序界面。**启动暴风影音程序，默认的打开界面如下右图所示。

步骤 03 **设置暴风盒子。**暴风盒子出现在窗口右侧，是一个可以活动的窗口，单击播放窗口右侧的“盒子”按钮，可以显示/关闭暴风盒子，如下左图所示。

步骤 04 **通过影视列表播放视频。**用户可以通过影视列表直接播放视频，执行“影视列表→儿童剧场→1-3岁宝宝乐园”命令，将光标移至“蔬菜王国”选项上，单击出现的级联菜单中的“播放”按钮，可播放视频，如下右图所示。

步骤 05 **通过暴风盒子播放视频。**打开暴风盒子，选择“电影→免费→欧美→全部”选项，将光标移至需要播放的影片上，单击“播放”按钮，可播放视频，如下左图所示。

步骤 06 **搜索视频。**用户还可以在搜索框中直接输入关键字，单击“搜索”按钮，搜索视频，如下中图所示。

步骤 07 **播放影片。**在搜索到的结果中可以直接单击“播放”按钮，可从第一集开始播放，而直接双击剧集列表中的某一剧集，可以播放该影片，如下右图所示。

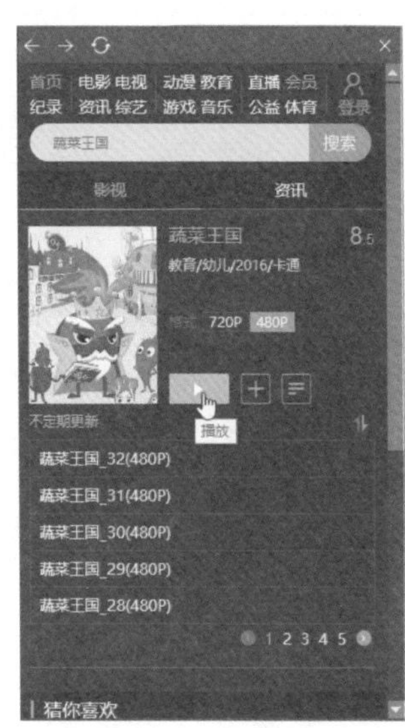

步骤 08 **下载影片。**在剧集列表中选择需要下载的影片并右击，在弹出的快捷菜单中执行“下载”命令，打开“下载管理”窗格，单击“更改目录”按钮，如下左图所示。

步骤 09 **设置影片存放位置。**打开“浏览文件夹”对话框，设置影片存放的位置，单击“确定”按钮，如下右图所示。返回上一级对话框，单击“确定”按钮。

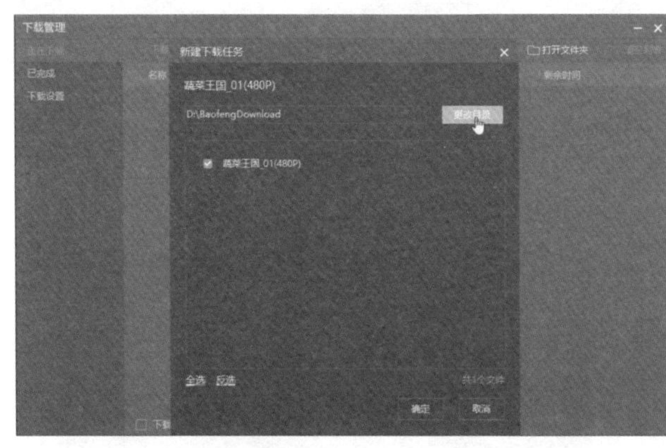

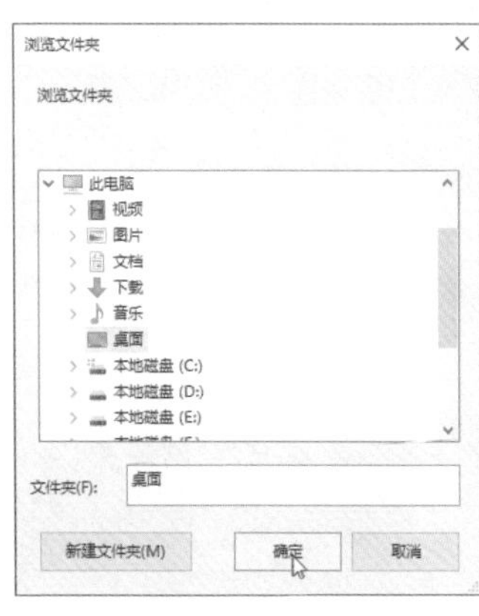

步骤 10 **全屏播放。**在播放视频时，直接在播放画面上的任意位置双击或者单击播放工具栏中的“全屏”按钮，可全屏播放视频，如下左图所示。

步骤 11 **退出全屏。**在全屏状态下，双击鼠标，可退出全屏，或右击并在弹出的快捷菜单中执行“退出全屏”命令，退出全屏，如下右图所示。

步骤 12 **设置播放参数。**在播放视频时，光标移至播放画面上方时，会出现一个播放控制条，将光标移至需要跳跃至的画面位置并单击，可以跳跃至指定时间点播放视频。在播放控制栏中，单击“播放/暂停”按钮，可播放/暂停视频；单击“上一个”按钮或“下一个”按钮，可以切换至上一个/下一个视频；单击“下载”按钮，可以下载视频；单击“截图”按钮，可以截取播放至某一帧的画面；单击“清晰度”按钮，可以设置在线播放视频的画面清晰度；单击“弹”按钮，可以打开弹幕；通过声音按钮，可设置播放影片的声音大小。如下左图所示。

步骤 13 **弹幕设置。**打开弹幕后，直接在弹幕框中输入文本，单击“发送”按钮，可以发送弹幕。单击“设置”按钮，可以设置相关参数如下右图所示。

步骤 14 **设置弹幕格式。**打开“我的弹幕设置”窗格，可以按需设置弹幕字号、模式、透明度以及字颜色，如下左图所示。

步骤 15 **打开播放列表。**切换至“播放列表”选项卡，单击“添加到播放列表”按钮，如下右图所示。

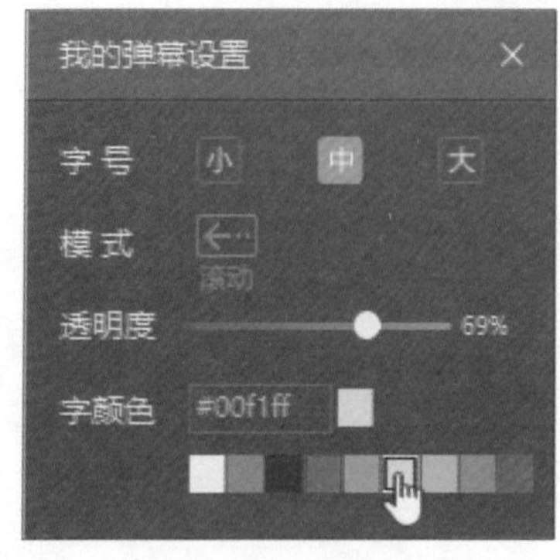

步骤 16 **选择播放文件。**打开“打开”对话框，选择需要添加至播放列表的文件，单击“打开”按钮，如下左图所示。

步骤 17 **添加文件至播放列表。**可以将所选文件添加至播放列表，如下右图所示。

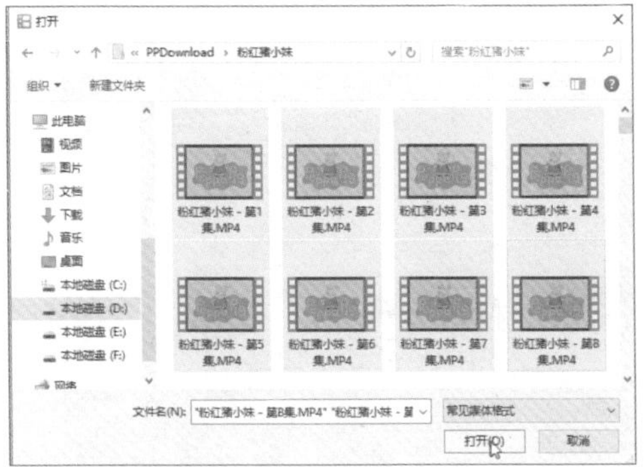

02 爱奇艺PPS影音

爱奇艺PPS影音是爱奇艺公司全新打造的一款视频播放软件，为用户提供清晰、流畅、界面友好的观映体验。下面介绍如何使用爱奇艺PPS影音。

步骤 01 **启动爱奇艺PPS影音。**双击桌面上的爱奇艺PPS影音图标，如下左图所示。

步骤 02 **搜索相关视频。**打开应用程序后，默认为“播放”选项卡，在窗口的左侧和上方都有视频列表，可以查找相关视频，也可以直接在上方的搜索框中输入关键字搜索视频，如下右图所示。

步骤 03 **系统设置。**单击左上角的“爱奇艺”按钮，从列表中选择“设置”选项，如右图所示。

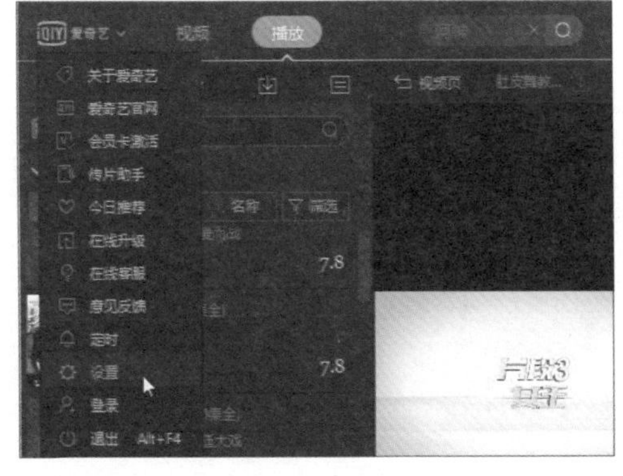

步骤 04 **设置播放器。**在默认的“播放器”选项中，可对播放视频时播放器的一些相关操作进行设置，如下左图所示。

步骤 05 **设置视频下载参数。**在“视频下载”选项中，可以设置下载存放路径、下载视频清晰度等，如下右图所示。

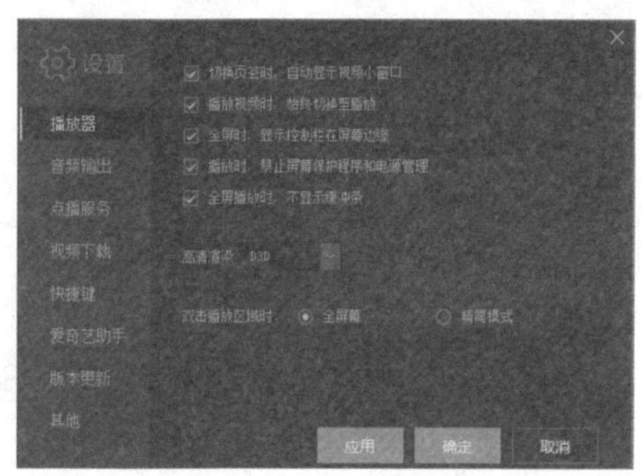

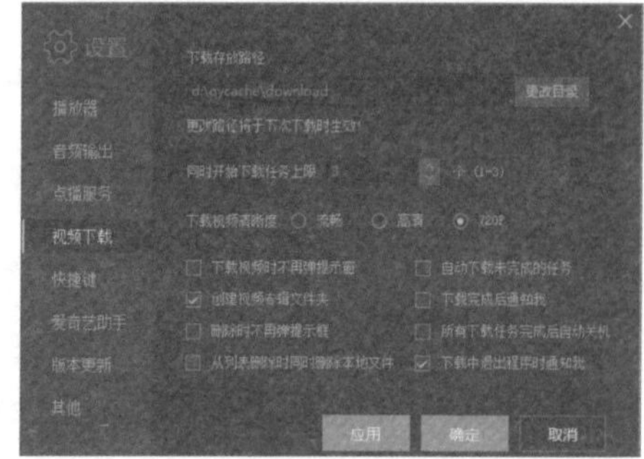

步骤 06 **播放相关操作。**播放画面时，同样可以像暴风影音一样，对视频进行暂停、上一个、下一个、全屏等相关操作，效果如下左图所示。

步骤 07 **播放设置。**如果单击播放工具栏上的“设置”按钮，可打开“播放设置”对话框，对播放的亮度、画质增强、画面比例等进行设置，如下右图所示。

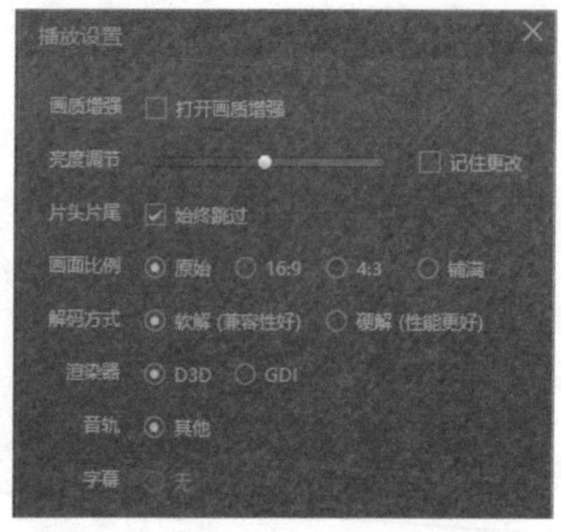

Section 04 图像处理程序

在日常工作和生活中，经常会使用图像。如果需要对图像进行专业化的处理，就需要使用专业的图像处理程序。下面介绍两种常用的图像处理程序、ACDSee和光影魔术手。

01 ACDSee

ACDSee是非常流行的看图工具之一。它提供了良好的操作界面、简单人性化的操作方式、优质的快速图形解码方式、支持丰富的图形格式、强大的图形文件管理功能。下面介绍如何使用ACDSee。

步骤 01 **启动ACDSee。**双击电脑桌面上的ACDSee图标，可以启动该应用程序，如下左图所示。

步骤 02 **打开文件夹。**在左侧“文件夹”列表中，可以直接打开图像所在的文件夹，如下右图所示。

步骤 03 **管理图像。**在“属性 - 管理”窗口中的“整理”选项卡中，可以对图像的类别进行设置，如下左图所示。

步骤 04 **查看图像。**双击图像或者选择图像后切换至“查看”模式，可以查看图像，如下右图所示。

步骤 05 **编辑图像。**切换至“编辑”模式，通过左侧“编辑模式菜单”窗格中的命令，可以对图片进行编辑，如下左图所示。

步骤 06 **调整图像大小。**如果选择“调整大小”选项，可打开“调整大小”窗格，通过该菜单中的命令可以调整图片大小，然后单击“完成”按钮，保存设置，如下右图所示。

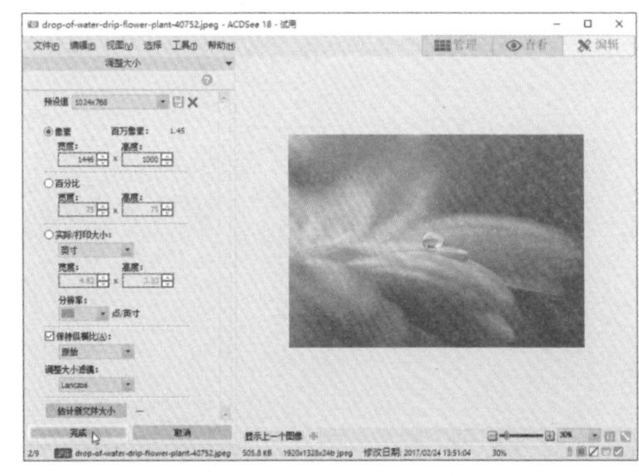

步骤 07 **保存设置。**对图片编辑完成后，单击“编辑模式菜单”窗格中的“保存”按钮，从列表中选择“保存”命令，可将所有对图片的更改保存，如下左图所示。

步骤 08 **启动还原命令。**如果图片被更改得太多，需要还原到原始状态，可执行“文件→还原到原始文件”命令，如下右图所示。

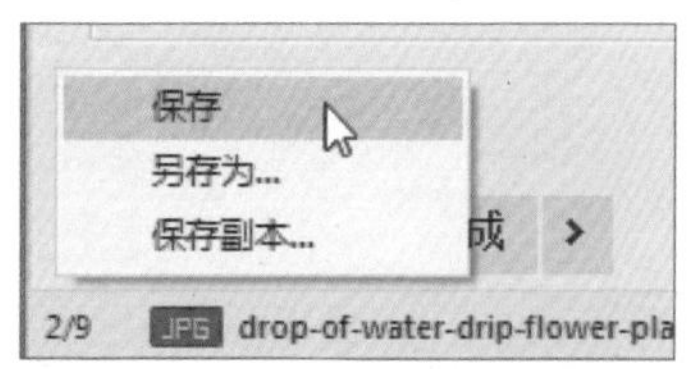

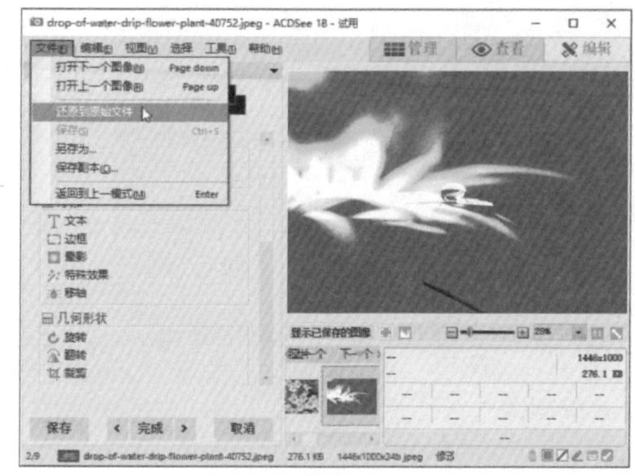

步骤 09 **还原原始文件。**弹出“还原原始文件”提示对话框，单击“还原原始文件”按钮，如下左图所示。

步骤 10 **查看结果。**可将更改的图像还原到原始状态，如下右图所示。

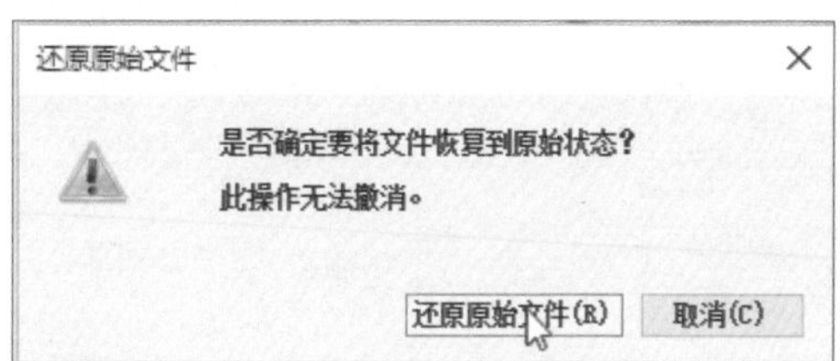

步骤 11 **ACDsee的其他功能。**在ACDSee软件中，可以管理和查看视频，但无法编辑视频，如右图所示。

02 光影魔术手

光影魔术手是一款针对图像画质进行改善提升及效果处理的软件，简单易用，不需要任何专业的图像处理技术，就可以制作出专业胶片摄影级的色彩效果，是摄影作品后期处理、图片快速美容、数码照片冲印整理时必备的图像处理软件。下面介绍如何使用光影魔术手。

步骤 01 **启动光影魔术手。**双击桌面上光影魔术手快捷方式图标，如下左图所示。

步骤 02 **了解软件界面。**打开“光影魔术手”窗口，在窗口上方有一排命令，可以对图片进行打开、保存、裁剪等操作。在右侧可以对图片进行补光、调整对比度等处理，如下右图所示。

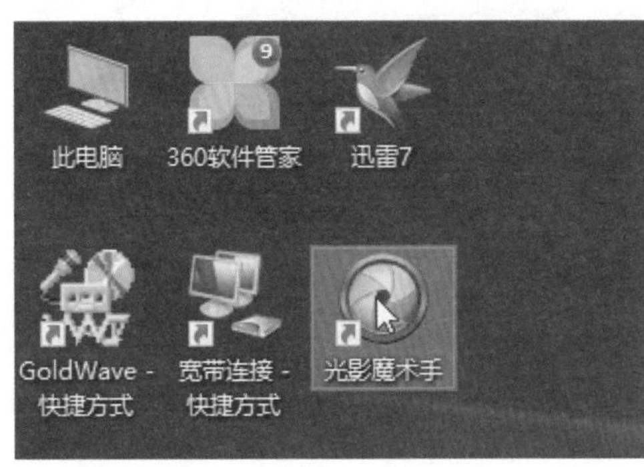

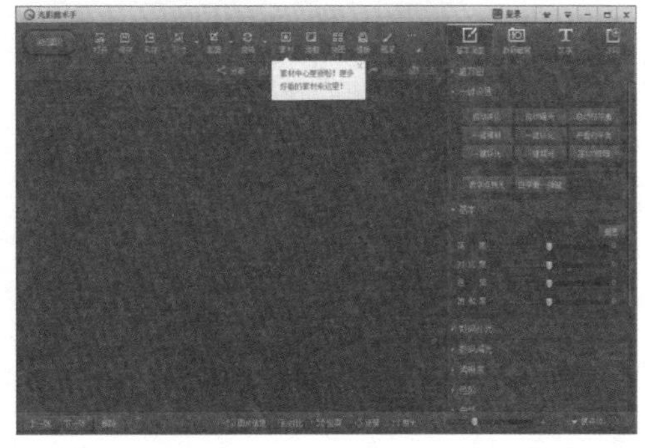

步骤 03 **浏览图片。**单击“浏览图片”按钮，可以浏览图片如下左图所示。

步骤 04 **批量处理文件。**在左侧文件列表中找到图片所在的文件夹，选择需批量处理的图片，单击“批处理”按钮，如下右图所示。

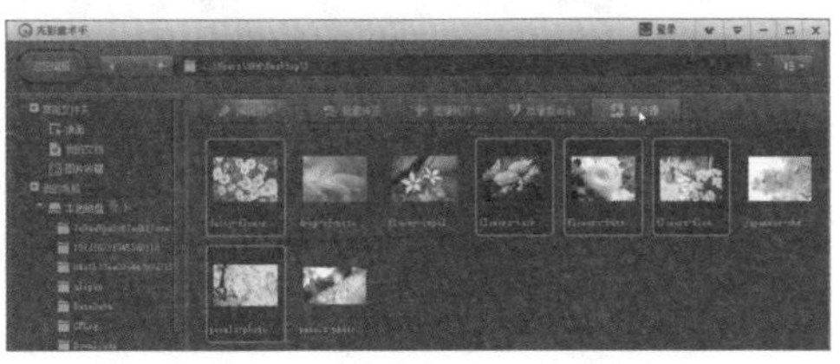

步骤 05 **下一步操作。**打开“批处理”对话框，单击“下一步”按钮，如下左图所示。

步骤 06 **选择模板主题。**单击“载入模板”按钮，从打开的列表中选择“摄影作品发布”模板，如下右图所示。

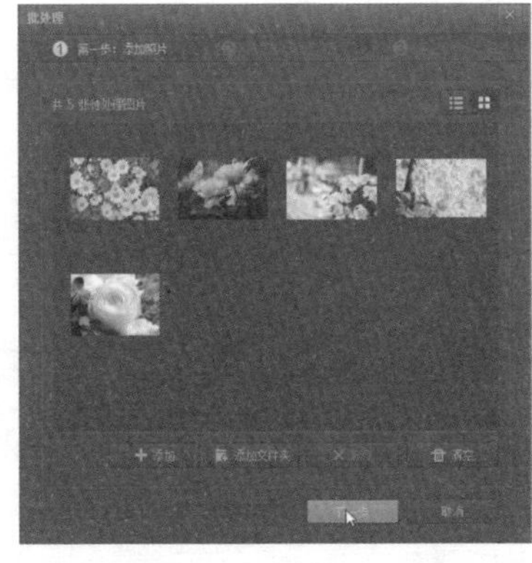

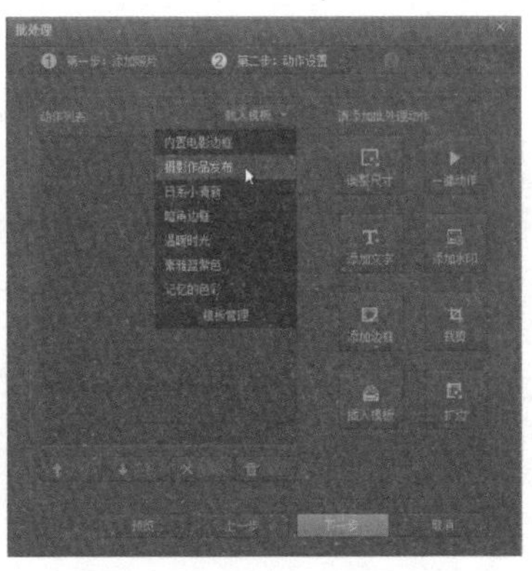

步骤 07 **调整尺寸。**单击“调整尺寸”按钮，调整尺寸，如下左图所示。

步骤 08 **设置图片尺寸。**打开“调整尺寸设置”对话框，设置图片尺寸，单击“确定”按钮，如下右图所示。

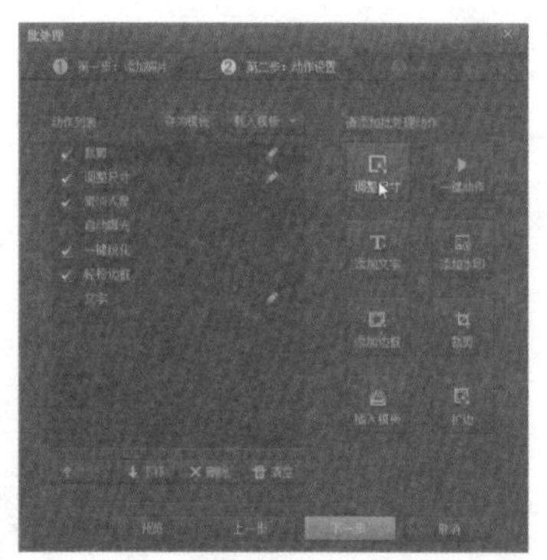

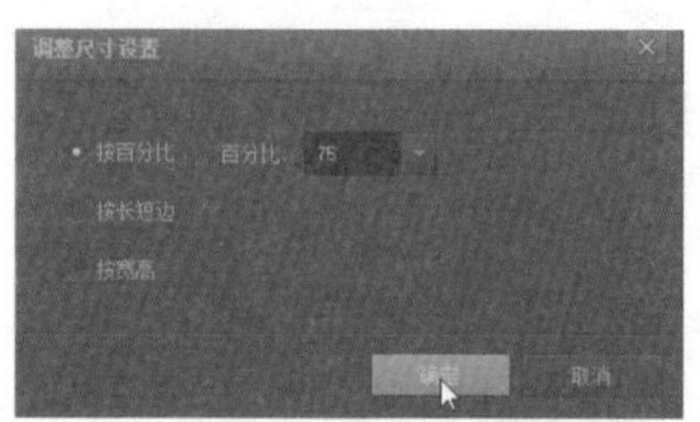

步骤 09 **添加边框。**返回上一级对话框，单击“添加边框”按钮，打开“添加边框”对话框，在右侧边框列表中选择合适的边框，单击“确定”按钮，如下左图所示。

步骤 10 **设置其他选项参数。**按需对其他选项进行设置，设置完成后，单击“下一步”按钮，如下右图所示。

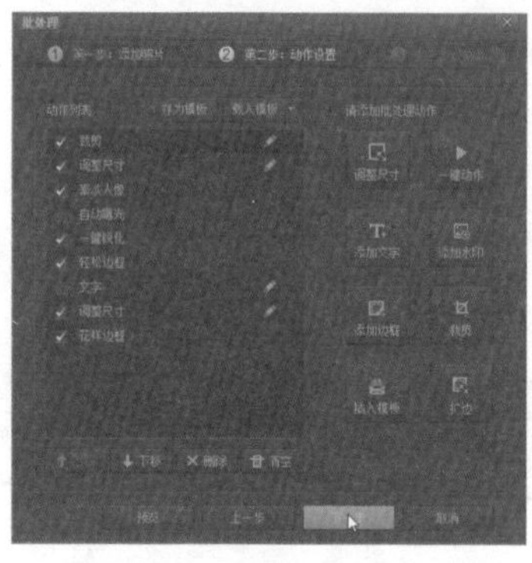

步骤 11 **设置输出参数。**按需设置输出路径、输出文件名、输出格式等，设置完成后，单击“开始批处理”按钮，如下左图所示。

步骤 12 **查看结果。**打开文件夹，查看批处理后的图片效果，如下右图所示。

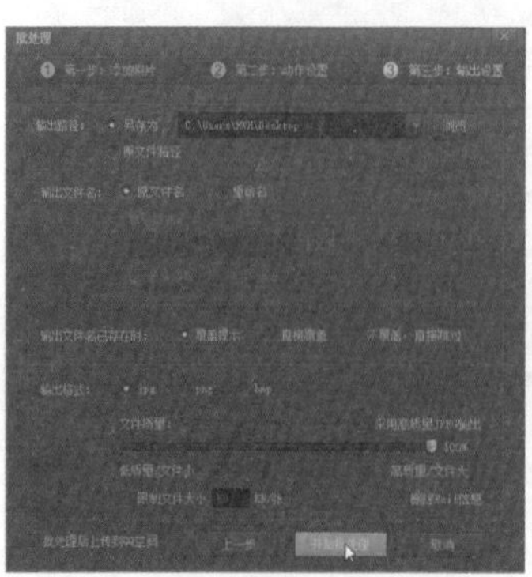

步骤 13 **处理单张图片。**选择所需图片，执行“边框→多图边框”命令，如下左图所示。

步骤 14 **选择边框。**打开“多图边框”窗格，在右侧的边框列表中，选择合适的边框，单击“确定”按钮，如下右图所示。

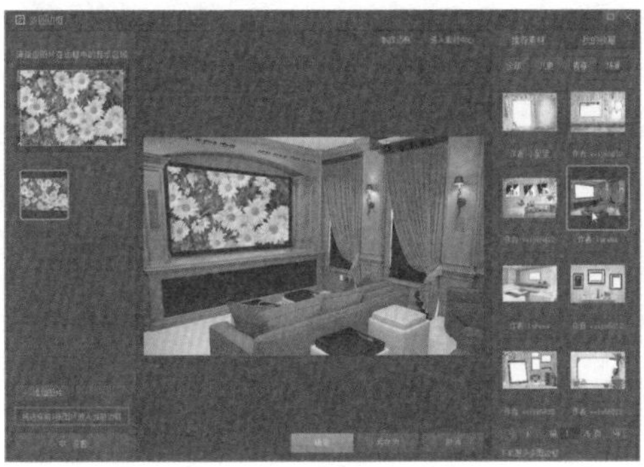

步骤 15 **选择模板。**执行“拼图→模板拼图”命令，打开“模板拼图”窗格，选择合适的模板，单击“确定”按钮，如下左图所示。

步骤 16 **其他调整。**通过窗口右侧“基本调整”选项卡中的命令，可对图片进行各种相应的操作，例如自动曝光、自动美化、一键补光、调整清晰度、色彩平衡等，如下右图所示。

步骤 17 **添加文字水印等。**在“数码暗房”选项卡中，可以为图片设置反转片效果、黑白效果、柔光镜等；在“文字”选项卡中，可以为当前图片添加文本；在“水印”选项卡中，可以选择图片作为当前图片的水印。如下图所示。

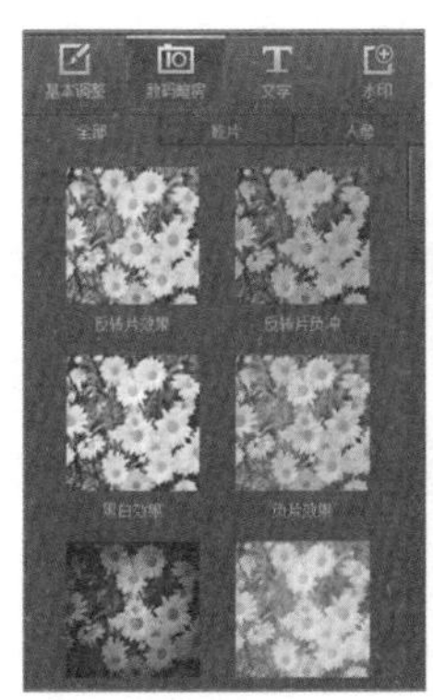

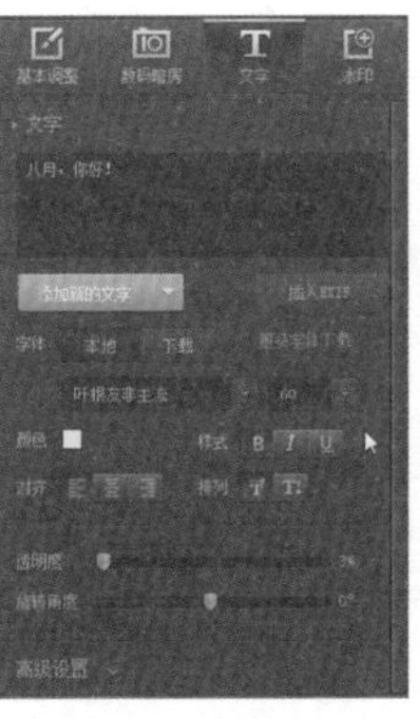

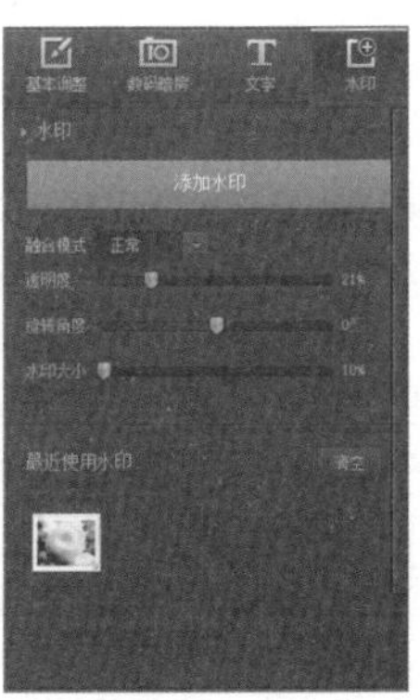

步骤 18 **保存图片。**对图片处理完成后，单击“保存”按钮，如下左图所示。

步骤 19 **确认是否覆盖图片。**弹出“保存提示”对话框，单击“确定”按钮，如下右图所示。

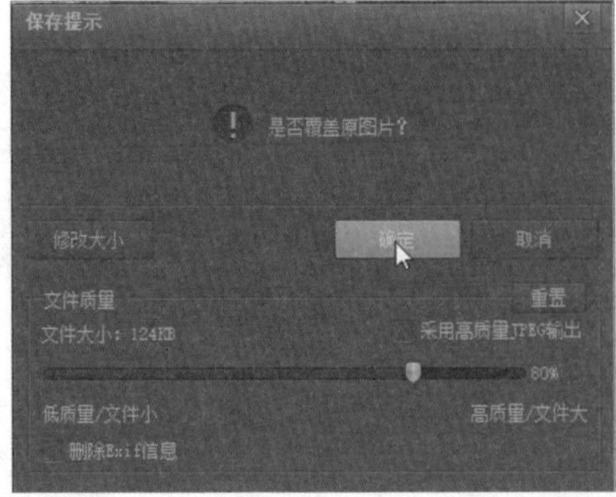

步骤 20 **另存为图片。**单击“另存”按钮，打开“另存为”对话框，将图片另存，如下图所示。

PDF阅读工具

在日常工作和生活中，经常会以PDF格式共享文件，所以PDF阅读工具不可或缺。下面介绍如何使用PDF阅读工具Adobe Reader软件。

Adobe Reader是电子文档共享的全球标准。它是可以打开所有PDF文档并能与所有PDF文档进行交互的PDF文件查看器。使用Adobe Reader可以查看、搜索、验证和打印Adobe PDF文件，还可以对Adobe PDF文件进行数字签名以及针对其展开协作。

步骤 01 **启动应用程序。**双击桌面上的Adobe Reader XI快捷方式图片，如下左图所示。

步骤 02 **打开文件。**单击提示框中的“打开文件”按钮，如下右图所示。

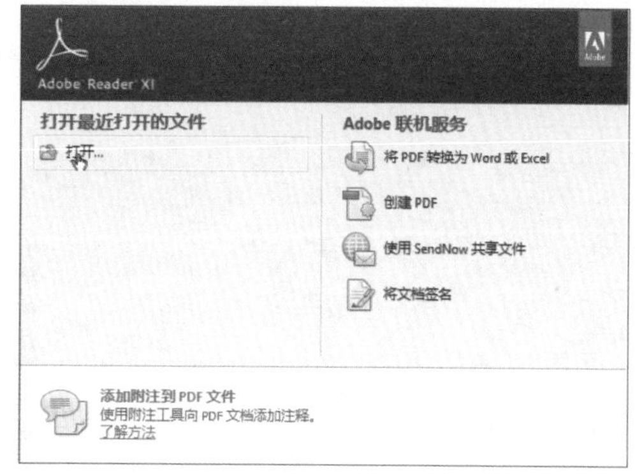

步骤 03 **打开文件。**打开“打开”对话框，选择需要打开的PDF文件，单击“打开”按钮，如下左图所示。

步骤 04 **设置签名。**单击右侧窗格中“签名”选项卡中的“添加文本”按钮，如下右图所示。

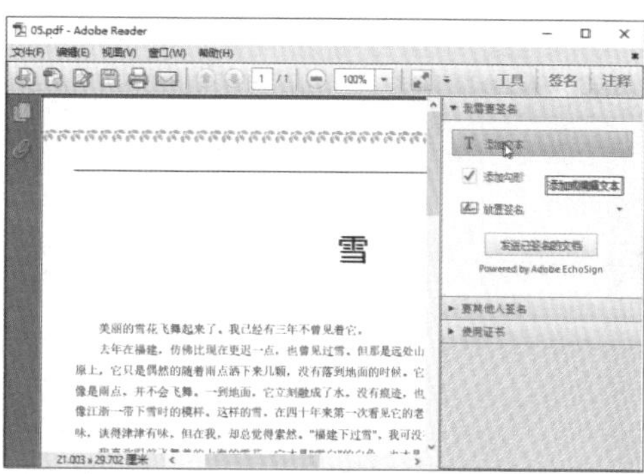

步骤 05 **添加文本注释。**打开“添加文本注释”窗格，设置字体格式，将光标定位至需要添加文本的位置，输入文本即可，如下左图所示。

步骤 06 **添加缩写签名。**单击“添加或创建缩写签名”按钮，从列表中选择“放置缩写签名”选项，如下右图所示。

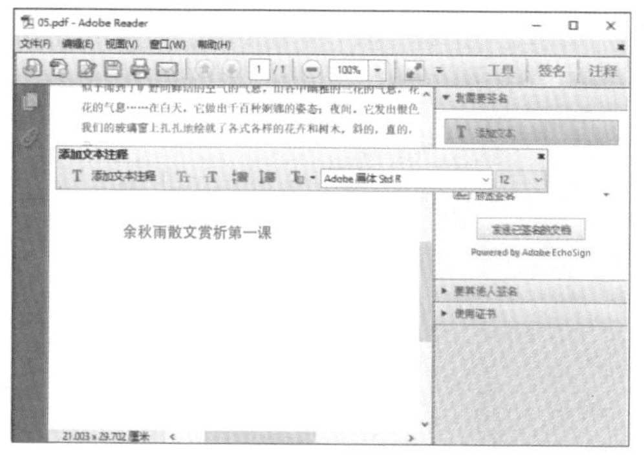

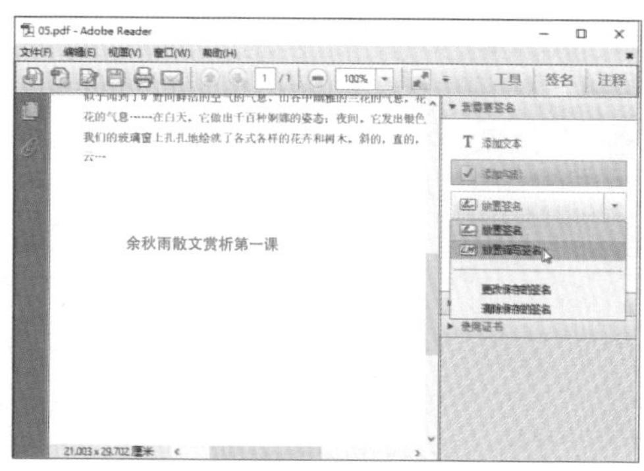

步骤 07 **接受签名。**打开“放置缩写签名”对话框，绘制签名后单击“接受”按钮，如下左图所示。

步骤 08 **移动签名。**在页面中会出现绘制的签名虚影，拖动鼠标至合适的位置并单击，将签名放置在相应的位置，如下右图所示。

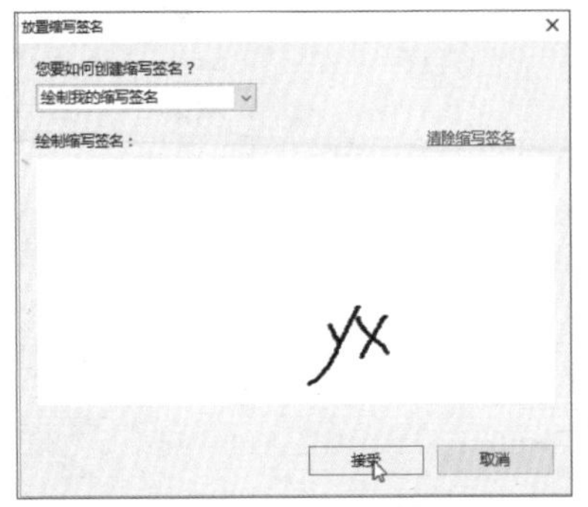

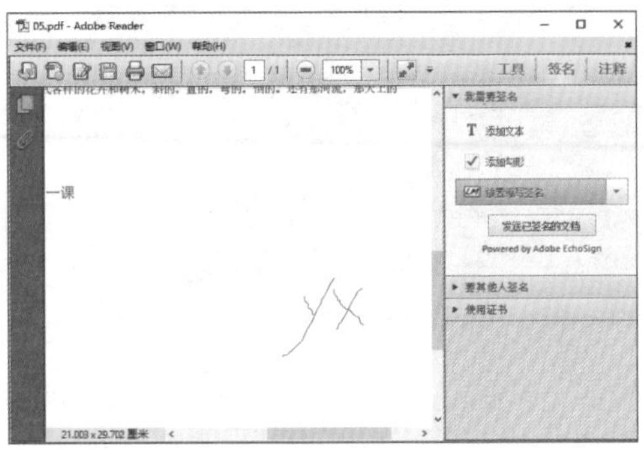

步骤 09 **缩放签名。**通过签名周围的控制锚点，可以缩放签名，如下左图所示。

步骤 10 **添加注释。**在“注释”选项卡中的“批注”窗格中，单击“添加批注”按钮，可以在页面中添加批注，如下右图所示。

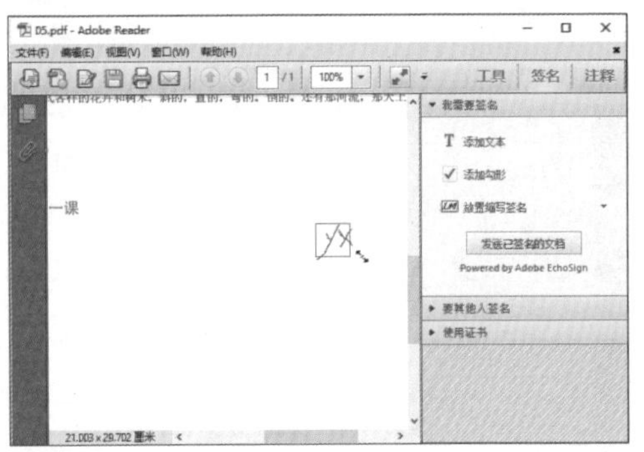

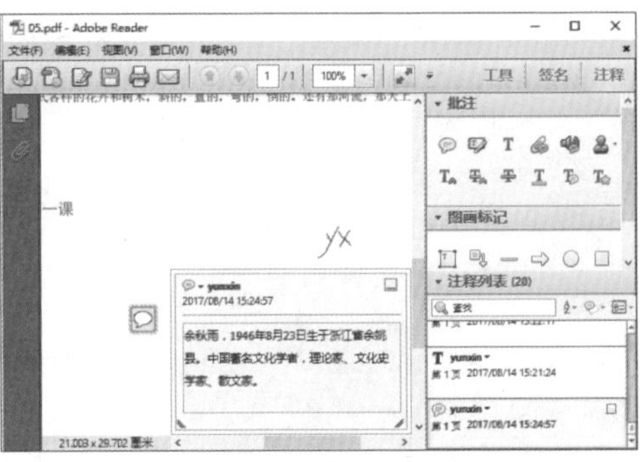

步骤 11 **保存签名。**执行“文件→保存”命令，弹出提示对话框，单击“确认”按钮，如下左图所示。

步骤 12 **输入保存的文件名。**弹出“另存为”对话框，输入文件名，再单击“保存”按钮，如下右图所示。

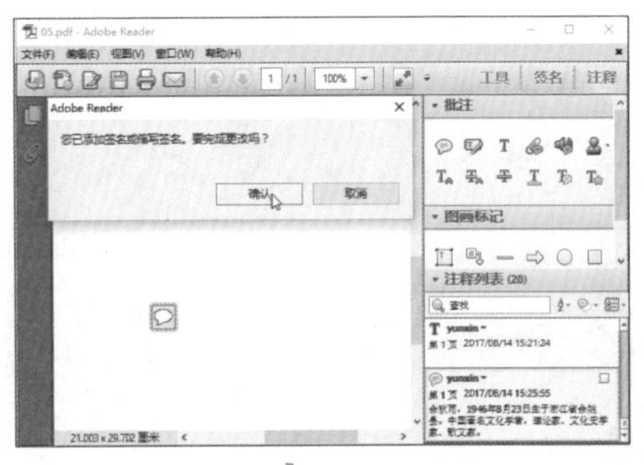

Chapter

06 选择适合自己的输入法

内容导读

在使用电脑的过程中，经常会将各种符号或者信息输入到电脑中，这需要使用输入法来实现。选择一种适合自己的输入法，会加快信息输入速度。本章将对几种常见的输入法进行介绍，并以搜狗输入法为例介绍如何安装和使用输入法。

知识要点

利用语言栏切换输入法

还原和隐藏语言栏

安装与使用搜狗拼音输入法

安装字体

删除字体

Section 01

语言栏的基本操作

用户安装的所有输入法都集中在语言栏中。语言栏位于任务栏右侧，通过语言栏可切换输入法。如果语言栏影响桌面美观，可将其隐藏。

01 利用语言栏切换输入法

通过语言栏可随意在多个输入法之间进行切换。下面介绍如何通过语言栏切换输入法。

单击语言栏上的输入法图标，例如当前输入法为搜狗输入法，则该图标为S，在展开的输入法列表中选择合适的输入法，这里选择“微软拼音”，如下图所示。

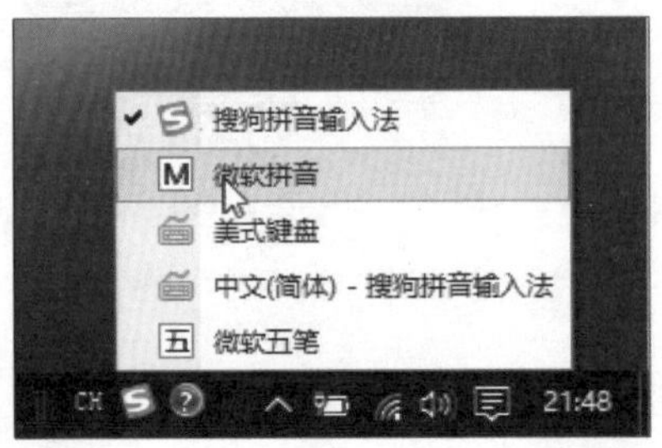

02 还原和隐藏语言栏

如果想要将语言栏隐藏；或者需要将其显示，可按照下面的方法进行操作。

步骤 01 执行“显示设置”命令。在电脑桌面上右击，在弹出的快捷菜单中执行“显示设置”命令，如下左图所示。

步骤 02 启用/关闭系统图标。在打开的“设置”窗格中选择“通知和操作”选项，单击右侧“启用或关闭系统图标”选项，如下右图所示。

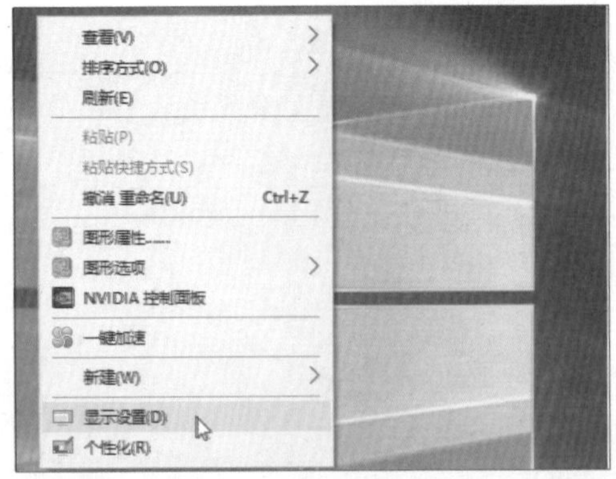

步骤 03 隐藏/显示语言栏。将“输入指示”选项右侧的滑块滑动到“关”，可隐藏语言栏，想要还原语言栏，切换至“开”即可，如下左图所示。

步骤 04 隐藏语言栏。如果“输入指示”为“关”，则在任务栏中看不到语言栏，如下右图所示。

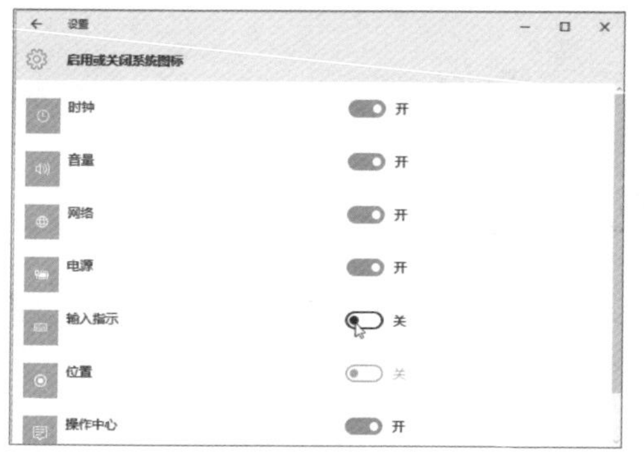

步骤 05 启动控制面板。在应用程序图标上右击，从右键开始菜单中执行“控制面板”命令，如下左图所示。

步骤 06 选择“语言”选项。打开“所有控制面板项”窗口，选择“语言”选项，如下右图所示。

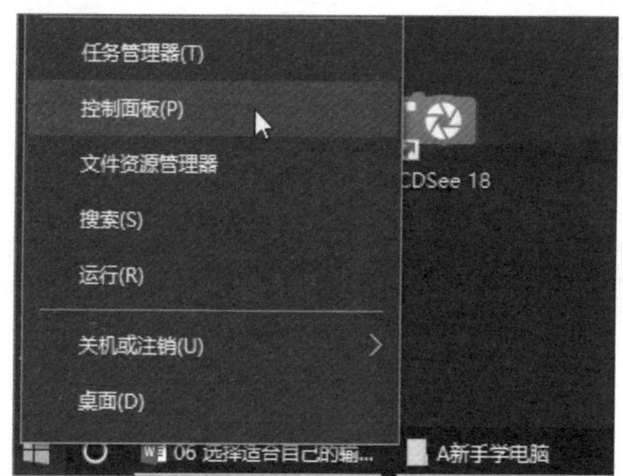

步骤 07 启动高级设置。单击左侧列表中的“高级设置”选项，如下左图所示。

步骤 08 选择“选项”。单击“高级设置”对话框中“切换输入法”选项下的“选项”按钮，如下右图所示。

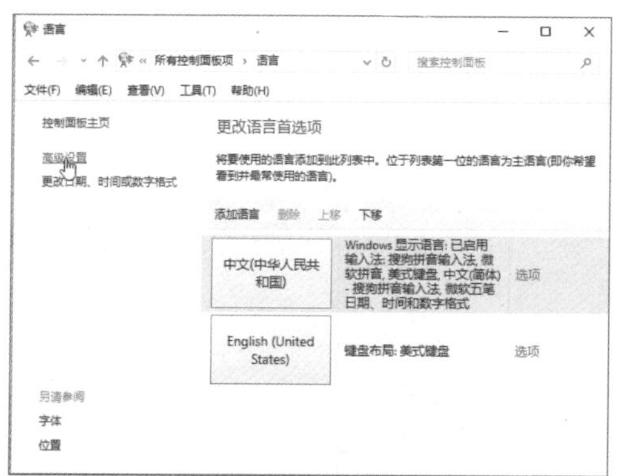

步骤 09 单击“隐藏”单选按钮。打开“文本服务和输入语言”对话框，在“语言栏”列表中有“悬浮于桌面上”“停靠于任务栏”以及“隐藏”三个单选按钮，前两个选项用于显示语言栏，最后一个选项用于隐藏语言栏。单击“隐藏”单选按钮，如右图所示。

Section 02 常用输入法简介

在电脑中输入信息时，必定要使用一种输入法。可以根据爱好习惯选择自己喜欢的输入法。常见的输入法有搜狗拼音输入法、万能五笔输入法、极品五笔输入法。下面分别进行介绍。

01 搜狗拼音输入法

搜狗拼音输入法是搜狗（Sogou）公司于2006年6月推出的一款汉字输入法。它是第一款为互联网打造的输入法——通过搜索引擎技术将互联网变成了一个巨大的“活”词库。用户不仅仅是词库的使用者，也是词库的生产者。在词库的广度、首选词准确度等数据指标上，搜狗拼音输入法都远远领先于其他输入法。

搜狗拼音输入法作为中国国内主流的汉字拼音输入法之一，使用范围极广、受欢迎程度极高，并且它一直坚持永久免费的原则。

02 万能五笔输入法

万能五笔输入法是集五笔、拼音、英文、笔画等多种输入方法于一体的输入法，具备许多其他输入法所无法比拟的特色。

该输入法的全部输入都是智能化的，不需要在各种输入方式之间来回切换。

新版本的万能五笔输入法具有换肤功能，用户可以按需设置使输入界面，输入法窗口都可以个性化换肤。

03 极品五笔输入法

极品五笔输入法是一种用Windows自带的输入法生成器制作的输入法。采用86版五笔字根集，支持GB2312符集，能打出6763个简体字和少数GBK汉字。完美兼容王码五笔字型4.5版。适应多种操作系统，通用性能较好。

收录词组46000余条。在完全支持GB2312-80简体汉字字符集的基础上，增加了部分GBK汉字，解决了传统五笔对于“镕”“了（望）”“啰（嗦）”“芃”“冇”等繁体难解的汉字不能输入的问题。

搜狗拼音输入法

搜狗拼音输入法作为国内最受欢迎的输入法之一，因其易学、打字速度快等优点，深受广大用户喜爱。下面介绍如何安装和使用搜狗拼音输入法。

01 安装搜狗拼音输入法

想要使用搜狗拼音输入法，首先需要将其安装在电脑中。下面介绍如何安装搜狗输入法。

步骤 01 **双击搜狗拼音安装程序。**找到搜狗拼音输入法安装程序文件，在其上双击，如下左图所示。

步骤 02 **立即安装。**弹出“搜索拼音输入法8.6正式版 安装向导”对话框，单击“立即安装”按钮，如下右图所示。

步骤 03 **显示安装进度。**安装应用程序，显示安装进度，如下左图所示。

步骤 04 **完成安装。**输入法安装完毕，单击“关闭”按钮，关闭对话框，如下右图所示。

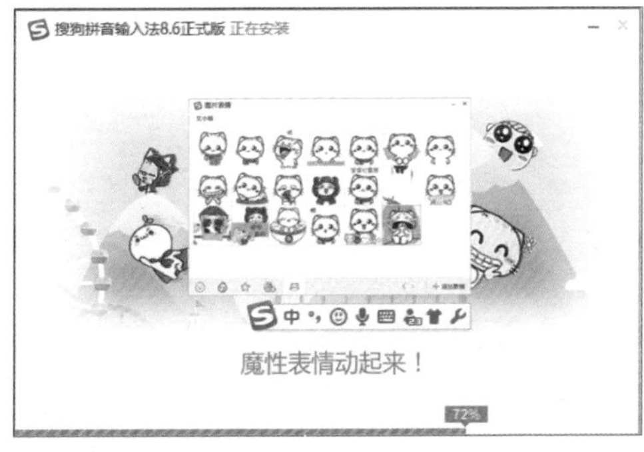

步骤 05 设置输入习惯。弹出“个性化设置向导”对话框，按需设置输入习惯，单击“下一步”按钮，如下左图所示。

步骤 06 设置展示环境。按需选择自动展现环境，单击“下一步”按钮，如下右图所示。

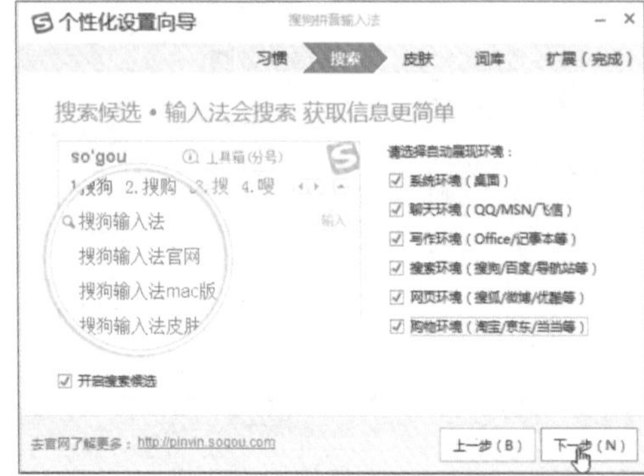

步骤 07 设置皮肤。在“皮肤”界面中选择满意的皮肤样式，单击“下一步”按钮，如下左图所示。

步骤 08 设置词库。在“词库”界面中设置需要的词库，单击“下一步”按钮，如下右图所示。

步骤 09 完成设置。勾选启用的小工具，单击“完成”按钮，如下图所示。

02 使用搜狗拼音输入法

安装搜狗拼音输入法后，如何使用该输入法在电脑中输入信息呢？下面进行介绍。

步骤 01 **启动属性设置。**单击当前输入法状态栏上的“菜单”按钮，从列表中选择“设置属性”选项，如下左图所示。

步骤 02 **设置常用参数。**打开“属性设置”对话框，选择“常用”选项，可以对输入风格、默认状态、特殊习惯进行设置，如下右图所示。

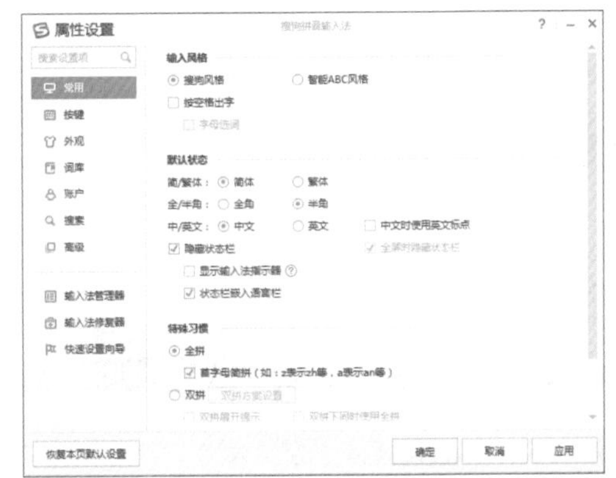

步骤 03 **设置按键参数。**选择“按键”选项，可对中英文切换、候选字词、系统功能快捷键进行设置，如下左图所示。

步骤 04 **设置皮肤参数。**选择“外观”选项，可更改显示设置、皮肤设置，如下右图所示。

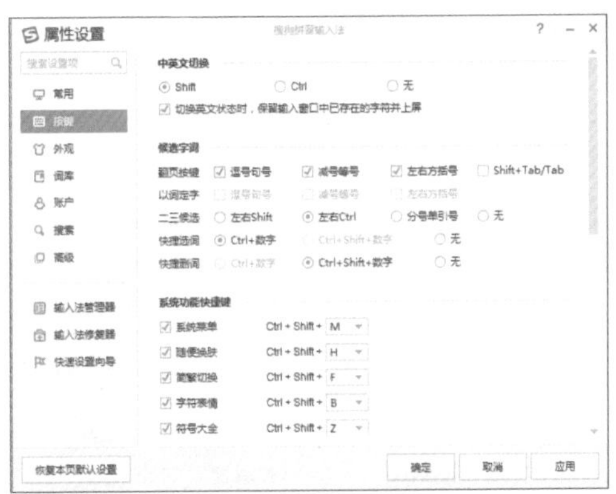

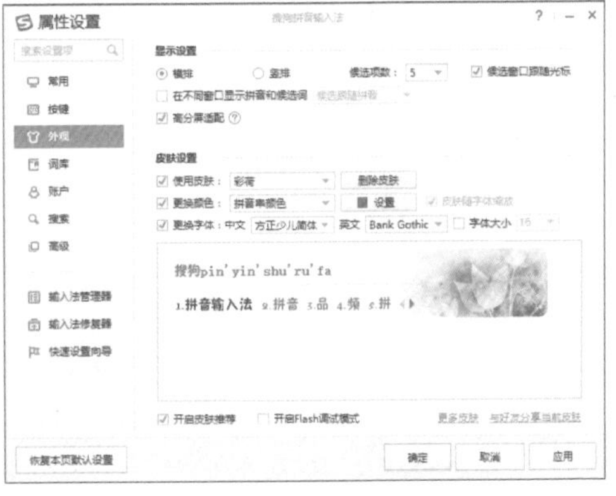

步骤 05 **中英文切换。**在输入文本时，直接按Shift键或者状态栏上的“中/英文”切换按钮，可切换中英文，如下左图所示。

步骤 06 **全半角切换。**单击状态栏上的“全/半角”切换按钮，可在全角和半角之间来回切换，如下右图所示。

步骤 07 打开/关闭软键盘。执行“菜单→软键盘→数学符号”命令，可打开软键盘，如下左图所示。

步骤 08 执行“字符表情”命令。执行“菜单→表情&符号→字符表情”命令，如下右图所示。

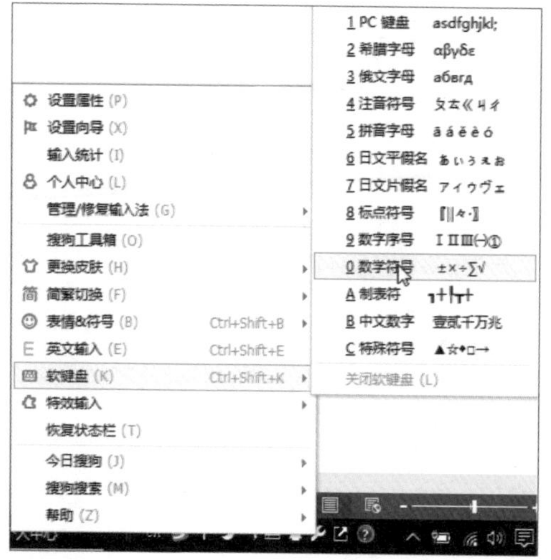

步骤 09 输入表情字符。打开“字符表情”窗格，可选择合适的字符表情进行输入，如下左图所示。

步骤 10 输入符号。执行“菜单→表情&符号→符号大全”命令，打开“符号大全”窗格，选择合适的符号输入即可，如下右图所示。

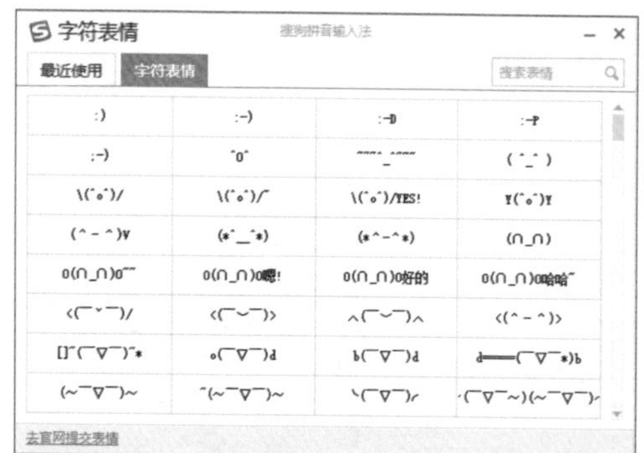

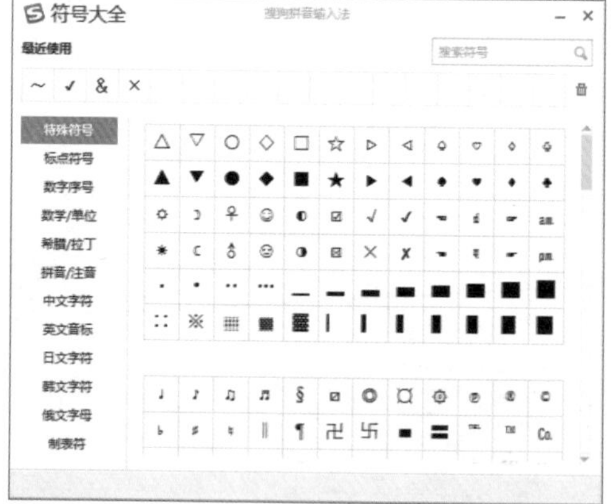

03 巧用搜狗拼音输入法

使用搜狗拼音输入法输入信息时，即使更换电脑，也可以随身携带您的词库、表情以及皮肤设置，并且可以延用以往的输入习惯，这就需要用户登录输入法个人中心。

步骤 01 登录个人中心。单击输入法上的“菜单”按钮，从列表中选择“登录个人中心”选项，如下左图所示。

步骤 02 扫描二维码。选择一种合适的方式，扫描二维码，如下右图所示。

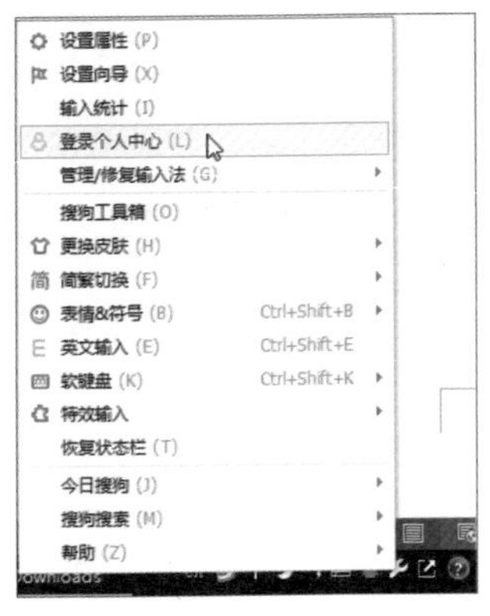

步骤 03 **选择更多词库。**进入个人中心，选择“我的词库”选项，单击“更多词库”按钮，如下左图所示。

步骤 04 **选择词库类别。**在“搜狗细胞词库-词库下载”页面中，单击所需分类，这里单击“文学”分类，如下右图所示。

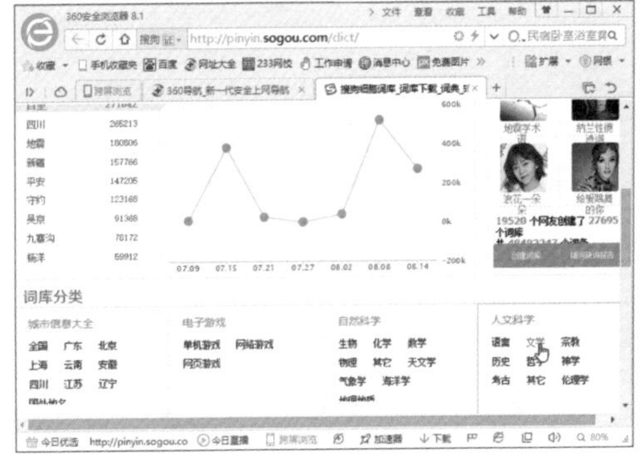

步骤 05 **启动下载。**单击“立即下载”按钮，下载合适的词库，如下左图所示。

步骤 06 **下载词库。**弹出“新建下载任务”对话框，单击“下载”按钮，如下右图所示。

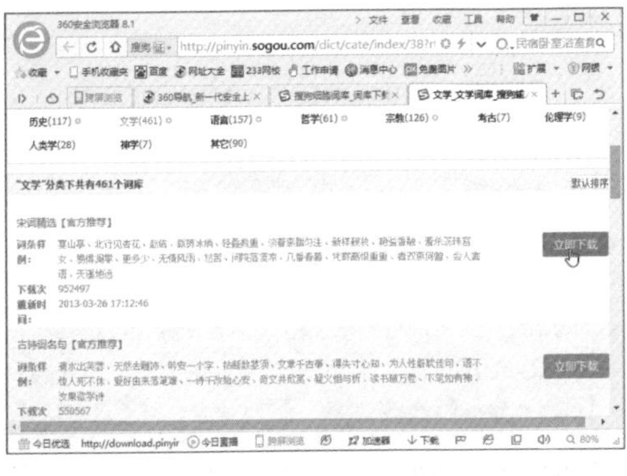

步骤 07 **打开词库。**按需下载多个词库，下载完成后，直接单击“打开”按钮，如下左图所示。

步骤 08 **查看下载结果。**在“我的词库”选项列表中可以看到已经增添了词库，如下右图所示。

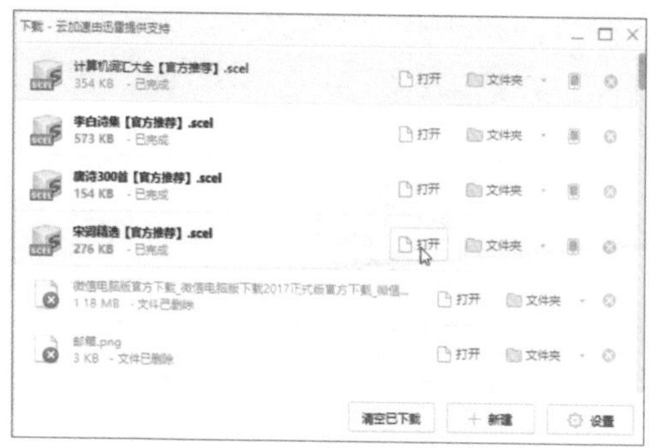

即使用户更换了电脑，只要在使用该输入法时登录输入法帐户，在输入信息时就能延用当前帐户的输入习惯，如添加相应词库后，输入信息未完整时，就会弹出相对应的词条，如右图所示。

安装和删除字体

在电脑中输入文本信息时，特别是在Word、PPT以及Excel等可以更改字体的软件中，为文本应用一款美观大方的字体，会让页面更加赏心悦目。接下来介绍如何安装和删除字体。

01 安装字体

如果想要为文本应用系统没有的字体，需要将所需字体安装在电脑中。下面介绍如何安装字体。

步骤 01 选择要安装的字体。双击需要安装的字体的安装文件，如下左图所示。

步骤 02 安装字体。可以预览字体格式，单击“安装”按钮，可安装字体，如下右图所示。

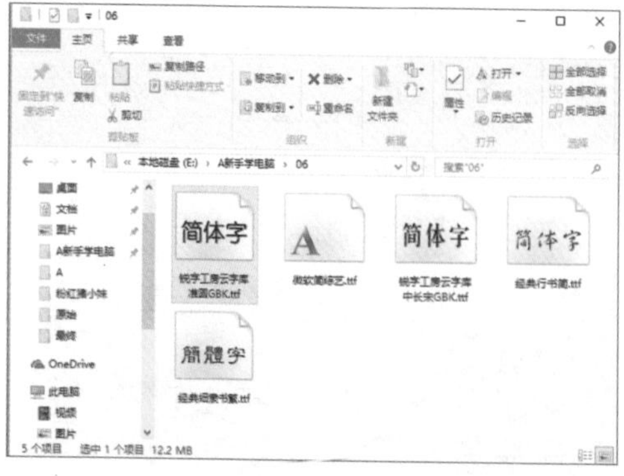

步骤 03 **右键安装字体。**选择需要安装的字体，右键单击，在弹出的快捷菜单中执行“安装”命令即可，如下左图所示。

步骤 04 **查看安装结果。**启动Word应用程序，打开“字体”列表，可以发现，已经安装了新字体，如下右图所示。

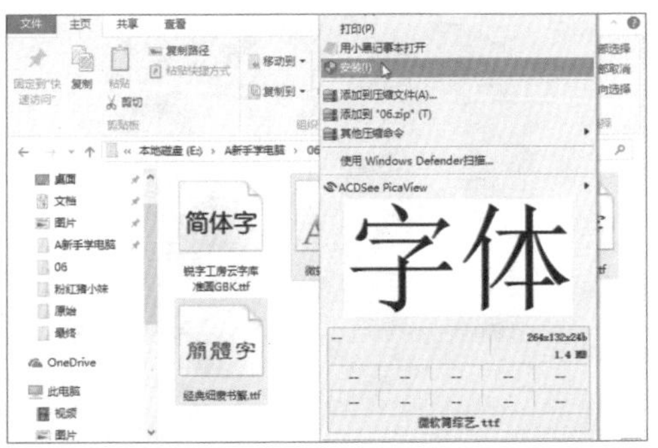

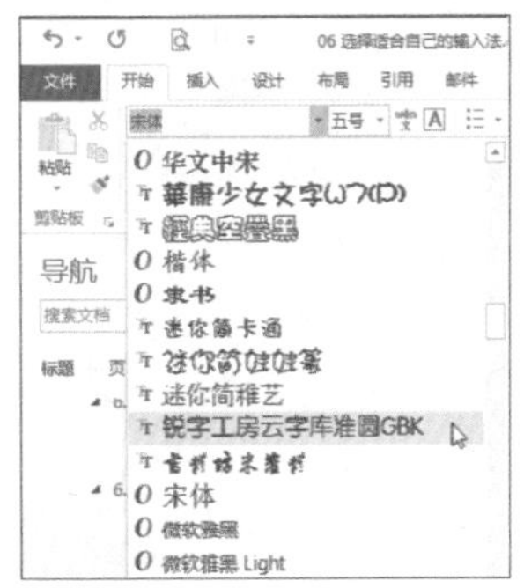

02 删除字体

系统自带的很多字体其实并不常用，反而会让选择字体变得困难。因此，可以将不用的字体删除，其操作方法如下。

步骤 01 **选择“控制面板”选项。**在应用程序按钮上右击，从“开始”菜单中选择“控制面板”选项，如下左图所示。

步骤 02 **选择“字体”选项。**打开“所有控制面板项”窗口，选择“字体”选项，如下右图所示。

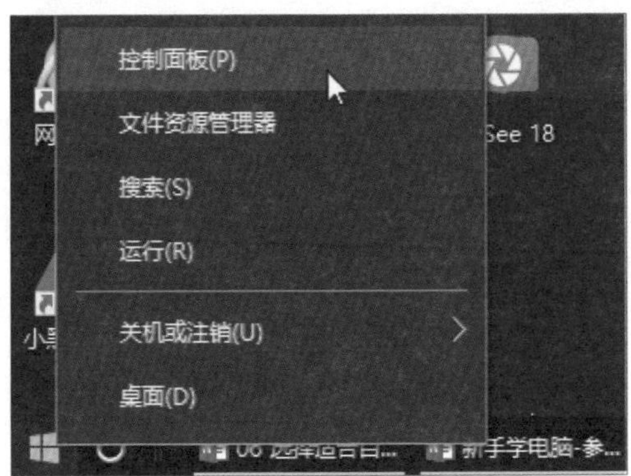

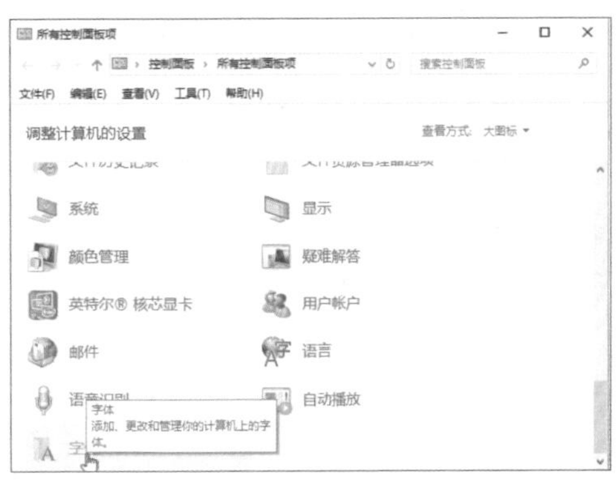

步骤 03 **删除字体。**在打开的窗口中，选择需要删除的字体，然后单击“删除”按钮即可，如右图所示。

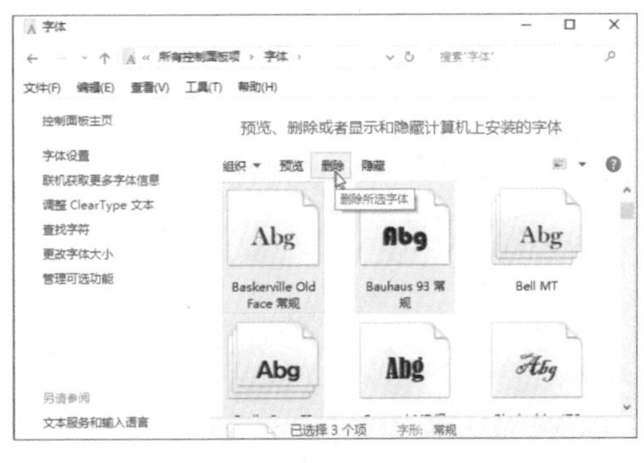

Chapter 07

文档编辑工具 Word 2016

内容导读

招聘员工，需要制作招聘启事；向领导汇报工作，需要制作工作计划及报表；向客户展示产品，需要编制产品说明书；找工作，需要制作个人简历……使用Word 2016可以快速制作出想要的文档，并且简单易学。本章将介绍Word 2016的基本操作及应用。

知识要点

文档的基本操作

设置字体与段落格式

在Word中使用表格

艺术字的使用

插入与编辑目录

Word 2016工作界面

启动Word 2016，看到的应用程序窗口为当前软件的工作界面。熟悉工作界面将有助于快速执行各个命令，从而迅捷地创建并编辑文档。

打开文档后，可看到Word 2016的工作界面主要包括标题栏、功能区、导航窗格、编辑区、状态栏等，如下图所示。

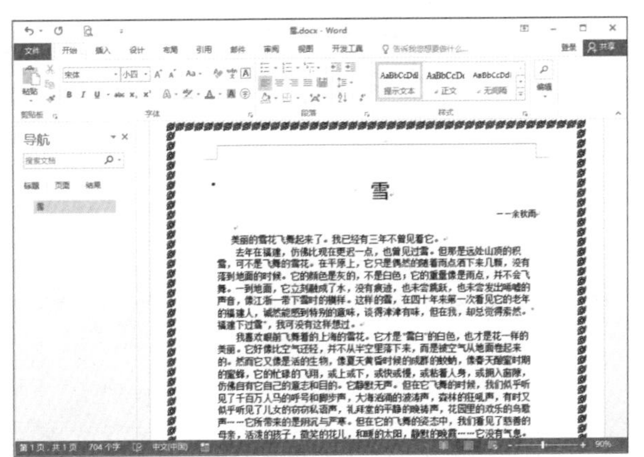

其中，标题栏显示当前打开的文件的名称。左侧为快速访问工具栏，集中了几个可以快速执行的命令。右侧是“最小化”按钮、“最大化”按钮、“关闭”按钮3个按钮。单击“最大化”按钮后，“最大化”按钮变为“还原”按钮 。

功能区位于标题栏编辑区之间，包括若干个选项卡，如“文件”选项卡、“开始”选项卡、“插入”选项卡等。每个选项卡都包含功能按钮，通过单击这些按钮，可以快速实现相应功能。

状态栏位于窗口的底部，显示当前打开的文件的状态。例如，在Word 2016中，状态栏会显示当前文件的页码、总字数、显示比例等。

用户可以根据工作习惯，对当前工作界面做出适当更改，包括为快速访问工具栏添加/删除命令、显示和隐藏功能区、功能区命令的添加/删除、改变工作界面风格。

❶ 添加和删除快速访问工具栏的命令

Word 2016将经常使用的几个命令集中在快速访问工具栏中，用户可根据实际情况，为快速访问工具栏添加/删除命令，具体的操作方法如下。

步骤01 **为快速访问工具栏添加命令。**单击“自定义快速访问工具栏”按钮，从展开的列表中选择“保存”选项，即可将其添加至快速访问工具栏，如下左图所示。

步骤02 **添加更多命令。**若想添加更多命令，可以选择“自定义快速访问工具栏”列表中的“其他命令”选项，打开“Word选项”对话框。在默认的“快速访问工具栏”选项中，单击“从下列位置选择命令”下拉按钮，从列表中选择“‘审阅’选项卡”选项，然后在下方的列表框中选择“插入批注”命令，再单击“添加”按钮，即可将该命令添加至“自定义快速访问工具栏”列表框中，最后单击“确定”按钮，如下右图所示。

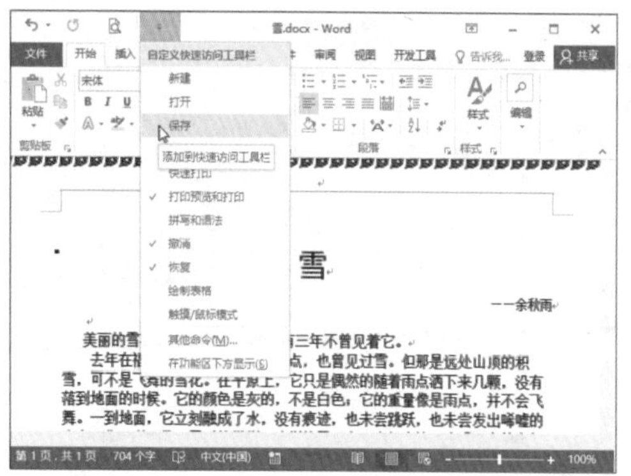

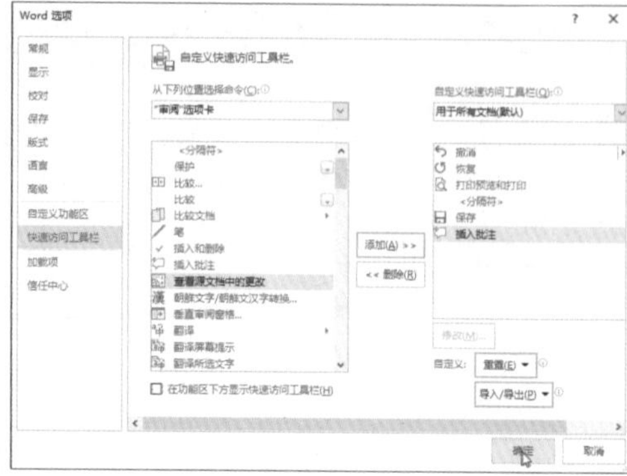

步骤 03 将命令从快速访问工具栏删除。只需在要删除的命令上右击，然后在弹出的快捷菜单中执行“从快速访问工具栏删除”命令即可，如下图所示。

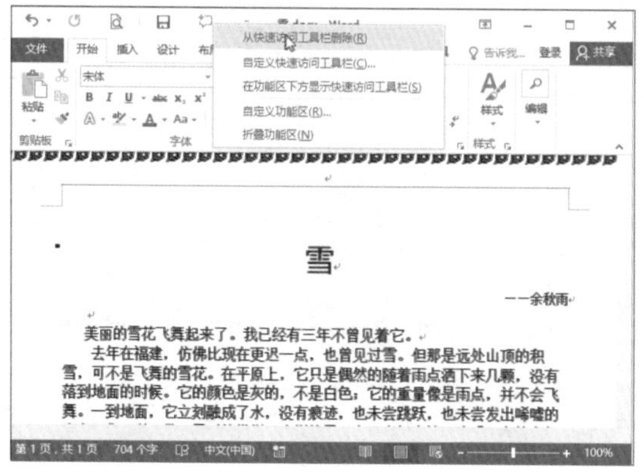

❷ 隐藏/显示功能区

如果用户觉得功能区影响文档的视图效果，可以将功能区隐藏。需要使用功能区命令进行操作时，可以将功能区显示。下面介绍具体的操作方法。

步骤 01 隐藏功能区。在功能区空白处右击，从弹出的快捷菜单中执行“折叠功能区”命令，如下左图所示。

步骤 02 显示功能区。在选项卡处右击，从弹出的快捷菜单中执行“折叠功能区”命令，取消对该选项的勾选，即可显示功能区，如下右图所示。

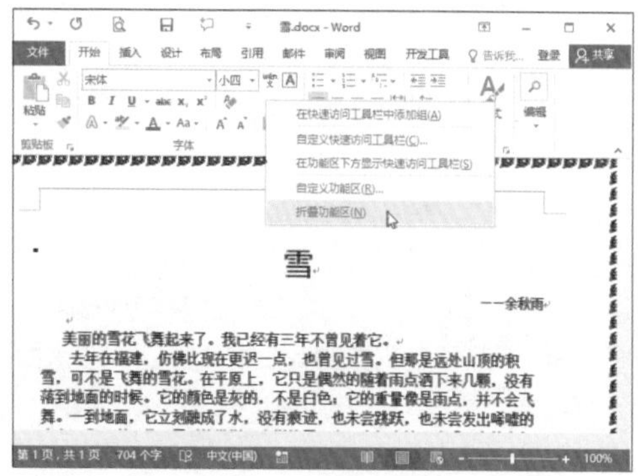

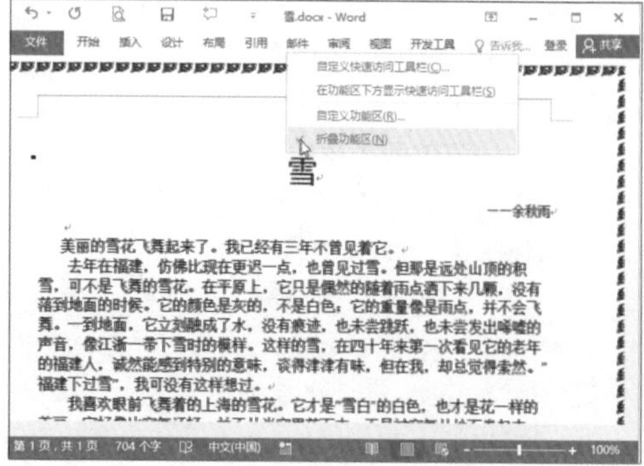

❸ 添加和删除功能区的命令

默认情况下，各选项卡功能区已经包含了相应的命令。如果用户需要为功能区添加/删除命令，可按照下面的方法进行操作。

步骤 01 **添加命令。**在功能区任意位置右击，在弹出的快捷菜单中执行“自定义功能区”命令，如下左图所示。

步骤 02 **新建组。**打开“Word选项”对话框，在“自定义功能区”列表中默认选择“主选项卡”选项，在“开始”选项下面的任意位置单击，然后单击“新建组”按钮，如下右图所示。

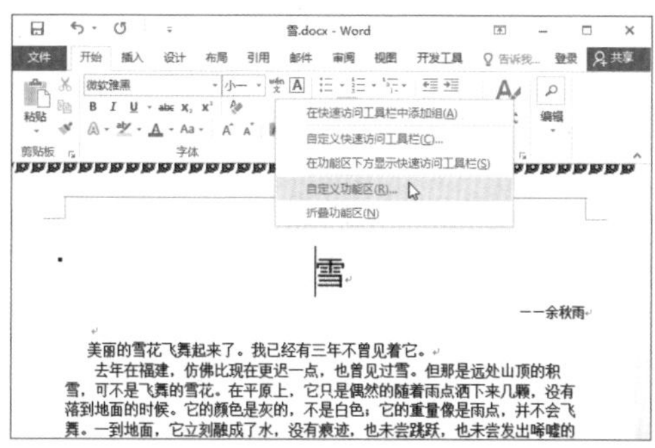

步骤 03 **重命名组。**新建组后，选择新建的组，单击“重命名”按钮，如下左图所示。

步骤 04 **输入新名称。**打开“重命名”对话框，输入名称后单击“确定”按钮，如下右图所示。

步骤 05 **添加“插入图形”命令至功能区。**在“从下列位置选择命令”列表中选择“不在功能区中的命令”选项，然后在其列表框中选择“插入图形”命令，单击“添加”按钮，再单击“确定”按钮即可将该命令添加至功能区，如右图所示。

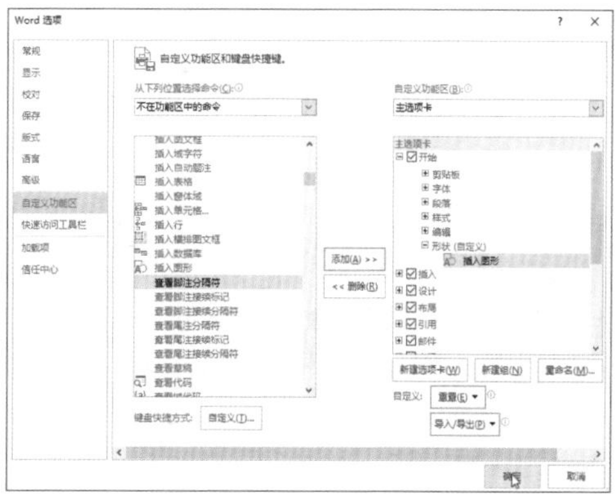

步骤 06 **删除命令。**打开“Word选项”对话框，选择需要删除的命令后，单击“删除”按钮，然后单击“确定”按钮，即可将该命令删除，如右图所示。

❹ 转换工作界面的风格

如果用户不喜欢当前工作界面的风格，可以设置其他风格。下面介绍如何转换工作界面的风格。

步骤 01 **启动“Word选项”对话框。**执行“文件→选项”命令，如下左图所示。

步骤 02 **设置主题颜色。**打开“Word选项”对话框，在“常规”选项卡中，单击“Office主题”右侧的下拉按钮，从列表中选择“白色”选项，然后单击“确定”按钮，如下右图所示。

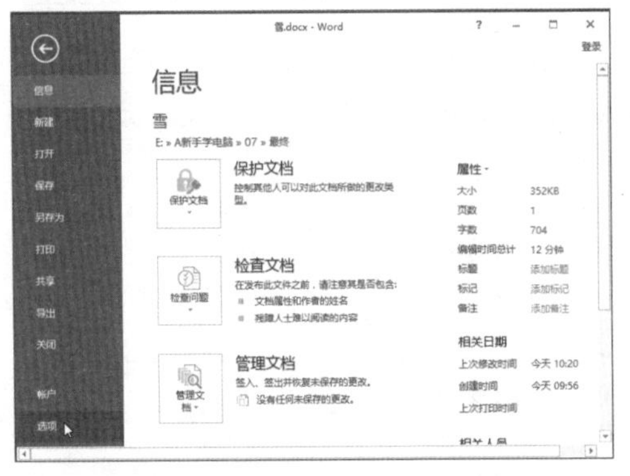

Section 02 Word 2016基本操作

在使用Word 2016进行工作的过程中，新建文档、打开文档、保存文档、关闭文档这四种操作会频繁地使用。下面分别介绍这四种操作。

01 新建文档

如果用户需要将文本、图片等信息存储起来，可以新建一个文档。下面介绍如何新建文档。

步骤 01 **启动Word 2016。**执行“开始→所有应用”命令，在展开的应用列表中选择“Word 2016”命令，如下左图所示。

步骤 02 **创建空白文稿。**启动Word 2016后，在右边的模板列表中选择“空白文档”选项，可创建一个空白文档，如下右图所示。

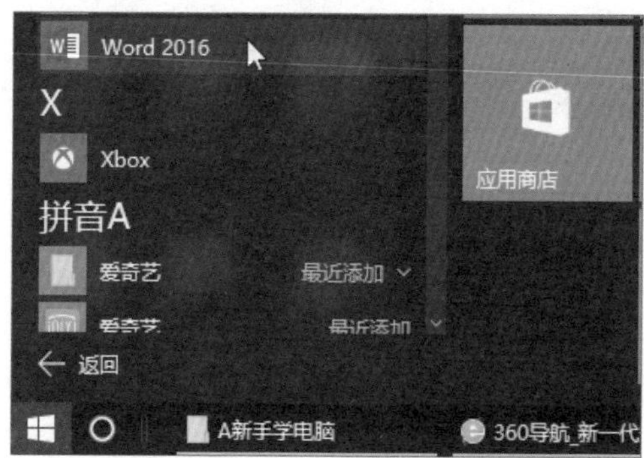

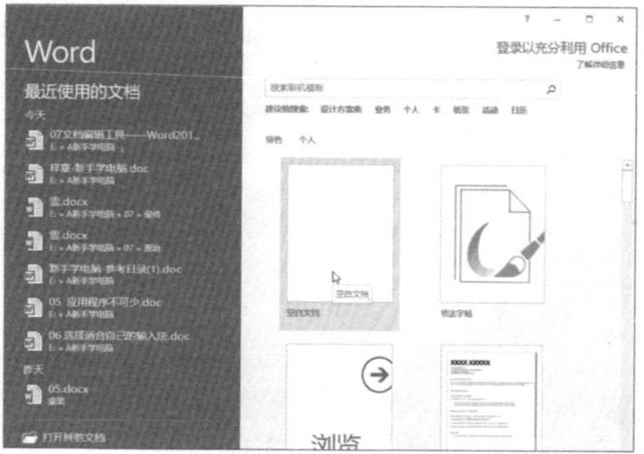

步骤 03 **创建模板文档。**如果选择“创意简历”选项，则会弹出一个预览窗格，可以预览当前模板的样式。单击“上一个”按钮，可以切换到上一个模板；单击“下一个”按钮，可以切换到下一个模板；单击“创建”按钮，即可创建该模板样式的文档，如下左图所示。

步骤 04 **编辑并保存文档。**下载完成后，将自动打开该文档，用户可按需编辑并保存即可，如下右图所示。

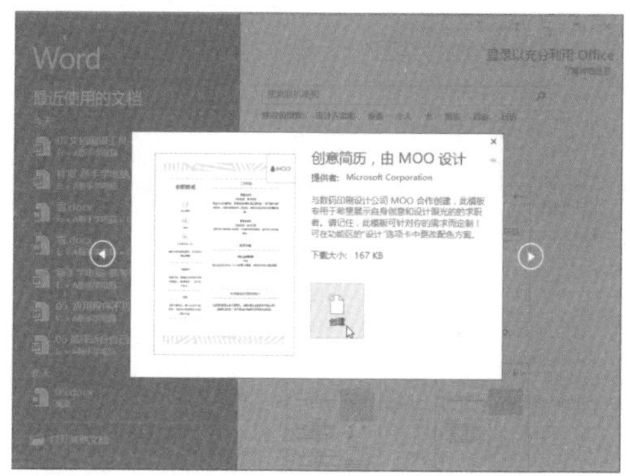

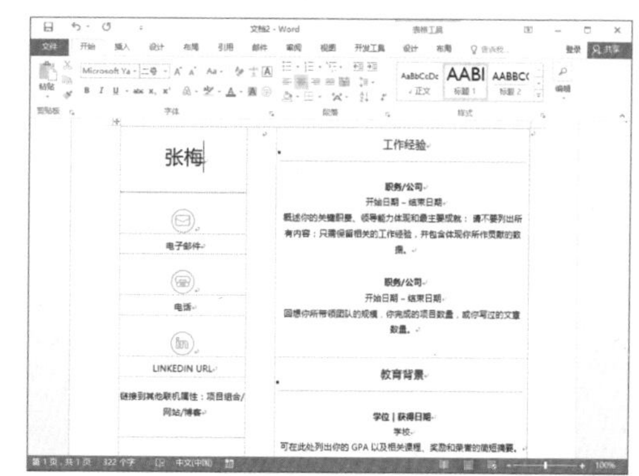

步骤 05 **创建联机模板文档。**执行“文件→新建”命令，在“搜索联机模板”框中输入关键字“计划”，单击“开始搜索”按钮进行搜索，如下左图所示。

步骤 06 **选择模板样式。**在搜索结果列表中选择“孩子家务杂事清单”模板，如下右图所示。

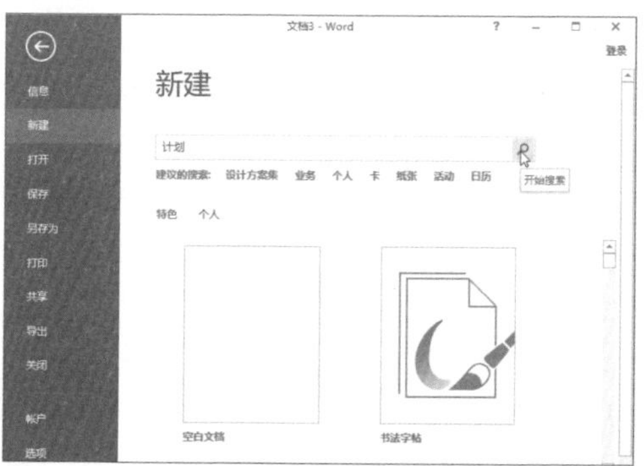

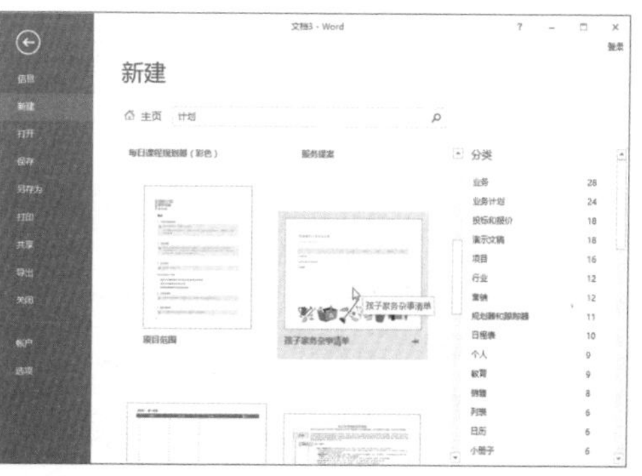

步骤 07 下载模板。单击预览窗格中的“创建”按钮，如下左图所示。

步骤 08 修改并保存模板。下载完成后，自动打开模板文档，按需修改并保存即可，如下右图所示。

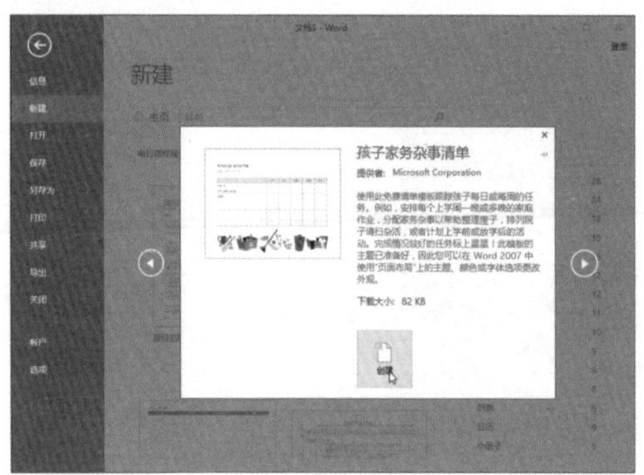

02 打开文档

如果用户需要使用已经保存的文档，只需找到文档所在的文件夹，在文档缩略图上双击即可打开文档，如下左图所示。

如果已经启动了Word程序，执行“文件→打开”命令，然后选择“浏览”选项。打开“打开”对话框，选择文档，单击“打开”按钮，即可打开该文档，如下右图所示。

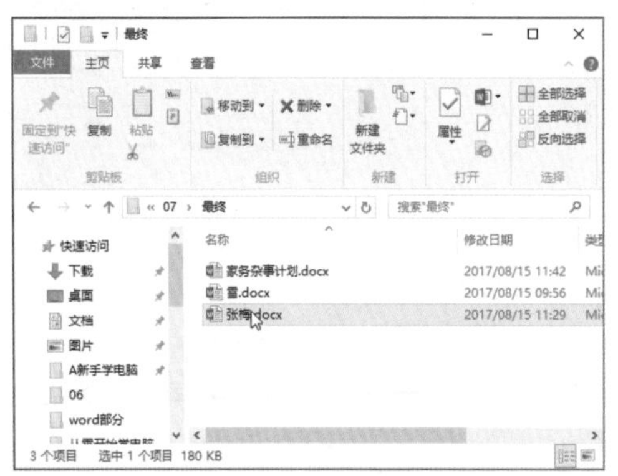

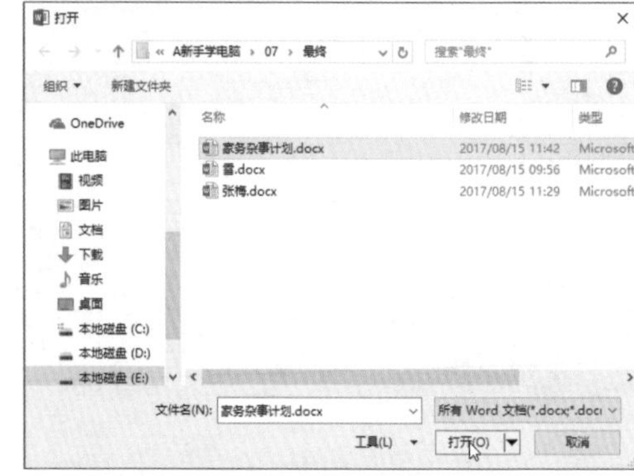

03 保存文档

在对文档进行编辑过程中，如果发生系统崩溃、电脑死机、意外断电等突发状况，会导致正在编辑的文档因未保存而丢失。因此，在编辑文档的过程中，文档的保存是非常重要的。下面介绍如何保存文档。

步骤 01 已存在文档的保存。直接单击快速访问工具栏上的“保存”按钮，或者按快捷键Ctrl+S即可将文档保存，如下左图所示。

步骤 02 文档的初次保存。如果文档未进行过保存操作，则执行上一步骤的操作后，会打开“文件”菜单，自动选择“另存为”选项，单击“浏览”按钮，如下右图所示。

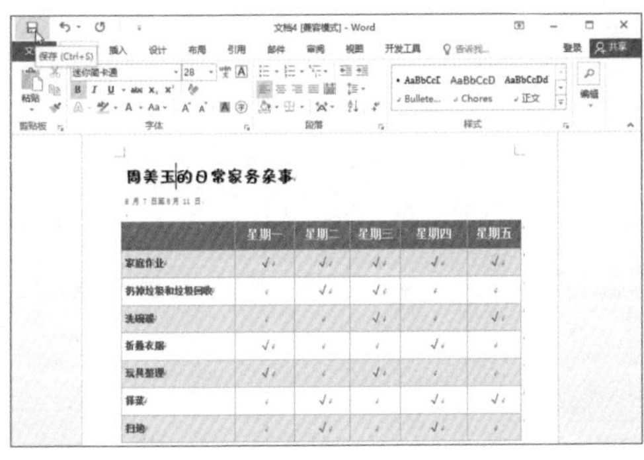

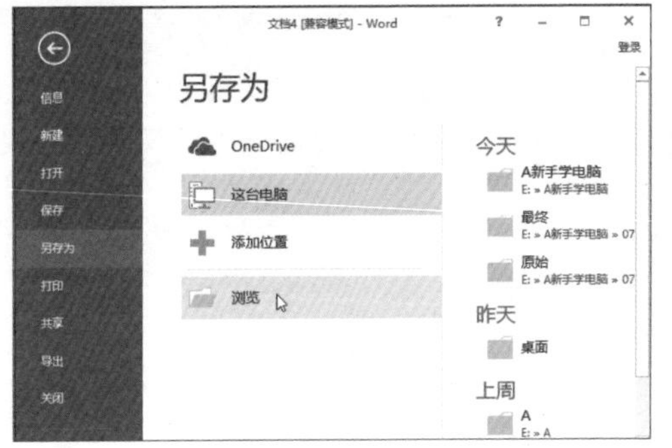

步骤03 **设置文件保存路径及类型。**打开“另存为”对话框，输入文件名并设置保存类型，单击“保存”按钮，如下左图所示。

步骤04 **设置文档自动保存。**还可以对文档进行自动保存。执行“文件→选项”命令，打开“Word选项”对话框，选择“保存”选项，设置“保存自动恢复信息时间间隔”为“5分钟”，单击“确定”按钮，如下右图所示。

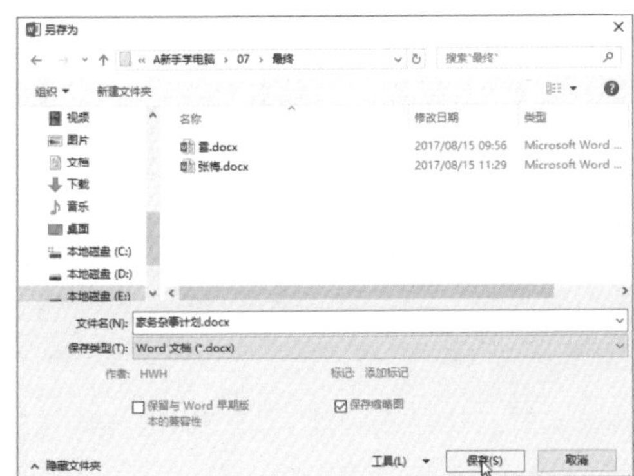

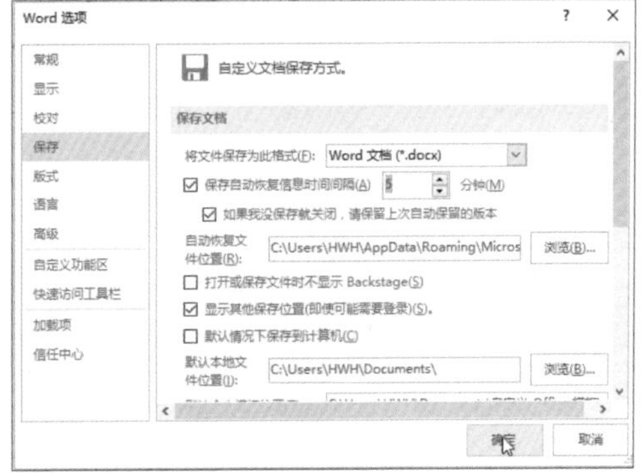

04 关闭文档

不需要对文档时查看或编辑时，为了使其不影响其他工作，需要关闭当前文档，直接单击窗口右上角的“关闭”按钮，或者直接按快捷键Ctrl+W关闭当前文档，如图下左图所示。

执行“文件→关闭”命令，也可关闭当前文档，如下右图所示。

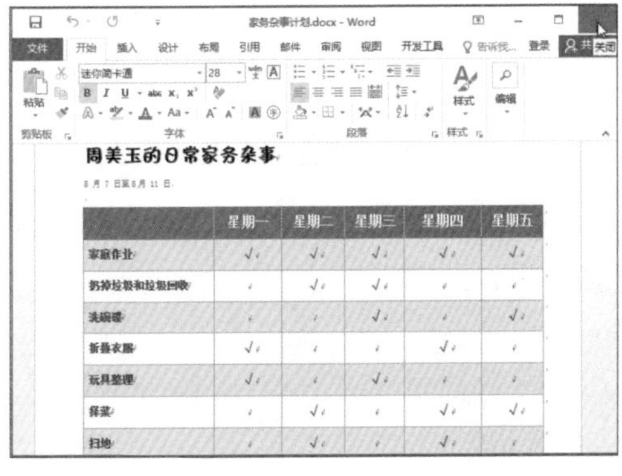

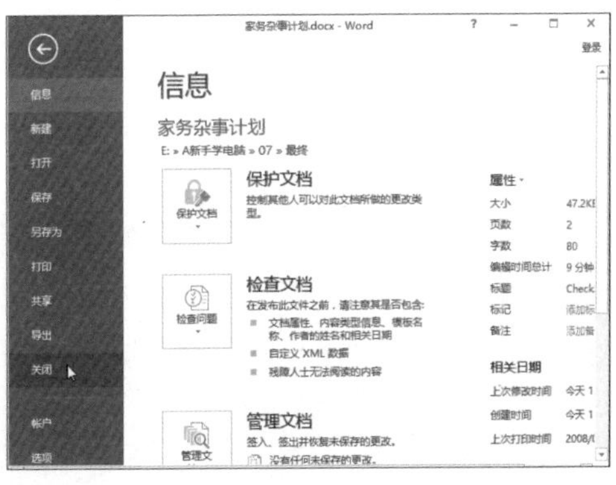

Section 03 编辑文本

在使用文档传达信息时，文本是必不可少的，而且需要对文本进行编辑，包括选择文本、修改与删除文本、查找与替换文本等操作。下面分别进行介绍。

01 选择文本

选择文本操作是编辑文本的首个动作。下面介绍如何选择文本。

步骤 01 **选择词语。**将插入点放置在文档某词语或单词中间，双击可将插入点所在的词语选中，如下左图所示。

步骤 02 **选择一行。**将光标移至所需选择行的左侧，当光标变为斜向右的箭头时，单击鼠标左键即可选中该行，如下右图所示。

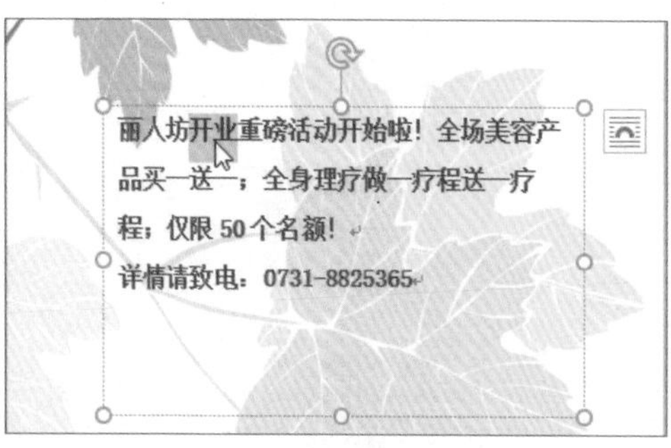

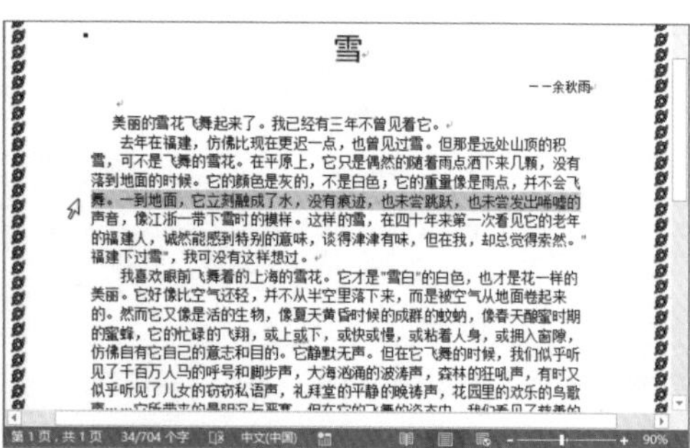

步骤 03 **选择段落。**在需选择的段落任意位置快速单击鼠标左键三次，或将鼠标移至该段落左侧，当光标变为斜向右箭头时，双击鼠标左键即可选中该段落，如下左图所示。

步骤 04 **选择连续区域。**在需选中区域的起始位置按住鼠标左键，拖动光标移至结尾处，释放鼠标左键即可选中连续区域，如下右图所示。

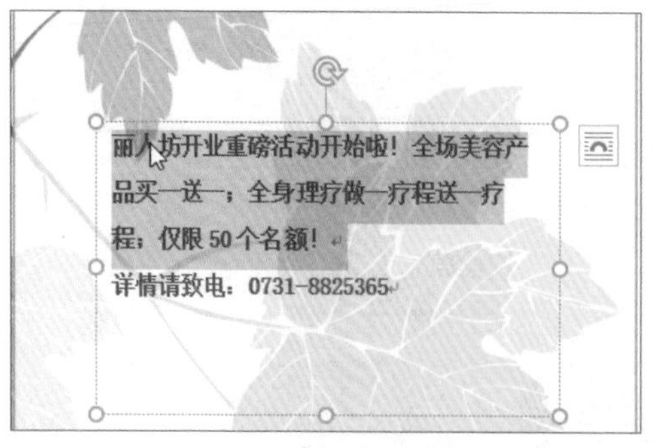

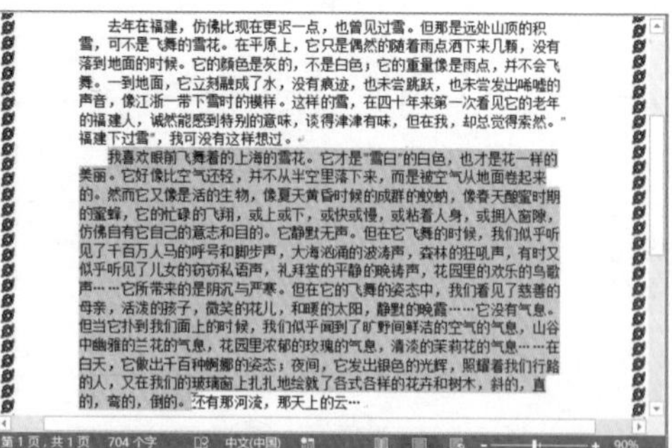

步骤 05 **选中连续行。**将光标移至所需选择行的起始位置，当光标变为斜向右的箭头时，按住鼠标左键向下拖动至尾行即可选中连续多行，如下左图所示。

步骤 06 **选中全文。**将光标移至文章左侧空白处，当光标变为斜向右的箭头时，快速单击鼠标左键三次，即可全部选中全文。或者直接按快捷键Ctrl+A，如下右图所示。

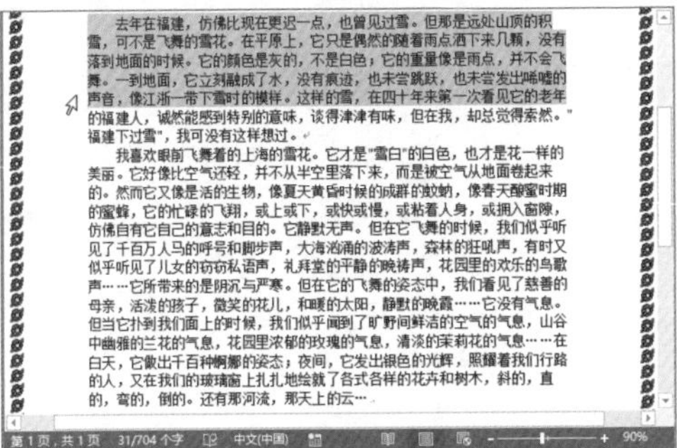

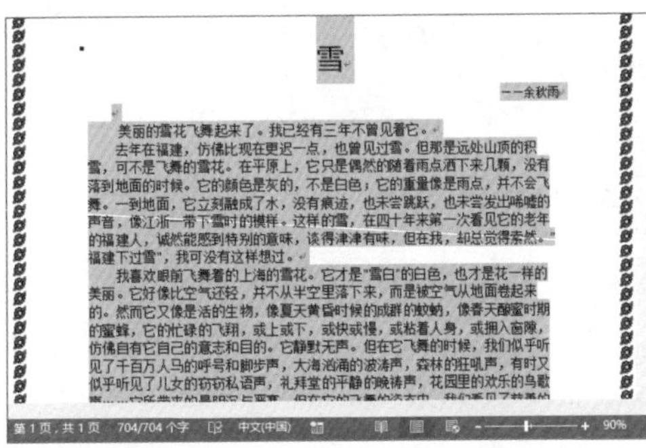

办公妙招

快捷键快速选择文本

- 按快捷键Shift+↑或Shift+↓，可选择从插入点向上或向下的一整句。
- 按快捷键Shift+Home或Shift+End，可选择从插入点起至本行行首或行尾之间的文本。
- 按快捷键Ctrl+Shift+Home或Ctrl+Shift+End，可选择从插入点起始位置至文档开始或结尾处的文本。
- 按住Shift键不放，同时单击鼠标左键，可以选择起始点与结束点之间的所有文本。
- 选择Ctrl键不放，拖动鼠标可以选择多个不连续区域。

02 修改与删除文本

在编辑文本的过程中，如果发现输入的文本有误，可以将文本删除并进行修改。下面介绍如何删除多余的文本并进行修改。

步骤 01 **删除文本。**选择文本后，按Delete键或者Backspace键可删除文本，如下左图所示。

步骤 02 **输入新文本。**删除文本后，选择输入法，重新输入合适的文本，如下右图所示。

03 移动与复制文本

编辑文本时，如果需要将当前文本内容调整至其他位置，需要移动文本；如果需要重复输入大量相同的文本，可以复制文本。下面分别进行介绍。

❶ 移动文本

移动文本操作可以按照下面介绍的方法来实现。

步骤 01 **小范围内移动文本。**选择需要移动的文本，按住鼠标左键不放，将所选文本拖动至合适位置，然后释放鼠标左键即可移动文本，如下左图所示。

步骤 02 **剪切文本。**选择需要移动的文本，按快捷键Ctrl+X或者单击“开始”选项卡上的“剪切”按钮，剪切文本，如下右图所示。

步骤 03 **粘贴文本。**将光标定位至合适位置，按快捷键Ctrl+V或者单击“开始”选项卡上的“粘贴”下拉按钮，从展开的列表中选择合适的方式粘贴文本，这里选择“只保留文本”选项，如右图所示。

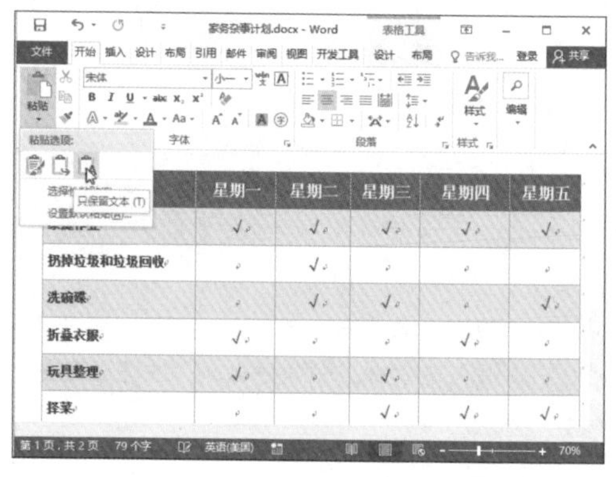

❷ 复制文本

复制文本操作同样很简单，可以通过下面的方法来实现。

步骤 01 **复制文本。**选择需要复制的文本，按快捷键Ctrl+C或者单击“开始”选项卡上的“复制”按钮，复制文本，如下左图所示。

步骤 02 **粘贴文本。**将光标定位至需要添加文本的位置，单击“粘贴”下拉按钮，从列表中选择“保留源格式”选项，如下右图所示。

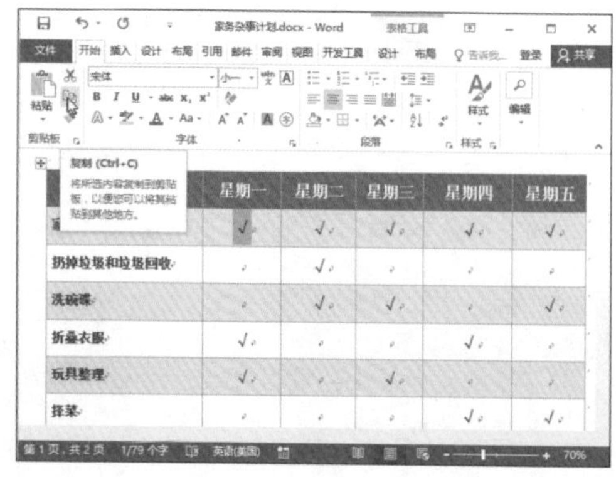

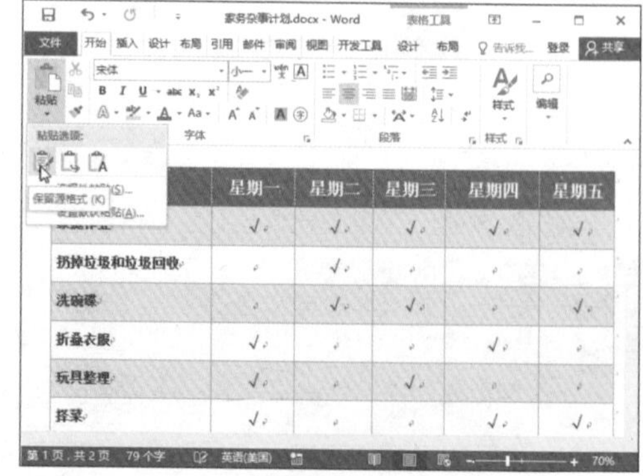

步骤 03 选择性粘贴。也可以在上一步骤中选择“选择性粘贴”选项，打开“选择性粘贴”对话框，在“形式”列表框中选择合适的粘贴方式，然后单击“确定”按钮即可。

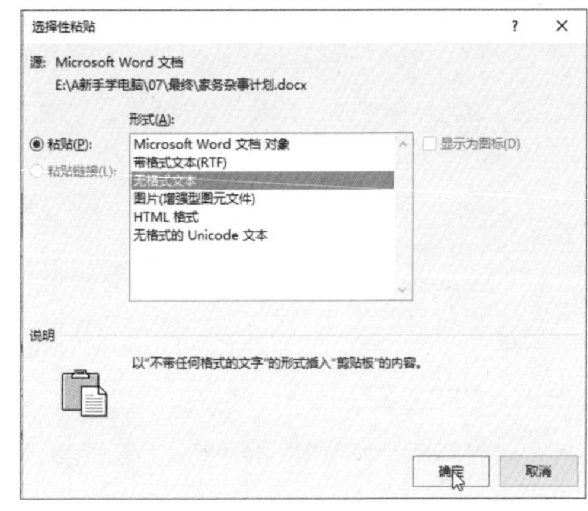

04 查找与替换文本

在一个大型文档中寻找特定内容时，如果是一页页地查看，会浪费大量时间，这就需要使用Word文档的查找功能；如果需要将文档中的特定内容进行更改，需要使用Word的替换功能。

❶ 查找文本

Word的查找功能可以从繁杂的信息中快速找到指定信息。下面介绍如何查找文本。

步骤 01 启动“查找”功能。打开文档，单击“开始”选项卡的“编辑”组中“查找”右侧的下拉按钮，从列表中选择“查找”选项，如下左图所示。

步骤 02 搜索文本。打开“导航”窗格，在“搜索文档”文本框中输入文本，单击右侧的“搜索”按钮，查找到的文本会突出显示，如下右图所示。

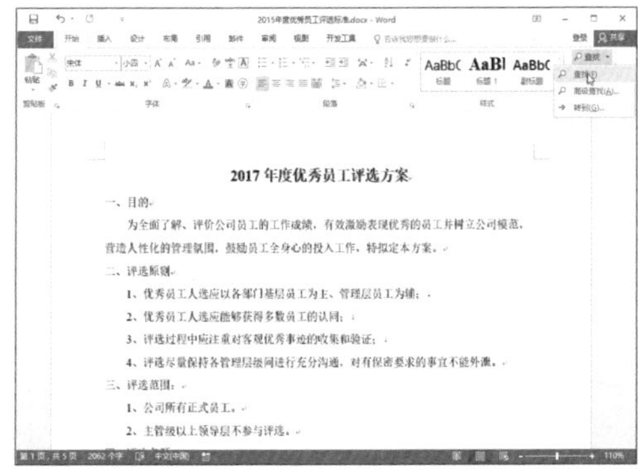

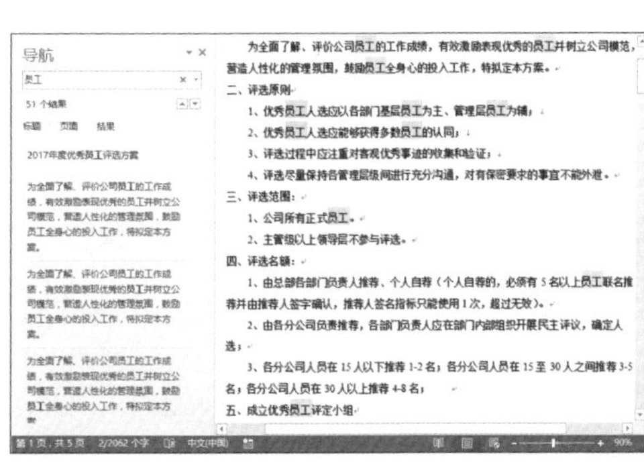

步骤 03 精确查找文本。若需要查找更精确的内容，需在查找列表中选择“高级查找”选项，打开“查找和替换”对话框，单击“更多”按钮，如右图所示。

查找和替换
查找(D) 替换(P) 定位(G)
查找内容(N)：员工
选项：区分全/半角
更多(M) >> 阅读突出显示(R) 在以下项中查找(I) 查找下一处(F) 取消

步骤04 设置格式。展开对话框，可以对查找项进行更详细的设置，例如，单击“格式”按钮，选择“字体”选项，如下左图所示。

步骤05 设置字体格式。打开“查找字体”对话框，设置需要查找的文本的字体格式，设置完成后，单击“确定”按钮，如下右图所示。

步骤06 查看查找结果。返回上一级对话框，单击“查找下一处”按钮即可查找出指定字体格式的文本，如右图所示。

办公妙招

如何快速定位文档

在“开始”选项卡的“查找”组中，单击“转到”按钮，打开“查找和替换”对话框。在“定位”选项卡中选择“定位目标”列表框中的“页”选项，然后在“输入页号”文本框中输入页号6，单击“定位”按钮，即可定位至文档中的第6页如右图所示。然后单击“关闭”按钮，关闭对话框即可。

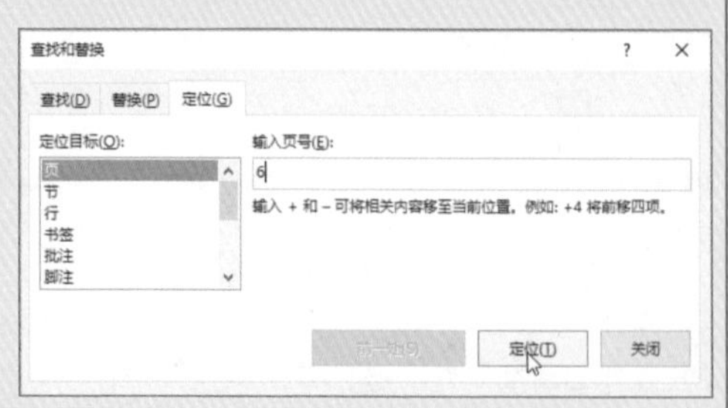

❷ 替换文本

如果需要将指定内容替换，可以按照下面的方法进行操作。

步骤01 启动“替换”功能。打开文档，单击“开始”选项卡中的“替换”按钮，如下左图所示。

步骤 02 **输入替换内容。**打开“查找和替换”对话框，在“查找内容”文本框中输入文本，“替换为”文本框中不输入文本，单击“全部替换”按钮，如下右图所示。

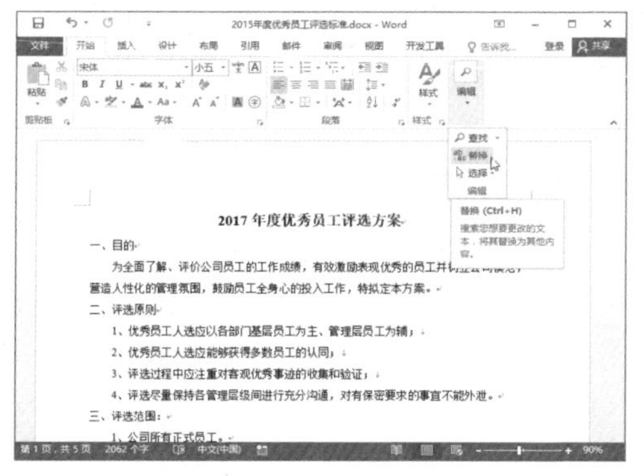

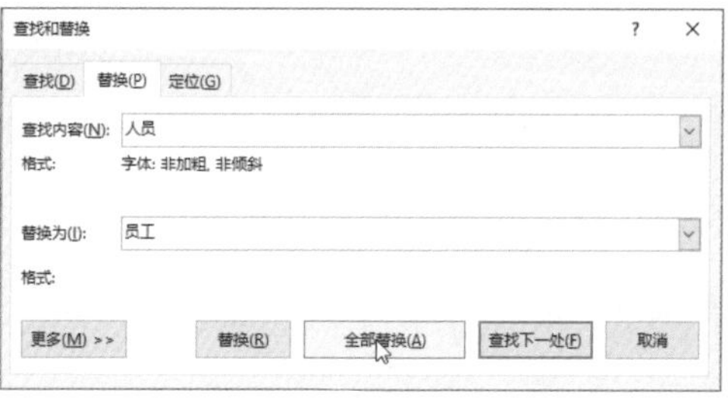

步骤 03 **确定替换。**弹出提示对话框，单击“确定”按钮，完成替换操作，即可将文档中的无用文本删除，如下图所示。

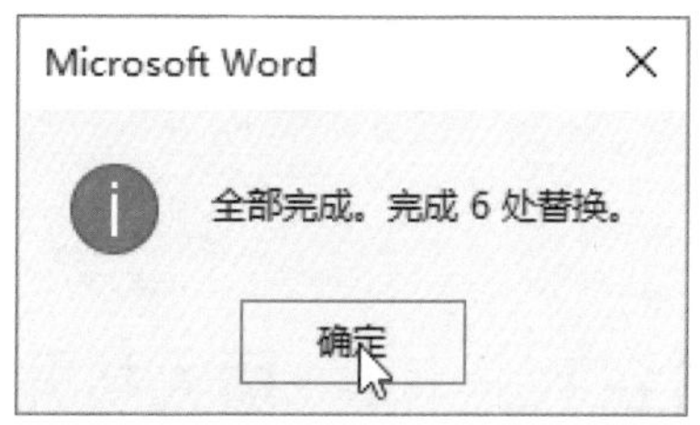

05 撤销与恢复操作

在编辑文本时，如果进行了错误操作，可以将该操作撤销；如果不小心撤销了正确的操作，可以恢复操作。下面分别进行介绍。

步骤 01 **撤销操作。**直接单击快速访问工具栏上的“撤销”按钮，可撤销上一步操作。如果需要撤销多步操作，可单击“撤销”按钮右侧的下拉按钮，从列表中选择撤销动作，如下左图所示。

步骤 02 **恢复操作。**直接单击“恢复”按钮，可以恢复上一步的撤销动作，如果需要恢复多步撤销动作，需要多次单击“恢复”按钮，如下右图所示。

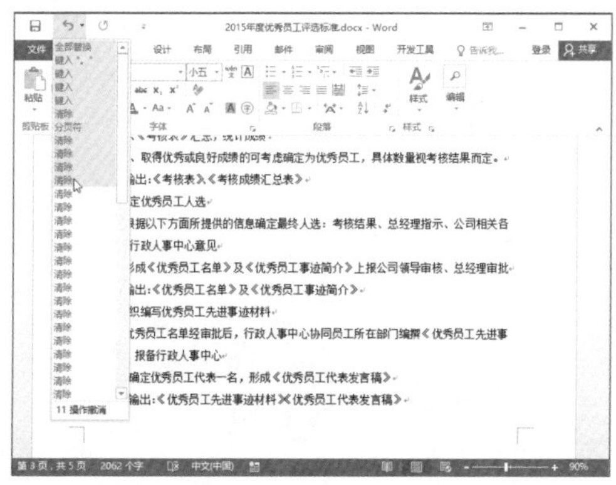

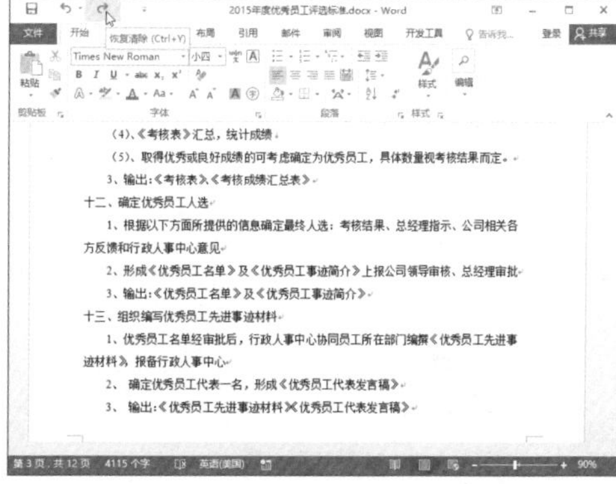

Section

04 设置文本格式

在文档中录入大量文本信息后，如何重点突出、层次分明地表达内容？这就需要对文本的格式进行适当的设置，包括字体格式、段落格式、项目符号和编号的设置。

01 设置字体格式

字体格式包括文本的字体、字号、字体颜色等。下面对字体格式的设置进行详细的介绍。

步骤 01 **更改字体。**选择文本，单击"开始"选项卡中的"字体"按钮，从展开的列表中选择合适的字体即可，如下左图所示。

步骤 02 **更改字号。**单击"字号"按钮，从展开的列表中选择48，如下右图所示。如果只是微调字号，也可以直接单击"增大字号A"或者"减小字号A"，直接增大或者减小字号。

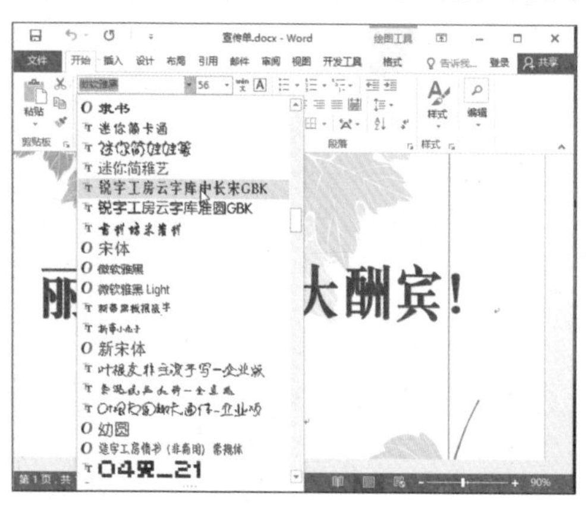

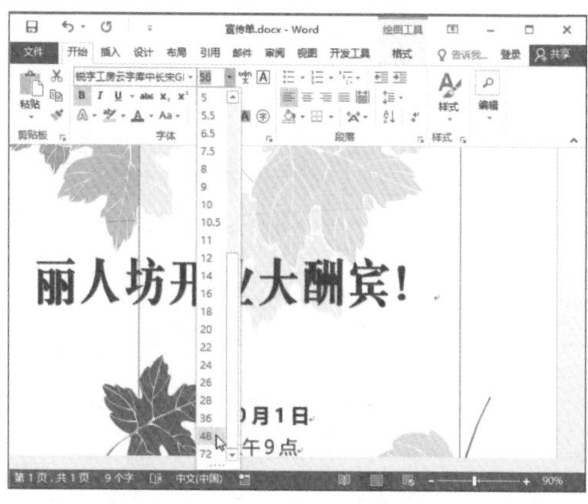

步骤 03 **更改字体颜色。**单击"字体颜色"按钮，从列表中选择"深红"，如下左图所示。

步骤 04 **设置渐变效果。**也可以在字体颜色列表中选择"渐变"选项，然后从渐变级联列表中选择"从中心"渐变效果，如下右图所示。

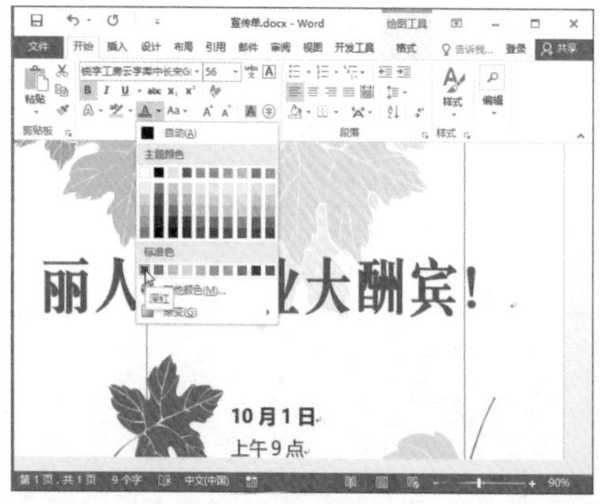

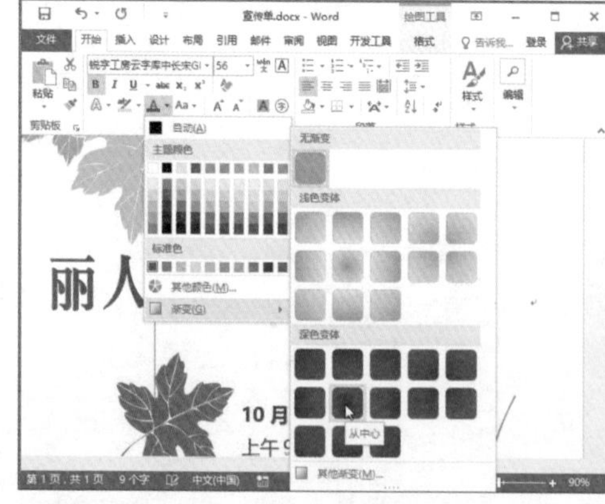

步骤 05 **自定义颜色。**如果在字体颜色列表中选择“其他颜色”选项，可以在弹出的“颜色”对话框的“标准”选项卡中直接选取一种合适的颜色，或者在“自定义”选项卡中自定义一种颜色，如下左图所示。

步骤 06 **设置加粗效果。**选择文本，单击“开始”选项卡中“字体”组中的“加粗”按钮，可加粗文本，如下右图所示。

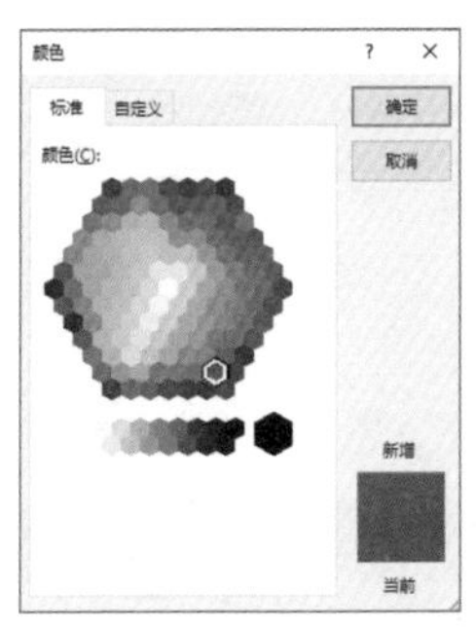

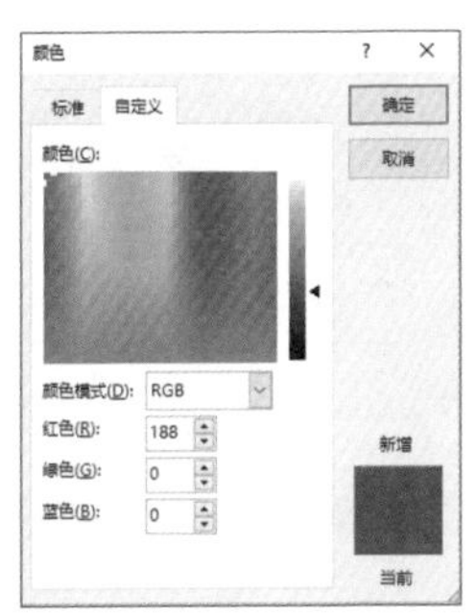

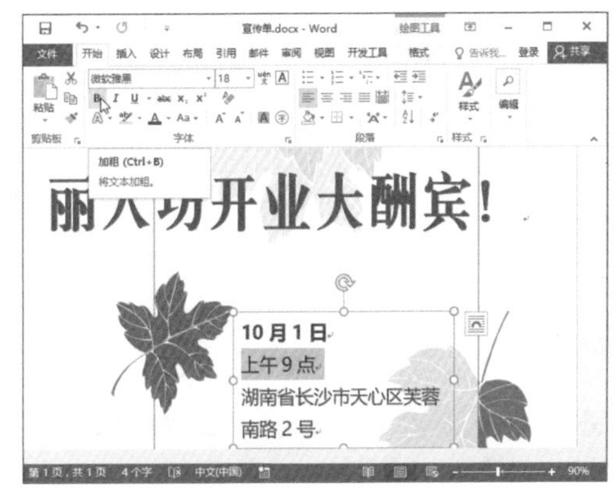

步骤 07 **设置倾斜效果。**单击“倾斜”按钮，可使所选文本倾斜，如下左图所示。

步骤 08 **设置下划线效果。**单击“下划线”右侧下拉按钮，从列表中选择一种合适的线型作为下划线，然后从“下划线颜色”级联列表中选择“黄色”作为下划线颜色，如下右图所示。

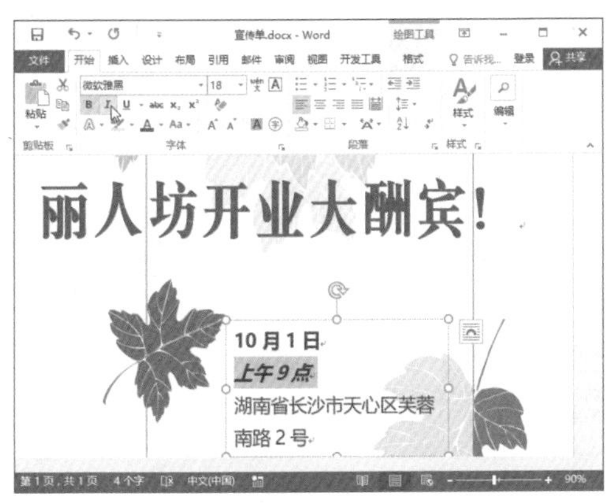

步骤 09 **设置其他效果。**除上述操作外，还可以通过“字体”组中的相应命令，为字体添加删除线、设置上/下标、让文本突出显示、将文本转换为艺术字以及为文本添加底纹或边框等，如右图所示。

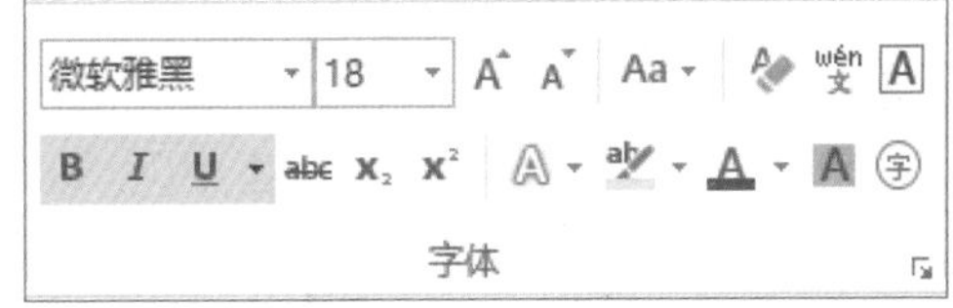

步骤 10 **在“字体”对话框中设置字体格式。**选择文本后，单击“字体”组的对话框启动器按钮，打开“字体”对话框。在“字体”选项卡中可设置字符的字体、字号、字形、字体颜色、下划线、上标下标、删除线等，在“高级”选项卡中，可以对文本的字符间距、Open Type功能进行设置，如下图所示。

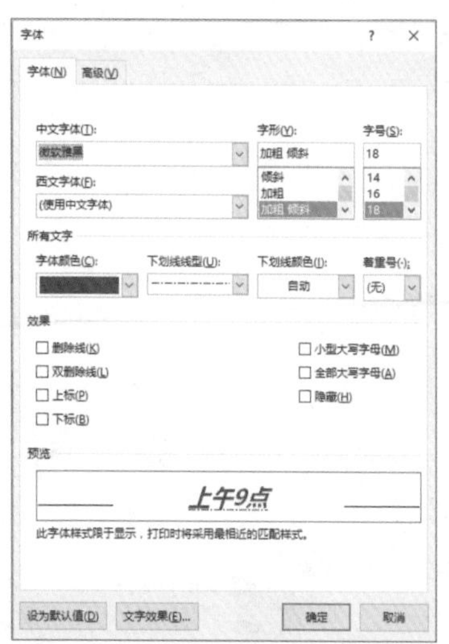
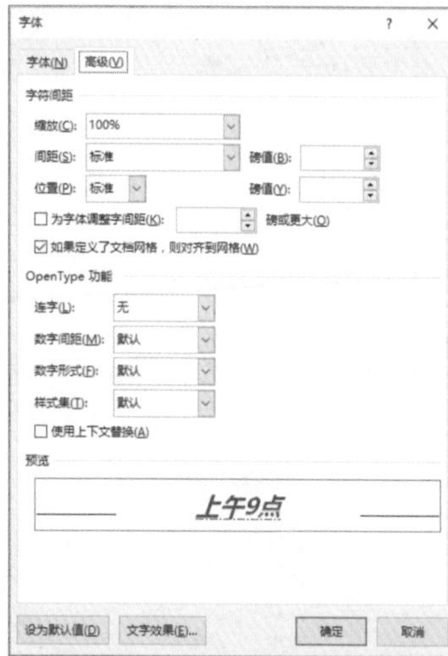

办公妙招

为疑难字添加拼音

01 启动“拼音指南”功能。选择需要添加拼音的汉字，单击“开始”选项卡中的“拼音指南”按钮，如下左图所示。

02 设置拼音格式。打开“拼音指南”对话框，可以对拼音的对齐方式、偏移量、字体、字号进行设置，设置完成后，单击“确定”按钮即可，如下右图所示。

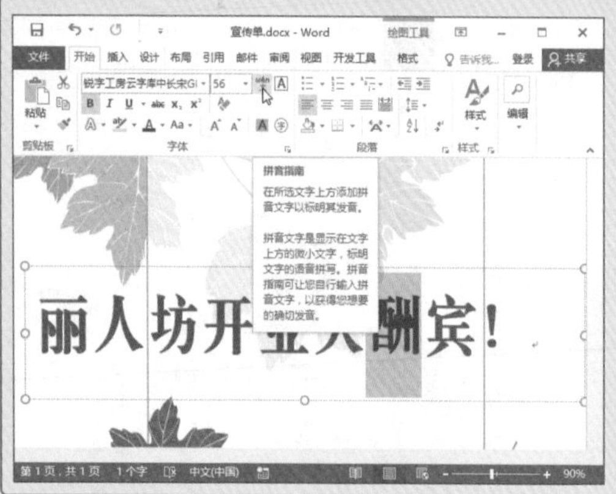

02 设置段落格式

设置段落格式，可以使文本层次分明，让用户更快更明了地读取信息。下面介绍如何对段落格式进行设置。

❶ 设置文本对齐方式和间距

步骤 01 设置文本对齐方式。选择文本，单击“开始”选项卡中“段落”选项组中的“左对齐”按钮，可以让文本左对齐，除此之外，还可以通过居中、右对齐、两端对齐、分散对齐命令设置文本对齐方式，如下左图所示。

步骤 02 设置段落间距。单击“行和段落间距”按钮，从列表中选择合适的行间距，如下右图所示。

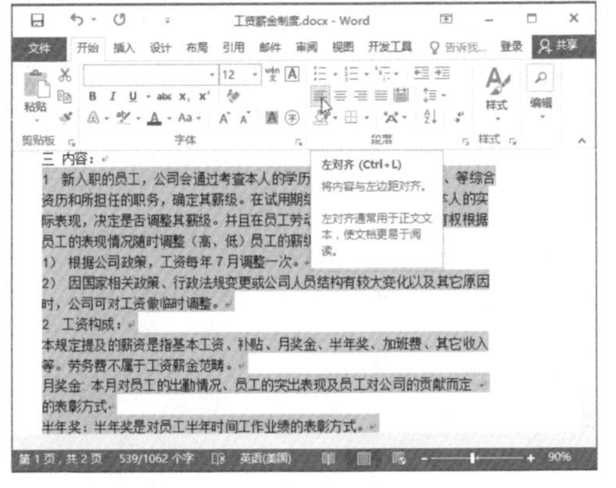

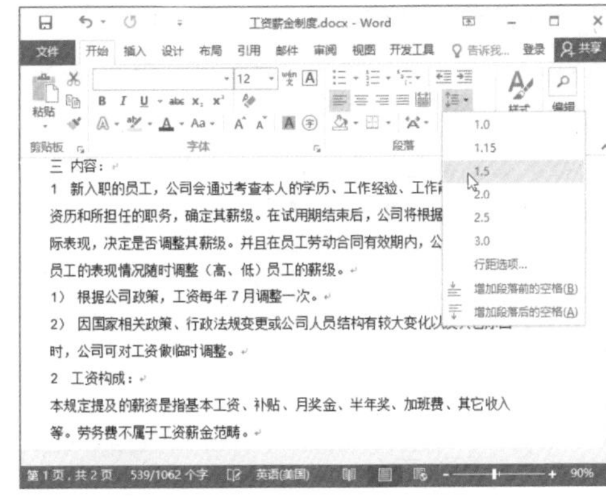

步骤 03 **设置段落其他格式。**如需要进行更详细的设置，只需单击“段落”组的对话框启动器按钮，打开“段落”对话框，在“缩进和间距”选项卡中对段落的对齐方式、缩进、间距进行设置，如右图所示。

❷ 为段落添加底纹

可以使用底纹将文章中重要的字词标注出来。其具体方法如下。

选择文本，单击“开始”选项卡中“底纹”右侧的下拉按钮，从展开的列表中选择“绿色”，如右图所示。此时，被选中的文本已添加了底纹。

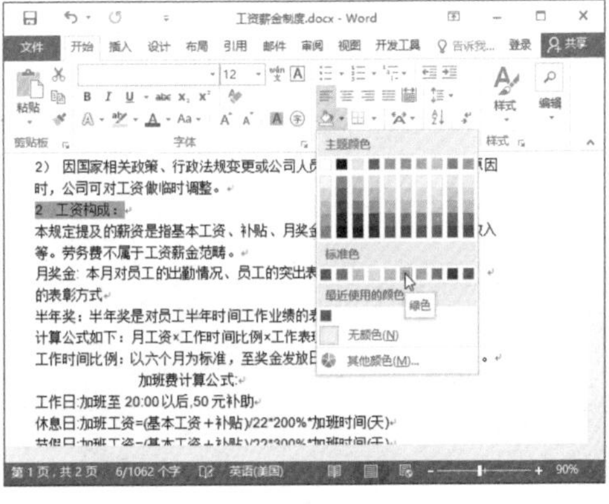

❸ 添加项目符号或编号

如果文档中包含多段具有并列或者顺序关系的文本，可以为其添加项目符号或编号。下面进行介绍。

步骤 01 **添加项目符号。**选择文本，单击“开始”选项卡中“项目符号”右侧的下拉按钮，从展开的列表中选择合适的项目符号样式即可，如下左图所示。

步骤 02 **设置新符号。**若项目符号库中的符号样式不能满足需求，可以在项目符号列表中选择“定义新项目符号”选项，打开“定义新项目符号”对话框，单击“符号”按钮，如下右图所示。

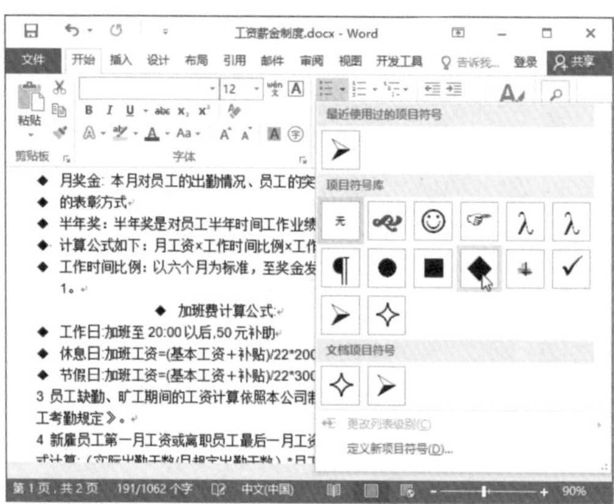

步骤 03 **选择符号样式。**打开“符号”对话框，选择不同的字体会出现不同的符号，这里使用默认的字体，选择符号后单击“确定”按钮，如下左图所示。

步骤 04 **使用图片作为项目符号。**单击“定义新项目符号”对话框中的“图片”按钮，打开“插入图片”对话框。单击“来自文件”右侧的“浏览”按钮，打开“插入图片”对话框，选择图片后单击“插入”按钮，如下右图所示。返回上一级对话框并单击“确定”按钮。

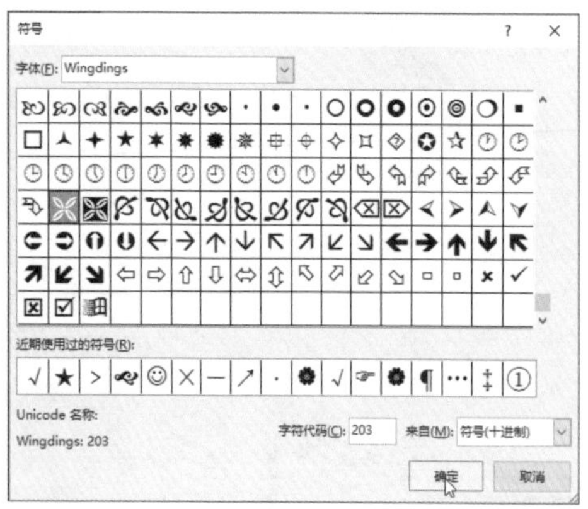

步骤 05 **插入编号。**选择文本，单击“开始”选项卡中“项目编号”右侧的下拉按钮，从展开的列表中选择合适的编号样式，如下左图所示。

步骤 06 **定义新编号样式。**若项目编号库中的编号样式不能满足需求，可以在项目编号列表中选择“定义新项目编号”选项，打开“定义新编号样式”对话框，单击“编号样式”右侧的下拉按钮，从展开的列表中选择合适的样式，如下右图所示。

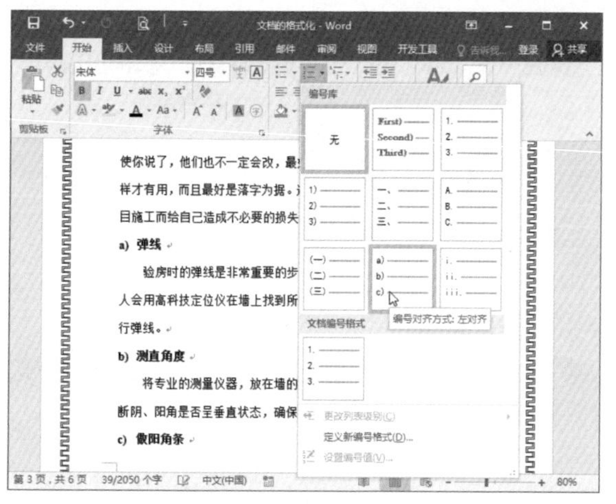
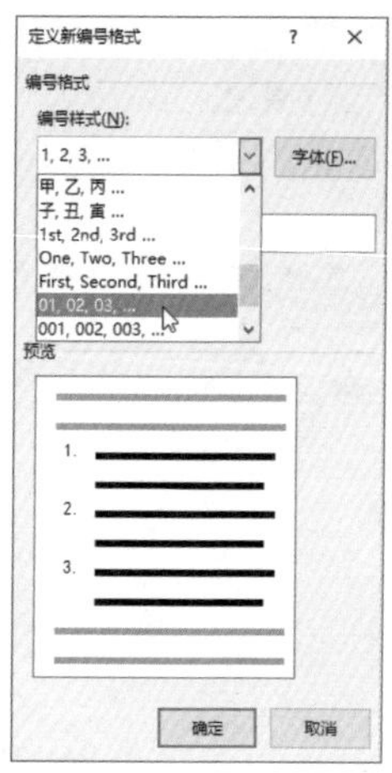

打印文档设置

如果需要将文档打印出来分发给同事或者客户，首先需要对文档的页面进行适当的设置。下面介绍如何对文档页面进行设置，并将设置好的文档预览和打印。

01 页面设置

文档的页面设置包括纸张大小、页边距、页眉和页脚设置。下面介绍如何进行设置。

❶ 设置纸张大小和页边距

打印文档时，所用的纸张大小、文本距离、纸张上下左右的距离需要按需设置。

步骤 01 设置纸张大小。打开文档，单击“布局”选项卡中的“纸张大小”按钮，从列表中选择合适的纸张大小，如下左图所示。

步骤 02 设置纸张方向。单击“纸张方向”按钮，从列表中选择纸张方向，如下右图所示。

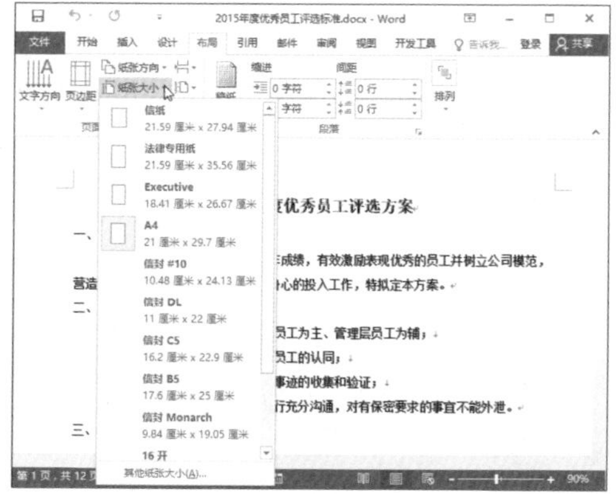
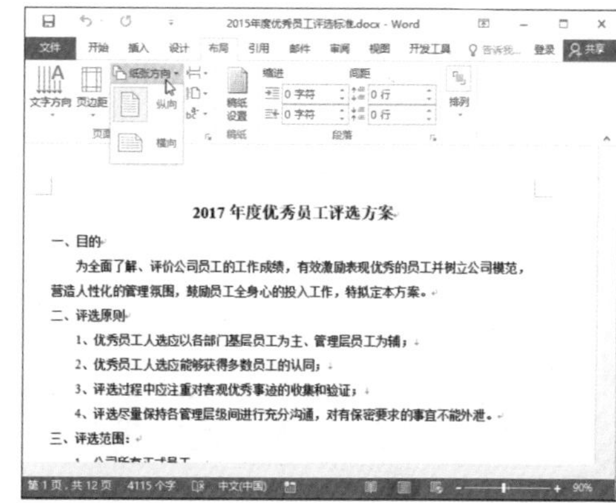

步骤 03 **设置页边距。**单击“页边距”按钮，从列表中选择合适的页边距，如下左图所示。

步骤 04 **自定义纸张和页边距。**单击“页面设置”对话框启动器按钮，打开“页面设置”对话框，在“纸张”和“页边距”选项卡中，可自定义纸张大小和页边距，如下中图和右图所示。

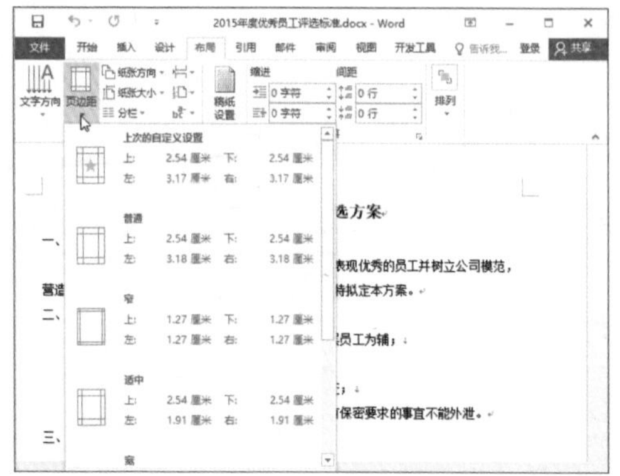

❷ 设置页眉页脚

如果要在页眉和页脚添加一些附加信息，需要对页眉和页脚进行设置，其具体操作方法如下。

步骤 01 **设置页眉。**打开文档，在“插入”选项卡中单击“页眉”按钮，从列表中选择“花丝”样式，如下左图所示。

步骤 02 **转至页脚。**按需输入页眉文字，然后单击“转至页脚”按钮，如下右图所示。

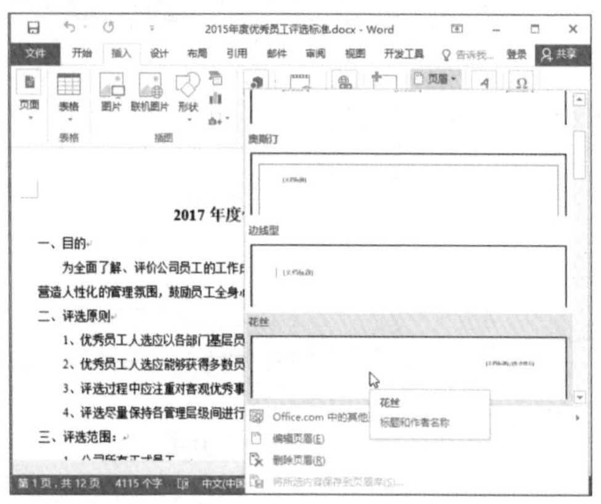

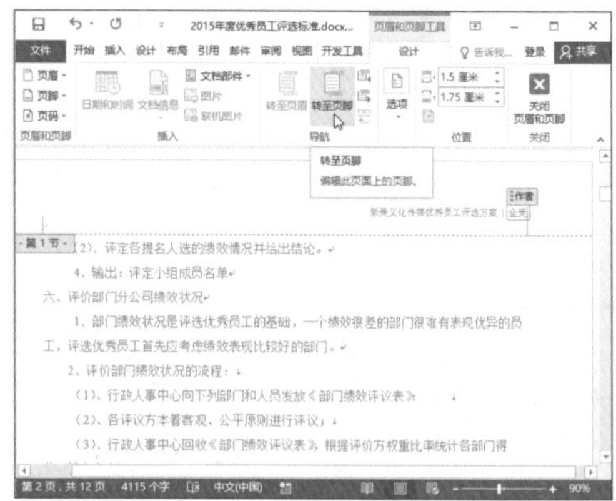

步骤 03 **设置页脚。**光标将自动定位至页脚处，可按需输入文本，打开“页脚”列表，从中选择合适的页脚样式，再输入文本，如右图所示。

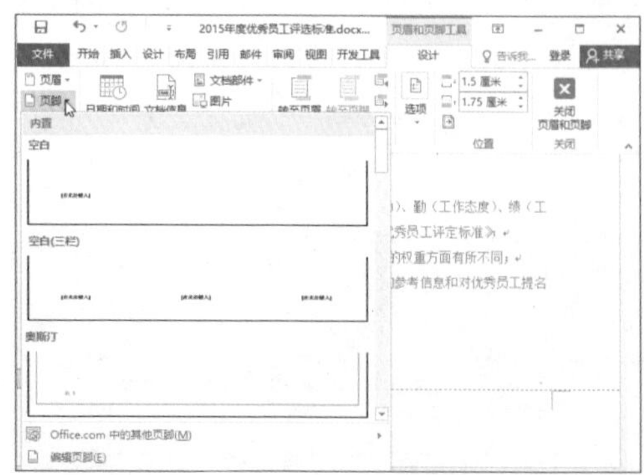

步骤 04 **在文档中插入页码。**执行“页码→页面底端→普通数字3”命令，可在文档中插入页码，如下左图所示。

步骤 05 **设置页眉和页脚的页边距。**通过“位置”组的“页面顶端距离”“页眉顶端距离”和“页脚底端距离”数值框，设置页眉和页脚的页边距，设置完成后，单击“关闭页眉和页脚”按钮，如下右图所示。

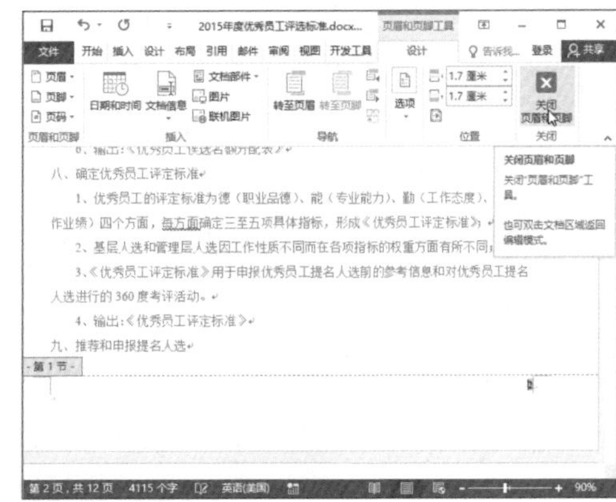

02 预览并打印文档

对文档编辑完成后，如需要打印文档，可以先预览打印效果，确认无误后再打印，操作方法如下。

步骤 01 **打开打印预览界面。**打开文档后，单击“快速访问工具栏”上的“打印预览和打印”按钮，如下左图所示。

步骤 02 **预览文档。**自动切换至“文件”菜单中的“打印”选项。在右侧的预览窗格中，可以预览文档，单击“上一页”或者“下一页”按钮，可以对文档逐页预览，如下右图所示。

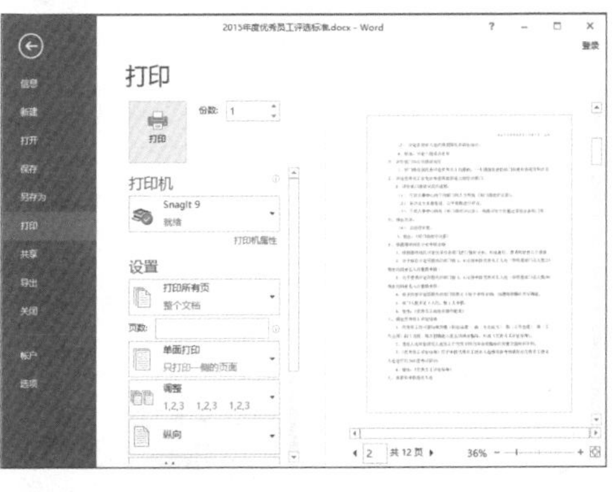

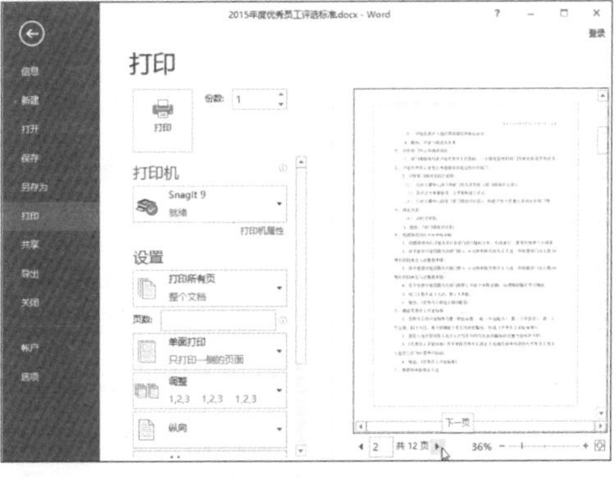

步骤 03 **设置打印参数。**通过“份数”数值框设置文档的打印份数，通过“打印机”列表中的选项，选择需要连接的打印机，通过打印范围列表中的选项，可设置打印范围，还可设置打印方向、打印的纸张大小、页边距以及打印版式等，如下左图和中图所示。

步骤 04 **打印文档。**设置完成后，单击“打印”按钮，打印文档，如下右图所示。

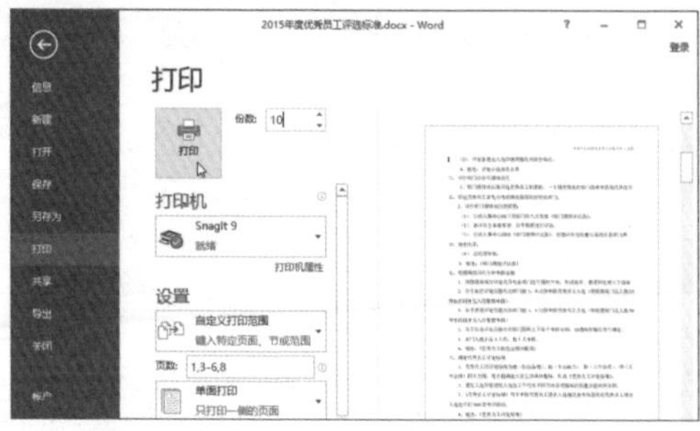

为文档添加图片

为了更好地对文档中的文本信息进行说明，让用户可以更直观地了解用户想要传达的信息，可以在文档中添加图片，既能让文档变得赏心悦目，又能更好地说明文本。下面介绍如何在文档中添加图片。

01 插入图片

在文档中插入图片时，图片可以来自本地电脑和网络。下面分别对这两种情况下如何插入图片进行介绍。

❶ 插入电脑中的图片

用户可根据需要，在文档中插入电脑中已保存的图片。

步骤 01 **启动“图片”功能。**打开文档，单击“插入”选项卡中“插图”选项组中的“图片”按钮，如右图所示。

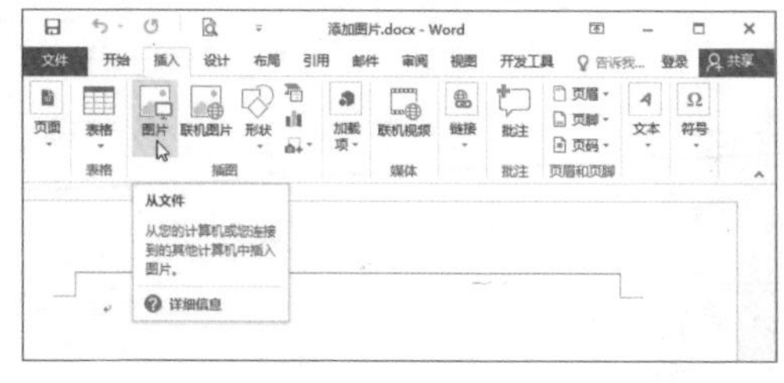

步骤 02 **选择图片。**打开“插入图片”对话框，选择图片，再单击“插入”按钮，如右图所示。

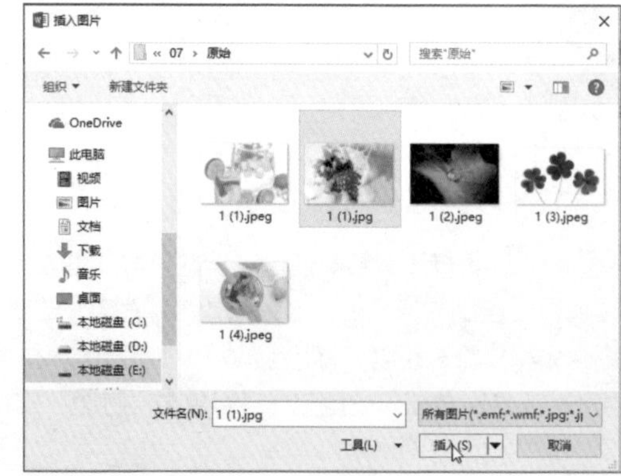

步骤 03 **查看结果。**此时被选择的图片已插入到文档中，如右图所示。

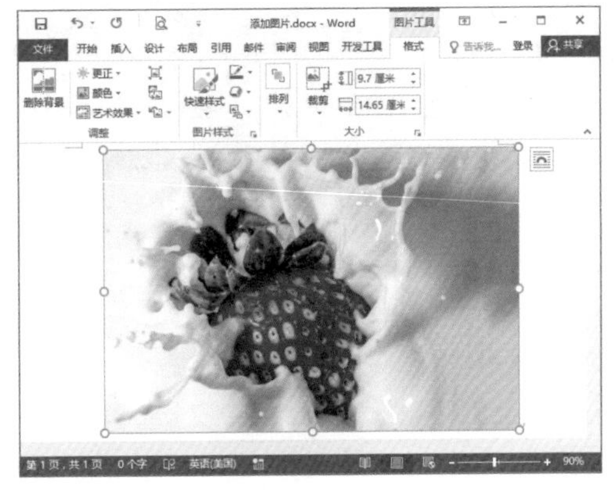

❷ 插入联机图片

可以将Office官网中的图片插入至文档中，其方法如下。

步骤 01 **启动“联机图片”功能。**打开文档，单击“插入”选项卡中的“联机图片”按钮，如下左图所示。

步骤 02 **搜索图片。**打开“插入图片”窗格，在搜索栏中输入关键字“水果”，然后单击“搜索”按钮，如下右图所示。

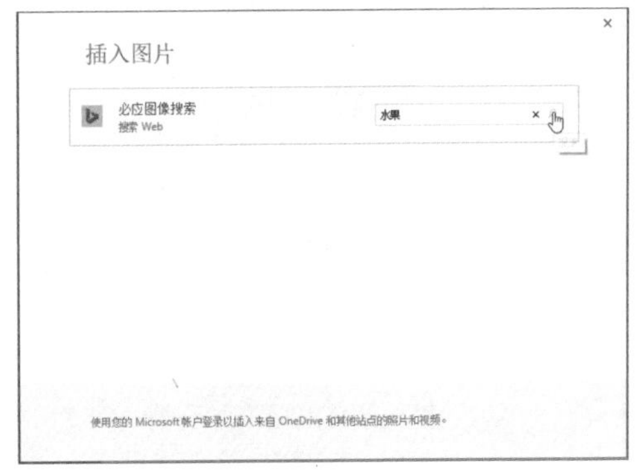

步骤 03 **选择图片。**此时，系统将罗列出多个相关图片，单击鼠标左键选取合适的图片，然后单击“插入”按钮即可将所选图片插入到文档中，如下图所示。

02 编辑图片

插入图片后，默认情况下，图片以原有样式和适合文档的大小插入到当前页面中。但在大部分情况下，还需要根据当前文档中的内容对图片进行编辑，包括调整图片的大小和位置、对齐和旋转图片、美化图片等。下面分别进行介绍。

❶ 更改图片大小和位置

插入图片后，可对图片的大小及位置进行调整设置，其操作如下。

步骤 01 **调整图片大小。**将光标放置在图片的任意一个顶点上，按住鼠标左键不放并拖动鼠标调整，或者通过“图片工具 - 格式”选项卡中“大小”组中的“高度”和“宽度”数值框进行调整，如下左图所示。

步骤 02 **启动“裁剪”功能。**如果插入的图片包含无用部分，可以将其裁剪掉。选择图片，执行“图片工具 - 格式→裁剪→裁剪”命令，如下右图所示。

步骤 03 **显示裁剪范围。**图片周围会出现8个裁剪点，将光标移至任意一点上，光标将变为一个有方向的指示形状，提醒用户裁剪的方向，如下左图所示。

步骤 04 **裁剪图片。**按住鼠标左键不放，拖动鼠标即可裁剪图片，拖动至合适的位置后，释放鼠标左键即可将图片的灰色区域裁去，如下右图所示。

步骤 05 **设置图片位置。**裁剪图片后，执行“图片工具 - 格式→位置”命令，在展开的列表中选择合适的图片位置，如下左图所示。

步骤 06 **设置排列方式。**执行“图片工具－格式→环绕文字”命令，在列表中选择合适的环绕方式，如下右图所示。

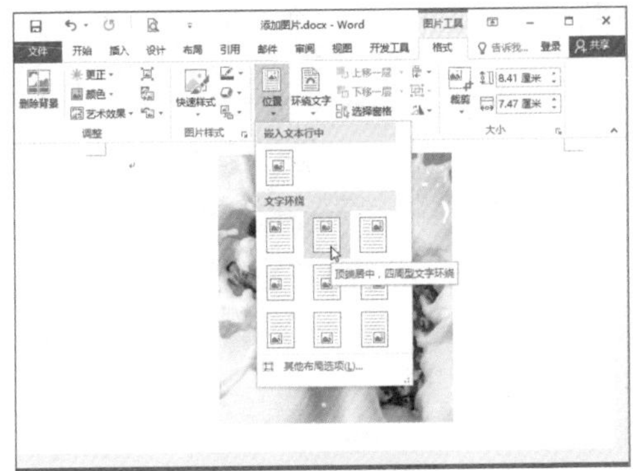

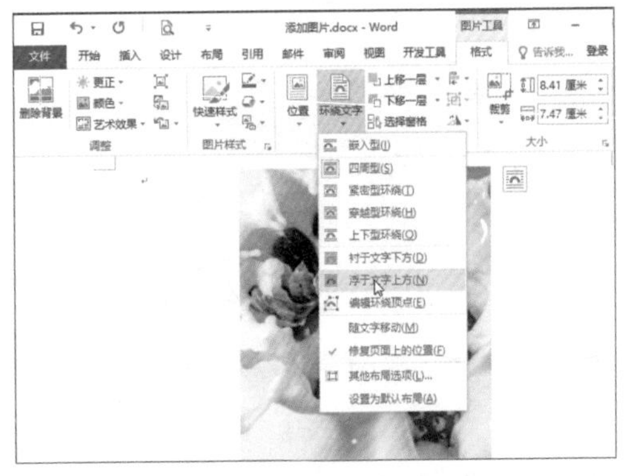

办公妙招

如何将图片裁剪为指定形状

选择图片，在“图片工具－格式”选项卡的“大小”组中单击“裁剪”按钮，选择“裁剪为形状”选项，从列表中选择合适的形状即可。

❷ 对齐和旋转图片

在Word 2016中，用户可对插入的图片进行对齐或旋转操作。

步骤 01 **对齐图片。**选择图片，单击“图片工具－格式”选项卡中的“对齐”按钮，从展开的列表中选择“顶端对齐”选项，如下左图所示。

步骤 02 **旋转图片。**选择图片后，将光标移至图片的旋转柄上，按住鼠标左键不放并拖动鼠标，旋转图片至合适位置后，释放鼠标左键，如下右图所示。

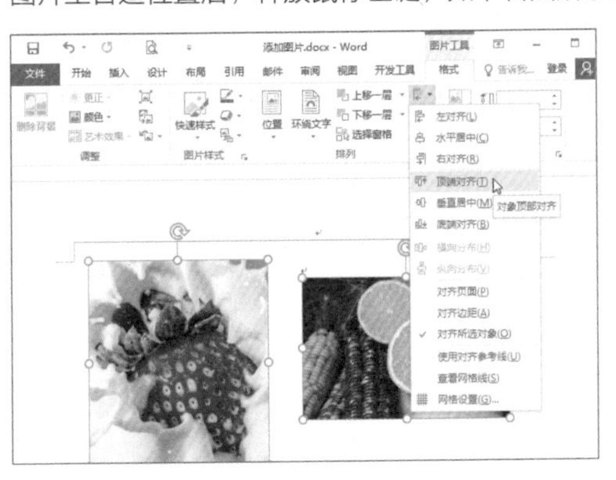

❸ 调整图片

除了以上图片设置功能外，用户还可以对图片属性进行设置，如删除背景、调整图片饱和度、对比度等。

步骤 01 **启动“删除背景”功能。**选择图片，单击“图片工具－格式”选项卡中的“删除背景”按钮，如下左图所示。

步骤 02 **调整删除区域。**系统会自动删除不需要的部分，如果删除的区域过多，可以通过鼠标缩减区域法，增大系统删除的区域，如下右图所示。

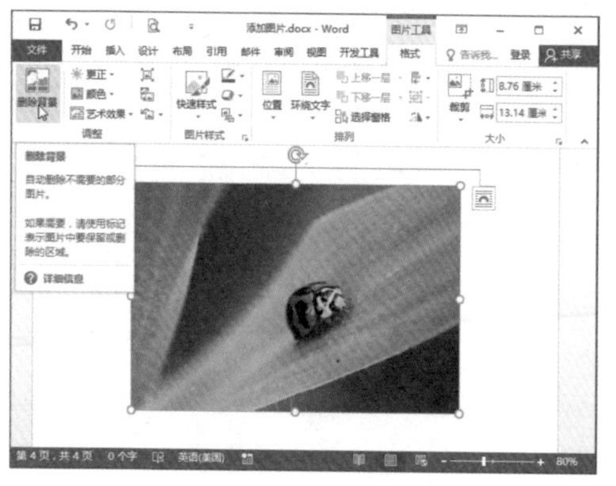

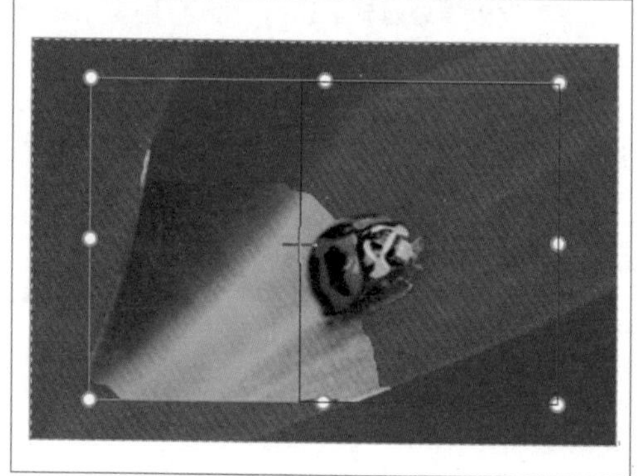

步骤 03 标记删除区域。如果有小部分区域没有自动删除，可以单击“背景消除”选项卡中的“标记要删除的区域”按钮，如下左图所示。

步骤 04 保留更改。光标变为笔样式，拖动鼠标绘制线条，标记需要删除的区域，完成后单击“保留更改”按钮即可退出删除背景状态，如下右图所示。

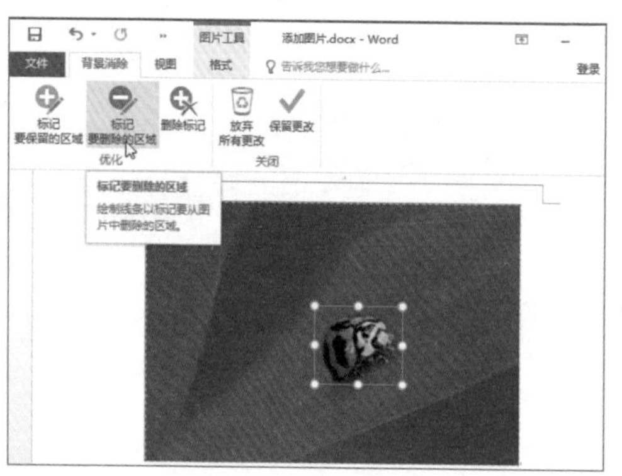

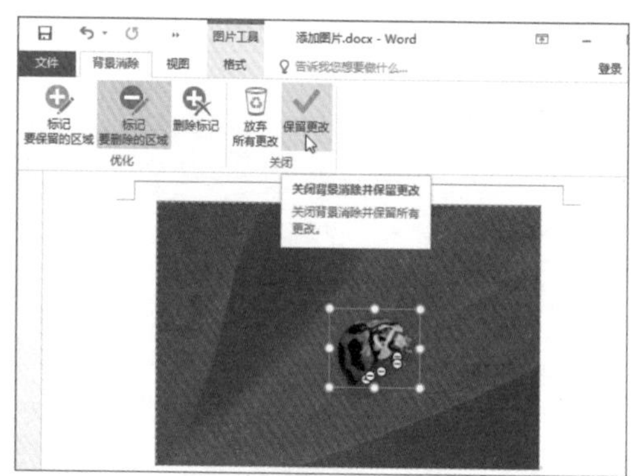

步骤 05 调整图片的亮度和对比度。选择图片后，单击“图片工具－格式”选项卡中的“更正”下拉按钮，选择“亮度/对比度”选项，并在其列表中选择满意的效果，如下左图所示。

步骤 06 调整图片的饱和度和色调。单击“颜色”下拉按钮，在打开的列表中选择合适的饱和度和颜色，如下右图所示。

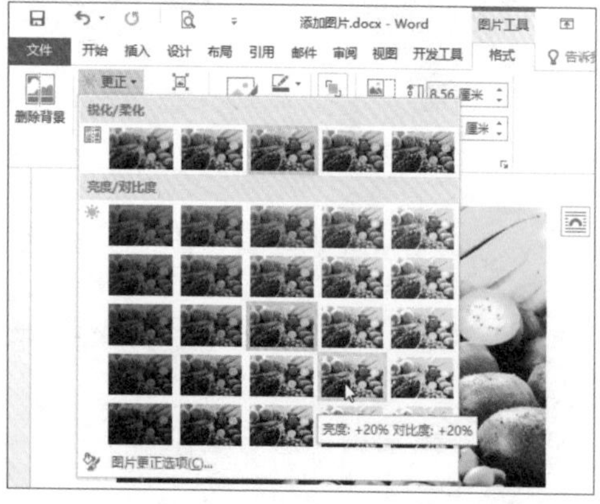

步骤 07 使用“设置图片格式”窗格设置。在上一步骤中，也可以选择“图片颜色选项”选项，打开“设置图片格式”窗格，在“亮度/对比度”选项下，自定义图片的亮度和对比度，如下左图所示。在“图片颜色”选项下，设置图片的饱和度和颜色，如下右图所示。

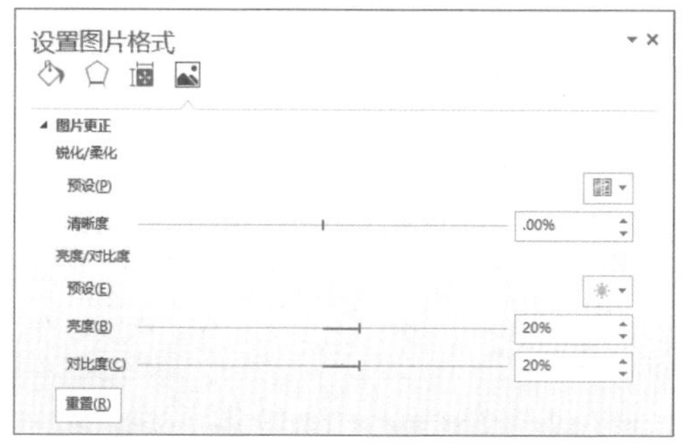

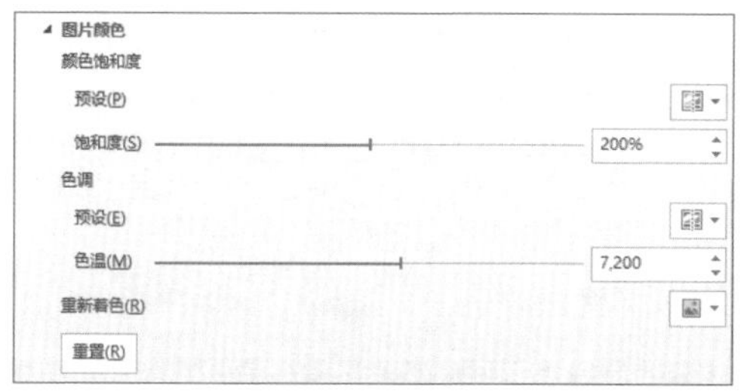

❹ 更改图片样式

可以在系统自带的图片样式列表中更改图片样式，其方法如下。

步骤 01 选择图片样式。选择图片，单击“图片工具－格式”选项卡中“图片样式”组中的“其他”按钮，在其列表样式中选择“旋转，白色”样式，如下左图所示。

步骤 02 设置图片边框。单击“图片工具－格式”选项卡中的“图片边框”按钮，在列表中选择合适的，或者通过其级联菜单中的命令，对图片的边框进行设置，如下右图所示。

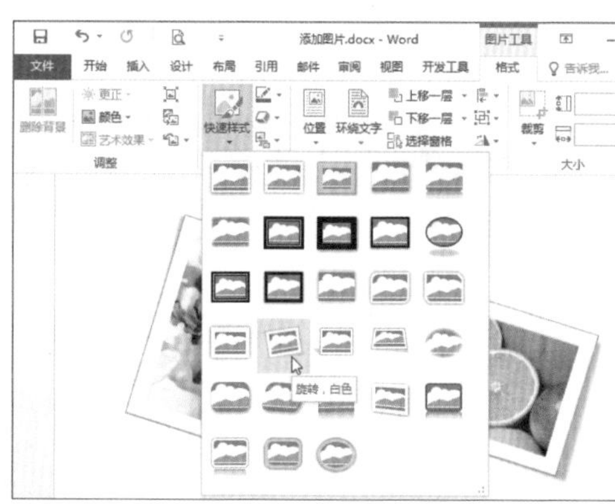

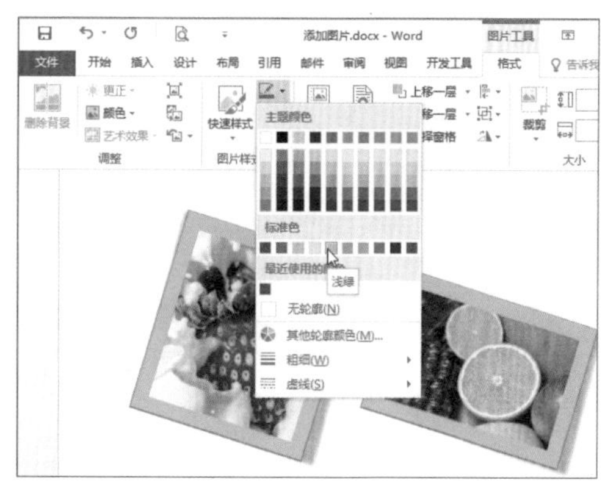

步骤 03 设置图片效果。在“图片工具－格式”选项卡的“图片效果”组中，单击“预设”按钮，并选中“预设1”选项，可以为图片应用特殊效果，如右图所示。使用同样的方法，可以应用阴影、映像、发光、柔化边缘等效果。

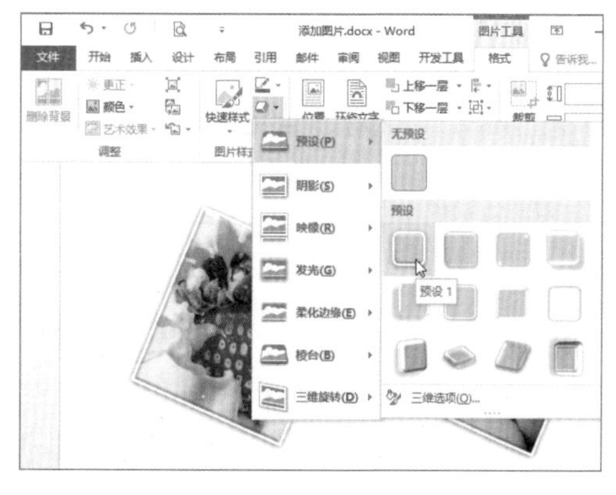

步骤 04 使用“设置图片格式”窗格设置。单击“图片样式”对话框启动器按钮，打开“设置图片格式”窗格。在“填充与线条”选项卡中的“线条”选项，对图片的边框进行设置。在“效果”选项卡中的阴影、映像、发光、柔化边缘等选项下，对图片的特殊效果进行详细设置，如右图所示。

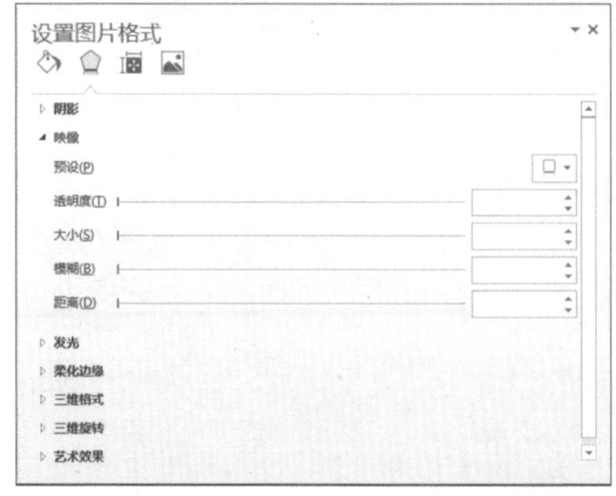

办公妙招

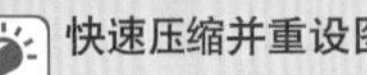

快速压缩并重设图片

- **压缩图片：**选择图片，执行“图片工具－格式→压缩图片”命令。弹出“压缩图片”对话框，在该对话框中，可以对“压缩选项”和“目标输出”选项进行设置，设置完成后，单击“确定”按钮确认压缩。
- **重设图片：**选择图片，执行“图片工具－格式→重设图片→重设图片/重设图片和大小”命令，重设图片。

在Word中创建表格

在个人简历、工作计划、行程安排、考勤统计等文档中，都需要使用表格，Word为用户提供了快速美观的表格功能。用户可以使用表格功能提升工作效率，下面介绍如何使用表格。

01 插入与删除表格

使用表格进行工作，首先需要在文档中插入表格；如果不需要当前表格，为了不让其影响页面信息读取，可以删除表格。

❶ 插入表格

插入表格的方法有很多，下面介绍几种常用的插入表格的方法，用户可按需选择。

步骤 01 鼠标法插入8行10列以内的表格。将光标定位至需插入表格处，单击“插入”选项卡中的“表格”按钮，在展开的列表中可以滑动选取8行10列以内的表格，如右图所示。

步骤02 插入指定行列数的表格。执行“表格→插入表格”命令，打开“插入表格”对话框，通过“列数”和“行数”数值框设置行数和列数，然后单击“确定”按钮，如下左图所示。

步骤03 绘制表格。在“插入”选项卡的“表格”组中，单击“绘制表格”按钮，光标变为笔样式，按住鼠标左键不放，绘制表格外边框，如下右图所示。

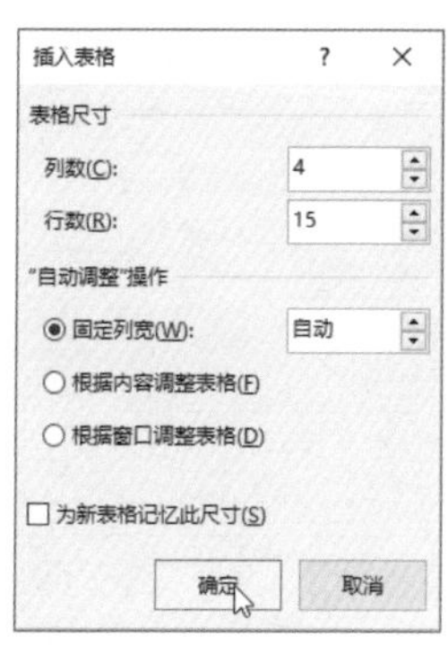

步骤04 绘制内框线。绘制完成后，释放鼠标左键，然后按需绘制表格内框线，如下左图所示。

步骤05 绘制斜线。使用绘制表格功能可以随意绘制不规则的表格，而且可以绘制斜线，如下右图所示。

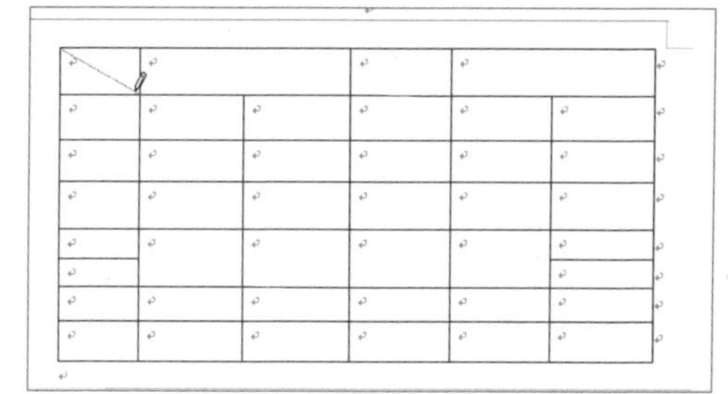

步骤06 插入Excel表格。如果需要在当前文档输入大量数据，并且进行数据运算，可以插入Excel电子表格。单击“表格”下拉按钮，选择“Excel电子表格”选项，即可在文档中插入一个电子表格，然后按需输入信息，如下左图所示。

步骤07 插入快速表格。单击“表格”下拉按钮，选择“快速表格”选项，并在其级联列表中选择“双表”选项，可以插入指定样式的表格，如下右图所示。

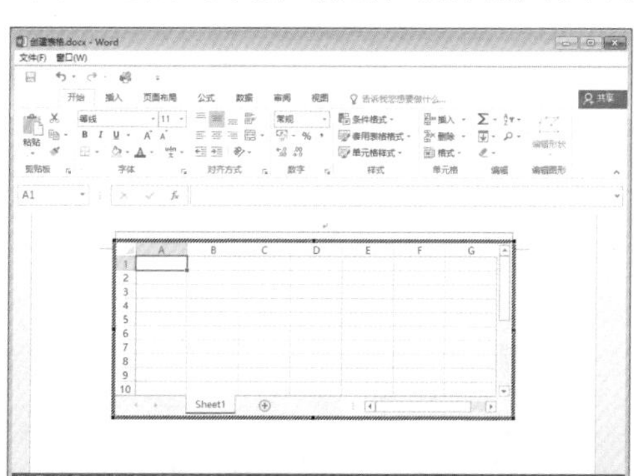

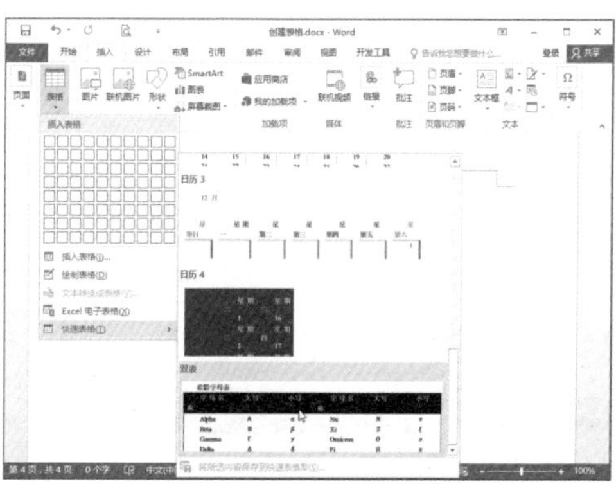

❷ 删除表格

如果不需要使用当前表格，可以将其删除。在“选择表格”按钮⊞上右击，从弹出的快捷菜单中执行“删除表格”命令即可，如下左图所示。

也可以单击浮动工具栏上的“删除”按钮，从展开的列表中选择“删除表格”选项删除表格，如下右图所示。

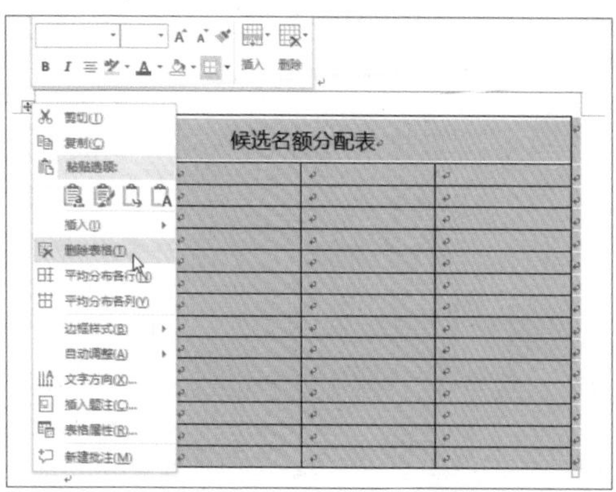

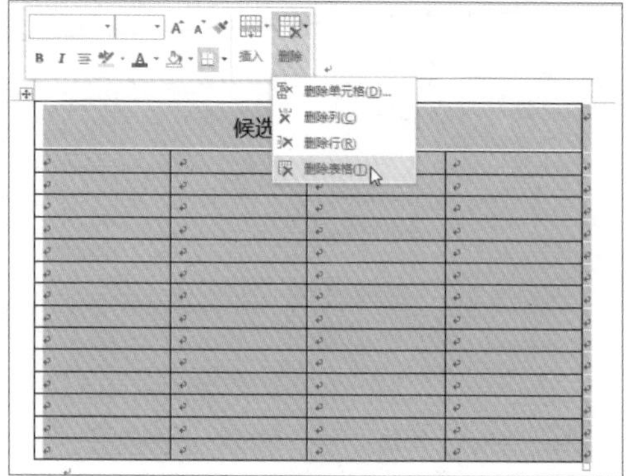

02 插入与删除行/列

在编辑表格时，如果发现插入表格的行列数不能完全容纳信息，就需要插入行/列；反之，则需要删除行/列。下面介绍如何插入与删除行/列。

❶ 插入行/列

可按照下面的操作插入行/列。

步骤 01 **功能区命令插入法。**将光标定位在表格中的单元格内，打开“表格工具－布局”选项卡，单击“在上方插入”按钮，可在所选单元格上方插入一行；单击“在下方插入”按钮，在单元格下方插入一行；单击“在左侧插入”按钮，在单元格左侧插入一列；单击“在右侧插入”按钮，可在单元格右侧插入一列。用户可根据实际需求选择合适的命令插入行/列，如下左图所示。

步骤 02 **右键快捷菜单法。**将光标定位至单元格内，右键单击，执行“插入”命令，然后从其级联菜单中执行合适的命令即可在表格中插入行/列，如下右图所示。

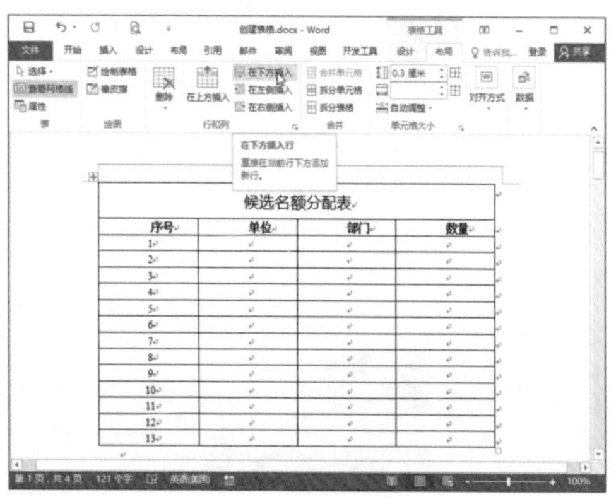

步骤 03 **浮动工具栏插入法。**右击表格，在浮动工具栏中单击“插入”按钮，从列表中选择合适的选项即可插入行/列，如下左图所示。

❷ 删除行/列

删除行/列的操作与插入行/列的操作相反，都是有3种方法。以功能区命令为例，只需选择单元格后，单击“表格工具－布局”选项卡中的“删除”按钮，从展开的列表中选择“删除行/列”选项，即可删除单元格所在的行/列，如下右图所示。

03 合并与拆分单元格

在为表格添加信息时，如果需要为多个单元格赋予同一信息，可以合并单元格；反之，则可拆分单元格。下面分别进行介绍。

步骤 01 **合并单元格。**选择需要合并的单元格，单击“表格工具－布局”选项卡中的“合并单元格”按钮，如下左图所示。

步骤 02 **查看合并后的单元格。**可将所选单元格合并为一个单元格，如下右图所示。

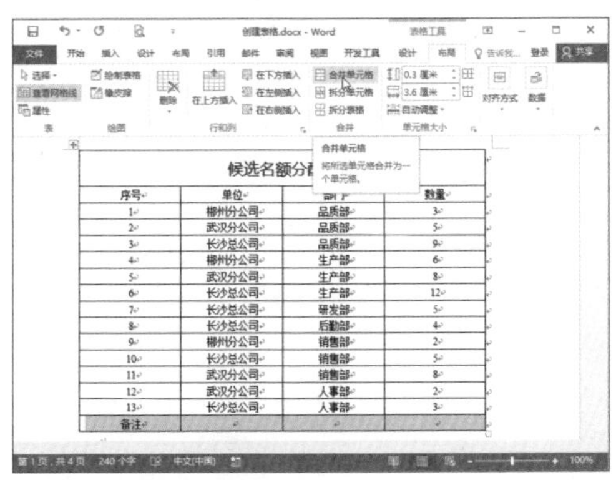

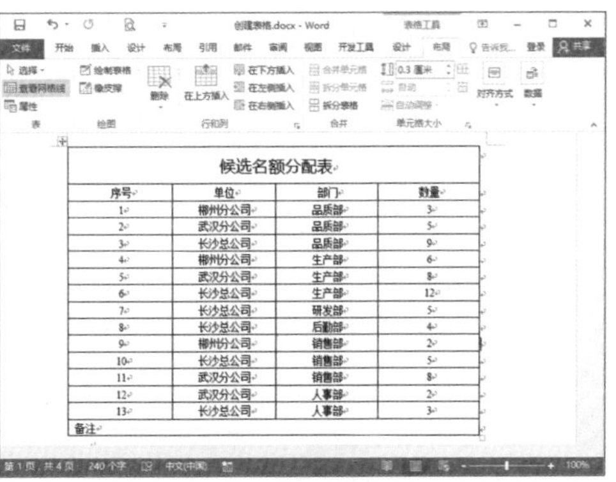

步骤 03 **拆分单元格。**选择需要拆分的单元格，单击“表格工具－布局”选项卡中的“拆分单元格”按钮，如下左图所示。

步骤 04 **设置拆分参数。**在“拆分单元格”对话框中设置“列数”和“行数”数值，完成拆分操作，如下右图所示。

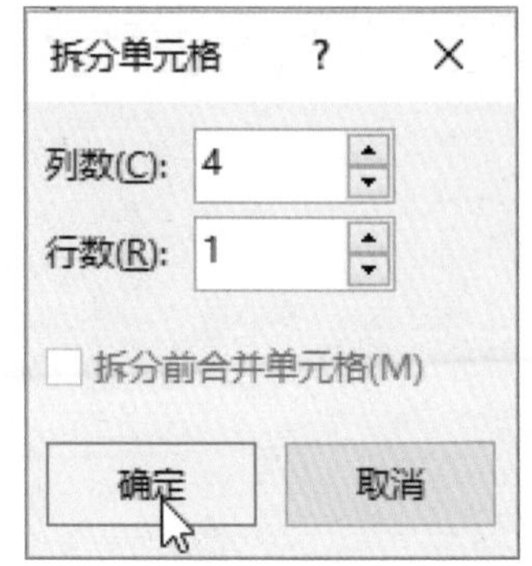

步骤 05 查看拆分后的单元格。设置完成后，被选中的单元格已根据设置好的参数进行拆分，如右图所示。

候选名额分配表			
序号	单位	部门	数量
1	郴州分公司	品质部	3
2	武汉分公司	品质部	5
3	长沙总公司	品质部	9
4	郴州分公司	生产部	6
5	武汉分公司	生产部	8
6	长沙总公司	生产部	12
7	长沙总公司	研发部	5
8	长沙总公司	后勤部	4
9	郴州分公司	销售部	2
10	长沙总公司	销售部	5
11	武汉分公司	销售部	8
12	武汉分公司	人事部	2
13	长沙总公司	人事部	3
备注			

办公妙招

快速拆分大型表格

如果表格中数据太多，可以按需将表格拆分为多个小表格。将光标定位至需要拆分的表格开始处，执行“表格工具－布局→拆分表格”命令，即可将表格拆分，如右图所示。

04 美化表格

表格信息添加完毕，为了让表格外观更加靓丽，可以对表格进行美化。

❶ 应用表格快速样式

用户可以通过Word文档提供的快速样式快速美化表格，下面对其进行介绍。

步骤 01 启动表格样式功能。选择表格，单击“表格工具－设计”选项卡中“表格样式”组的“其他”按钮，如下左图所示。

步骤 02 选择所需样式。从展开的样式列表中选择“网格表4－着色3”样式，如下右图所示。

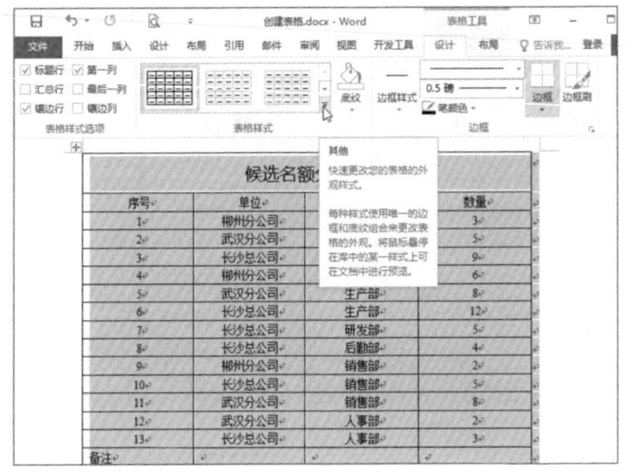

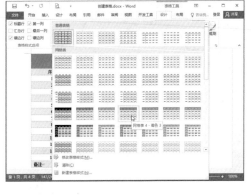

步骤 03 查看结果。为表格应用所选样式，如右图所示。

候选名额分配表			
序号	单位	部门	数量
1	郴州分公司	品质部	3
2	武汉分公司	品质部	5
3	长沙总公司	品质部	9
4	郴州分公司	生产部	6
5	武汉分公司	生产部	8
6	长沙总公司	生产部	12
7	长沙总公司	研发部	5
8	长沙总公司	后勤部	4
9	郴州分公司	销售部	2
10	长沙总公司	销售部	5
11	武汉分公司	销售部	8
12	武汉分公司	人事部	2
13	长沙总公司	人事部	3
备注			

❷ 自定义表格样式

如果用户对系统提供的快速样式不满意，还可以按需自定义表格样式。下面进行介绍。

步骤 01 选择笔样式。选择表格，单击“表格工具－设计”选项卡中的“笔样式”按钮，从展开的列表中选择合适的样式，如下左图所示。

步骤 02 选择笔画粗细。单击“笔画粗细”按钮，从列表中选择“4.5磅”选项，如下右图所示。

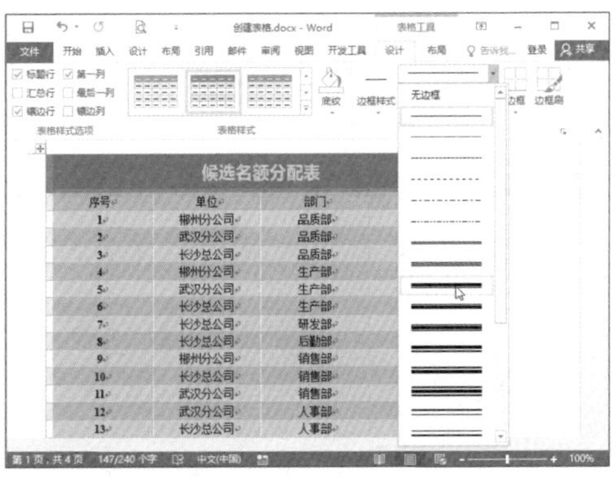

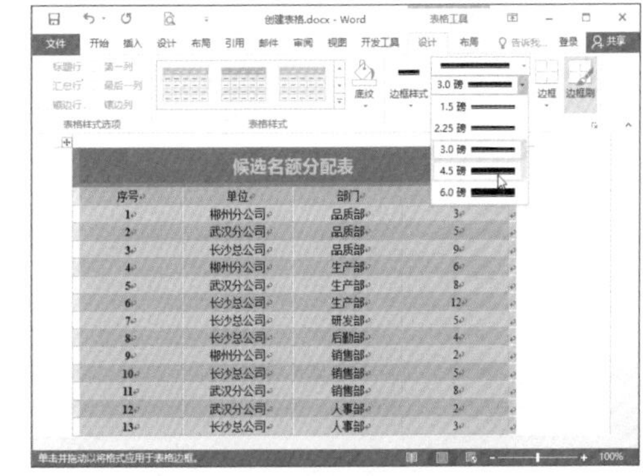

步骤 03 设置笔颜色。单击“笔颜色”按钮，从列表中选择“黑色, 文字1”选项，如下左图所示。

步骤 04 设置外侧框线。单击“边框”按钮，从列表中选择“外侧框线”选项，如下右图所示。

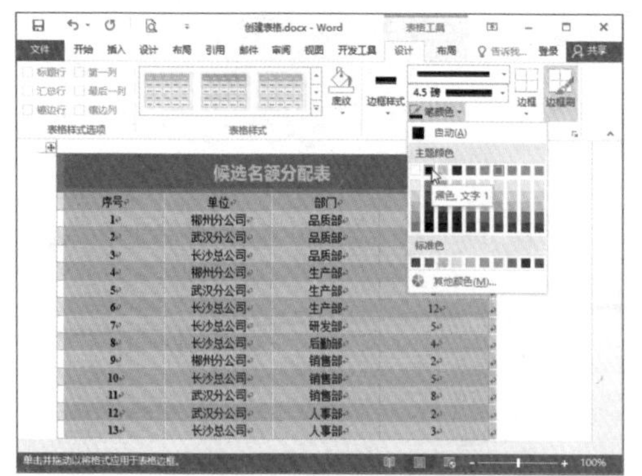

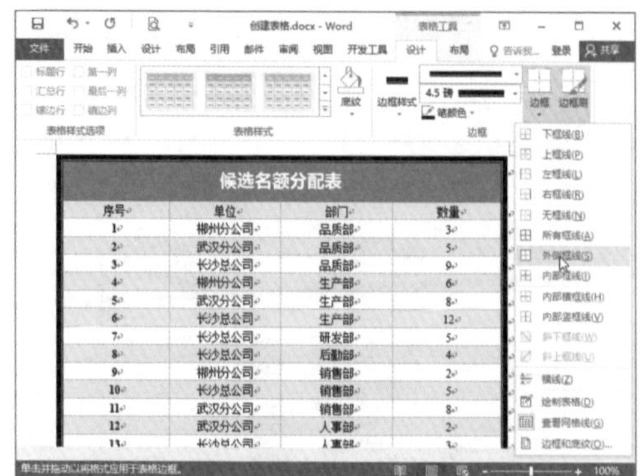

步骤 05 **设置底纹。**按照同样的方法，设置表格内部框线，然后选择需添加底纹的单元格，执行“表格工具－设计→底纹→紫色”命令，如右图所示。

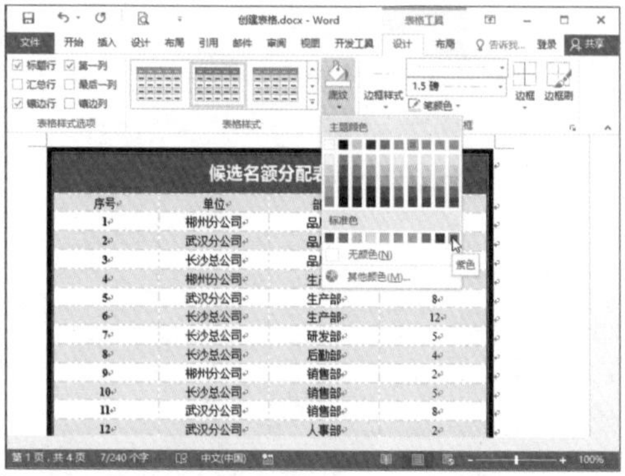

步骤 06 **自定义底纹。**如果对底纹列表中的颜色不满意，还可以在底纹列表中选择“其他颜色”选项，打开“颜色”对话框，在“标准”选项卡或者“自定义”选项卡中设置底纹色。设置其他单元格底纹后的效果如右图所示。

候选名额分配表			
序号	单位	部门	数量
1	郴州分公司	品质部	3
2	武汉分公司	品质部	5
3	长沙总公司	品质部	9
4	郴州分公司	生产部	6
5	武汉分公司	生产部	8
6	长沙总公司	生产部	12
7	长沙总公司	研发部	5
8	长沙总公司	后勤部	4
9	郴州分公司	销售部	2
10	长沙总公司	销售部	5
11	武汉分公司	销售部	8
12	武汉分公司	人事部	2
13	长沙总公司	人事部	3
备注			

办公妙招

如何对齐文本

如何使表格中大量的文本和数据整齐地排列呢？选择需要设置对齐的文本，通过“表格工具－布局”选项卡中“对齐方式”组中的命令，可以设置文本和数字的对齐方式，如下图如示。

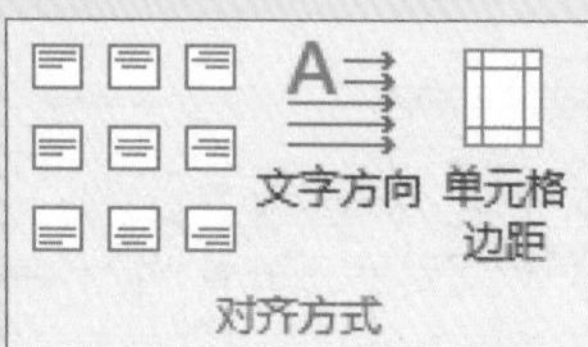

为文档增辉

在编辑文档时，为了更好地阐述观点，增强文档的可视性，可以在文档中使用文本框和艺术字，下面分别对其进行介绍。

01 使用文本框

如果想要在文档中的固定位置插入一段文本，可以使用文本框输入文本。下面介绍如何使用文本框插入文本。

步骤 01 **插入内置文本框。**打开文档，将光标定位至插入文本框处，单击“插入”选项卡中的“文本框”按钮，从列表中选择“奥斯汀提要栏”选项，如下左图所示。

步骤 02 **输入文本。**此时文档页面中插入所选样式的文本框，然后根据需要输入文本，如下右图所示。

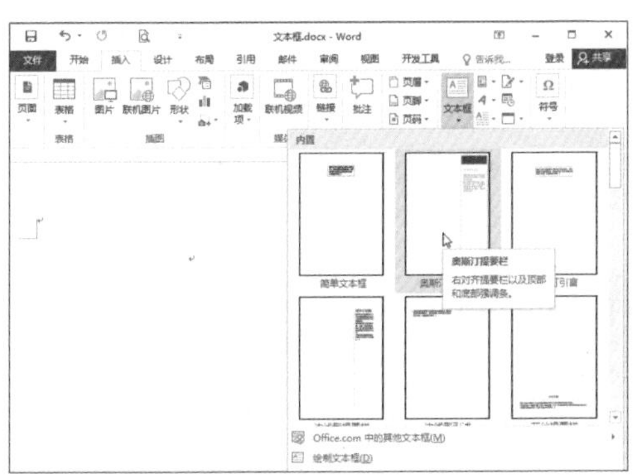

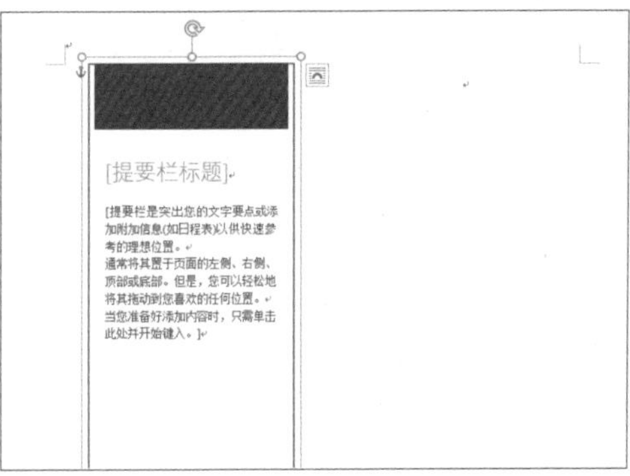

步骤 03 **绘制文本框。**在“插入”选项卡中，单击“文本框”下拉按钮，选择“绘制文本框”选项，光标变为十字形，按住鼠标左键不放，拖动鼠标至文档页面的合适位置，绘制所需文本框，绘制完成后，释放鼠标左键，如下左图所示。

步骤 04 **编辑文本框。**选择文本框，在“绘图工具－格式”选项卡的“形状样式”组中，选择文本框样式，如下右图所示。

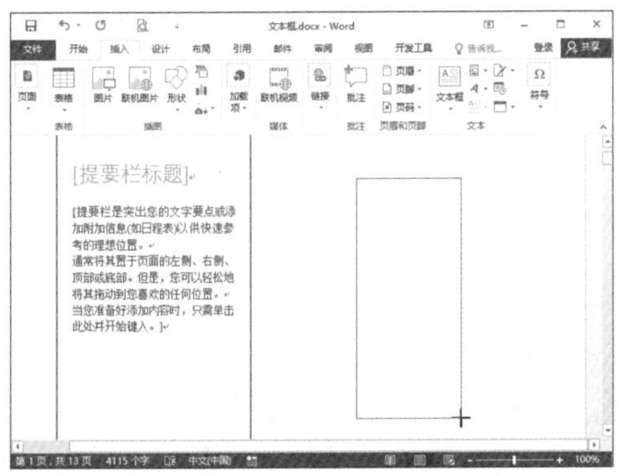

步骤05 使用“设置形状格式”窗格设置。如果需要对文本框格式进一步设置，则可以在其右键菜单中执行“设置形状格式”命令，打开“设置形状格式”窗格，在该窗格中对形状的样式进行适当设置即可，如右图所示。

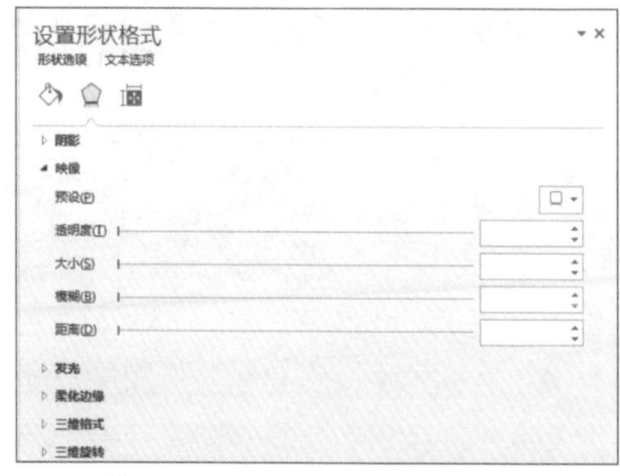

02 使用艺术字

对于文档中的一些主题信息，可以使用艺术字功能将文本凸出显示。下面介绍如何使用艺术字。

步骤01 插入艺术字。打开文档，单击“插入”选项卡中的“艺术字”按钮，从展开的列表中选择“填充-黑色，文本1，阴影”艺术字效果，如下左图所示。

步骤02 输入文本。在文档页面出现一个“请在此放置您的文字”虚线框，拖动鼠标将其移至合适的位置，再按需输入文本，如下右图所示。

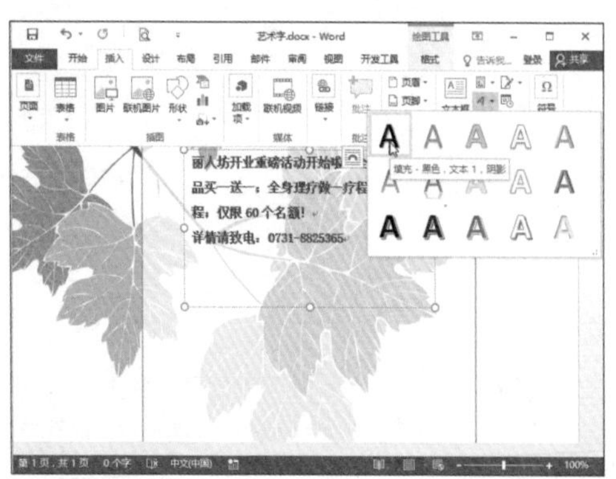

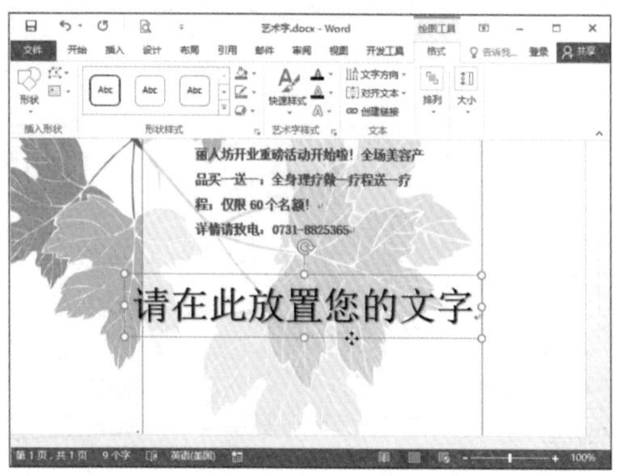

步骤03 设置艺术字的颜色。选择艺术字，在“绘图工具－格式”选项卡中，单击“艺术字填充”下拉按钮，选择“文本填充”选项，并选中“深红”，可更改艺术字的填充色，如下左图所示。

步骤04 设置艺术字的轮廓。单击“文本轮廓”下拉按钮，选择“橙色”选项，可更改艺术字的轮廓，如下右图所示。

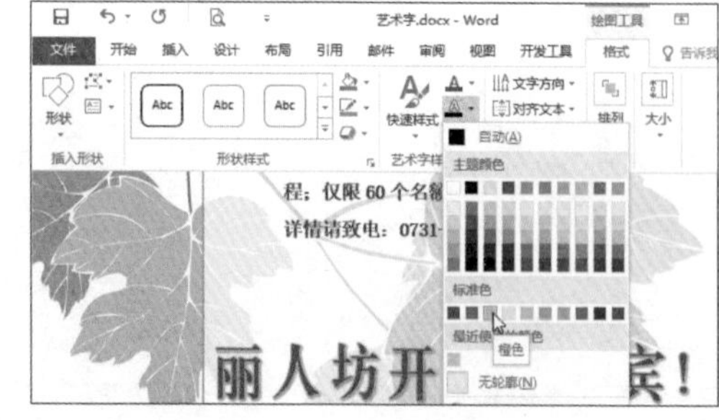

步骤 05 **设置艺术字效果。**单击“文本效果”下拉按钮，选择“映像”选项，并在其列表中选择“紧密映像，接触”选项，为艺术字添加特殊效果，如下左图所示。

步骤 06 **自定义艺术字效果。**单击“艺术字样式”组的对话框启动器按钮，打开“设置形状格式”窗格，自定义艺术字效果，如下右图所示。

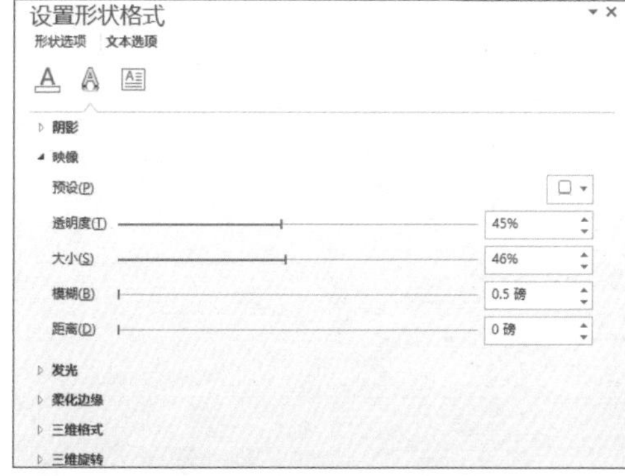

办公妙招

快速将普通文本艺术化

可以直接将文档中的文本转化为艺术字。选择文本，单击“开始”选项卡中的“文本效果和版式”按钮，然后从列表中选择合适的选项，如右图所示。

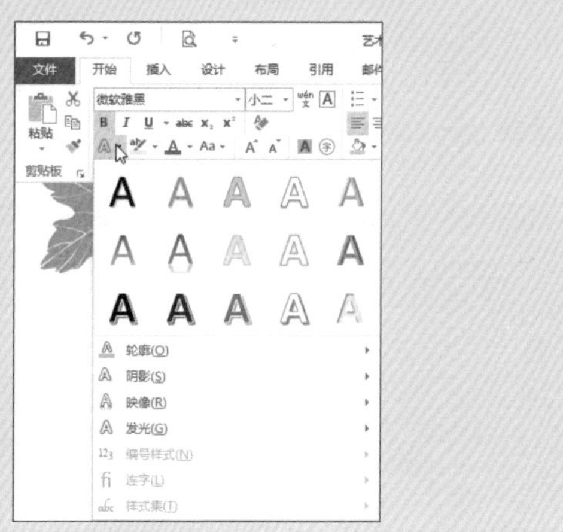

Section 09

轻松提取文档目录

标书、公司管理制度、产品目录、使用说明书等大型文档都需要一个目录，方便用户查找相应的内容。下面介绍如何为文档添加目录。

01 插入目录

对于大型文档，在输入标题时一般都设置了大纲级别。如果没有设置大纲级别，需要重新设置。设置了大纲级别后，插入目录就会非常简单。下面介绍如何插入目录并设置目录样式。

❶ 自动生成目录

Word可以自动生成目录，按照下面的方法，即可为文档提取目录。

步骤 01 自动添加目录。打开文档，单击“引用”选项卡中的“目录”按钮，从展开的列表中选择“自动目录2”选项，如下左图所示。

步骤 02 查看添加结果。此时，在光标处可自动生成目录，如下右图所示。

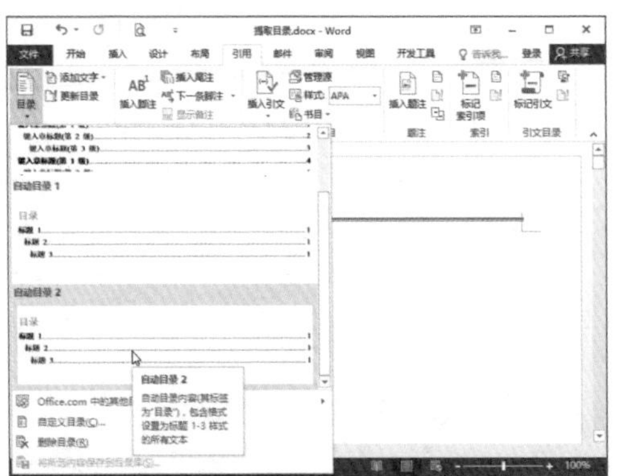

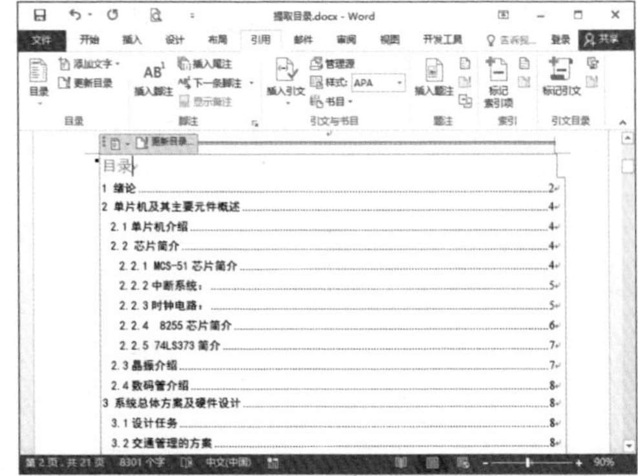

❷ 自定义目录样式

如果对文档内置的目录样式不满意，可以自定义目录样式。下面介绍如何自定义目录样式。

步骤 01 自定义目录。打开文档，单击“引用”选项卡中的“目录”按钮，从展开的列表中选择“自定义目录”选项，如下左图所示。

步骤 02 设置目录线型。打开“目录”对话框，在“目录”选项卡中单击“制表符前导符”选项右侧的下拉按钮，从列表中选择“直线”选项，如下右图所示。

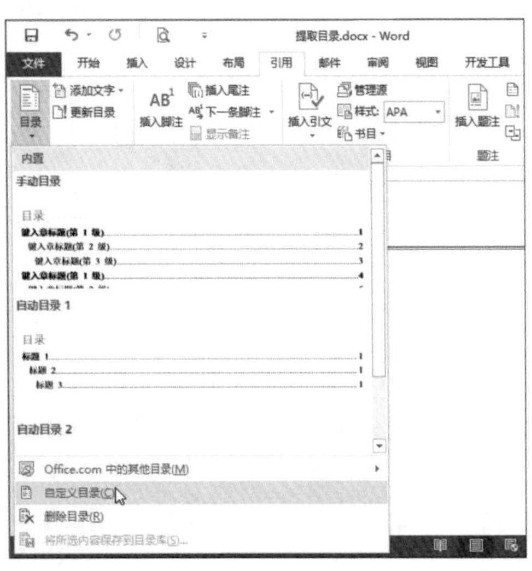

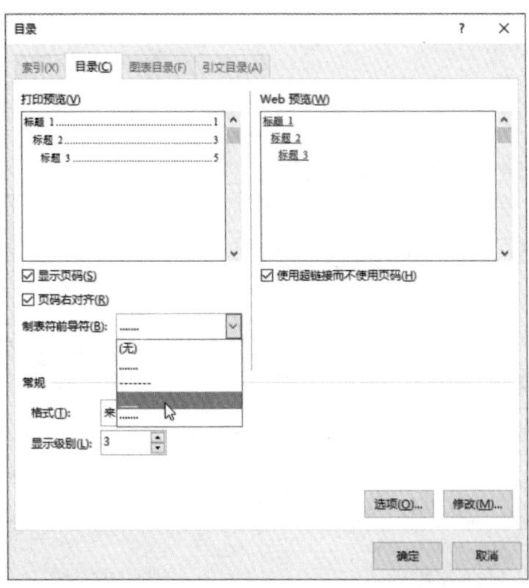

步骤 03 设置目录级别。通过“显示级别”数值框，可设置目录显示级别，这里保持默认设置，然后单击“选项”按钮，如下左图所示。

步骤 04 设置目录选项。打开“目录选项”对话框，可以勾选需要显示的目录选项，这里保持默认设置，单击“确定”按钮，如下右图所示。

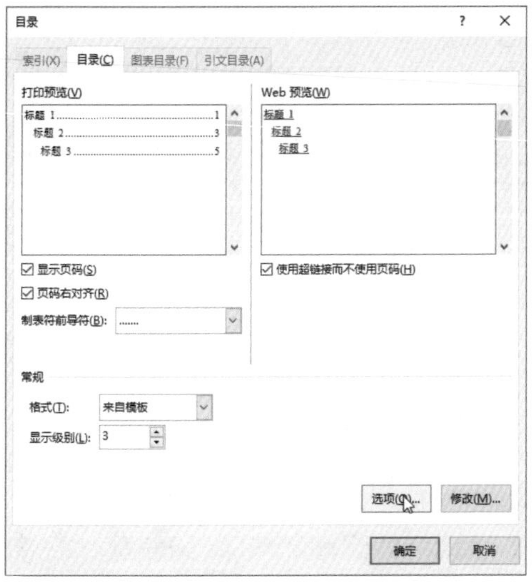

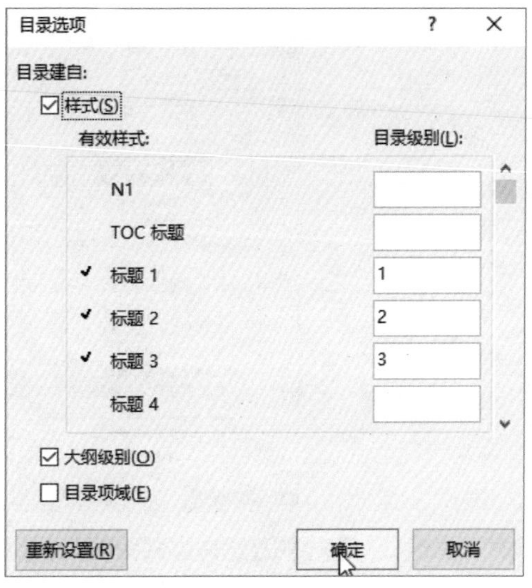

步骤 05 **修改目录样式。**返回“目录”对话框，单击“修改”按钮，打开“样式”对话框，选择“目录1”后单击“修改”按钮，如下左图所示。

步骤 06 **修改样式选项。**打开“修改样式”对话框，可设置目录1的字体格式为：等线、四号、加粗、黑色。如果需要更详细的设置，单击“格式”按钮，从展开的列表中选择“字体/段落”选项，设置目录的字体和段落格式。设置完成后，单击“确定”按钮，如下右图所示。

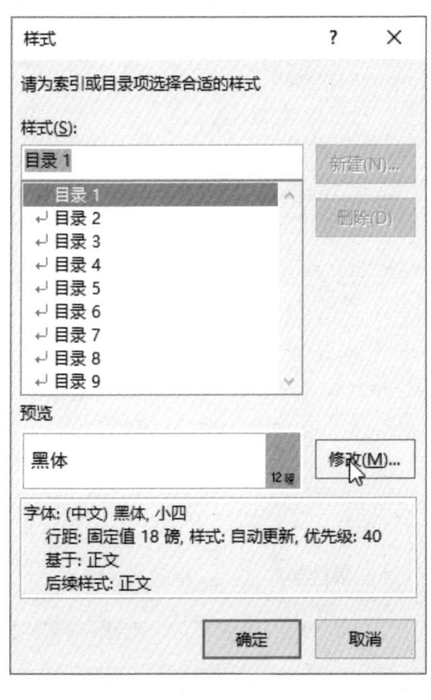

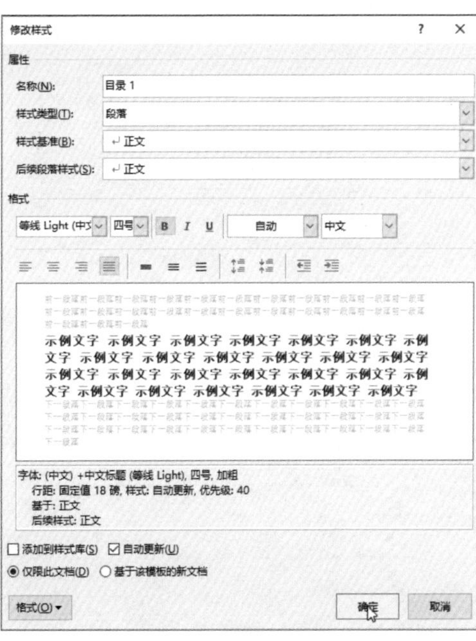

步骤 07 **设置并查看结果。**返回“样式”对话框，按照同样的方法，设置目录2和目录3的样式，设置完成后，单击“确定”按钮，返回“目录”对话框并单击“确定”按钮，即可按照自定义的目录样式在文档中插入目录，如下图所示。

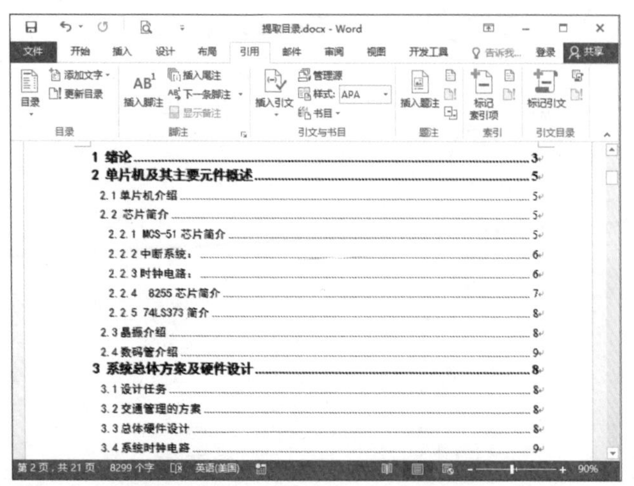

办公妙招

手动输入目录

如果文档未设置大纲，可手动输入目录。打开文档，单击“引用”选项卡中的“目录”按钮，从展开的列表中选择“手动目录”选项，然后按需输入文档目录即可。

02 更新和删除目录

如果插入目录后，又对文档中的内容进行了修改，这就需要更新目录以匹配正文内容。当不需要目录时，可以将目录删除。

❶ 更新目录

想要快速更新目录，可按照以下方法操作。

步骤 01 **执行“更新目录”命令。**打开文档，单击“引用”选项卡中的“更新目录”按钮，如下左图所示。

步骤 02 **更新目录。**打开“更新目录”对话框，单击“只更新页码”单选按钮，然后单击“确定”按钮即可更新整个目录，如下右图所示。

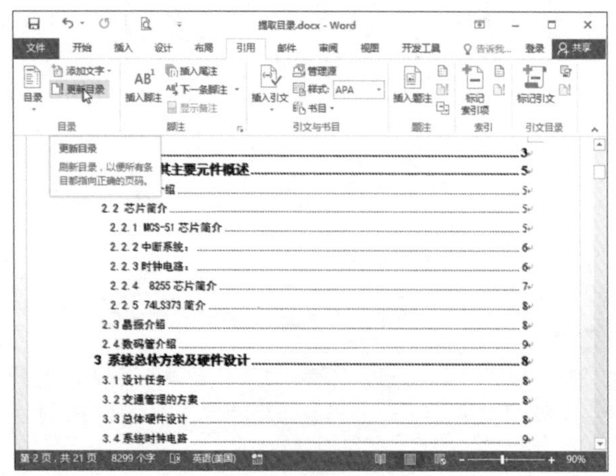

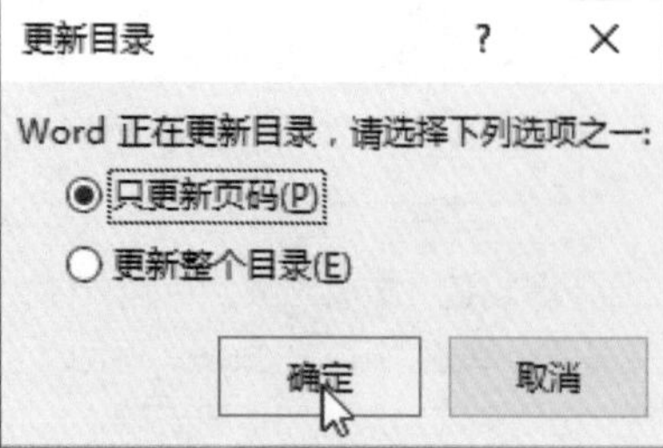

❷ 删除目录

打开文档，单击“引用”选项卡中的“目录”按钮，从列表中选择“删除目录”选项，即可删除目录，或者选中目录后按Delete键删除，如下图所示。

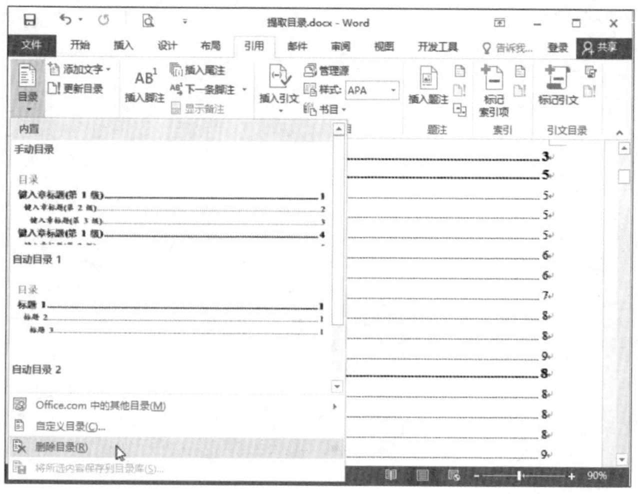

03 禁用目录的超链接

如果不需要将目录和文档内容链接，可以禁用目录超链接，下面对其进行介绍。

步骤 01 **取消相关选项。**打开文档，在“引用”选项卡中单击“目录”下拉按钮，选择“自定义目录”选项，打开“目录”对话框，取消对“使用超链接而不使用页码”复选框的勾选，单击“确定”按钮，如下左图所示。

步骤 02 **确认替换目录。**在提示框中，单击“确定”按钮即可禁用目录的超链接，如下右图所示。

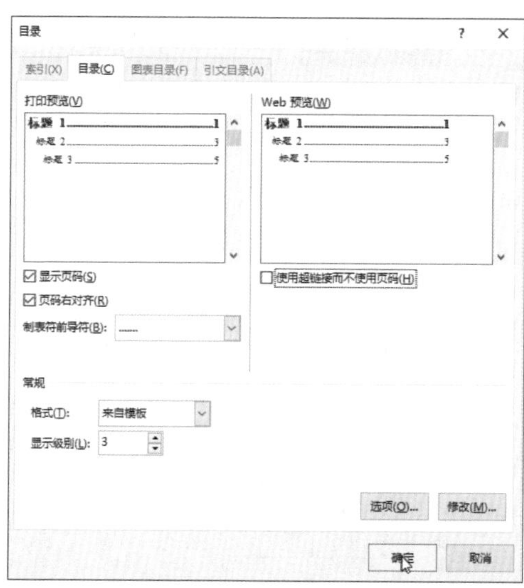

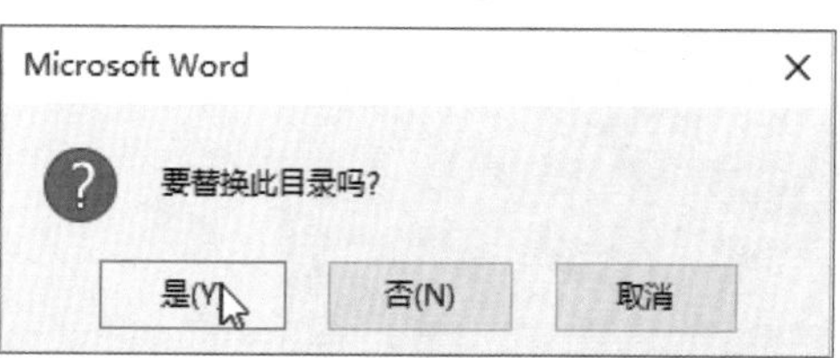

Chapter

08

数据处理工具 Excel 2016

内容导读

在制定计划、信息统计、人员考勤、销售统计等需要统计大量数据的工作中，使用Excel将会提高工作效率，帮助用户可以很好地管理数据，并且可以对数据进行计算和分析。本章介绍如何使用Excel 2016。

知识要点

工作表的基本操作

单元格的必备操作

输入与填充表格数据

数据的排序、筛选与分类汇总

创建与美化图表

公式与函数的应用

Excel 2016操作界面

启动Excel 2016后，看到的应用程序窗口为当前软件的工作界面。熟悉工作界面将有助于快速地执行各个命令，从而高效地管理工作簿中的数据。

在Excel 2016中，工作簿名称位于界面顶部中央。应用控件（如“最小化”和“关闭”）位于右上角。默认情况下，“快速访问工具栏”位于界面左上角。工具栏下方是一组功能区选项卡，如“开始”“插入”“公式”“数据”“审阅”等。功能区位于选项卡的下方，如下左图所示。

功能区下方为活动工作表的页面。页面下方是包含工作簿中每一个工作表的标签。单击标签可以选择工作表。

Excel 界面的底部是状态栏。状态栏的右侧是用于查看工作表（如“普通”视图或“分页预览”）的滑块控件和按钮。选择一组单元格时，状态栏将显示所选单元格的平均值、计数和数字总和，如下右图所示。

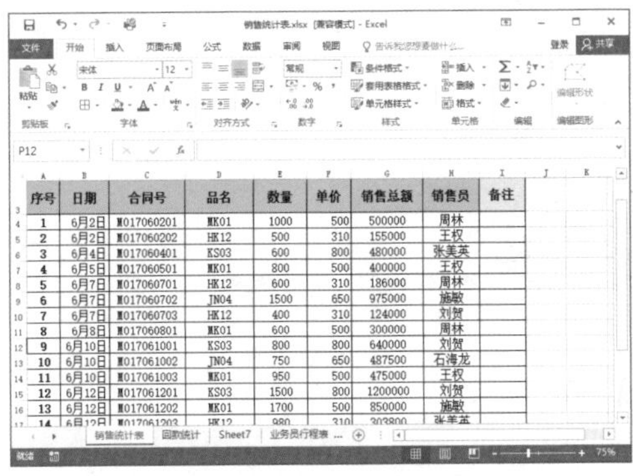

序号	日期	合同号	品名	数量	单价	销售总额	销售员	备注
1	6月2日	M017060201	MK01	1000	500	500000	周林	
2	6月2日	M017060202	HK12	500	310	155000	王权	
3	6月4日	M017060401	KS03	600	800	480000	张美英	
4	6月5日	M017060501	MK01	800	500	400000	王权	
5	6月7日	M017060701	HK12	600	310	186000	周林	
6	6月7日	M017060702	JN04	1500	650	975000	施敏	
7	6月7日	M017060703	HK12	400	310	124000	刘贺	
8	6月8日	M017060801	MK01	600	500	300000	周林	
9	6月10日	M017061001	KS03	800	800	640000	刘贺	
10	6月10日	M017061002	JN04	750	650	487500	石海龙	
11	6月10日	M017061003	MK01	950	500	475000	王权	
12	6月12日	M017061201	KS03	1500	800	1200000	刘贺	
13	6月12日	M017061202	MK01	1700	500	850000	施敏	
14	6月12日	M017061203	HK12	980	310	303800	张美英	
15	6月15日	M017061501	KS03	800	800	640000	石海龙	
16	6月15日	M017061502	MK01	760	500	380000	周林	

11R x 1C　600　销售统计表　回款统计　Sheet7　就绪　平均值: 927.2727273　计数: 11　求和: 10200　75%

办公妙招

如何设置工作簿默认的字体字号

在“文件”菜单中单击“选项”选项，打开“Excel选项”对话框。选择“常规”选项，通过“新建工作簿时”选项组中的“使用此自体作为默认字体”以及“字号”选项，可以设置工作簿的默认字体和字号，如下图所示。

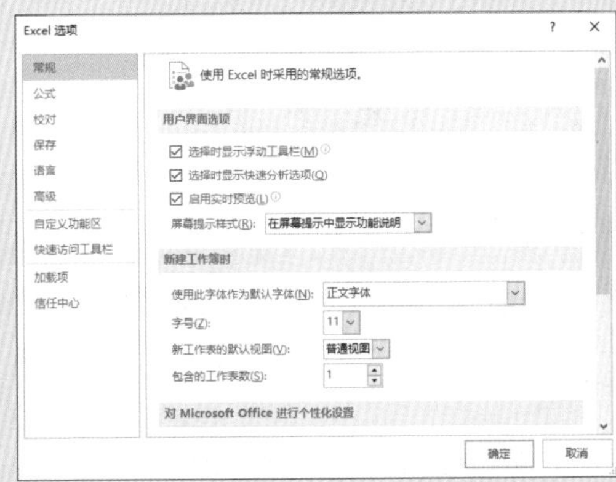

Excel工作簿的基本操作

如果想使用工作簿来管理数据，就需要了解如何创建工作簿、打开工作簿、保存工作簿和关闭工作簿。

❶ 新建工作簿

创建工作簿很简单，按照下面介绍的方法即可快速创建。

步骤01 **创建空白工作簿。**执行“开始→所有应用”命令，在展开的应用列表中选择Excel 2016选项，如下左图所示。

步骤02 **选择模板。**启动Excel 2016，在右边的模板列表中选择合适的模板，如果选择“空白工作簿”，则可创建一个空白工作簿，如下右图所示。

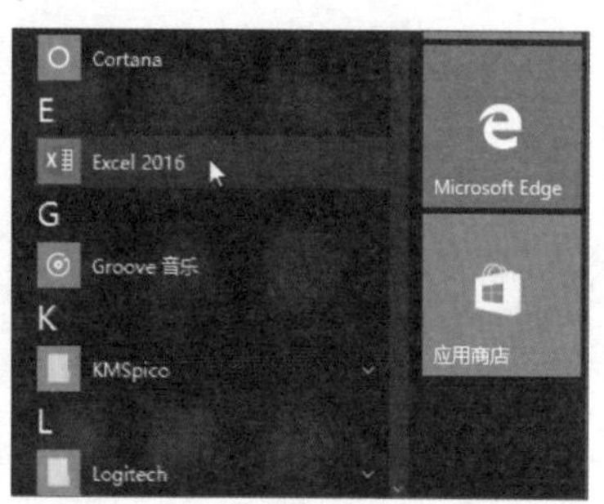

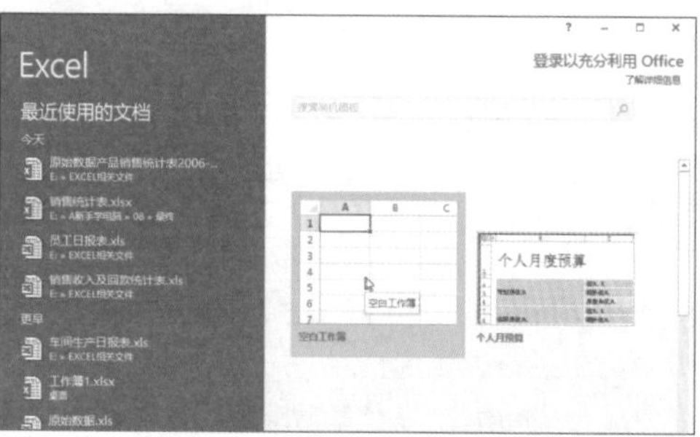

步骤03 **创建模板工作簿。**如果选择“学生出勤记录”，则会弹出一个预览窗格，可以预览当前模板样式。单击“创建”按钮，即可创建该模板样式的工作簿，如下左图所示。

步骤04 **打开工作簿。**下载完成后，将自动打开该工作簿，用户可按需编辑并保存，如下右图所示。

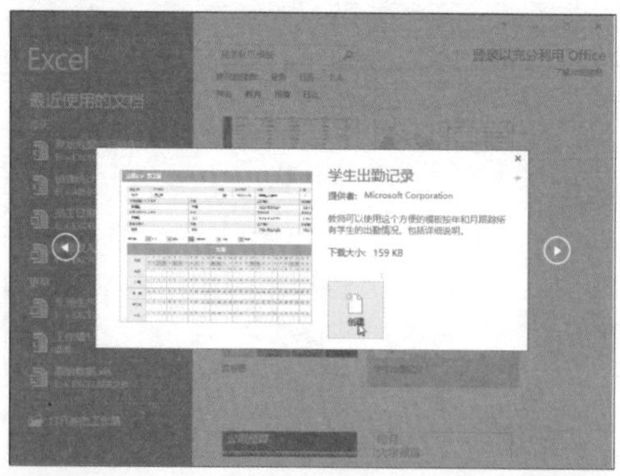

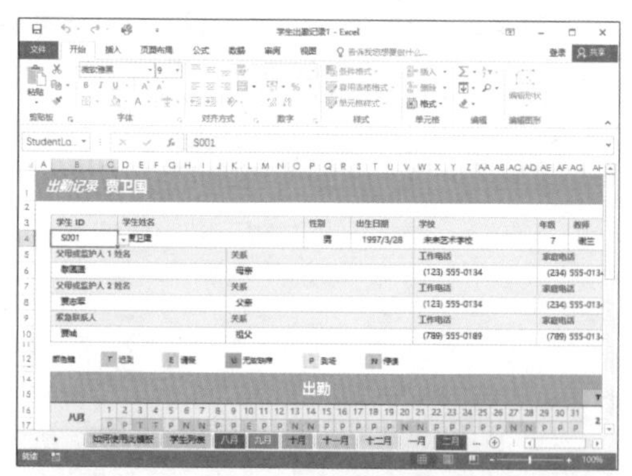

办公妙招

其他创建工作簿方法集锦

● **右键菜单法。**打开文件夹，在空白处右击，执行“新建→Microsoft Excel 工作表”命令，可创建一个空白工作簿。

● **文件菜单命令法。**打开工作簿后，执行“文件→新建”命令，然后选择合适的模板即可创建工作簿。

步骤 05 **创建联机模板。**如果想要创建联机模板，可以在步骤02的搜索框中输入关键字进行搜索，然后在搜索结果中选择合适的联机模板，如右图所示。

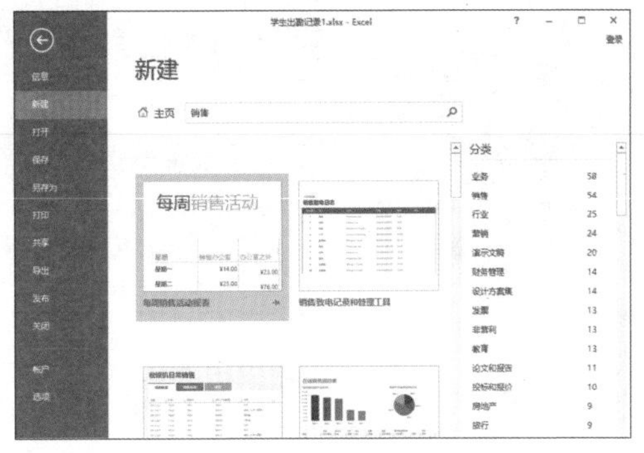

❷ 打开工作簿

如果需要使用已经保存的工作簿，可以找到该工作簿所在的文件夹，在工作簿缩略图图标上双击鼠标左键即可打开工作簿，如右图所示。

❸ 保存工作簿

在工作簿中添加了大量数据后，想要将这些数据存储在工作簿中，方便下次使用，可以将工作簿保存。按快捷键Ctrl+S，或执行“另存为”命令，可将工作簿进行保存。与Word 2016中的保存方法相似，在此就不一一作介绍了。

❹ 关闭工作簿

不对当前工作簿编辑时，可以关闭工作簿，直接单击窗口右上角的“关闭”按钮，或者直接按快捷键Ctrl+W关闭当前工作簿，如下左图所示。

或者执行“文件→关闭”命令，关闭当前工作簿，如下右图所示。

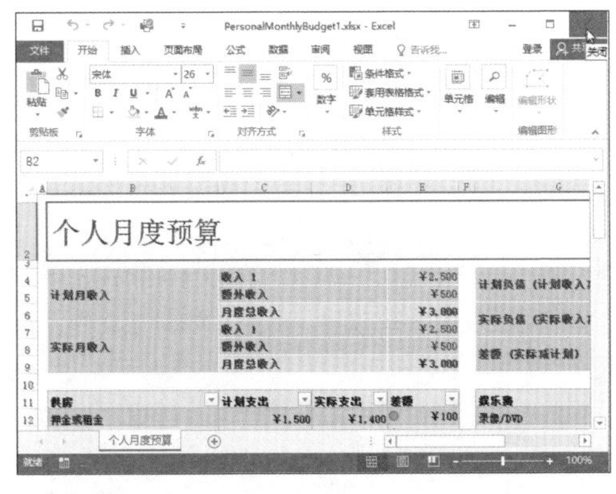

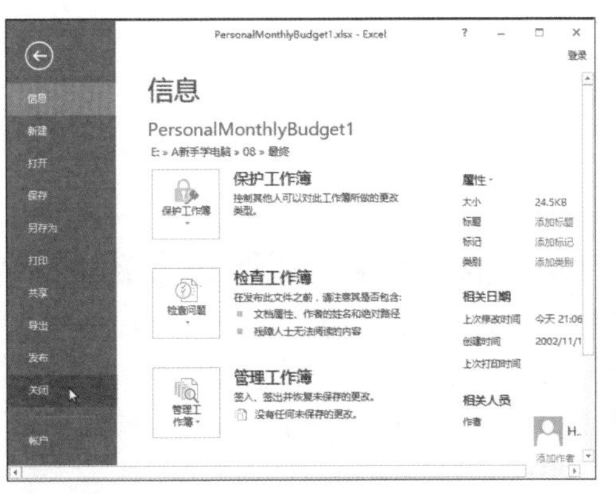

Section 03 Excel工作表的基本操作

工作簿是由一个个工作表组成的，接下来分别介绍插入和删除工作表、移动和复制工作表、隐藏和显示工作表以及重命名工作表的操作。

01 插入和删除工作表

新建的工作簿默认情况下至少包含一个空白工作表。如果用户需要添加与当前工作表不属于同一范畴的数据，可以插入新工作表；如果工作簿中包含多个工作表，而有些工作表中的数据如果不再使用，为了不让其占据空间，可以将其删除。

步骤 01 **插入工作表。**打开工作簿，单击“开始”选项卡中的“插入”按钮，从展开的列表中选择“插入工作表”选项，如下左图所示。

步骤 02 **利用“新工作表”按钮插入工作表。**在工作簿下方，单击“新工作表”按钮，同样可插入一个新的空白工作表，如下右图所示。

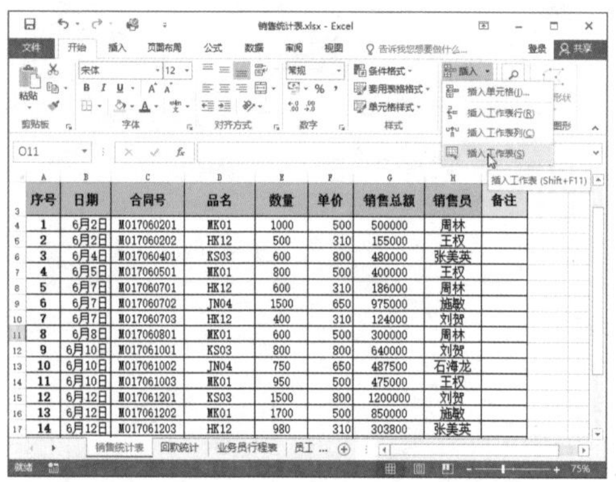

序号	日期	合同号	品名	数量	单价	销售总额	销售员	备注
1	6月2日	M017060201	MK01	1000	500	500000	周林	
2	6月2日	M017060202	HK12	500	310	155000	王权	
3	6月4日	M017060401	KS03	600	800	480000	张美英	
4	6月5日	M017060501	MK01	800	500	400000	王权	
5	6月7日	M017060701	HK12	600	310	186000	周林	
6	6月7日	M017060702	JN04	1500	650	975000	施敏	
7	6月7日	M017060703	HK12	400	310	124000	刘贺	
8	6月8日	M017060801	MK01	600	500	300000	周林	
9	6月10日	M017061001	KS03	800	800	640000	刘贺	
10	6月10日	M017061002	JN04	750	650	487500	石海龙	
11	6月10日	M017061003	MK01	950	500	475000	王权	
12	6月12日	M017061201	KS03	1500	800	1200000	刘贺	
13	6月12日	M017061202	MK01	1700	500	850000	施敏	
14	6月12日	M017061203	HK12	980	310	303800	张美英	

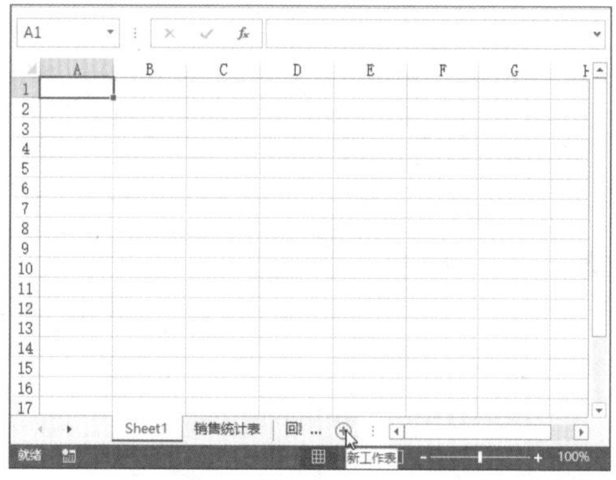

步骤 03 **删除工作表。**单击“开始”选项卡中的“删除”按钮，从列表中选择“删除工作表”选项，如右图所示。

02 移动和复制工作表

在完成工作表的制作后，如果发现工作表的排列顺序比较杂乱，可以进行调整；如果要制作多个相同格式或者包含大量相同数据的工作表，可以复制工作表后再进行编辑。

步骤 01 **移动工作表。**选择工作表，单击“开始”选项卡中的“格式”按钮，从列表中选择“移动或复制工作表”选项，如下左图所示。

步骤 02 **完成移动。**在“移动或复制工作表”对话框中，通过“工作簿”下拉列表选择需要移动至的工作簿，在“下列选定工作表之前”列表框中设置工作表移动的目标位置，然后单击“确定”按钮，如下右图所示。

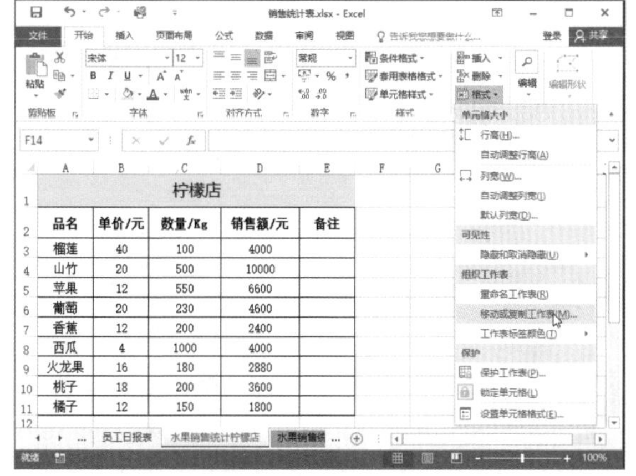

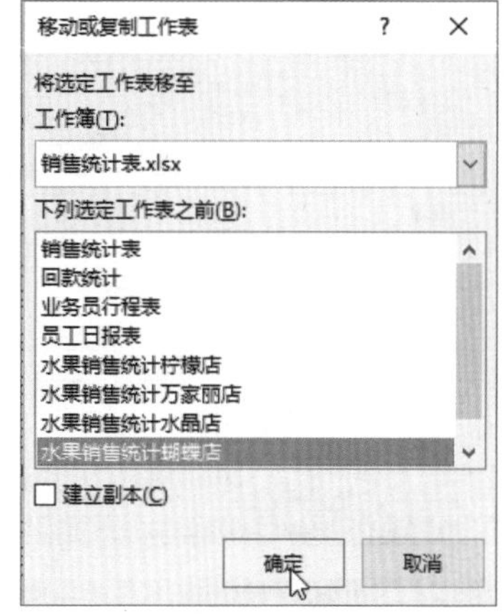

步骤 03 **复制工作表。**如果需要复制工作表，则在上一步骤中勾选“建立副本”复选框，可复制工作表到指定位置。或者选择工作表后，在按住鼠标左键不放的同时按住Ctrl键不放，拖动鼠标可将所选的工作表复制到其他位置，如右图所示。

柠檬店				
品名	单价/元	数量/Kg	销售额/元	备注
榴莲	40	100	4000	
山竹	20	500	10000	
苹果	12	550	6600	
葡萄	20	230	4600	
香蕉	12	200	2400	
西瓜	4	1000	4000	
火龙果	16	180	2880	
桃子	18	200	3600	
橘子	12	150	1800	

水果销售统计水晶店　水果销售统计蝴蝶店

03 隐藏和显示工作表

如果用户想让某些工作表不在工作簿中显示，可以将其隐藏。反之，则可以将隐藏的工作表显示出来。下面介绍操作方法。

步骤 01 **隐藏工作表。**右键单击需要隐藏的工作表的标签，从弹出的快捷菜单中执行“隐藏”命令，即可将当前工作表隐藏，如右图所示。

步骤 02 **执行“取消隐藏”命令。**隐藏工作表后，如果需要将其显示出来，则右键单击工作表标签并在弹出的快捷菜单中执行“取消隐藏”命令，如下左图所示。

步骤 03 **选择取消隐藏的工作表。**打开“取消隐藏”对话框，选择需要显示的工作表，然后单击“确定”按钮即可将隐藏的工作表显示，如下右图所示。

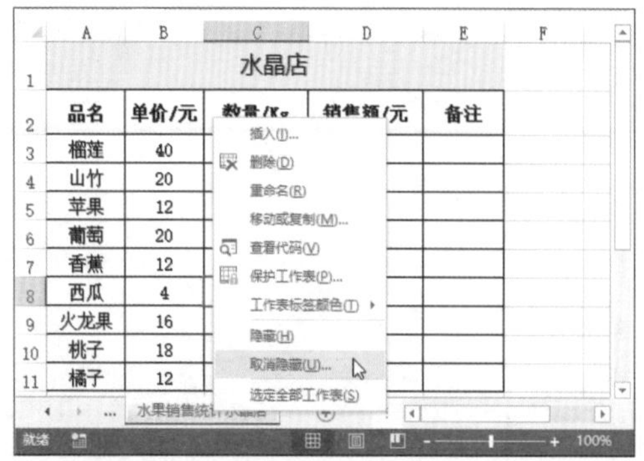

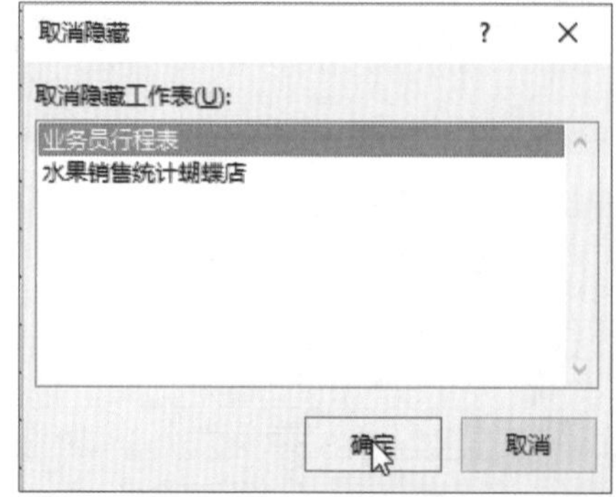

办公妙招

如何更改工作表标签的颜色

选择工作表，右键单击标签，从弹出的快捷菜单中执行“工作表标签颜色”命令，然后从其级联菜单中选择“橙色”即可，如右图所示。

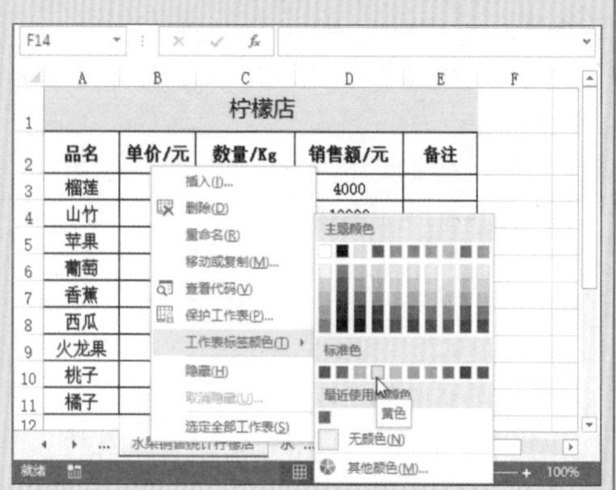

Section 04 Excel单元格的基本操作

在使用工作表统计数据时，信息都是存储在一个个的单元格中。在管理数据的过程中，需要对单元格进行相关操作，包括选择单元格、插入单元格、合并和拆分单元格等。下面分别进行介绍。

01 选择单元格

在对单元格进行操作时，首先需要选择单元格，下面介绍几种选择单元格的方法。

步骤 01 **选择单个单元格。**在要选择的单元格上单击，如选择单元格C3，如下左图所示。

步骤 02 **选择连续区域内的单元格。**按住鼠标左键并拖动鼠标，光标经过的单元格区域将被选中，如下右图所示。

步骤 03 **选择不连续区域内的单元格。**按住Ctrl键的同时，单击所有要选择的单元格或区域。可同时选择这些单元格或区域，如下左图所示。

步骤 04 **选择所有数据区域。**将光标定位至数据区域内的任一单元格中，然后按快捷键Ctrl+Shift+*，可快速选择数据区域，如下右图所示。

02 为单元格/单元格区域命名

为单元格/单元格区域起一个相匹配的名称，可以帮助用户了解单元格内容，从而提高工作效率。下面介绍如何为单元格/区域命名。

1 为单元格命名

选择要命名的单元格，如单元格D9，并将光标定位到名称框中，输入单元格名称，如右图所示，然后按Enter键确认即可。

2 为单元格区域命名

对于需要特殊标记的单元格区域，同样可以为其定义名称，具体操作步骤如下。

步骤 01 **选择功能区相关命令。**选择单元格区域G3:G23，然后单击“公式”选项卡的“定义的名称”组中的“根据所选内容创建”按钮，如下左图所示。

步骤 02 **设置创建名称。**在“以选定区域创建名称”对话框中，保持默认设置，单击“确定”按钮，如下右图所示。

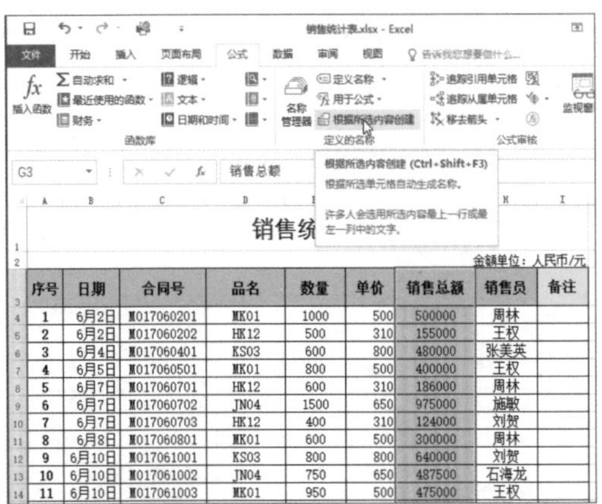

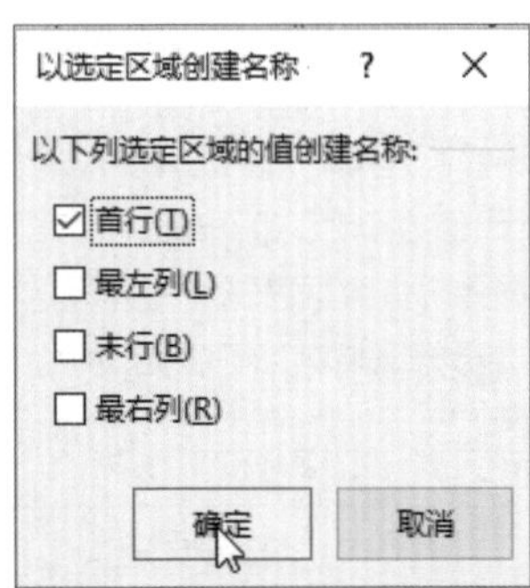

办公妙招

通过名称选择单元格/单元格区域

为单元格/单元格区域定义名称后，通过创建的名称可以快速选择相应的单元格/单元格区域。在名称框中输入“销售员”，按Enter键，将快速选择相应单元格区域，如下图所示。

序号	日期	合同号	品名	数量	单价	销售总额	销售员	备注
1	6月2日	M017060201	MK01	1000	500	500000	周林	
2	6月2日	M017060202	HK12	500	310	155000	王权	
3	6月4日	M017060401	KS03	600	800	480000	张美英	
4	6月5日	M017060501	MK01	800	500	400000	王权	
5	6月7日	M017060701	HK12	600	310	186000	周林	
6	6月7日	M017060702	JN04	1500	650	975000	施敏	
7	6月7日	M017060703	HK12	400	310	124000	刘贺	
8	6月8日	M017060801	MK01	600	500	300000	周林	
9	6月10日	M017061001	KS03	800	800	640000	刘贺	
10	6月10日	M017061002	JN04	750	650	487500	石海龙	
11	6月10日	M017061003	MK01	950	500	475000	王权	
12	6月12日	M017061201	KS03	1500	800	1200000	刘贺	
13	6月12日	M017061202	MK01	1700	500	850000	施敏	
14	6月12日	M017061203	HK12	980	310	303800	张美英	
15	6月15日	M017061501	KS03	800	800	640000	石海龙	
16	6月15日	M017061502	MK01	760	500	380000	周林	
17	6月15日	M017061503	KS03	460	800	368000	石海龙	

03 设置单元格文本自动换行

如果单元格中的文字特别多，需要调整列宽，才能完全显示。用户可以使用“自动换行”功能，让单元格文本自动换行，其操作方法如下。

步骤 01 **启动对话框。**打开工作表，选中单元格I6，在“开始”选项卡中单击“对齐方式”组的对话框启动器按钮，如下左图所示。

步骤 02 **选择“自动换行”。**在“设置单元格格式”对话框的“对齐”选项卡中，勾选“自动换行”复选框，再单击“确定”按钮，如下右图所示。

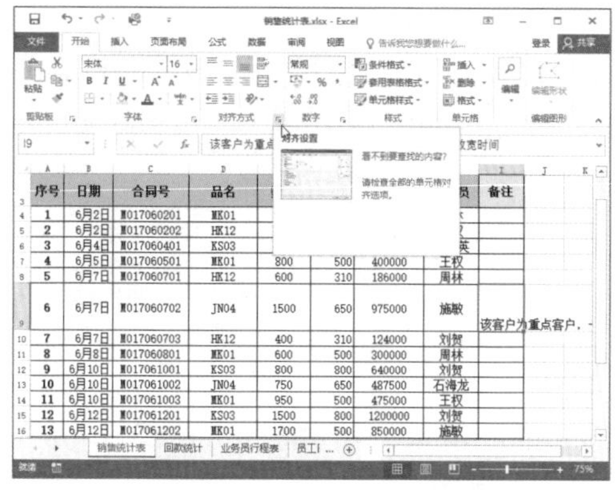

步骤 03 **查看效果。**单元格中的文本将会自动换行显示，效果如右图所示。

04 插入和删除行/列

在为工作表中的数据添加信息时，如果需要在数据区域内增添信息，需要插入行/列；反之，需要删除行/列。下面对其进行介绍。

步骤 01 **插入行/列。**选择第5行，单击“开始”选项卡中“单元格”组中“插入”下拉按钮，选择“插入工作表行”选项，如下左图所示。

步骤 02 **完成插入行。**将在所选的第5行的上方插入空白行，行号自动向下排列，如下右图所示。插入空白列方法与插入行的方法相同。

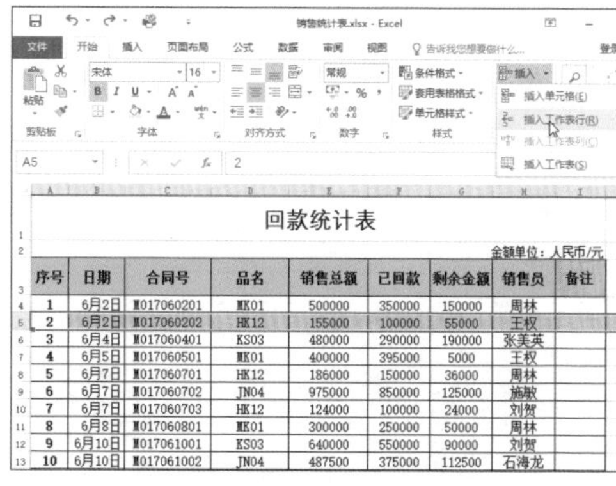

步骤 03 **插入多行。**选择第8、9、10行，右键单击，在弹出的快捷菜单中执行“插入”命令，如右图所示，可快速插入3个空白行。

步骤 04 **插入多列。**选择C、D列，右击并在弹出的快捷菜单中执行“插入”命令，可快速插入2列，效果如下左图所示。

步骤 05 **删除行/列。**选择需要删除的行/列，右击并在弹出的快捷菜单中执行“删除”命令即可，如下右图所示。

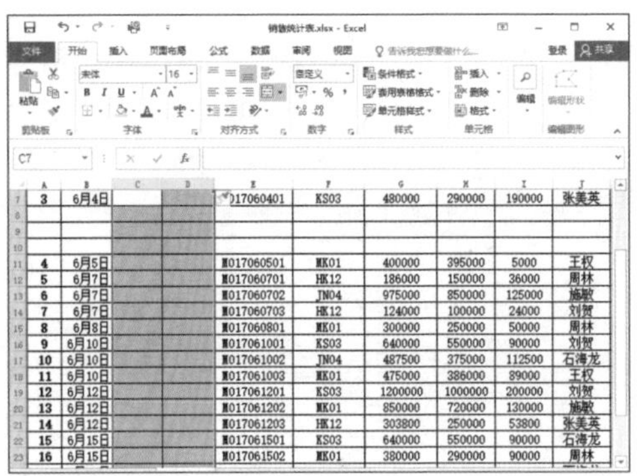

05 调整行高/列宽

为了让表格中的内容排列更美观，或者为了将数据完全显示，可按需调整行高和列宽，下面对其进行介绍。

步骤 01 **自动调整行高/列宽。**选择单元格B2，单击“开始”选项卡中“单元格”组中的“格式”下拉按钮，在下拉列表中选择“自动调整行高”选项，可自动调整所选单元格所在行的行高，如下左图所示。如果选择“自动调整列宽”选项，则可以调整该单元格所在列的列宽。

步骤 02 **用鼠标调整行高/列宽。**将光标移至需要调整行高的行边界线上，按住鼠标左键不放，拖动鼠标至合适位置释放鼠标即可，如下右图所示。

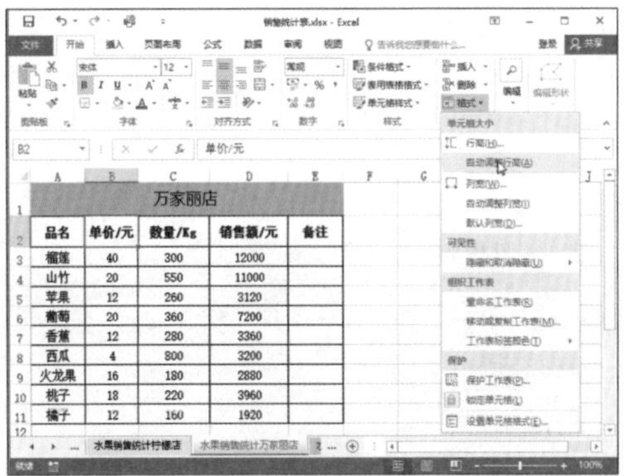

步骤 03 **精确调整行高/列宽。**在“开始”选项卡中的“单元格”组中，单击“格式”下拉按钮，选择“行高/列宽”选项，可打开“行高”或“列宽”对话框，再按需设置行高和列宽，如右图所示。

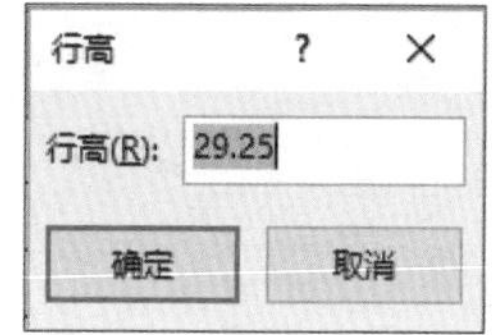

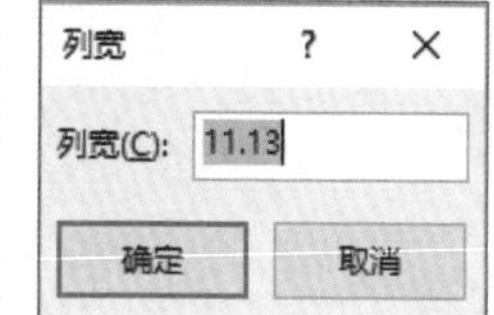

数据的输入与填充

为工作表添加各种数据时，如何快速高效地输入这些数据呢？工作表中的数据按照不同的类型可分为日期型数据、文本型数据、百分比数据等。下面分别对这几种数据的输入以及序列的填充进行介绍。

01 输入表格数据

在表格中输入数据时，需要根据需要为表格中的数据设置相应的数据类型，方便之后对数据的分析和管理，下面介绍几种常用类型数据的输入。

① 输入日期型数据

在统计数据时，经常需要输入年份、月份或者年月日等日期型数据，下面介绍如何输入该类型的数据。

步骤 01 **输入日期。**选择单元格，直接在单元格中输入日期的年月日，并且以“/”分割，然后按Enter键确认，默认输入的数据为日期型数据，并以原样显示，如下左图所示。如果只输入月日，如输入8/10，则输入完成后显示为“8月10日”，如下右图所示。

员工日报表				
一、常规工作				
序号	工作内容	数量	完成数量	备注（写明详细的工作完成情况及完成进度）
1				
2				
3				
4				
5				
二、非常规工作				
序号	工作内容	数量	完成数量	备注（写明详细的工作完成情况及完成进度）
1				
2				
3				
4				
5				
日期	2017/8/10			

一、常规工作				
序号	工作内容	数量	完成数量	备注（写明详细的工作完成情况及完成进度）
1				
2				
3				
4				
5				
二、非常规工作				
序号	工作内容	数量	完成数量	备注（写明详细的工作完成情况及完成进度）
1				
2				
3				
4				
5				
日期	2017/8/10			8月10日

步骤 02 **启动对话框。**如果需要输入固定格式的日期型数据，单击“开始”选项卡中“数字”组的对话框启动器按钮，如下左图所示。

步骤 03 **设置日期格式。**打开“设置单元格格式”对话框，在“数字”选项卡中的“分类”列表中，选择“日期”选项，并在右侧的“类型”列表框中选择日期类型，然后单击“确定”按钮，如下右图所示。

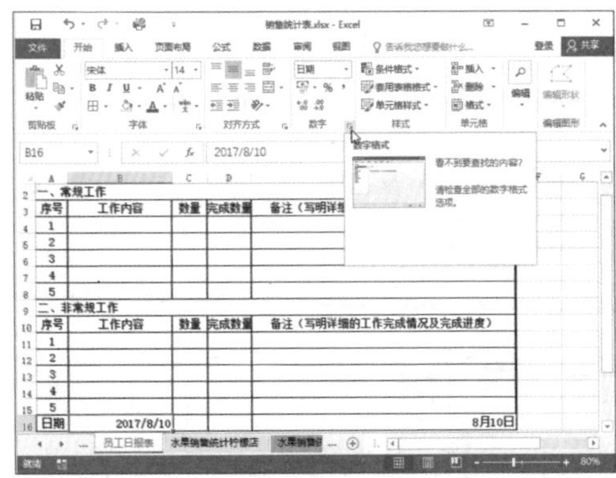

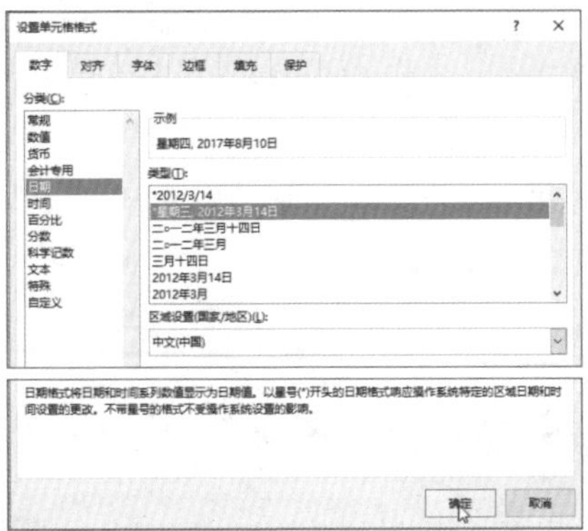

步骤 04 **输入其他格式的日期。**在单元格中输入2017/8/10或者8/10，都会显示星期四，2017年8月10日，如右图所示。

2 输入文本型数据

在输入合同号、固定电话号码等以0开头的数据时，系统会自动取消首位0值的显示，这就需要先设置数据的输入类型为文本，再进行输入。下面介绍操作方法。

步骤 01 **设置数字格式。**选择需要设置数据类型的单元格区域，单击“开始”选项卡中的“数字格式”按钮，从展开的列表中选择“文本”选项，如下左图所示。

步骤 02 **输入数字。**在单元格中输入数字，此时单元格显示的内容与输入的内容完全一致，如下右图所示。

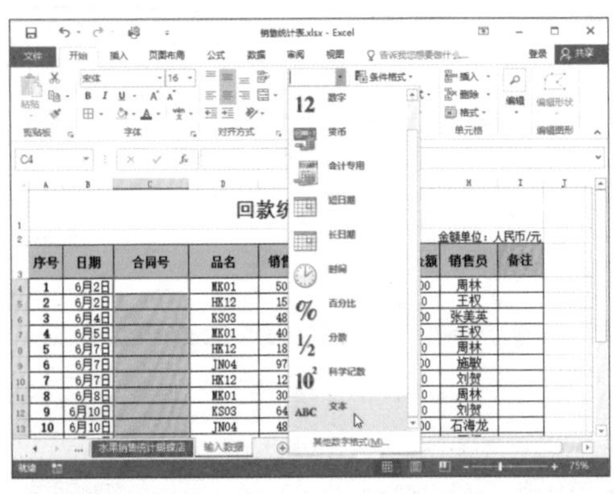

回款统计表

金额单位：

序号	日期	合同号	品名	销售总额	已回款	剩余金额	销售员
1	6月2日	017060201	MK01	500000	350000	150000	周林
2	6月2日	017060202	HK12	155000	100000	55000	王权
3	6月4日	017060401	KS03	480000	290000	190000	张美英
4	6月5日	017060501	MK01	400000	395000	5000	王权
5	6月7日	017060701	HK12	186000	150000	36000	周林
6	6月7日	017060702	JN04	975000	850000	125000	施敏
7	6月7日	017060703	HK12	124000	100000	24000	刘贺
8	6月8日	017060801	MK01	300000	250000	50000	周林
9	6月10日	017061001	KS03	640000	550000	90000	刘贺
10	6月10日	017061002	JN04	487500	375000	112500	石海龙
11	6月10日	017061003	MK01	475000	386000	89000	王权
12	6月12日	017061201	KS03	1200000	1000000	200000	刘贺
13	6月12日	017061202	MK01	850000	720000	130000	施敏
14	6月12日	017061203	HK12	303800	250000	53800	张美英
15	6月15日	017061501	KS03	640000	550000	90000	石海龙

水果销售统计糊蝶店　输入数据

3 输入自定义数据

当单元格中输入多于15位的数字时，15位以后的数据将变为0。如果需要输入身份证号码等超过15位的数据时，该如何输入呢？下面对其进行介绍。

步骤 01 **使用快捷键Ctrl+1。**选择需要更改数据格式的单元格区域E3:E22，按快捷键Ctrl+1，如下左图所示。

步骤 02 **设置自定义参数。**打开“设置单元格格式”对话框，在“数字”选项卡的“分类”列表框中选择“自定义”选项，在“类型”文本框中输入内容“@”，单击“确定”按钮，如下右图所示。返回工作表中输入身份证号码时即可完全显示。

销售部员工信息统计					
销售员	职位	联系电话	出生日期	身份证号码	家庭住址
周林	销售员				
王权	销售员				
张美英	销售内勤				
王权	销售员				
周林	销售员				
施敏	销售员				
刘贺	销售主管				
周林	销售员				
刘贺	销售员				
石海龙	销售主管				
王权	销售员				
刘贺	销售员				
施敏	销售员				
张美英	销售员				
石海龙	销售员				
周林	销售主管				
石海龙	销售员				
王权	总经理				
张美英	销售员				
施敏	销售员				

02 自动填充表格数据

在制表过程中，如果输入的数据具有一定的关系，可以按照序列进行输入。常见的序列有日期序列、等差序列、等比序列等，下面介绍如何填充数据序列。

1 复制或填充连续数据

在输入相同数据或者编号、日期、星期、月份等相似或者具有关联性的数据时，可以使用快速填充功能，下面对其进行介绍。

步骤 01 **拖动填充柄。**在单元格A1中输入“2/1”，将光标移至单元格A1右下角，光标变为十字形，按住鼠标左键不放并向下拖动鼠标，至合适位置后释放鼠标左键，如下左图所示。

步骤 02 **完成自动填充。**系统将自动以默认的数据格式填充数据，完成填充后，在数据区域右下角会出现“自动填充选项”按钮，如下右图所示。

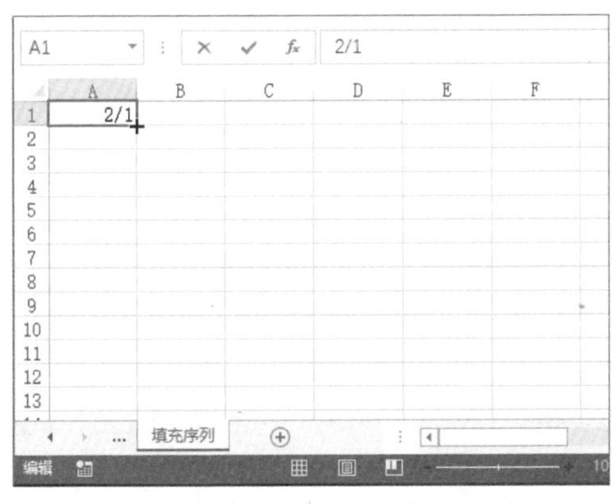

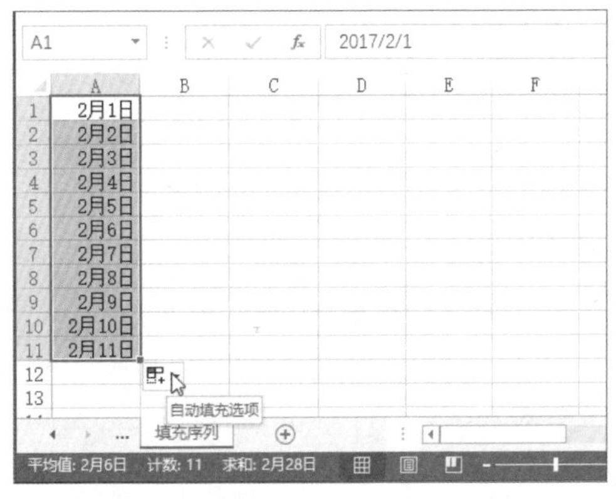

步骤 03 **设置填充模式。**单击“自动填充选项”按钮，在打开的列表中可以选择合适的选项进行数据填充，如右图所示。

办公妙招

填充数据时，为什么没有填充柄，无法快速填充了？

默认情况下，Excel系统已经启用了填充柄功能。在进行数据填充时，如果没有填充柄，可执行“文件→选项”命令，打开“Excel选项”对话框，在左侧选择“高级”选项，并在右侧的“编辑选项”选项组中勾选“启用填充柄和单元格拖放功能”复选框，如右图所示。返回工作表，就可以使用填充柄填充数据了！

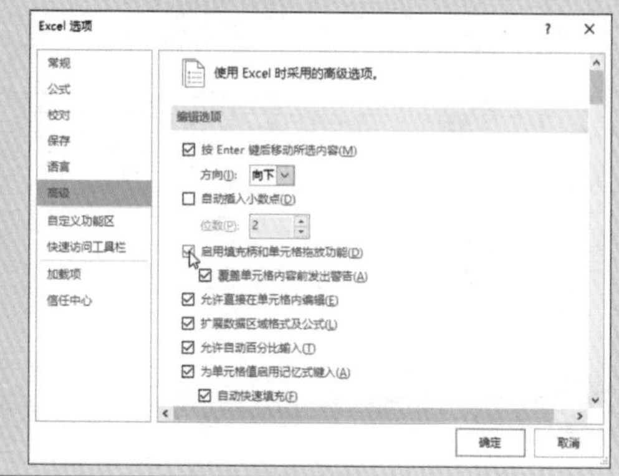

2 输入等差序列

填充等差序列的方法如下。

步骤 01 **输入数字并拖动填充柄。**在单元格A1中输入2，在单元格A2中输入6， 将光标移至单元格A2的右下角，光标变为十字形，按住鼠标左键不放并向下拖动填充柄，至合适位置后释放鼠标左键，如下左图所示。

步骤 02 **使用“序列”选项设置。**也可以单击“开始”选项卡中“填充”按钮右侧的下拉按钮，从列表中选择“序列”选项，如下右图所示。

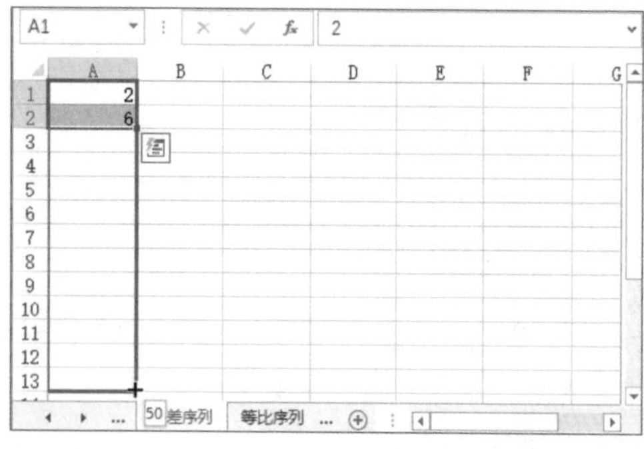

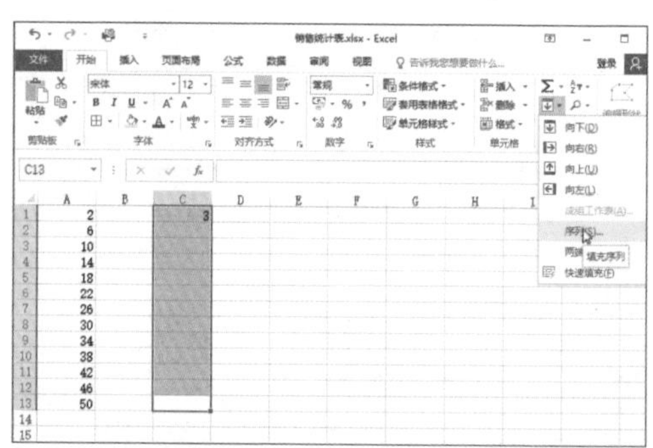

步骤 03 **设置步长值。**打开“序列”对话框，设置“步长值”为5，然后单击“确定”按钮，如下左图所示。

步骤 04 **完成填充。**可自动在所选区域填充步长为5的等差序列，如下右图所示。

输入等比序列的方法与输入等差序列的方法类似，在此就不详细介绍了。

3 输入自定义序列

如果经常使用某一固定的序列，可以将其添加到Excel系统中，具体的操作方法如下。

步骤01 **启动“Excel选项”对话框。**打开工作簿，执行“文件→选项”命令，如下左图所示。

步骤02 **编辑自定义列表。**打开“Excel选项”对话框，选择“高级”选项，在右侧区域单击“编辑自定义列表”按钮，如下右图所示。

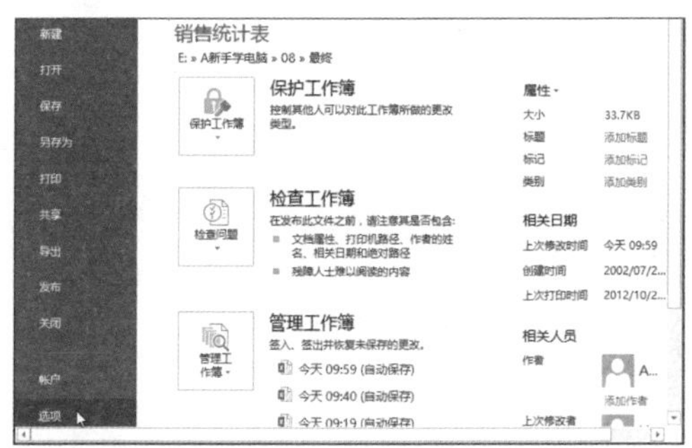

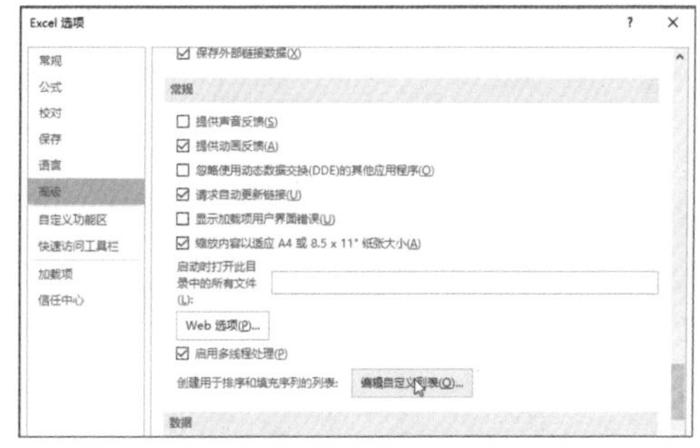

步骤03 **输入序列。**在“自定义序列”对话框的“输入序列”列表框中输入序列，依次单击“添加”按钮和“确定”按钮，如下左图所示。

步骤04 **填充自定义序列。**返回“Excel选项”对话框，单击“确定”按钮。在单元格A1中输入“天心区”，拖动鼠标，可填充自定义序列，如下右图所示。

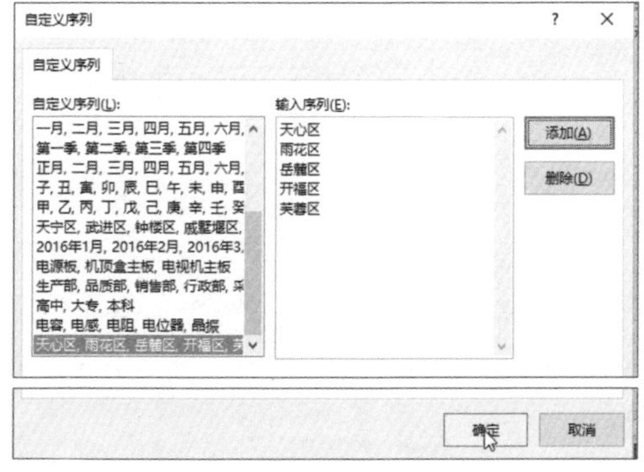

Section 06 数据管理

Excel是对数据进行分析和处理的好帮手，使用Excel可以对庞大而繁杂的数据进行有效的管理。常用的数据分析和管理方法有排序、筛选、分类汇总等。下面分别介绍这几种管理数据的方法。

01 数据排序

分析表格中的数据时，可以将表格中的数据按照某种固定的规律进行排序，下面介绍几种排序的方法。

1 升序排列数据

若需要将数据从低到高排列，可以按照下面的操作进行排序。

步骤 01 **选择“升序”选项。**选择单元格区域E4:E23，单击“开始”选项卡中的“排序和筛选”按钮，在下拉列表中选择“升序”选项，如下左图所示。

步骤 02 **扩展选定区域。**在“排序提醒”对话框中，单击“扩展选定区域”单选按钮，再单击“排序”按钮，如下右图所示。

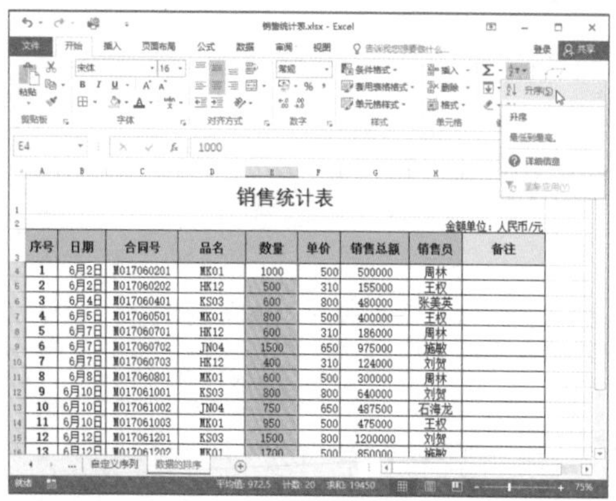

排序提醒

Microsoft Excel 发现在选定区域旁边还有数据。该数据未被选择，将不参加排序。

给出排序依据

◉ 扩展选定区域(E)

○ 以当前选定区域排序(C)

排序(S)　取消

步骤 03 **完成排序。**此时，销售统计表中的数据已按照数量从低到高的顺序排序，如右图所示。

销售统计表

金额单位：人民币/

序号	日期	合同号	品名	数量	单价	销售总额	销售员	备注
7	6月7日	M017060703	HK12	400	310	124000	刘贺	
17	6月15日	M017061503	KS03	460	800	368000	石海龙	
2	6月2日	M017060202	HK12	500	310	155000	王权	
18	6月20日	M017062001	MK01	550	500	275000	王权	
3	6月4日	M017060401	KS03	600	800	480000	张美英	
5	6月7日	M017060701	HK12	600	310	186000	周林	
8	6月8日	M017060801	MK01	600	500	300000	周林	
10	6月10日	M017061002	JN04	750	650	487500	石海龙	
16	6月15日	M017061502	MK01	760	500	380000	周林	
4	6月5日	M017060501	MK01	800	500	400000	王权	
9	6月10日	M017061001	KS03	800	800	640000	刘贺	
15	6月15日	M017061501	KS03	800	800	640000	石海龙	
11	6月10日	M017061003	MK01	950	500	475000	王权	
14	6月12日	M017061203	HK12	980	310	303800	张美英	
1	6月2日	M017060201	MK01	1000	500	500000	周林	
6	6月7日	M017060702	JN04	1500	650	975000	施敏	
12	6月12日	M017061201	KS03	1500	800	1200000	刘贺	
13	6月12日	M017061202	MK01	1700	500	850000	施敏	

自定义序列　数据的排序

> **办公妙招**
>
> **降序排列很简单**
>
> 对单元格区域中的数据降序排列也不难，其方法与升序排列的方法类似。除此之外，用户还可以使用“数据”选项卡中的“降序”按钮来排列数据。

2 按行排序数据

Excel系统默认根据数据所在的列进行排序。如果想要将表格中的数据按行排列，可按照下面的操作步骤进行操作。

步骤 01 **单击“排序”按钮。**选择单元格区域A1:G6，单击“数据”选项卡中的“排序”按钮，如下左图所示。

步骤 02 **启动“排序选项”对话框。**在“排序”对话框中，单击“选项”按钮，如下右图所示。

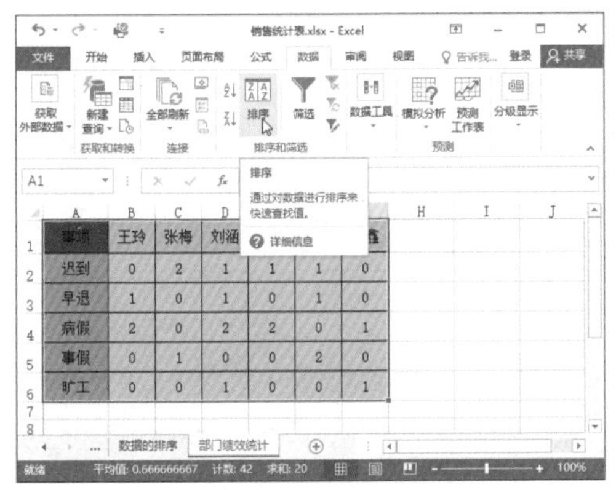

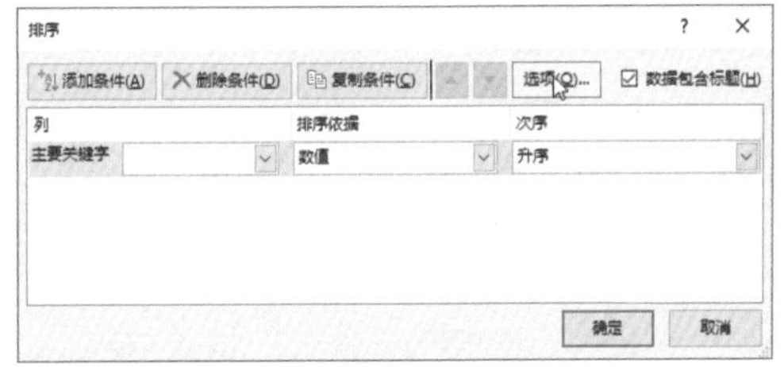

步骤 03 **按行排序。**在打开的“排序选项”对话框中，单击“按行排序”单选按钮，再单击“确定”按钮，如下左图所示。

步骤 04 **设置排序参数。**返回“排序”对话框，在“主要关键字”下拉列表框中选择“行6”选项，其他设置保持默认，单击“确定”按钮，如下右图所示。

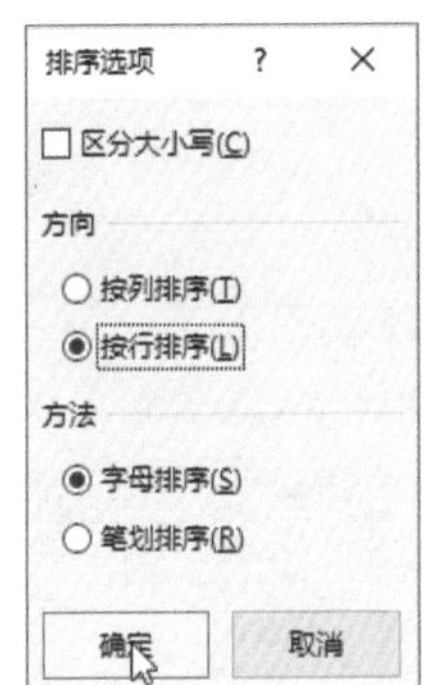

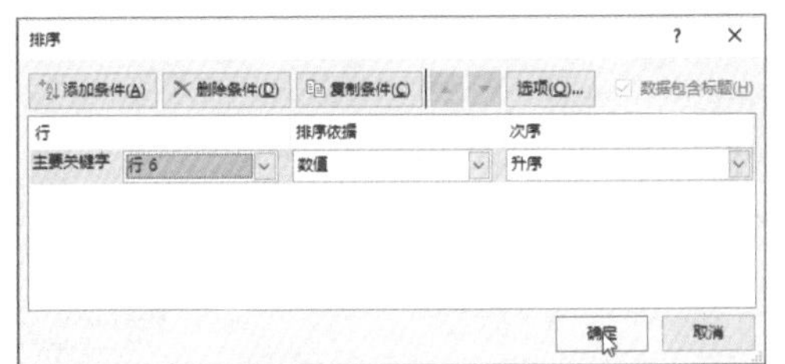

步骤 05 **完成排序。**可将工作表中的数据按旷工次数从低到高排序，如右图所示。

	A	B	C	D	E	F	G
1	王玲	张梅	闵行	刘敏	刘涵	周鑫	事项
2	0	2	1	1	1	0	迟到
3	1	0	0	1	1	0	早退
4	2	0	2	0	2	1	病假
5	0	1	0	2	0	0	事假
6	0	0	0	0	1	1	旷工

3 按字体颜色排列数据

如果表格中的数据根据颜色进行了划分，还可以根据字体颜色进行排序，下面介绍操作方法。

步骤 01 **排序提醒。**选择单元格区域D4:D23，单击“数据”选项卡中的“排序”按钮，在“排序提醒”对话框中的保持默认参数不变，单击“确定”按钮，如右图所示。

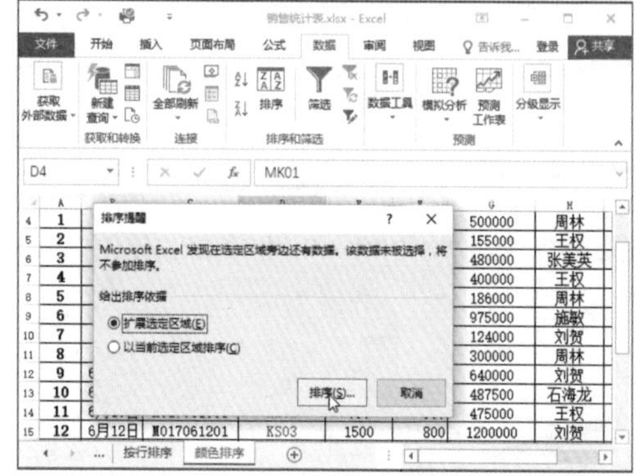

步骤 02 **设置排序参数。**弹出“排序”对话框，设置“主要关键字”为“品名”、“排序依据”为“字体颜色”选项、“次序”为“深红色”、“在顶端”，再单击“添加条件”按钮，如右图所示。

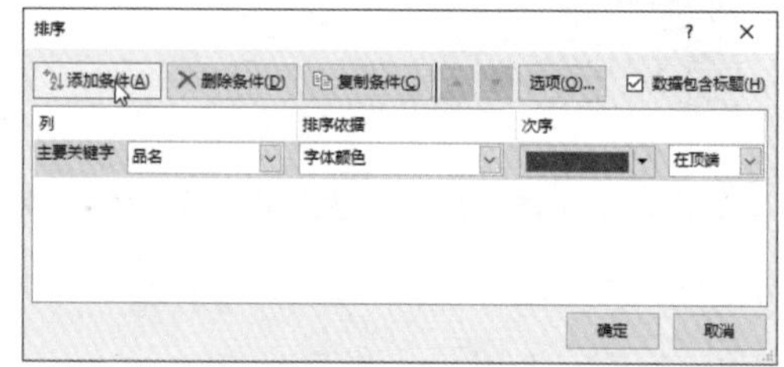

步骤 03 **设置关键字。**按需设置次要关键字，设置完成后，单击“确定”按钮，如右图所示。

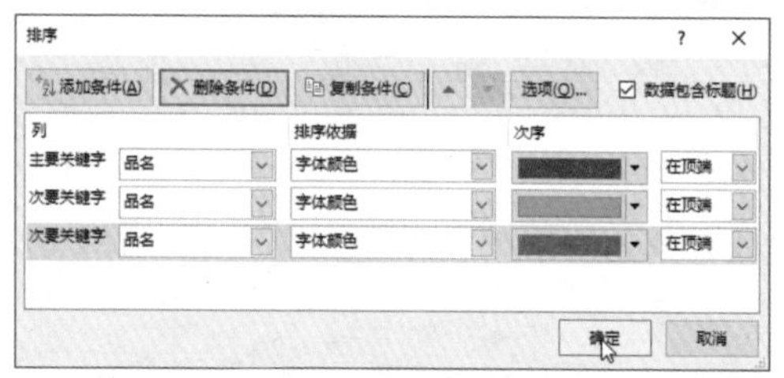

步骤 04 **查看排序结果。**返回工作表，可以看到单元格区域D4:D23中的数据已经按照字体颜色排序，如右图所示。

序号	日期	合同号	品名	数量	单价	销售总额	销售员
3	6月4日	M017060401	KS03	600	800	480000	张美英
9	6月10日	M017061001	KS03	800	800	640000	刘贺
12	6月12日	M017061201	KS03	1500	800	1200000	刘贺
15	6月15日	M017061501	KS03	800	800	640000	石海龙
17	6月15日	M017061503	KS03	460	800	368000	石海龙
20	6月25日	M017062501	KS03	2500	800	2000000	施敏
1	6月2日	M017060201	MK01	1000	500	500000	周林
4	6月5日	M017060501	MK01	800	500	400000	王权
8	6月8日	M017060801	MK01	600	500	300000	周林
11	6月10日	M017061003	MK01	950	500	475000	王权
13	6月12日	M017061202	MK01	1700	500	850000	施敏
16	6月15日	M017061502	MK01	760	500	380000	周林
18	6月20日	M017062001	MK01	550	500	275000	王权
6	6月7日	M017060702	JN04	1500	650	975000	施敏
10	6月10日	M017061002	JN04	750	650	487500	石海龙
2	6月2日	M017060202	HK12	500	310	155000	王权
5	6月7日	M017060701	HK12	600	310	186000	周林
7	6月7日	M017060703	HK12	400	310	124000	刘贺
14	6月12日	M017061203	HK12	980	310	303800	张美英
19	6月22日	M017062201	HK12	1700	310	527000	张美英

4 按自定义序列排序

若表格中的某项数据具有一定的规律，可以组成一个序列，可以将该项数据按照自定义的序列进行排序，下面对其进行介绍。

步骤 01 **排序提醒。**选择单元格区域A2:A15，单击“数据”选项卡中的“排序”按钮，弹出“排序提醒”对话框，保持默认参数设置，单击“确定”按钮，如下左图所示。

步骤 02 **设置排序参数。**弹出“排序”对话框，设置“主要关键字”为“区域”，单击“次序”下拉按钮，选择“自定义序列”选项，如下右图所示。

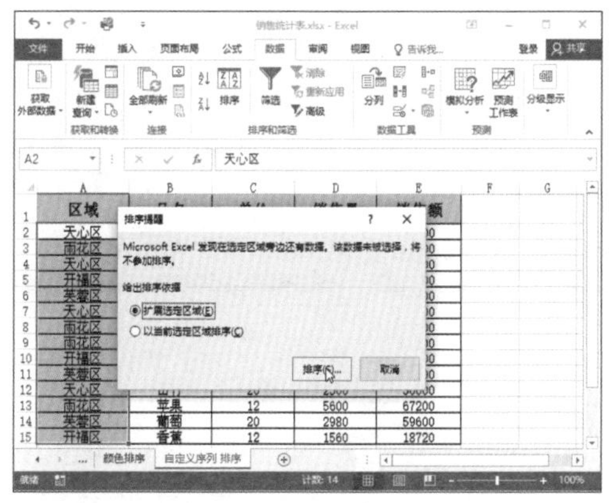

步骤 03 **自定义排序。**打开“自定义序列”对话框，在“自定义序列”列表框中选择自定义序列，然后单击“确定”按钮，如下左图所示。

步骤 04 **查看结果。**返回“排序”对话框，单击“确定”按钮，工作表中的数据已经按照自定义序列进行排序，如下右图所示。

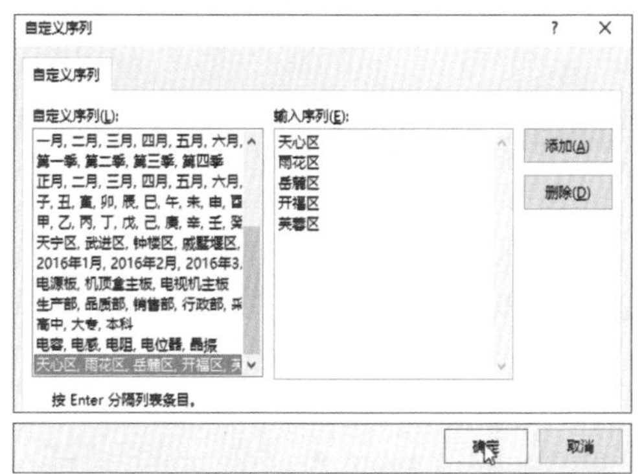

区域	品名	单价	销售量	销售额
天心区	榴莲	40	2190	87600
天心区	苹果	12	2350	28200
天心区	西瓜	4	6500	26000
天心区	山竹	20	2500	50000
雨花区	山竹	20	1260	25200
雨花区	火龙果	16	2350	37600
雨花区	桃子	18	1750	31500
雨花区	苹果	12	5600	67200
开福区	葡萄	20	3200	64000
开福区	橘子	12	1350	16200
开福区	香蕉	12	1560	18720
芙蓉区	香蕉	12	2050	24600
芙蓉区	榴莲	40	1800	72000
芙蓉区	葡萄	20	2980	59600

02 数据筛选

如果用户需要在复杂的数据中筛选出所需数据，通过肉眼是很难实现的，这就需要使用Excel的筛选功能，下面介绍几种筛选数据的方法。

1 对数据进行简单筛选

步骤 01 **选择“筛选”。**选择单元格区域A1:H23，单击“数据”选项卡中的“筛选”按钮，如下左图所示。

步骤 02 **设置筛选参数。**数据列标题出现筛选按钮，单击“品名”筛选按钮，在展开的列表中取消对“全选”复选框的勾选，然后勾选“KS03”选项，最后单击“确定”按钮，如下右图所示。

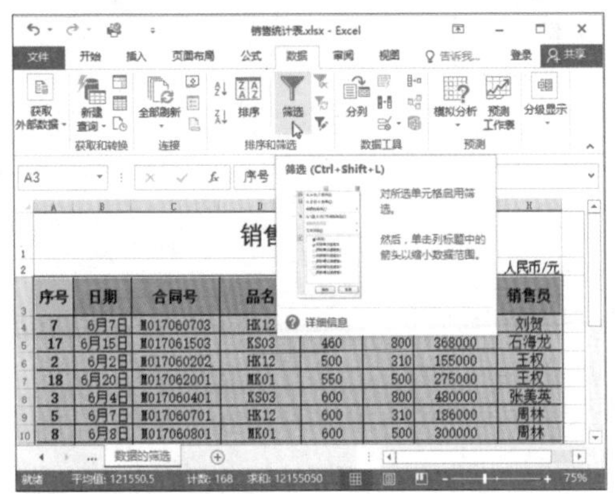

步骤 03 查看筛选结果。可筛选出所有品名为“KS03”的数据信息，如右图所示。

2 自定义筛选有用数据

如果用户想要筛选出某一范围内的数据，可以按照下面的方法对数据进行筛选。

步骤 01 选择“筛选”。选择单元格区域A1:H23，单击“数据”选项卡中的“筛选”按钮，如下左图所示。

步骤 02 设置筛选参数。单击“销售总额”列右侧的下拉按钮，在弹出的下拉列表中选择“数字筛选”选项，然后从其级联列表中选择“大于或等于”选项，如下右图所示。

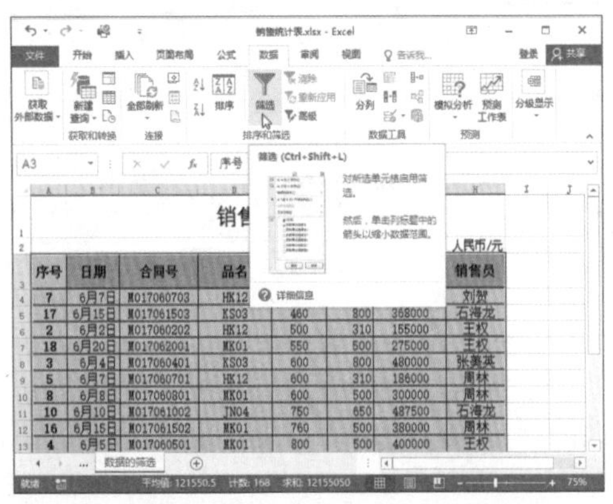

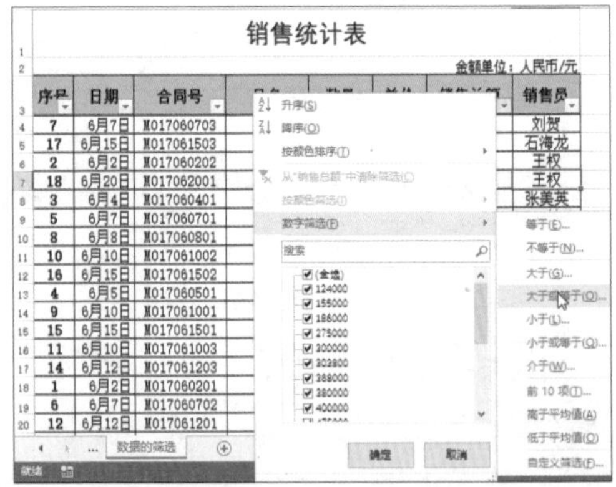

步骤 03 设置筛选方式。弹出“自定义自动筛选方式”对话框，设置实际销售额大于或等于200000，然后单击“确定”按钮，如下左图所示。

步骤 04 查看筛选结果。筛选出所有实际销售额大于或等于200000的数据，如下右图所示。

自定义自动筛选方式

显示行:

销售总额

大于或等于 | 200000

◉ 与(A) ○ 或(O)

可用 ? 代表单个字符

用 * 代表任意多个字符

确定 | 取消

序号	日期	合同号	品名	数量	单价	销售总额	销售员
17	6月15日	M017061503	KS03	460	800	368000	石海龙
18	6月20日	M017062001	MK01	550	500	275000	王权
3	6月4日	M017060401	KS03	600	800	480000	张美英
8	6月8日	M017060801	MK01	600	500	300000	周林
10	6月10日	M017061002	JN04	750	650	487500	石海龙
16	6月15日	M017061502	MK01	760	500	380000	周林
4	6月5日	M017060501	MK01	800	500	400000	王权
9	6月10日	M017061001	KS03	800	800	640000	刘贺
15	6月15日	M017061501	KS03	800	800	640000	石海龙
11	6月10日	M017061003	MK01	950	500	475000	王权
14	6月12日	M017061203	HK12	980	310	303800	张美英
1	6月2日	M017060201	MK01	1000	500	500000	周林
6	6月7日	M017060702	JN04	1500	650	975000	施敏
12	6月12日	M017061201	KS03	1500	800	1200000	刘贺
13	6月12日	M017061202	MK01	1700	500	850000	施敏
19	6月22日	M017062201	HK12	1700	310	527000	张美英
20	6月25日	M017062501	KS03	2500	800	2000000	施敏

3 高级筛选数据

还可以按指定筛选条件筛选数据，其具体操作方法如下。

步骤 01 选择“高级”筛选。打开工作表，在单元格区域E24:E25中输入筛选条件，然后单击“数据”选项卡中“排序和筛选”组中的“高级”按钮，如下左图所示。

步骤 02 选择筛选范围。弹出“高级筛选”对话框，“列表区域”参数保持默认设置，单击“条件区域”右侧的“选择范围”按钮，如下右图所示。

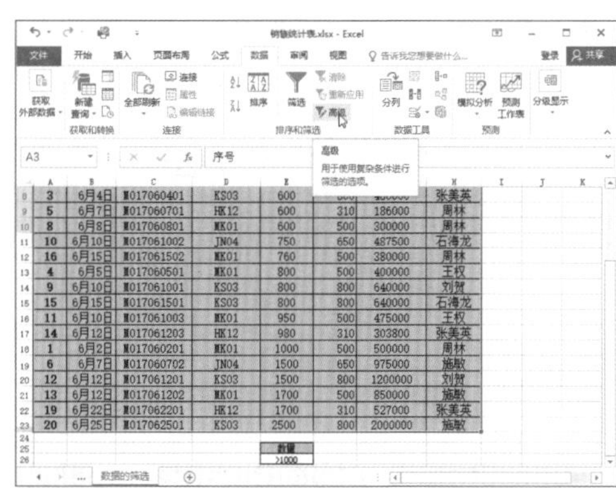

高级筛选

方式

◉ 在原有区域显示筛选结果(F)

○ 将筛选结果复制到其他位置(O)

列表区域(L): $A$3:$H$23

条件区域(C):

复制到(T):

☐ 选择不重复的记录(R)

确定 | 取消

步骤 03 返回上一级对话框。拖动鼠标，选择条件区域后，单击“还原”按钮，如下左图所示。

步骤 04 完成高级筛选。单击“高级筛选”对话框中的“确定”按钮，即可按照指定条件筛选出数据，如下右图所示。

高级筛选 - 条件区域:

数据的筛选!$E$25:$E$26

销售统计表

金额单位：人民币/元

序号	日期	合同号	品名	数量	单价	销售总额	销售员
6	6月7日	M017060702	JN04	1500	650	975000	施敏
12	6月12日	M017061201	KS03	1500	800	1200000	刘贺
13	6月12日	M017061202	MK01	1700	500	850000	施敏
19	6月22日	M017062201	HK12	1700	310	527000	张美英
20	6月25日	M017062501	KS03	2500	800	2000000	施敏

数量
>1000

03 分类汇总数据

如果工作表中包含多个字段，将字段中的不同数据按类别进行汇总，称作数据的分类汇总。下面介绍如何按指定字段汇总数据以及按多字段汇总数据。

1 按照指定字段汇总数据

在对字段进行汇总时，需要先将字段进行排序，再进行的汇总。下面介绍如何汇总指定字段数据。

步骤 01 **选择“排序”。**选择单元格区域A3:H23，单击“数据”选项卡中的“排序”按钮，如下左图所示。

步骤 02 **设置排序参数。**在弹出的“排序” 对话框中，设置“主要关键字”为“日期”，其他选项保持默认设置，再单击“确定”按钮，如下右图所示。

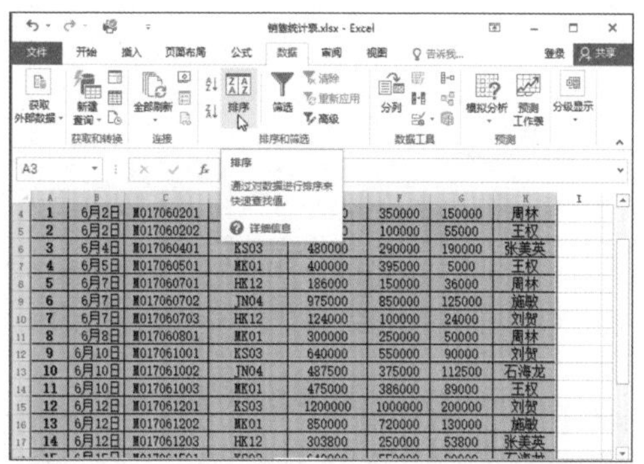

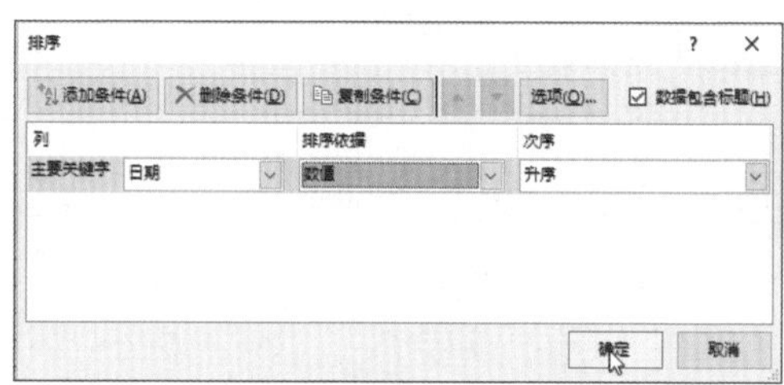

步骤 03 **选择分类汇总。**选择单元格区域A3:H23，单击“数据”选项卡中的“分类汇总”按钮，如下左图所示。

步骤 04 **设置汇总参数。**弹出“分类汇总”对话框，设置“分类字段”为“日期”，设置“汇总方式”为“求和”，在“选定汇总项”列表框中勾选“销售总额”选项，然后单击“确定”按钮，关闭对话框，如下右图所示。

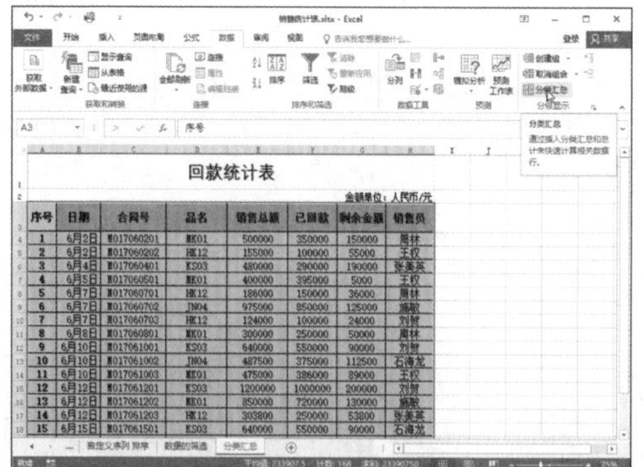

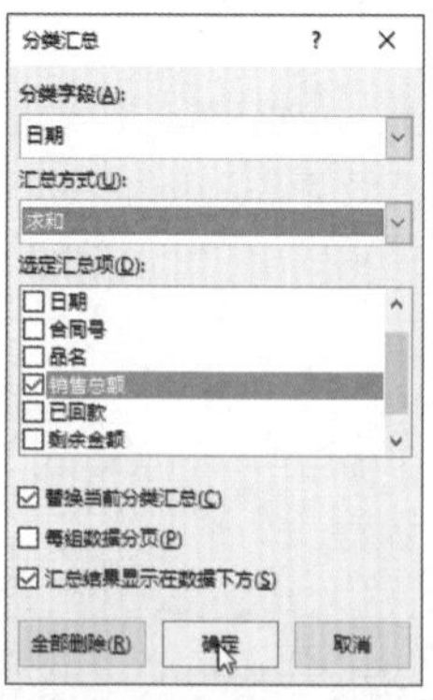

步骤 05 **完成汇总。**可将工作表中的销售总额按照日期进行汇总，如下左图所示。

步骤 06 **查看结果。**单击左上角的1、2、3按钮，可将该汇总表按级别显示，例如，单击2按钮，可显示数据到第2级别，如下右图所示。

回款统计表

金额单位：人民币/元

序号	日期	合同号	品名	销售总额	已回款	剩余金额	销售员
1	6月2日	M017060201	MK01	500000	350000	150000	周林
2	6月2日	M017060202	HK12	155000	100000	55000	王权
	6月2日 汇总			655000			
3	6月4日	M017060401	KS03	480000	290000	190000	张美英
	6月4日 汇总			480000			
4	6月5日	M017060501	MK01	400000	395000	5000	王权
	6月5日 汇总			400000			
5	6月7日	M017060701	HK12	186000	150000	36000	周林
6	6月7日	M017060702	JN04	975000	850000	125000	施敏
7	6月7日	M017060703	HK12	124000	100000	24000	刘贺
	6月7日 汇总			1285000			
8	6月8日	M017060801	MK01	300000	250000	50000	周林
	6月8日 汇总			300000			
9	6月10日	M017061001	KS03	640000	550000	90000	刘贺
10	6月10日	M017061002	JN04	487500	375000	112500	石海龙
11	6月10日	M017061003	MK01	475000	386000	89000	王权
	6月10日 汇总			1602500			

回款统计表

金额单位：人民币/元

序号	日期	合同号	品名	销售总额	已回款	剩余金额	销售员
	6月2日 汇总			655000			
	6月4日 汇总			480000			
	6月5日 汇总			400000			
	6月7日 汇总			1285000			
	6月8日 汇总			300000			
	6月10日 汇总			1602500			
	6月12日 汇总			2353800			
	6月15日 汇总			1388000			
	6月20日 汇总			275000			
	6月22日 汇总			527000			
	6月25日 汇总			2000000			
	总计			11266300			

② 多字段数据汇总

想要进行多字段汇总，需要在排序时设置多个关键字进行排序，再进行汇总即可。

步骤 01 设置关键字。选择表格中需要排序的单元格区域后，执行“数据→排序”命令，打开“排序”对话框，设置主要关键字和次要关键字，设置完成后，单击“确定”按钮，如下左图所示。

步骤 02 分类汇总。单击“分类汇总”按钮，如下右图所示。

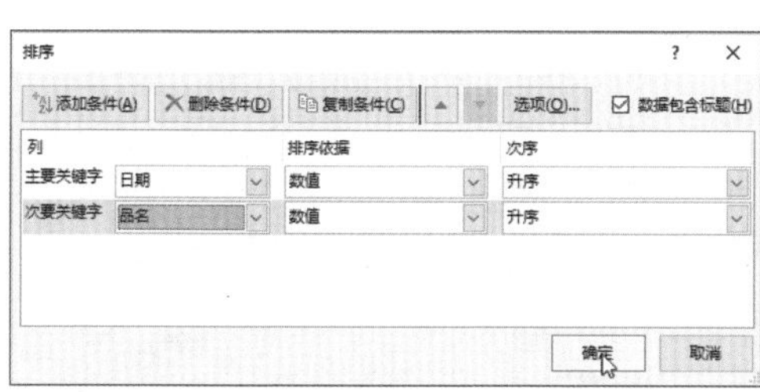

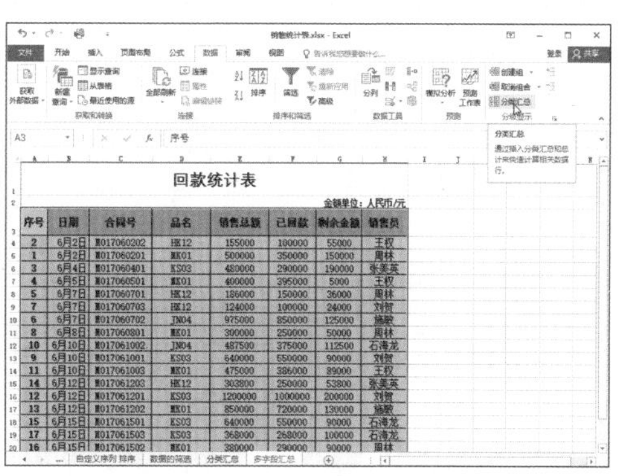

步骤 03 设置参数。弹出“分类汇总”对话框，设置“分类字段”与“主要关键字”相同，然后设置汇总项为“销售总额”并单击“确定”按钮，如下左图所示。

步骤 04 取消相关选项。再次打开“分类汇总”对话框，设置“分类字段”为“品名”“汇总项”为“销售总额”，取消对“替换当前分类汇总”复选框的勾选，然后单击“确定”按钮，如下右图所示。

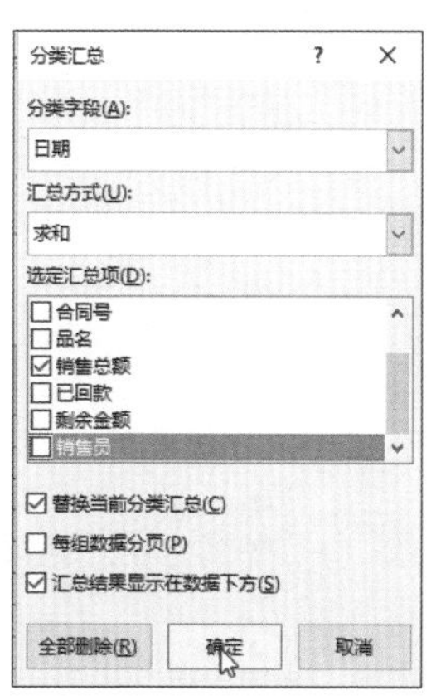

分类汇总

分类字段(A):

品名

汇总方式(U):

求和

选定汇总项(D):

日期
合同号
品名
销售总额
已回款
剩余金额

替换当前分类汇总(C)

每组数据分页(P)

汇总结果显示在数据下方(S)

全部删除(R) 确定 取消

步骤 05 **完成汇总。**此时将工作表中的数据按照日期和品名进行了汇总，如右图所示。

回款统计表

金额单位：人民币/元

序号	日期	合同号	品名	销售总额	已回款	剩余金额	销售员
2	6月2日	M017060202	HK12	155000	100000	55000	王权
			HK12 汇总	155000			
1	6月2日	M017060201	MK01	500000	350000	150000	周林
			MK01 汇总	500000			
	6月2日 汇总			655000			
3	6月4日	M017060401	KS03	480000	290000	190000	张美英
			KS03 汇总	480000			
	6月4日 汇总			480000			
4	6月5日	M017060501	MK01	400000	395000	5000	王权
			MK01 汇总	400000			
	6月5日 汇总			400000			
5	6月7日	M017060701	HK12	186000	150000	36000	周林
7	6月7日	M017060703	HK12	124000	100000	24000	刘贺
			HK12 汇总	310000			
6	6月7日	M017060702	JN04	975000	850000	125000	施敏
			JN04 汇总	975000			
	6月7日 汇总			1285000			
8	6月8日	M017060801	MK01	300000	250000	50000	周林

自定义序列 排序 | 数据的筛选 | 分类汇总 | 多字段汇总

04 数据的合并计算

在工作中，经常需要将多个地区或者分店的工作表中的数据汇总到新工作表中，那么该如何操作呢？下面对其进行介绍。

步骤 01 **选择“合并计算”。**打开各销售统计报表，新建一个工作表，选择单元格A1，单击“数据”选项卡中的“合并计算”按钮，如下左图所示。

步骤 02 **引用位置。**打开“合并计算”对话框，设置“函数”类型为“求和”，单击“引用位置”右侧的“范围选取”按钮，如下右图所示。

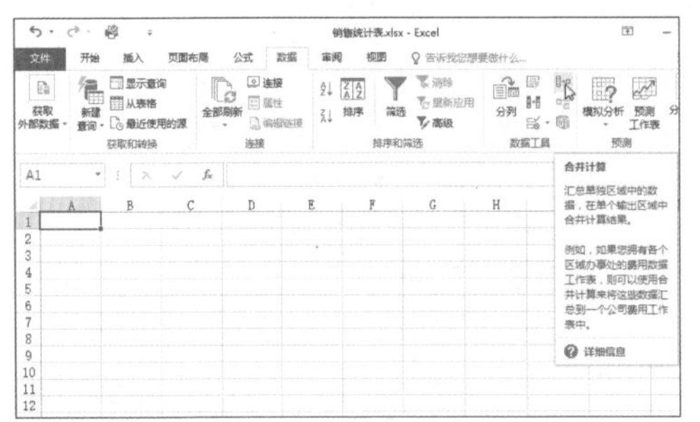

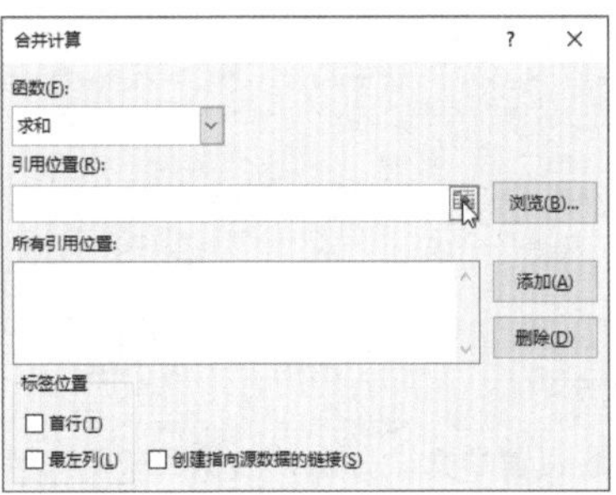

步骤 03 **选取单元格区域。**切换至需要合并数据的工作表，拖动鼠标选取单元格区域，单击“展开”按钮，如下左图所示。

步骤 04 **添加引用位置。**在“合并计算”对话框中单击“添加”按钮，将引用位置添加到“所有引用位置”列表框中，如下右图所示。

品名	单价/元	数量/Kg	销售额/元	备注
榴莲	40	100	4000	
山竹	20	500	10000	
苹果	12	550	6600	
葡萄	20	230	4600	
香蕉	12	200	2400	
西瓜	4	1000	4000	
火龙果	16	180	2880	
桃子	18	200	3600	
橘子	12	150	1800	

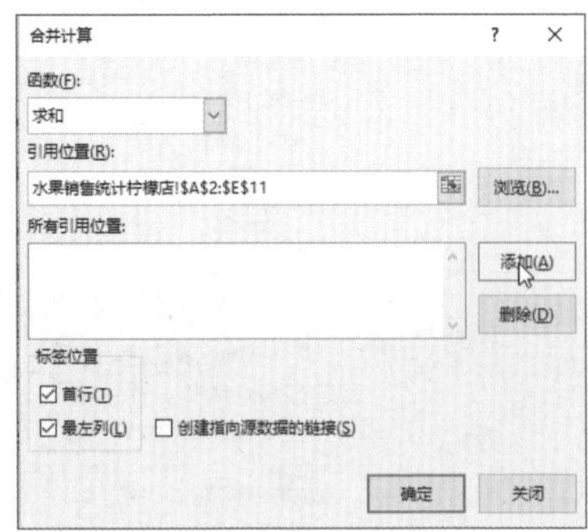

步骤 05 **选取多个数据区域。**继续单击“范围选取”按钮，按照同样的方法选取多个数据区域，如下左图所示。

步骤 06 **添加标签。**选取需要合并的数据区域后，确认勾选“首行”和“最左列”复选框，然后单击“确定”按钮，如下右图所示。

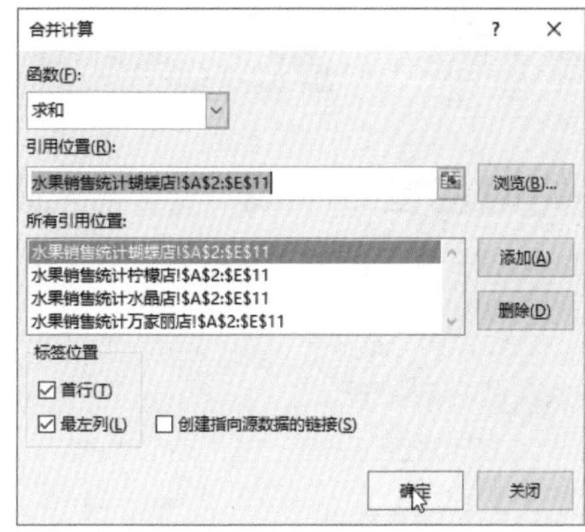

步骤 07 **复制公式。**此时，多个工作表中的数据合并到当前工作表中。B列中的单价显示为原有的四倍，在单元格E2中输入公式“=B2/4”，并向下复制到E10，然后选择单元格区域E2:E10，按快捷键Ctrl+C复制，如下左图所示。

步骤 08 **粘贴公式。**选择单元格区域B2:B10，按快捷键Ctrl+V粘贴，再单击“粘贴选项”按钮，从该列表中选择“值”选项，如下右图所示。

E2　=B2/4

	A	B	C	D	E
1		单价/元	数量/Kg	销售额/元	备注
2	榴莲	160	750	30000	40
3	山竹	80	1630	32600	20
4	苹果	48	1980	23760	12
5	葡萄	80	1090	21800	20
6	香蕉	48	840	10080	12
7	西瓜	16	3450	13800	4
8	火龙果	64	790	12640	16
9	桃子	72	800	14400	18
10	橘子	48	580	6960	12

	A	B	C	D	E
1		单价/元	数量/Kg	销售额/元	备注
2	榴莲	#REF!	750	30000	#REF!
3	山竹	#REF!	1630	32600	#REF!
4	苹果	#REF!	1980	23760	#REF!
5	葡萄	#REF!	1090	21800	#REF!
6	香蕉	#REF!	840	10080	#REF!
7	西瓜	#REF!	3450	13800	#REF!
8	火龙果	#REF!	790	12640	#REF!
9	桃子	#REF!	800	14400	#REF!
10	橘子	#REF!	580	6960	#REF!

(Ctrl)　粘贴　粘贴数值　值(V)　其他粘贴选项　数据的筛选　合并计算　选定目标区域，然后按 ENTER 或选择“粘贴”　计数: 9

步骤 09 **调整表格外观。**按需为表格添加边框，调整行高和列宽即可，如右图所示。

G10

	A	B	C	D	E
1		单价/元	数量/Kg	销售额/元	备注
2	榴莲	40	750	30000	
3	山竹	20	1630	32600	
4	苹果	12	1980	23760	
5	葡萄	20	1090	21800	
6	香蕉	12	840	10080	
7	西瓜	4	3450	13800	
8	火龙果	16	790	12640	
9	桃子	18	800	14400	
10	橘子	12	580	6960	

创建并美化图表

Excel中提供的图表功能可以将繁杂的数据形象地表示出来，从而让用户更加清晰地了解工作表中数据的变化，进而帮助用户分析数据总结规律。下面介绍如何在Excel中使用图表。

01 创建图表

图表按照类型可分为柱形图、折线图、饼图、条形图、面积图等。用户可根据需要选择合适的图表，下面介绍如何在工作表中插入图表。

1 插入最适合的图表

Excel 2016提供了推荐合适图表的功能，该功能可以快速插入与选择数据区域相匹配的图表，下面对其进行介绍。

步骤 01 **单击“推荐的图表”按钮。**选择单元格区域A2:C11，单击“插入”选项卡中的“推荐的图表”按钮，如下左图所示。

步骤 02 **选择图表类型。**打开“更改图表类型”对话框，在“推荐的图表”选项卡中，系统提供了与选择的数据区域相匹配的图表，这里选择“簇状柱形图”，然后单击“确定”按钮，如下右图所示。

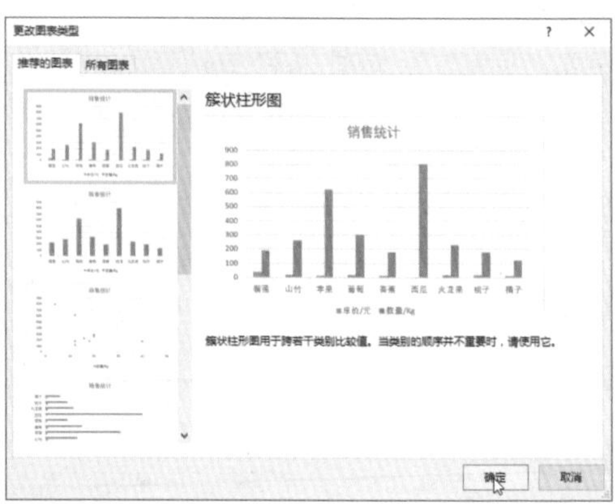

步骤 03 **添加图表标题。**将图表移至合适位置并输入图表标题，如下图所示。

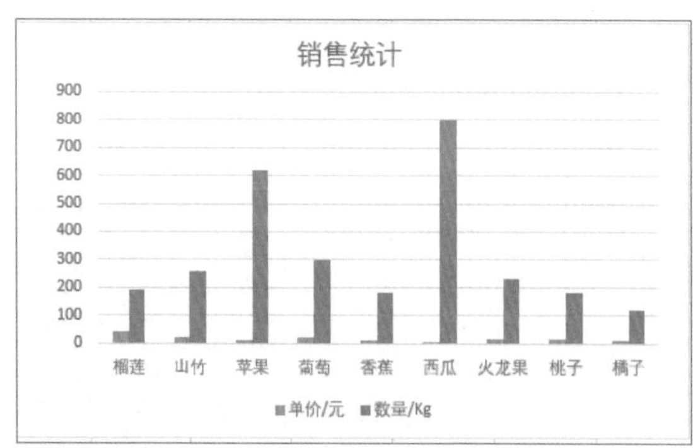

2 插入组合图表

为了更好地进行数据分析，Excel还提供了插入组合图表功能，下面对其进行介绍。

步骤 01 **启动对话框。**选择单元格区域A3:C11，单击“插入”选项卡中的“图表”组的对话框启动器按钮，如下左图所示。

步骤 02 **设置图表参数。**打开“插入图表”对话框，在“所有图表”选项卡中选择“组合”选项，可以在“为您的数据系列选择图表类型和轴”选项组中设置数据系列的图表类型和次坐标轴，按需设置后单击“确定”按钮，如下右图所示。

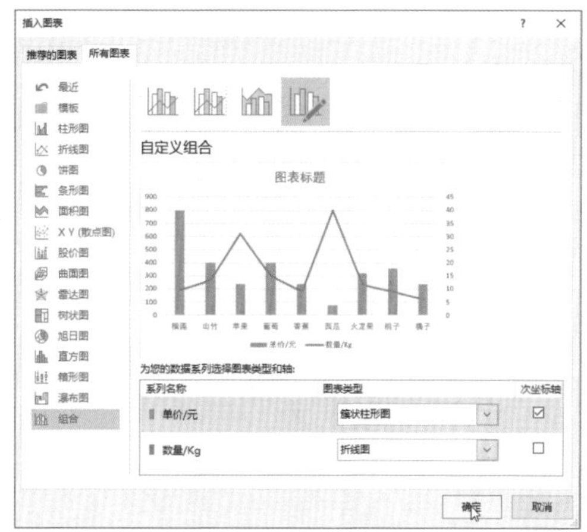

步骤 03 **插入组合图表。**在工作表中插入一个组合图表，然后将图表移至合适位置并输入图表标题，如右图所示。

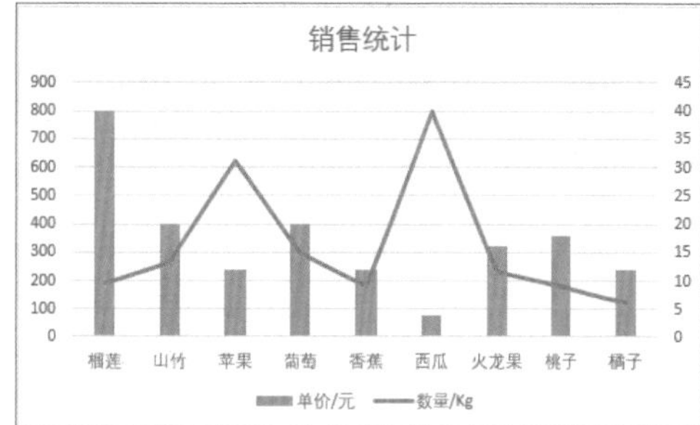

02 编辑图表

在工作表中插入图表后，还可以对图表进行编辑，包括图表源数据的更改、图表行/列切换、图表布局的更改等，下面分别进行介绍。

1 更改图表源数据

如果需要更改图表的数据区域，可以按照下面的方法操作。

步骤 01 **单击“选择数据”按钮。**选择图表，单击“图表工具－设计”选项卡中的“选择数据”按钮，如下左图所示。

步骤 02 **单击“选择数据”按钮。**打开“选择数据源”对话框，单击“图表数据区域”右侧的“选择数据”按钮，如下右图所示。

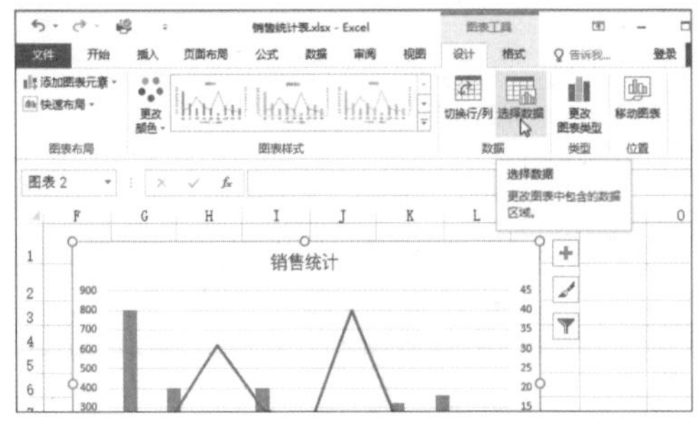

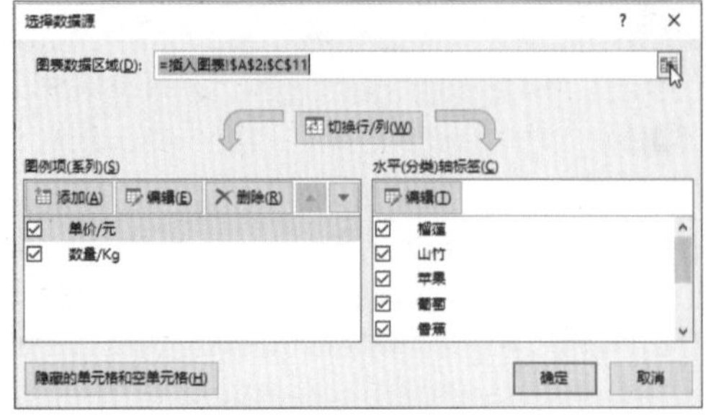

步骤 03 **选取数据区域。**拖动鼠标，选择单元格区域A2:A11和C2:C11为新的数据区域，然后单击“还原”按钮，如下左图所示。

步骤 04 **确认操作。**单击“选择数据源”对话框中的“确定”按钮，如下右图所示。

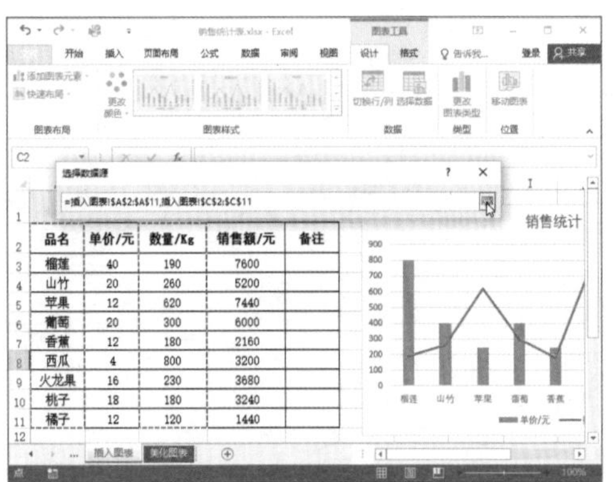

品名	单价/元	数量/Kg	销售额/元	备注
榴莲	40	190	7600	
山竹	20	260	5200	
苹果	12	620	7440	
葡萄	20	300	6000	
香蕉	12	180	2160	
西瓜	4	800	3200	
火龙果	16	230	3680	
桃子	18	180	3240	
橘子	12	120	1440	

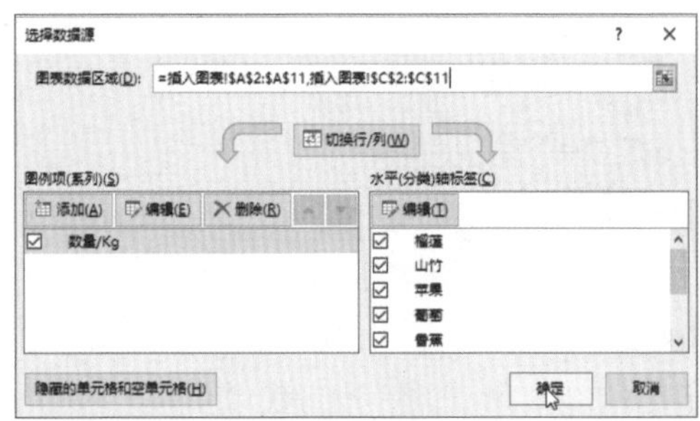

步骤 05 **查看修改后的数据源。**修改图表中的数据源，并在图表中反映出来，如下图所示。

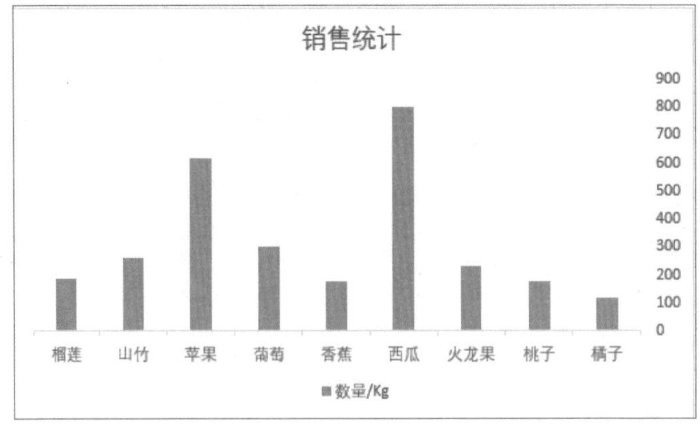

2 快速切换图表行/列

如果需要将图表中的行和列进行切换，很容易就能实现，按下面的方法操作即可。

步骤 01 **切换行/列。**选择图表，切换到“图表工具－设计”选项卡，单击“切换行/列”按钮，如下左图所示。

步骤 02 **查看切换结果。**可将图表中的行列切换，切换后的效果如下右图所示。

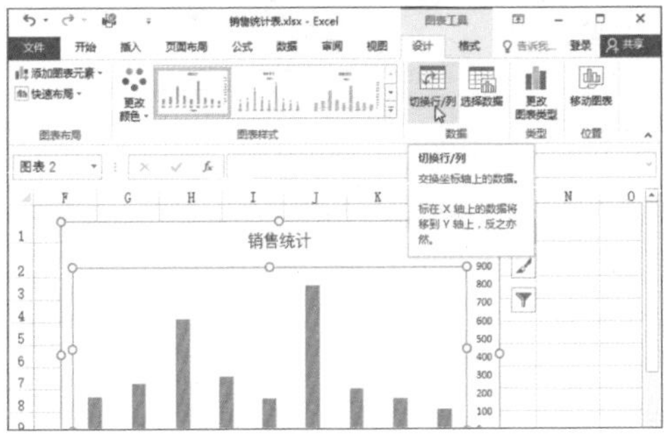

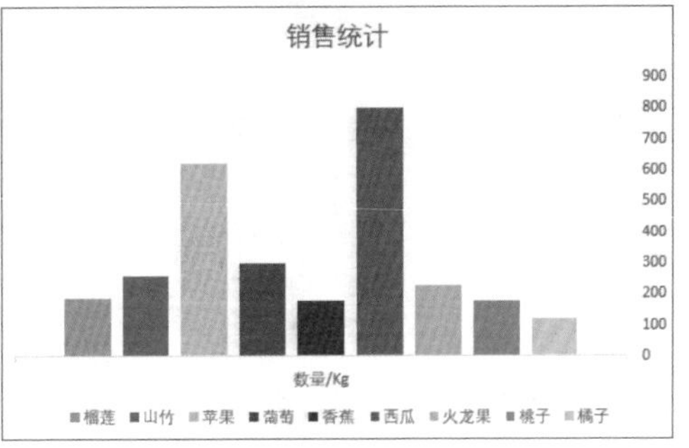

❸ 快速更改图表布局

更改图表布局也很简单，按照下面的步骤操作即可。

步骤 01 快速布局。选择图表，单击“图表工具－设计”选项卡中的“快速布局”按钮，从列表中选择“布局5”选项，如下左图所示。

步骤 02 查看更改后的图表布局。此时图表布局已更改，如下右图所示。

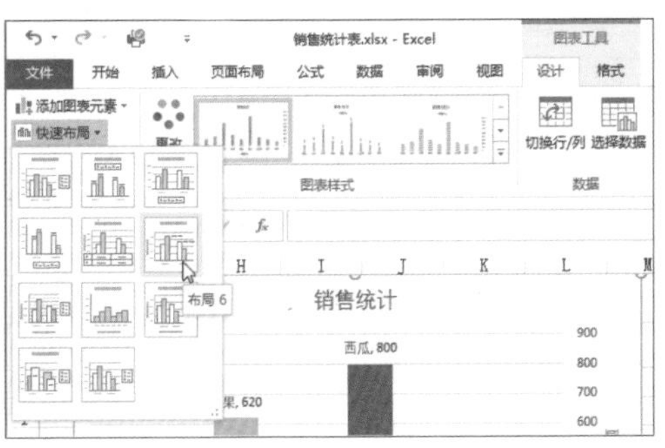

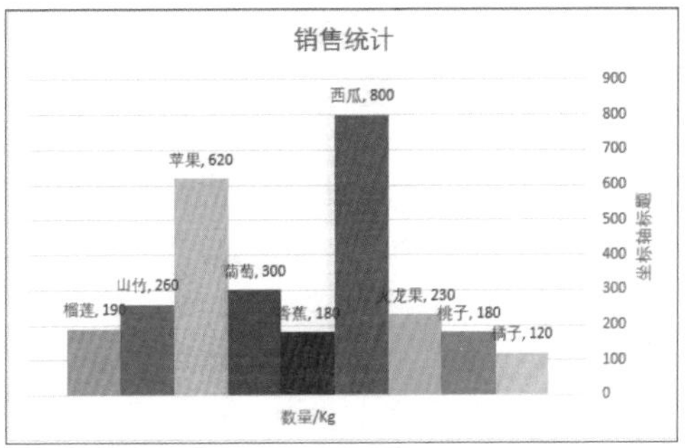

❹ 添加/删除图表元素

除了系统提供的图表布局外，用户还可以自由添加/删除图表元素，按照下面的方法即可实现。

步骤 01 单击“添加图表元素”按钮。选择图表，单击“图表工具－设计”选项卡中的“添加图表元素”按钮，如下左图所示。

步骤 02 添加数据标签。选择“数据标签→数据标签内”选项，可将数据标签在内部显示，如下右图所示。

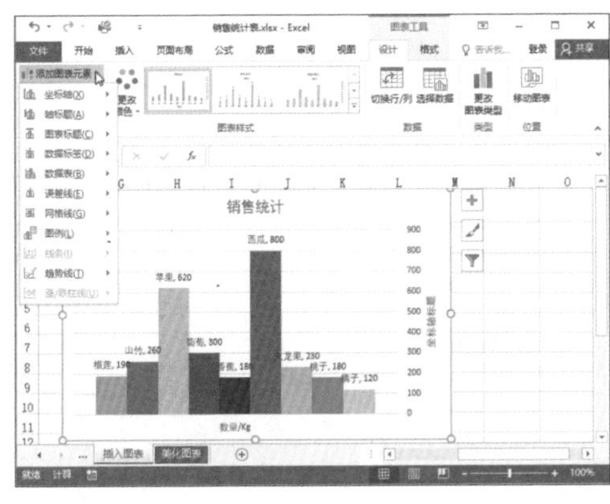

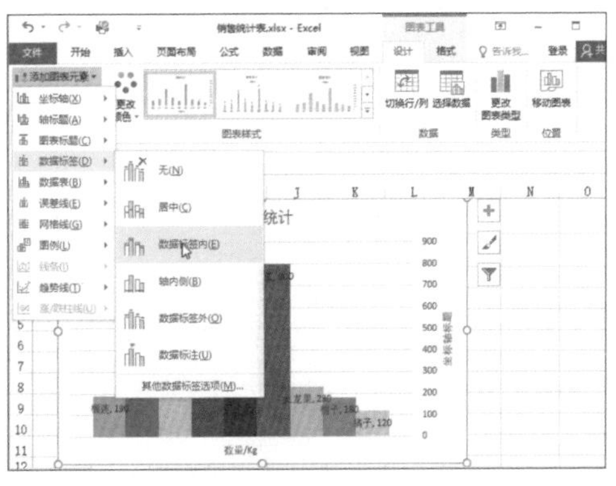

步骤 03 **添加次要水平网格线。**选择“网格线→主轴次要水平网格线”选项，可添加次要水平网格线，如下左图所示。

步骤 04 **添加图例。**选择“图例→右侧”选项，可在图表右侧显示图例，如下右图所示。

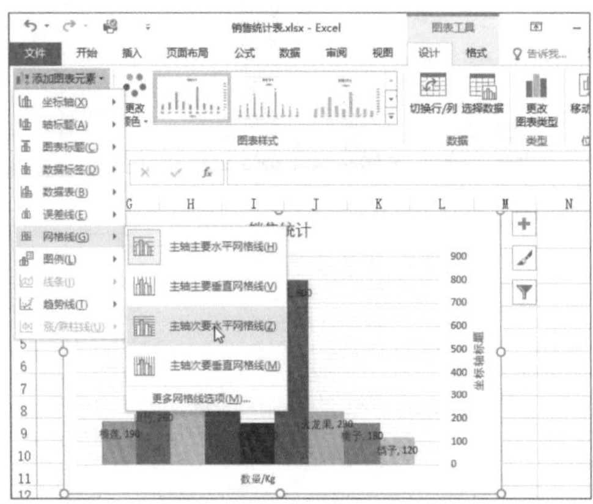

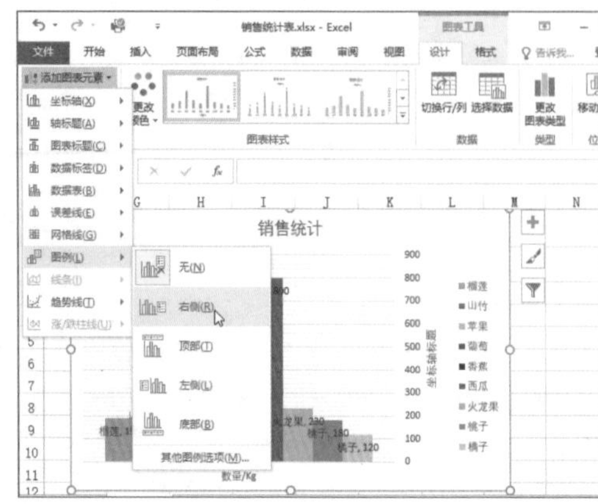

5 更改图表类型

添加图表后，如果需要将当前图表更改为其他类型的图表，可按照下面的方法操作。

步骤 01 **单击“更改图表类型”按钮。**选择图表，单击“图表工具－设计”选项卡中的“更改图表类型”按钮，如下左图所示。

步骤 02 **更改图表类型。**打开“更改图表类型”对话框，在“所有图表”选项卡中选择“条形图”选项，再选择“簇状条形图”选项，最后单击“确定”按钮，如下右图所示。

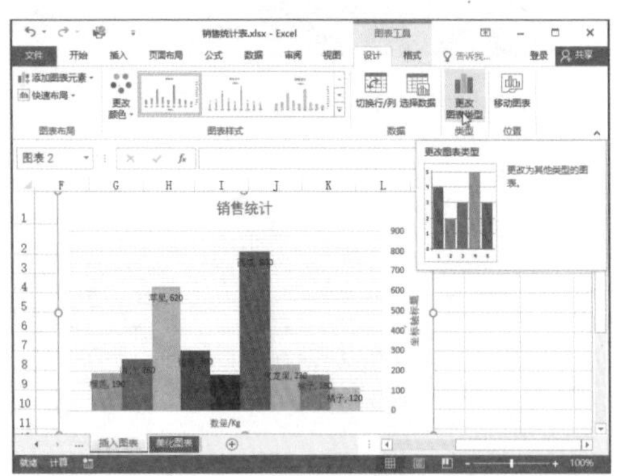

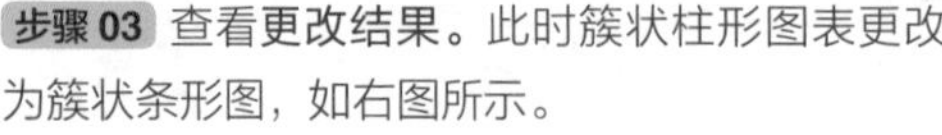

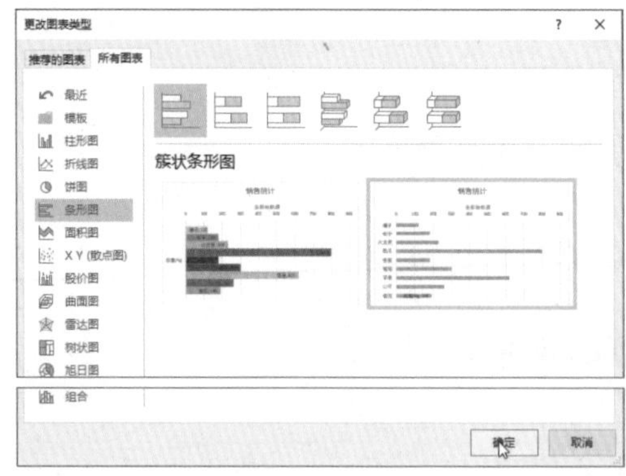

步骤 03 **查看更改结果。**此时簇状柱形图表更改为簇状条形图，如右图所示。

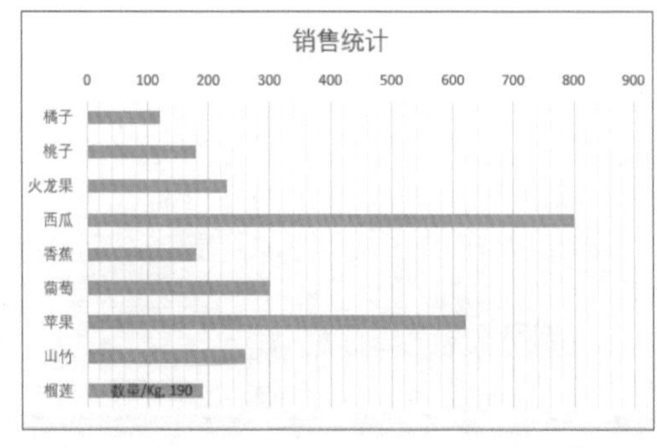

03 美化图表

插入图表后，如果想让图表更加美观，可以对当前图表进行美化。下面介绍如何美化图表。

1 快速更改图表颜色和图表样式

图表的颜色和样式可按需修改，按照下面介绍的方法即可更改。

步骤 01 **更改颜色。**选择图表，单击“图表工具－设计”选项卡中的“更改颜色”按钮，从展开的列表中选择“颜色16”选项，如下左图所示。

步骤 02 **设置样式。**单击“图表样式”组的“其他”按钮，从列表中选择“样式13”选项，如下右图所示。

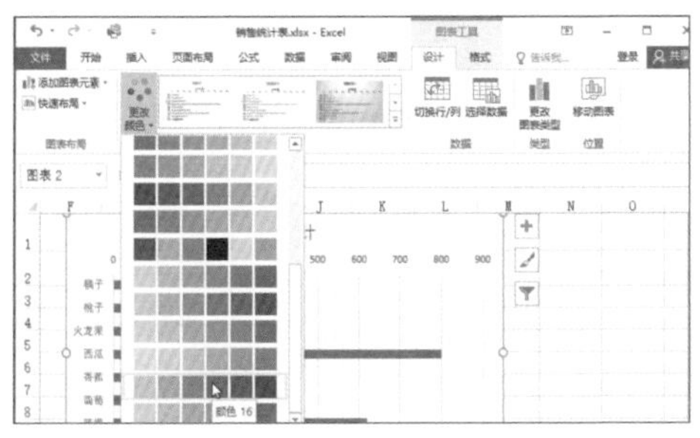

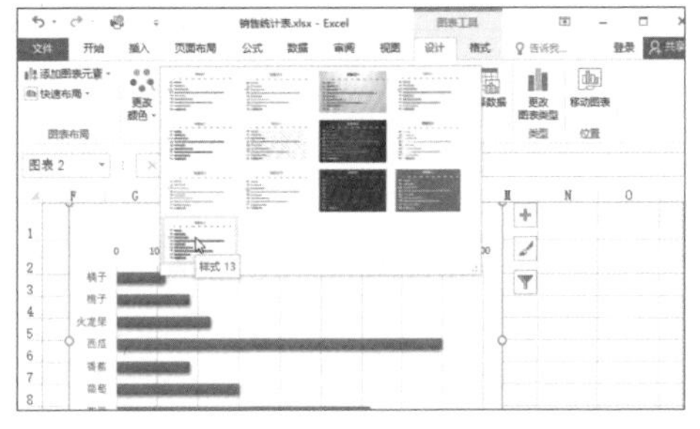

2 设置图表元素格式

为图表添加合适的图表元素后，还可以对图表元素的格式进行设置，具体操作方法如下。

步骤 01 **添加其他标题。**选择图表，单击“图表工具－设计”选项卡中的“添加图表元素”按钮，选择“图表标题→其他标题选项”选项，如下左图所示。

步骤 02 **填充标题。**打开“设置图表标题格式”对话框，在“填充”选项中可以对标题的填充效果进行设置，如下右图所示。

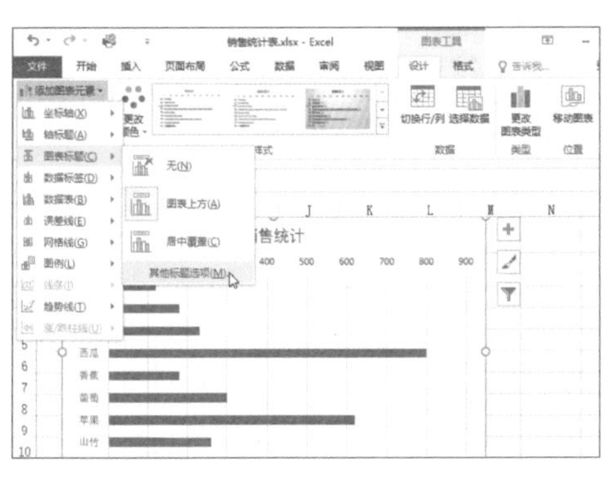

3 设置数据系列格式

用户还可以对图表的数据系列格式进行设置，具体操作方法如下。

步骤 01 **启动命令。**打开工作表，选择任意数据系列，右键单击，从弹出的快捷菜单中执行“设置数据系列格式”命令，如下左图所示。

步骤 02 **设置数据系列格式。**打开“设置数据系列格式”对话框，在“系列选项”选项卡中设置“系列间距”和“分类间距”，然后选择“柱体形状”列表中的“部分圆锥”选项，如下右图所示。

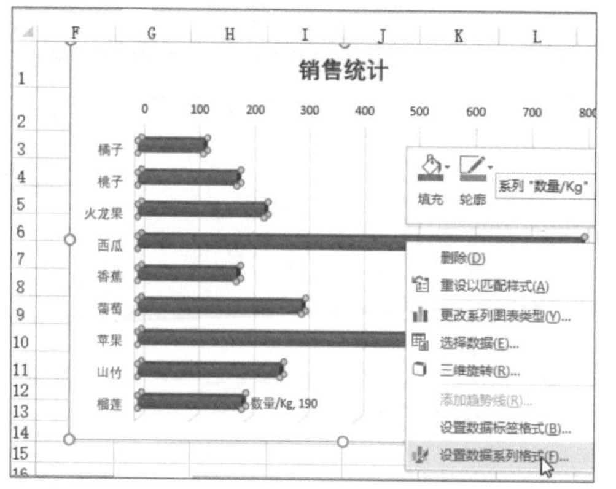

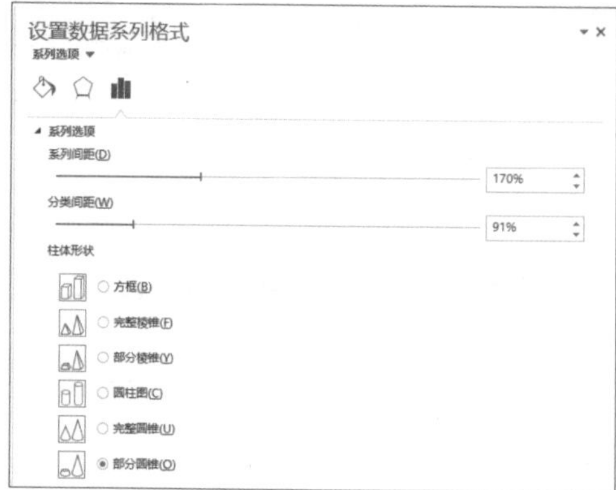

步骤 03 **填充渐变色。**切换至“填充”选项卡，在“填充”选项下，单击“渐变填充”单选按钮，然后按需设置渐变色，如下左图所示。

步骤 04 **设置阴影效果。**切换至“效果”选项卡，在“阴影”选项下，按需设置部分圆锥的阴影效果，即可完成所选数据系列格式的设置，如下右图所示。

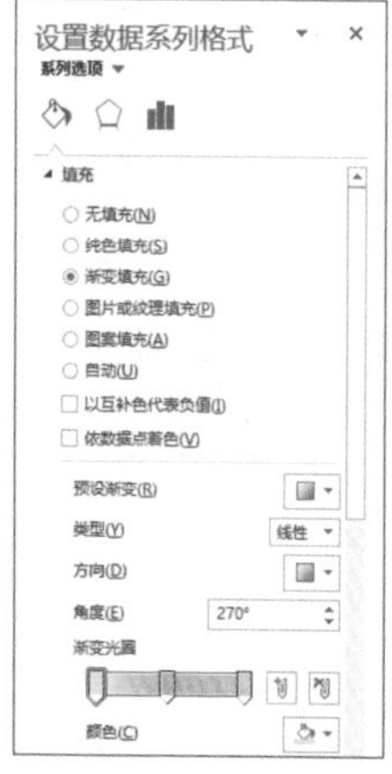

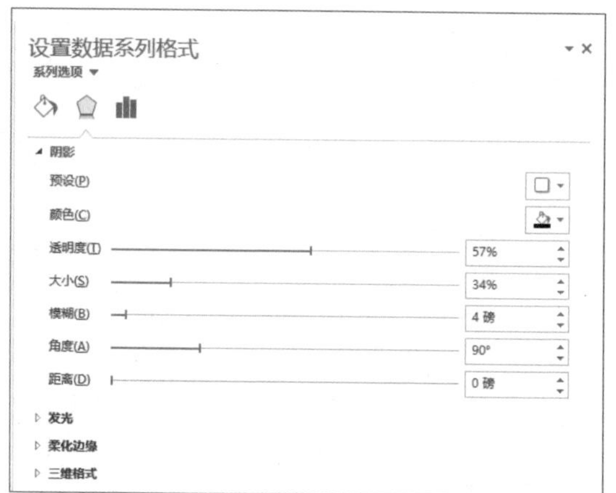

步骤 05 **查看最终结果。**设置数据系列格式的最终效果如右图所示。

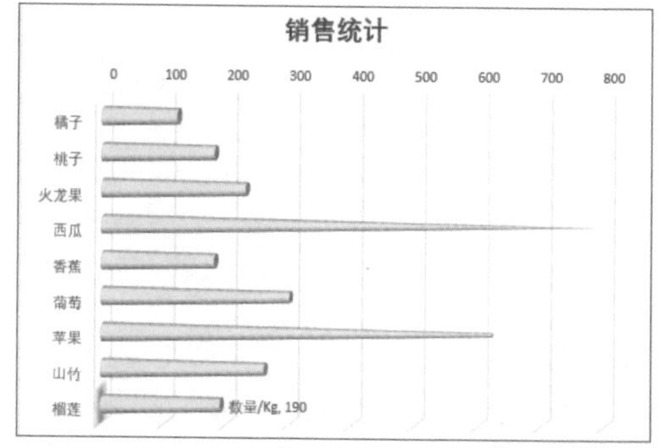

4 设置图表背景

二维图表的图表背景由图表区域和绘图区组成，三维图表的图表背景则由图表区域、绘图区、地板、背景墙组成。下面以设置三维图表的背景为例进行介绍。

步骤 01 **启动命令。**打开工作表，选择图表，右键单击，从弹出的快捷菜单中执行“设置图表区域格式”命令，如下左图所示。

步骤 02 **设置填充选项。**打开“设置图表区格式”对话框，在“填充”选项，单击“图片或纹理填充”单选按钮，再单击“文件”按钮，如下右图所示。

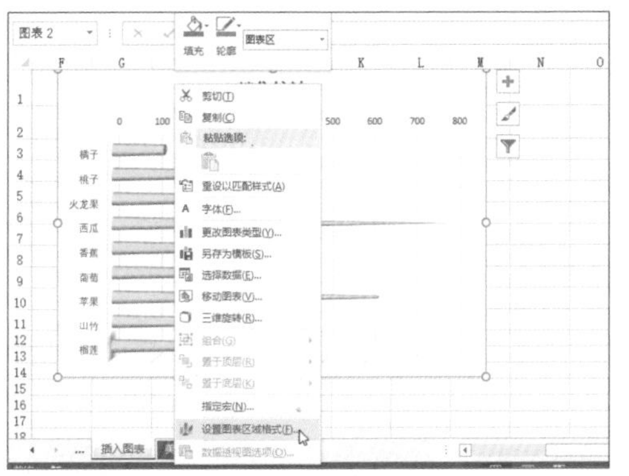

办公妙招

如何将美化过的图表还原

对图表的格式进行多次更改后，如果想把图表还原到最初样式，可以选择图表并执行“图表工具－格式→重设以匹配样式”命令，即可将图表还原到最初样式。

步骤 03 **选择图片。**打开“插入图片”对话框，选择图片，再单击“插入”按钮，如下左图所示。

步骤 04 **设置绘图区格式。**单击图表的绘图区，对话框将自动更改为“设置绘图区格式”对话框，按需设置绘图区格式，如下右图所示。

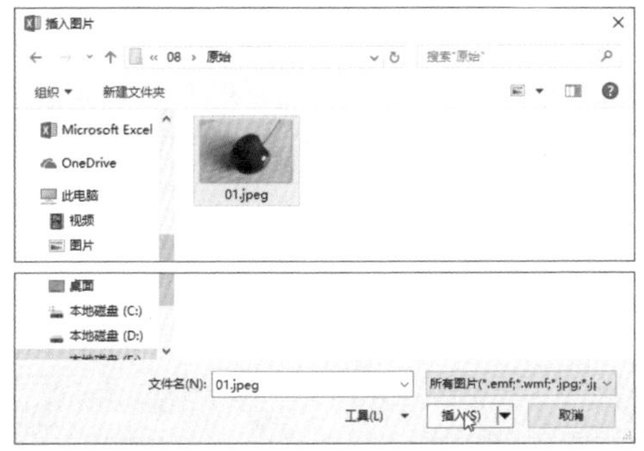

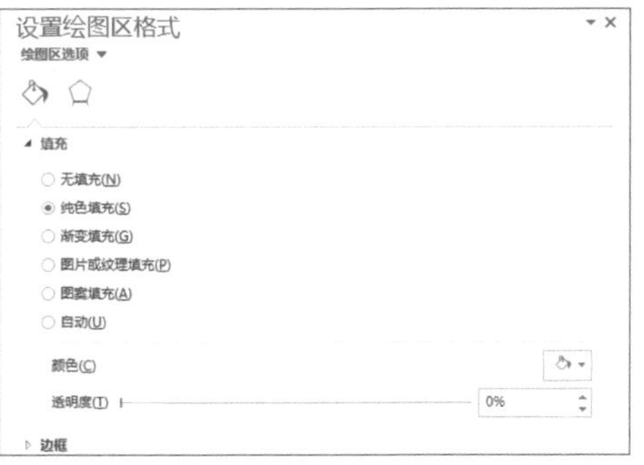

步骤 05 **设置其他三维格式。**按照同样的方法，设置图表的背景墙等其他格式，设置完成后的效果如右图所示。

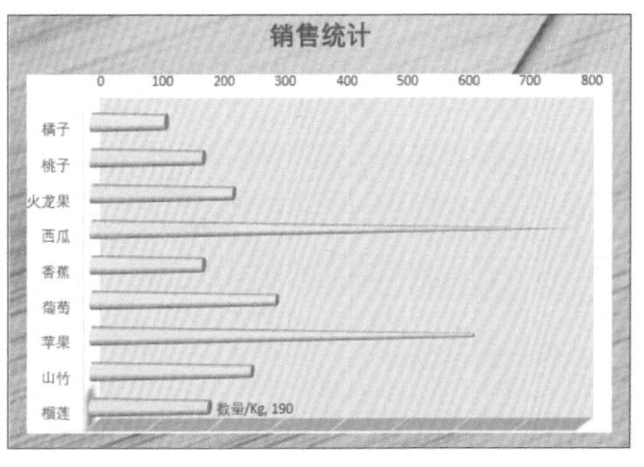

办公妙招

如何将图表保存为模板

01 另存为模板。选择自定义的图表，右击并在弹出的快捷菜单中执行“另存为模板”命令，如下左图所示。

02 保存文件。打开“保存图表模板”对话框，输入文件名后单击“保存”按钮即可保存，如下右图所示。

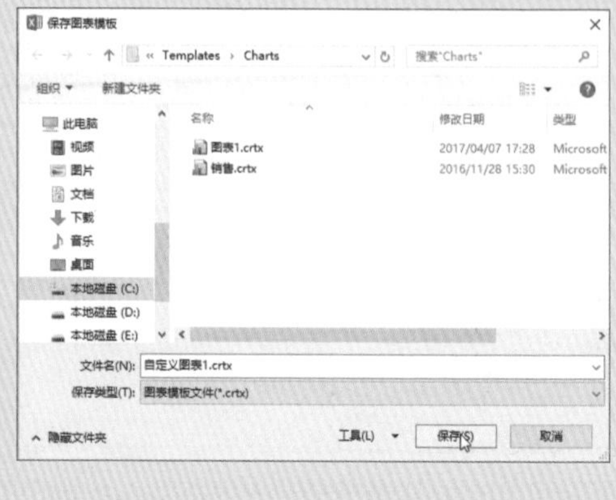

03 查看保存的模板。在插入图表时，若想插入模板图表，可在选择数据后单击“图表”组的对话框启动器按钮，打开“插入图表”对话框，选择“所有图表”选项卡中的“模板”选项，再选择合适的模板，最后单击“确定”按钮，如右图所示。

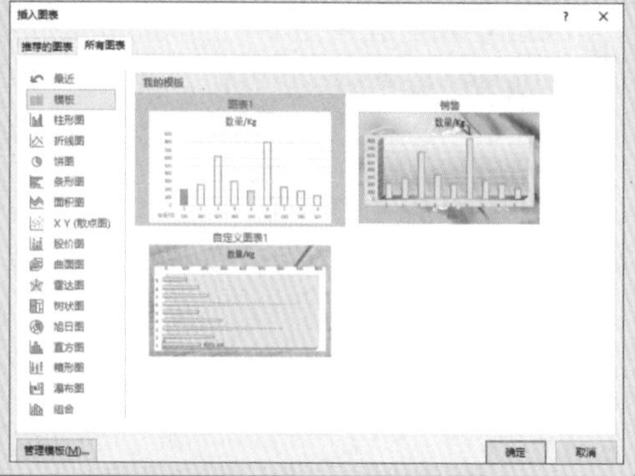

Section 08 公式与函数的应用

在工作表中输入大量数据后，可以使用系统提供的公式和函数功能计算和分析数据。下面介绍公式与函数的应用。

01 单元格的引用

在公式与函数中，需要引用单元格中的数据进行计算。单元格的引用可分为相对引用、绝对引用、混合引用。下面分别进行介绍。

① 相对引用

相对引用是指引用包含公式的单元格的相对位置。下面举例进行说明。

步骤 01 **输入公式。**打开工作表，在单元格D3中输入公式“=B3*C3”，然后按Enter键确认，如下左图所示。

步骤 02 **复制公式。**将公式复制到单元格区域D3:D11中，单元格D11中的公式为“=B1*C11”。在复制包含相对引用的公式时，Excel将自动调整复制公式中的引用，以便引用相对于当前公式位置的其他单元格，如下右图所示。

SUM　=B3*C3

	A	B	C	D	E
1	蝴蝶店				
2	品名	单价/元	数量/Kg	销售额/元	备注
3	榴莲	40	160	=B3*C3	
4	山竹	20	320		
5	苹果	12	550		
6	葡萄	20	200		
7	香蕉	12	180		
8	西瓜	4	850		
9	火龙果	16	200		
10	桃子	18	200		
11	橘子	12	150		

D11　=B11*C11

	A	B	C	D	E
1	蝴蝶店				
2	品名	单价/元	数量/Kg	销售额/元	备注
3	榴莲	40	160	6400	
4	山竹	20	320	6400	
5	苹果	12	550	6600	
6	葡萄	20	200	4000	
7	香蕉	12	180	2160	
8	西瓜	4	850	3400	
9	火龙果	16	200	3200	
10	桃子	18	200	3600	
11	橘子	12	150	1800	

❷ 绝对引用

绝对引用是指引用单元格的绝对位置，必须在引用的行号和列号前加上符号$。下面举例说明。

步骤 01 **输入并复制公式。**在单元格E1中输入公式“=$A$1”，然后将该公式复制到其他单元格，如下左图所示。

步骤 02 **查看结果。**此时，公式所在单元格的位置改变了，但是公式引用的单元格没有改变，如下右图所示。

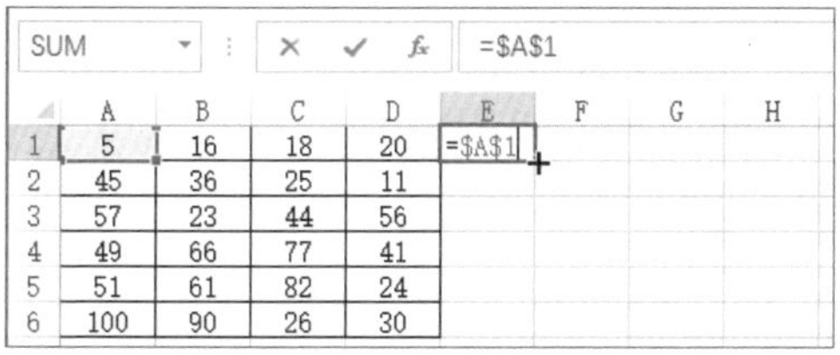

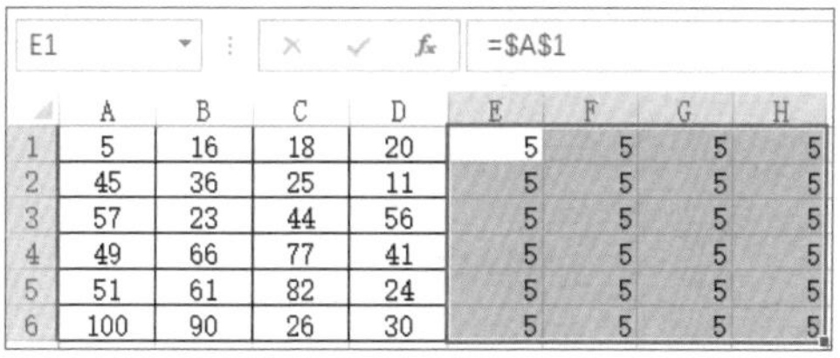

SUM　=$A$1

	A	B	C	D	E	F	G	H
1	5	16	18	20	=$A$1			
2	45	36	25	11				
3	57	23	44	56				
4	49	66	77	41				
5	51	61	82	24				
6	100	90	26	30				

E1　=$A$1

	A	B	C	D	E	F	G	H
1	5	16	18	20	5	5	5	5
2	45	36	25	11	5	5	5	5
3	57	23	44	56	5	5	5	5
4	49	66	77	41	5	5	5	5
5	51	61	82	24	5	5	5	5
6	100	90	26	30	5	5	5	5

❸ 混合引用

既包含绝对引用又包含相对引用的引用称为混合引用，可以分为绝对引用列相对引用行和相对引用列绝对引用行两种。

步骤 01 **绝对引用列相对引用行。**在单元格E1中输入公式“=$A1”，然后将公式复制到其他单元格，此时被复制的公式引用的列的位置不发生改变，只有行的位置发生改变，如下图所示。

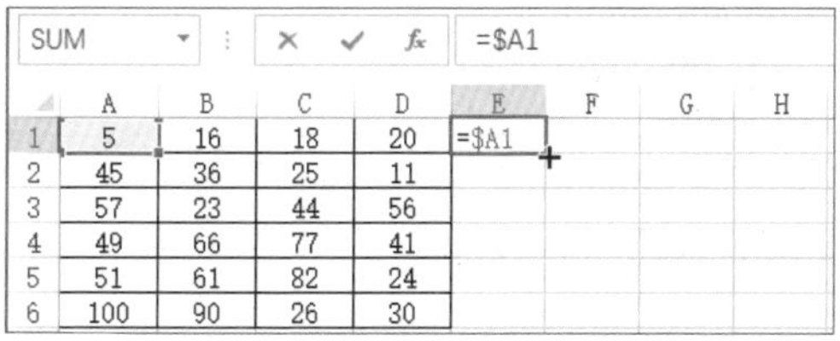

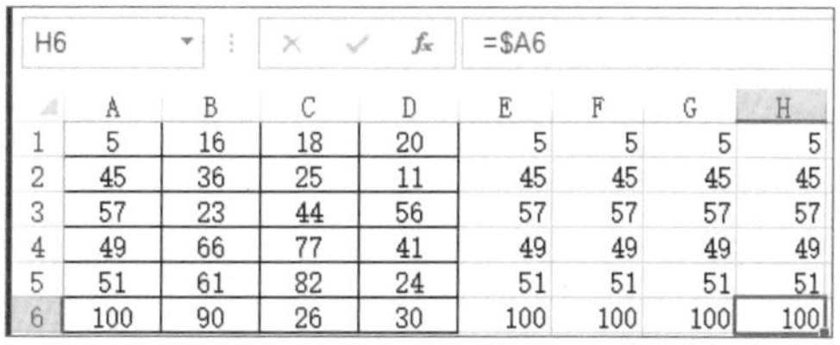

SUM　=$A1

	A	B	C	D	E	F	G	H
1	5	16	18	20	=$A1			
2	45	36	25	11				
3	57	23	44	56				
4	49	66	77	41				
5	51	61	82	24				
6	100	90	26	30				

H6　=$A6

	A	B	C	D	E	F	G	H
1	5	16	18	20	5	5	5	5
2	45	36	25	11	45	45	45	45
3	57	23	44	56	57	57	57	57
4	49	66	77	41	49	49	49	49
5	51	61	82	24	51	51	51	51
6	100	90	26	30	100	100	100	100

步骤 02 相对引用列绝对引用行。在单元格E1中输入公式“=A$1”，然后将公式复制到其他单元格，会发现被复制的公式引用的列的位置发生了改变，而行的位置保持不变，如下图所示。

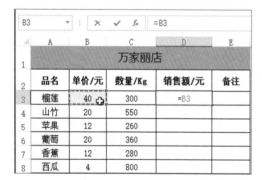

SUM　=A$1

	A	B	C	D	E	F	G	H
1	5	16	18	20	=A$1			
2	45	36	25	11				
3	57	23	44	56				
4	49	66	77	41				
5	51	61	82	24				
6	100	90	26	30				

E1　=A$1

	A	B	C	D	E	F	G	H
1	5	16	18	20	5	16	18	20
2	45	36	25	11	5	16	18	20
3	57	23	44	56	5	16	18	20
4	49	66	77	41	5	16	18	20
5	51	61	82	24	5	16	18	20
6	100	90	26	30	5	16	18	20

办公妙招

如何切换引用方式

选择要更改的引用并按 F4 键即可。

02 公式的创建

公式是在系统规范下由常量数据、单元格引用、运算符以及函数等元素组成的能够计算处理数据的式子。那么如何在单元格中输入公式呢？下面介绍操作方法。

1 输入公式

步骤 01 输入“=”。选择单元格D3，在单元格中输入“=”，接着选择单元格B3，如下左图所示。

步骤 02 输入“*”。输入一个“*”，然后选择单元格C3，如下右图所示。

B3　=B3

	A	B	C	D	E
1	万家丽店				
2	品名	单价/元	数量/Kg	销售额/元	备注
3	榴莲	40	300	=B3	
4	山竹	20	550		
5	苹果	12	260		
6	葡萄	20	360		
7	香蕉	12	280		
8	西瓜	4	800		

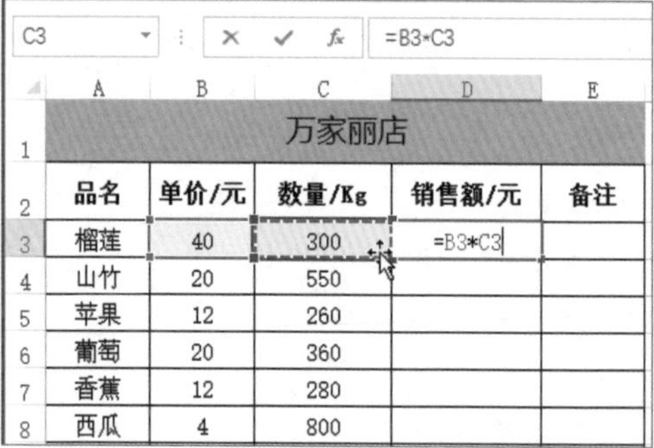

C3　=B3*C3

	A	B	C	D	E
1	万家丽店				
2	品名	单价/元	数量/Kg	销售额/元	备注
3	榴莲	40	300	=B3*C3	
4	山竹	20	550		
5	苹果	12	260		
6	葡萄	20	360		
7	香蕉	12	280		
8	西瓜	4	800		

步骤 03 复制公式。按Enter键确认输入，即可在单元格D3中显示计算结果，再将该公式复制到其他单元格中，如右图所示。

F7

	A	B	C	D	E
1	万家丽店				
2	品名	单价/元	数量/Kg	销售额/元	备注
3	榴莲	40	300	12000	
4	山竹	20	550	11000	
5	苹果	12	260	3120	
6	葡萄	20	360	7200	
7	香蕉	12	280	3360	
8	西瓜	4	800	3200	
9	火龙果	16	180	2880	

② 编辑公式

步骤 01 **定位光标。**选择单元格D3，将光标定位至编辑栏中，如下左图所示。

步骤 02 **更改公式。**按需将公式更改为“=B3*C3*0.9”，如下右图所示。

SUM　=B3*C3

	A	B	C	D	E
1	万家丽店				
2	品名	单价/元	数量/Kg	销售额/元	备注
3	榴莲	40	300	=B3*C3	
4	山竹	20	550	11000	
5	苹果	12	260	3120	
6	葡萄	20	360	7200	
7	香蕉	12	280	3360	
8	西瓜	4	800	3200	

SUM　=B3*C3*0.9

	A	B	C	D	E
1	万家丽店				
2	品名	单价/元	数量/Kg	销售额/元	备注
3	榴莲	40	300	=B3*C3*0.9	
4	山竹	20	550	11000	
5	苹果	12	260	3120	
6	葡萄	20	360	7200	
7	香蕉	12	280	3360	
8	西瓜	4	800	3200	

步骤 03 **复制公式。**按Enter键确认输入，并将该公式复制到其他单元格中，如右图所示。

F6

	A	B	C	D	E
1	万家丽店				
2	品名	单价/元	数量/Kg	销售额/元	备注
3	榴莲	40	300	10800	
4	山竹	20	550	9900	
5	苹果	12	260	2808	
6	葡萄	20	360	6480	
7	香蕉	12	280	3024	
8	西瓜	4	800	2880	

03 函数的应用

少量数据的计算，利用简单的公式即可实现。如果对数据进行比较复杂的计算，使用函数将大大提高工作效率。下面介绍几种常用的函数。

① SUM函数

SUM函数是一个数学和三角函数，可将值相加。通过SUM函数可以将单个值、单元格引用或是区域相加，或者将三者的组合相加。

语法：SUM(number1,[number2],...)

其中，number1必需，要相加的第一个数字。number2-255可选，是要相加的第二个数字。

步骤 01 **启用求和公式。**选择单元格B8，单击“公式”选项卡中的“自动求和”按钮，从展开的列表中选择“求和”选项，如右图所示。

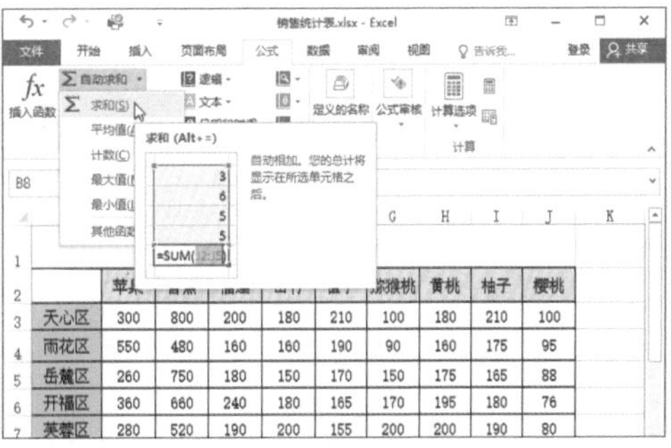

步骤 02 **选择数据区域。**系统默认所选单元格上方的数据区域为求和区域，这里保持默认设置，如下左图所示。

步骤 03 **复制公式。**按Enter键确认输入，然后将该公式向右复制即可求出其他水果的总销量，如下右图所示。

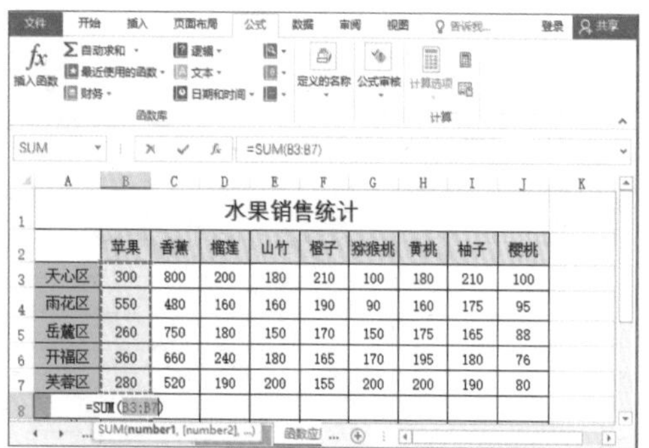

B8 =SUM(B3:B7)

水果销售统计									
	苹果	香蕉	榴莲	山竹	橙子	猕猴桃	黄桃	柚子	樱桃
天心区	300	800	200	180	210	100	180	210	100
雨花区	550	480	160	160	190	90	160	175	95
岳麓区	260	750	180	150	170	150	175	165	88
开福区	360	660	240	180	165	170	195	180	76
芙蓉区	280	520	190	200	155	200	200	190	80
总计	1750	3210	970	870	890	710	910	920	439
平均									
最高									
最低									

2 AVERAGE函数

AVERAGE函数返回参数的平均值（算术平均值）。

语法：AVERAGE（number1, [number2], ...）

其中，number1必需。要计算平均值的第一个数字、单元格引用或单元格区域。

number2, ...可选。要计算平均值的其他数字、单元格引用或单元格区域，最多可包含255个。

步骤 01 **启用求平均值公式。**选择单元格B9，单击“公式”选项卡中的“自动求和”按钮，从展开的列表中选择“平均值”选项，如下左图所示。

步骤 02 **选择数据区域。**按住鼠标左键不放并拖动鼠标选择单元格区域B3:B7，如下右图所示。

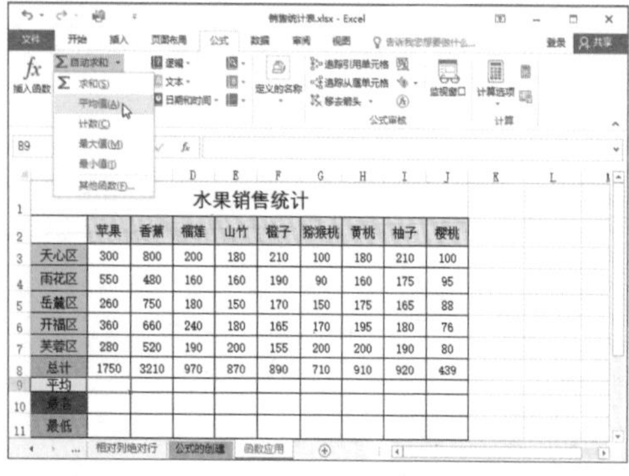

B3 =AVERAGE(B3:B7)

水果销售统计									
	苹果	香蕉	榴莲	山竹	橙子	猕猴桃	黄桃	柚子	樱桃
天心区	300	800	200	180	210	100	180	210	100
雨花区	550	480	160	160	190	90	160	175	95
岳麓区	260	750	180	150	170	150	175	165	88
开福区	360	660	240	180	165	170	195	180	76
芙蓉区	280	520	190	200	155	200	200	190	80
总计	1750	3210	970	870	890	710	910	920	439
=AVERAGE(B3:B7)									
最低	AVERAGE(number1, [number2], ...)								

步骤 03 **复制公式。**按Enter键确认输入，然后将该公式向右复制即可求出其他水果的平均销量，如右图所示。

B9 =AVERAGE(B3:B7)

水果销售统计									
	苹果	香蕉	榴莲	山竹	橙子	猕猴桃	黄桃	柚子	樱桃
天心区	300	800	200	180	210	100	180	210	100
雨花区	550	480	160	160	190	90	160	175	95
岳麓区	260	750	180	150	170	150	175	165	88
开福区	360	660	240	180	165	170	195	180	76
芙蓉区	280	520	190	200	155	200	200	190	80
总计	1750	3210	970	870	890	710	910	920	439
平均	350	642	194	174	178	142	182	184	87.8
最高									

3 MAX/MIN函数

MAX函数返回一组值中的最大值。

语法：MAX(number1, [number2], ...)

其中，参数number1是必需的，后续参数是可选的。参数可以是数字或包含数字的名称、数组或引用。若参数是一个数组或引用，则只使用其中的数字，而空白单元格、逻辑值或文本将被忽略。若参数不包含任何数字，则MAX返回 0（零）。如果参数为错误值或为不能转换为数字的文本，将会导致错误。MIN函数与MAX函数相同。

步骤 01 启用求最大值公式。选择单元格B10，单击“公式”选项卡中的“自动求和”按钮，从展开的列表中选择“最大值”选项，如下左图所示。

步骤 02 选择数据区域。按住鼠标左键不放并拖动鼠标选择单元格区域B3:B7，如下右图所示。

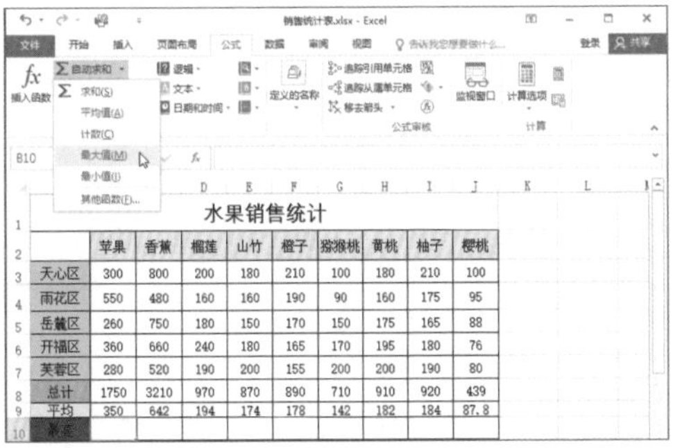

销售统计表.xlsx - Excel

自动求和 · 求和(S) · 平均值(A) · 计数(C) · 最大值(M) · 最小值(I) · 其他函数(F)...

水果销售统计

	苹果	香蕉	榴莲	山竹	橙子	猕猴桃	黄桃	柚子	樱桃
天心区	300	800	200	180	210	100	180	210	100
雨花区	550	480	160	160	190	90	160	175	95
岳麓区	260	750	180	150	170	150	175	165	88
开福区	360	660	240	180	165	170	195	180	76
芙蓉区	280	520	190	200	155	200	200	190	80
总计	1750	3210	970	870	890	710	910	920	439
平均	350	642	194	174	178	142	182	184	87.8
最高									

=MAX(B3:B7)

水果销售统计

	苹果	香蕉	榴莲	山竹	橙子	猕猴桃	黄桃	柚子	樱桃
天心区	300	800	200	180	210	100	180	210	100
雨花区	550	480	160	160	190	90	160	175	95
岳麓区	260	750	180	150	170	150	175	165	88
开福区	360	660	240	180	165	170	195	180	76
芙蓉区	280	520	190	200	155	200	200	190	80
总计	1750	5R x 1C	970	870	890	710	910	920	439
平均	350	642	194	174	178	142	182	184	87.8
	=MAX(B3:B7)								
最低	MAX(number1, [number2], ...)								

步骤 03 复制公式。按Enter键确认输入，然后将该公式向右复制即可求出其他水果的最高销售量，如下左图所示。

步骤 04 计算其他数据行。按照同样的方法，求出所有水果的最低销售量，如下右图所示。

B10 =MAX(B3:B7)

水果销售统计

	苹果	香蕉	榴莲	山竹	橙子	猕猴桃	黄桃	柚子	樱桃
天心区	300	800	200	180	210	100	180	210	100
雨花区	550	480	160	160	190	90	160	175	95
岳麓区	260	750	180	150	170	150	175	165	88
开福区	360	660	240	180	165	170	195	180	76
芙蓉区	280	520	190	200	155	200	200	190	80
总计	1750	3210	970	870	890	710	910	920	439
平均	350	642	194	174	178	142	182	184	87.8
最高	550	800	240	200	210	200	200	210	100
最低									

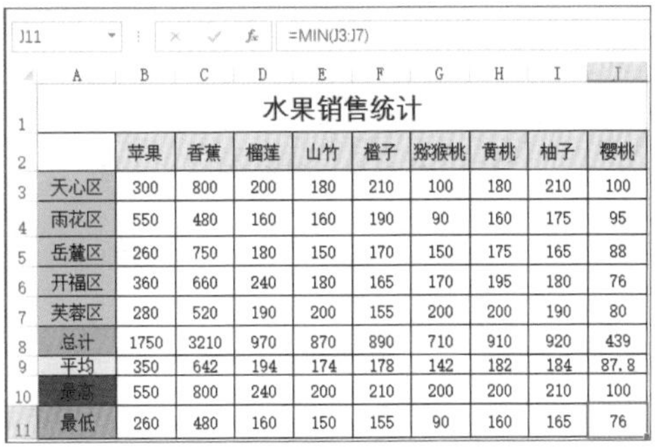

J11 =MIN(J3:J7)

水果销售统计

	苹果	香蕉	榴莲	山竹	橙子	猕猴桃	黄桃	柚子	樱桃
天心区	300	800	200	180	210	100	180	210	100
雨花区	550	480	160	160	190	90	160	175	95
岳麓区	260	750	180	150	170	150	175	165	88
开福区	360	660	240	180	165	170	195	180	76
芙蓉区	280	520	190	200	155	200	200	190	80
总计	1750	3210	970	870	890	710	910	920	439
平均	350	642	194	174	178	142	182	184	87.8
最高	550	800	240	200	210	200	200	210	100
最低	260	480	160	150	155	90	160	165	76

4 IF函数

IF函数根据指定的条件来判断其真假，根据逻辑计算的真假值，从而返回相应的内容。

语法：IF（logical_test，value_if_true，value_if_false）

其中，logical_test表示计算结果为TRUE或FALSE的任意值或表达式。value_if_true logical_test为TRUE时返回的值。value_if_false logical_test为FALSE时返回的值。

步骤 01 单击“插入函数”按钮。选择单元格B12，单击“公式”选项卡中的“插入函数”按钮，如下左图所示。

步骤 02 选择IF函数。打开“插入函数”对话框，选择IF函数，单击“确定”按钮，如下右图所示。

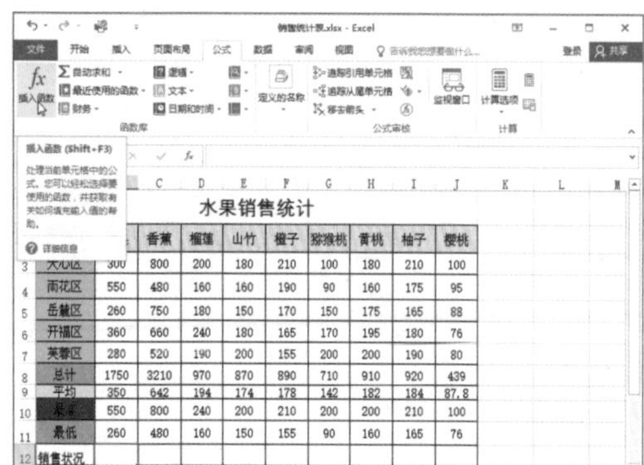

步骤 03 **设置函数参数。**打开“函数参数”对话框，设置logical_testl为B11>500，value_if_true为“优秀”，value_if_false为IF（B11>150,“良好”,“差”），然后单击“确定”按钮，如下左图所示。

步骤 04 **计算结果。**返回苹果销售状况的评价，将公式向右复制到其他单元格，求出其他水果的销售状况评价，如下右图所示。

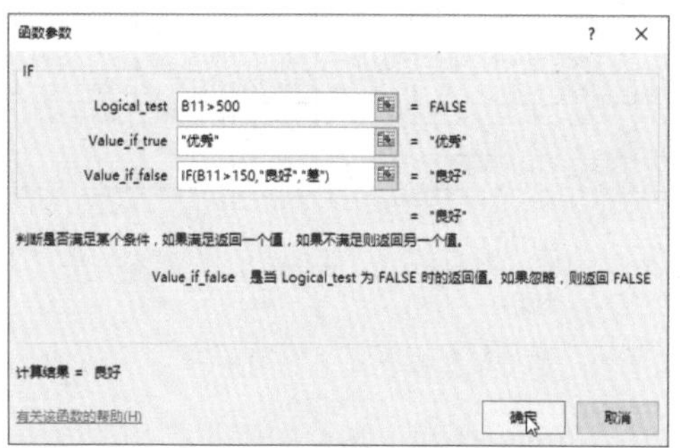
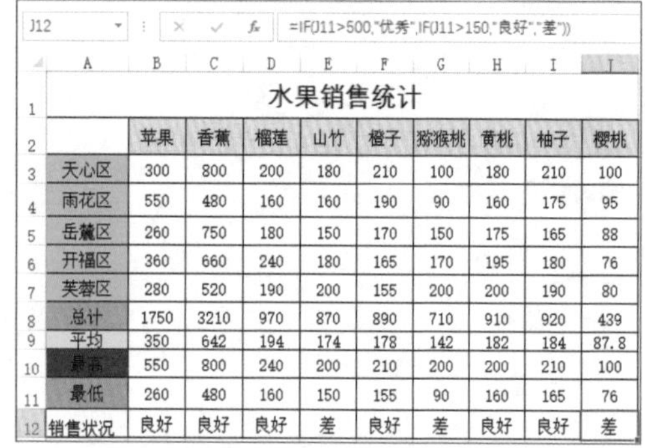

办公妙招

使用嵌套函数的注意事项

嵌套函数一般以逻辑函数中的IF和AND为前提条件，与其他函数组合使用。可以利用“插入函数”对话框以正常参数指定的顺序嵌套函数。从嵌套的函数返回原来的函数时，不能单击“函数参数”对话框中的“确定”按钮，而是单击编辑公式中需要返回的函数。

5 YEAR函数（时间和日期函数）

如果知道员工的出生日期，如何快速计算员工的年龄呢？使用YEAR函数可以快速计算员工的年龄。具体操作方法如下。

步骤 01 **输入公式。**在单元格C2中输入公式“=YEAR(TODAY()-B2)-1900”，如下左图所示。

步骤 02 **得出结果。**按Enter键，得到结果，如下右图所示。

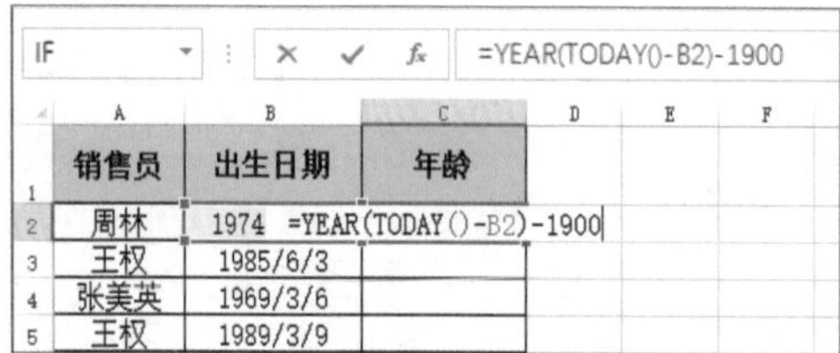
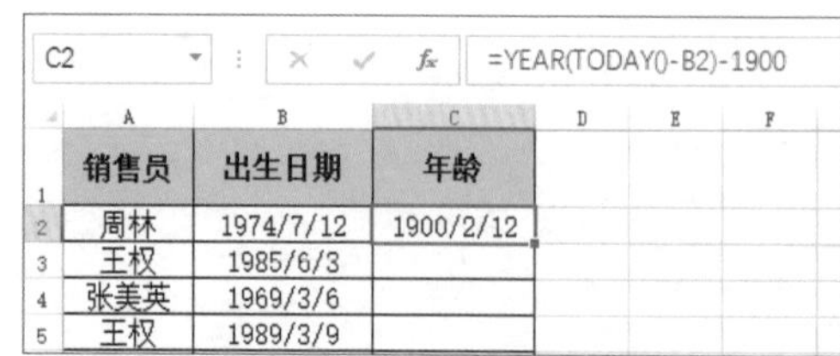

步骤 03 **复制公式。**将单元格C2中的公式复制到其他单元格，选择单元格区域C2:C12，单击“数字格式”下拉按钮，选择“常规”选项，如下左图所示。

步骤 04 **计算结果。**所选区域的数据将显示为年龄，效果如下右图所示。

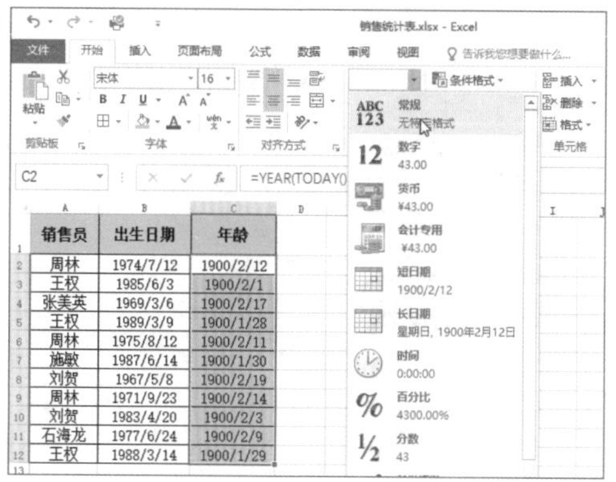

销售员	出生日期	年龄
周林	1974/7/12	43
王权	1985/6/3	32
张美英	1969/3/6	48
王权	1989/3/9	28
周林	1975/8/12	42
施敏	1987/6/14	30
刘贺	1967/5/8	50
周林	1971/9/23	45
刘贺	1983/4/20	34
石海龙	1977/6/24	40
王权	1988/3/14	29

6 VLOOKUP函数（查找函数）

在Excel中，VLOOKUP函数用于在表格数组的首列查找指定的值，并由此返回表格数组当前行中其他列的值。下面使用该函数来快速查找所需的值。

步骤 01 **输入公式。**在单元格区域C9:D10中输入数据内容和公式“=VLOOKUP（C10,A2:J7,6,FALSE）”，如下左图所示。

步骤 02 **输入单元格内容。**在单元格C10中输入相应的区域名称，将在单元格D10中显示该区域橙子的销售量，如下右图所示。

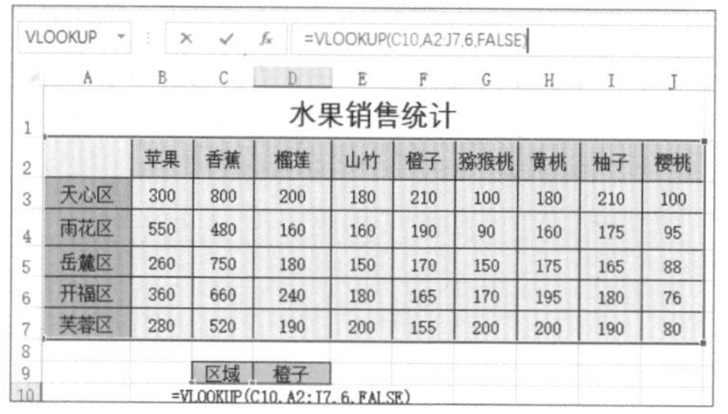

水果销售统计

	苹果	香蕉	榴莲	山竹	橙子	猕猴桃	黄桃	柚子	樱桃
天心区	300	800	200	180	210	100	180	210	100
雨花区	550	480	160	160	190	90	160	175	95
岳麓区	260	750	180	150	170	150	175	165	88
开福区	360	660	240	180	165	170	195	180	76
芙蓉区	280	520	190	200	155	200	200	190	80

区域	橙子
岳麓区	170

7 MID函数（文本函数）

使用MID函数能够从身份证中提取出生日期，具体操作方法如下。

步骤 01 **输入公式。**新建工作表，在单元格A3中输入身份证号码，在单元格B3中输入公式“=MID（A3,7,4）&"年"&MID（A3,11,2）&"月"&MID（A3,13,2）&"日"”，如下左图所示。

步骤 02 **计算结果。**按Enter键，得到的结果如下右图所示。

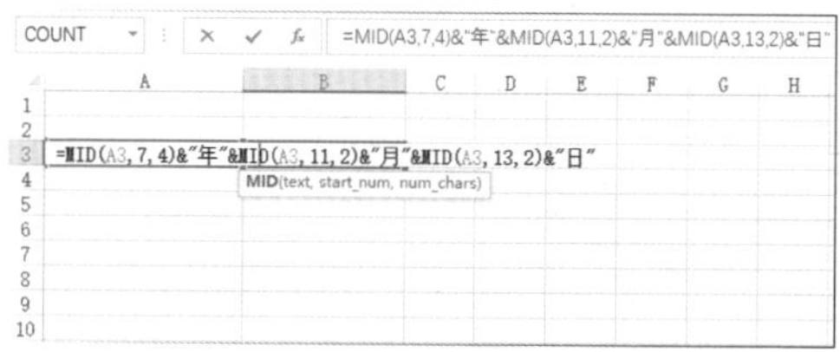

	A	B
1		
2		
3	411421198605063250	1986年05月06日
4		
5		

Chapter 09 幻灯片制作工具PPT

内容导读

在员工培训、方案推广、员工例会等类型的会议中会使用演示文稿来辅助演讲，可以让受众更直观和清晰地了解会议内容。好的演讲离不开好的演示文稿，本章介绍如何使用PowerPoint 2016制作演示文稿。

知识要点

插入、删除、移动和复制幻灯片

在幻灯片中插入图形和剪贴画

使用设计模板创建演示文稿

设置幻灯片切换效果

增加对象的动画效果

设置放映方式与时间

PowerPoint 2016 操作界面

启动PowerPoint 2016，看到的应用程序窗口为当前软件的工作界面。PowerPoint 2016的工作界面和Word 2016、Excel 2016的工作界面差别不大，而且有很多相同的命令。

在PowerPoint 2016中，演示文稿的名称位于界面顶部中央。应用控件（如“最小化”和“关闭”）位于右上角。默认情况下，“快速访问工具栏”位于界面左上角。工具栏下方是选项卡，如“开始”“插入”“设计”“切换”“动画”等。功能区位于选项卡下方。

功能区下方的左侧为幻灯片缩略图，右侧为选定的幻灯片。可以对选定的幻灯片进行编辑。

PowerPoint 2016基本操作

创建空白演示文稿之后，需要为演示文稿添加内容，包括插入和删除幻灯片，在幻灯片中插入文本、图片等，还需要为幻灯片设置切换或动画效果。下面进行详细介绍。

01 创建并保存演示文稿

想要使用演示文稿演讲，首先需要学习如何创建演示文稿，按照下面的方法即可实现。

步骤 01 **启动PowerPoint 2016。**在“应用程序”面板中，选择“所有应用→PowerPoint 2016”选项，启动PowerPoint 2016，如下左图所示。

步骤 02 **创建空白演示文稿。**启动软件后，进入模板选择界面，用户可按需进行选择。如果选择“空白演示文稿”，则可创建一个不包含任何内容的演示文稿，如下右图所示。

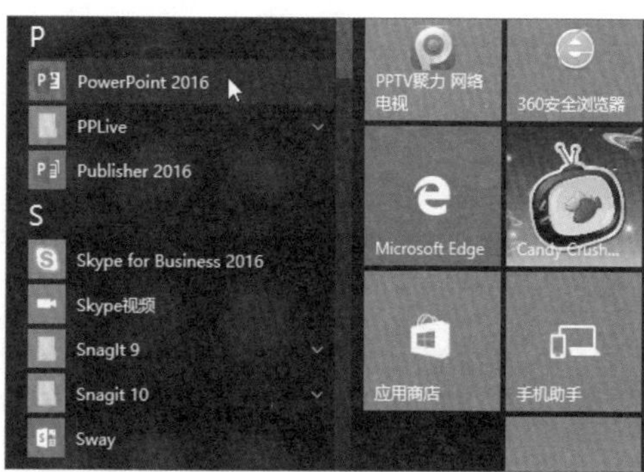

步骤 03 **创建模板演示文稿。** 若选择“主要事件”模板，会弹出提示框，其左边为模板预览，右边为主题色库，选择合适的主题色，然后单击“创建”按钮，如下左图所示。

步骤 04 **保存文稿。** 演示文稿创建完成后，将自动打开，如下右图所示。

步骤 05 **创建Office.com模板演示文稿。** 启动PowerPoint 2016后，在右侧的搜索栏中输入想要搜索的内容，如“业务”，然后单击右侧的“开始搜索”按钮，如下左图所示。

步骤 06 **下载模板。** 在搜索到的联机模板中选择需要的模板，在出现的预览窗格中单击“创建”按钮，如下右图所示。

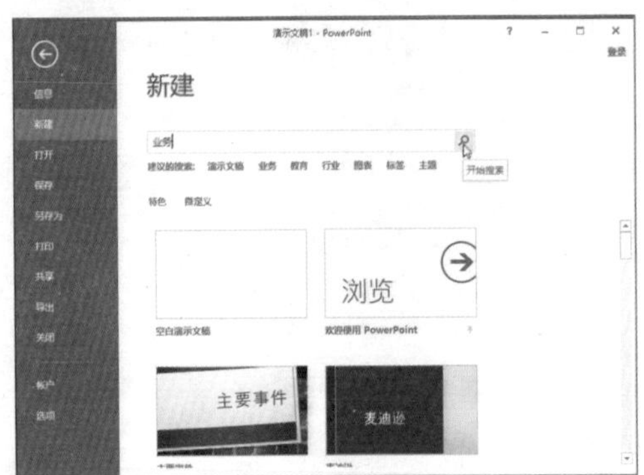

步骤 07 **保存演示文稿。** 模板下载完成后，将自动打开，用户可根据需要自行添加页面。单击快速访问工具栏上的“保存”按钮，可对模板进行保存，如下图所示。

办公妙招

如何快速创建空白演示文稿

如果已经打开一个演示文稿，按快捷键Ctrl+N即可创建一个空白演示文稿。在桌面上右键单击，从弹出的快捷菜单中执行“新建→Microsoft PowerPoint演示文稿”命令，也可以创建一个空白演示文稿。

02 幻灯片基本操作

在编辑演示文稿过程中，需要插入幻灯片、删除幻灯片、移动幻灯片、复制幻灯片，下面分别进行介绍。

❶ 插入幻灯片

如果当前演示文稿的幻灯片不能够完全容纳需要表达的信息，可以新建幻灯片来容纳更多信息。下面介绍如何插入幻灯片。

步骤 01 **选择相关版式。**选择幻灯片，单击“开始”选项卡中的“新建幻灯片”按钮，从展开的列表中选择“图片与标题”版式，如下左图所示。

步骤 02 **查看新建结果。**在所选幻灯片后面添加一个图片与标题版式的幻灯片，如下右图所示。

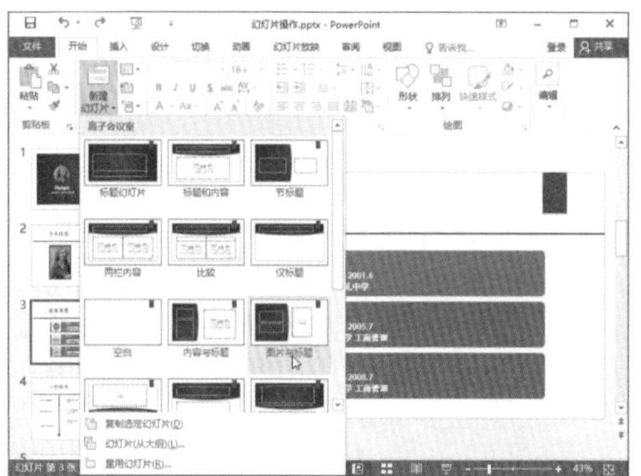

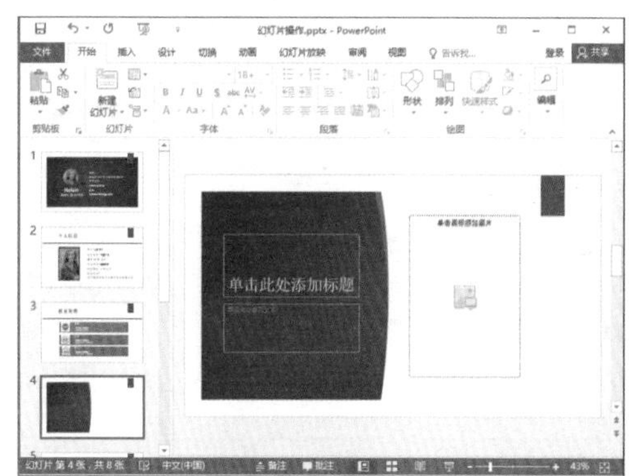

步骤 03 **插入新的空白幻灯片。**如果在“新建幻灯片”列表中选择“空白”版式，或者在选择幻灯片后直接按Enter键，将在所选幻灯片后插入新的空白版式幻灯片，如下图所示。

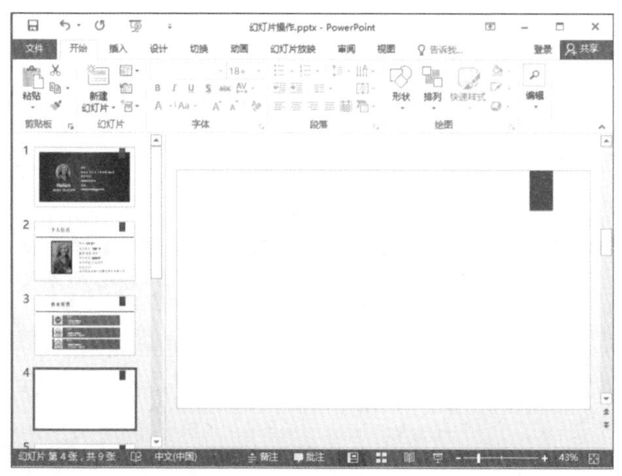

② 删除幻灯片

如果演示文稿中存在多余的幻灯片，可将其删除。选择幻灯片后右击，在弹出的快捷菜单中执行“删除幻灯片”命令即可删除幻灯片，如下左图所示。选择幻灯片后直接按Delete键也可删除幻灯片。

③ 移动幻灯片

如果当前幻灯片的位置需要调整，可以移动幻灯片，其方法如下。

选择幻灯片，按住鼠标左键不放，将幻灯片拖动至合适的位置后释放鼠标左键，即可完成幻灯片的移动，如下右图所示。

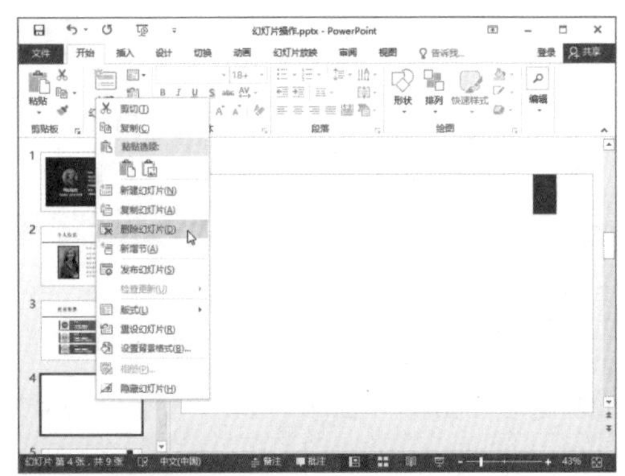

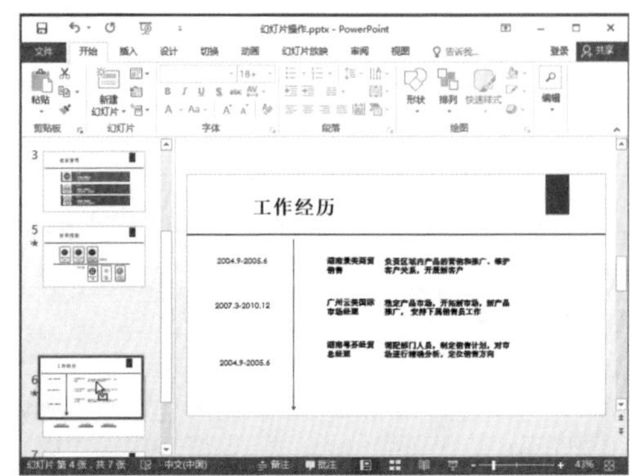

④ 复制幻灯片

如果要制作具有相同格式（如页面布局、文本设置）的幻灯片，可以复制幻灯片并进行适当编辑。

步骤 01 **复制幻灯片。**选择幻灯片，单击“开始”选项卡中的“复制”按钮，或者按快捷键Ctrl+C，如下左图所示。

步骤 02 **粘贴幻灯片。**在需要粘贴的位置插入光标，单击“粘贴”下拉按钮，从列表中选择“使用目标主题”选项，如下右图所示。

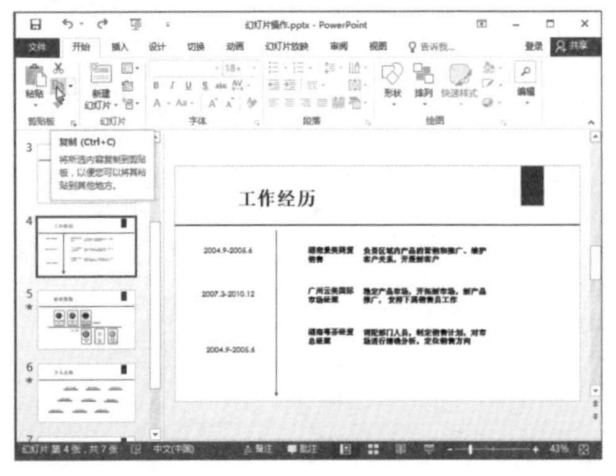

03 在幻灯片中编辑文字

在演示文稿中，文本是表达信息必不可少的工具之一。下面介绍如何添加文本、编辑文本、设置文本段落格式。

❶ 添加文本

在幻灯片中添加文本有两种方式，一种是通过文本占位符添加文本，另外一种是通过文本框添加文本。具体操作方法如下。

步骤 01 **使用文本占位符添加文本。**打开演示文稿，可以看到“单击此处添加标题”、“单击此处添加文本”的虚线框，这就是文本占位符，如下左图所示。

步骤 02 **定位光标。**在虚线框中单击，将光标定位至文本框中，再输入文本即可，如下右图所示。

步骤 03 **完成输入。**输入文本后，在虚线框外单击，即可完成输入。然后按需设置字体格式，如下左图所示。

步骤 04 **添加文本框。**如果幻灯片中不存在文本占位符，则需切换至“插入”选项卡，单击“文本框”下拉按钮，从列表中选择“横排文本框”选项，如下右图所示。

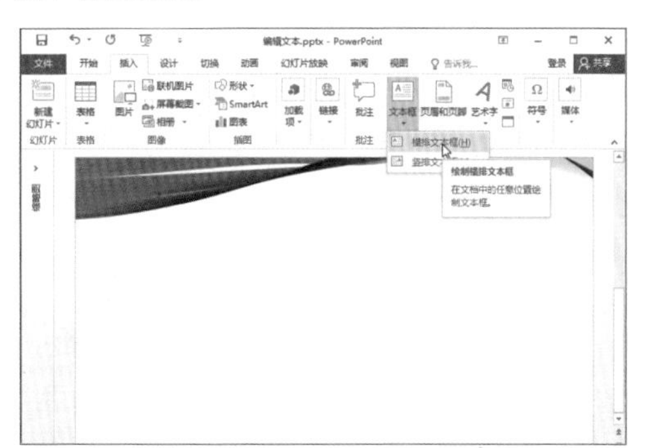

步骤 05 **绘制文本框。**将光标移至幻灯片页面，按住鼠标左键不放，光标变为黑色十字形，拖动鼠标绘制文本框，如下左图所示。

步骤 06 **输入文本内容。**绘制完成后，释放鼠标左键，光标将自动定位到绘制的文本框中，按需输入文本内容即可，如下右图所示。

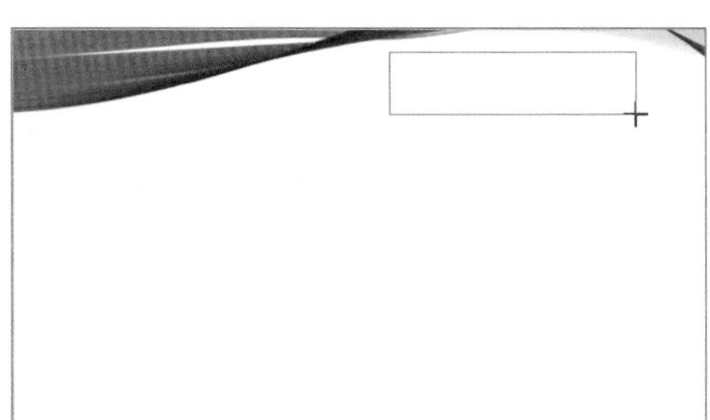

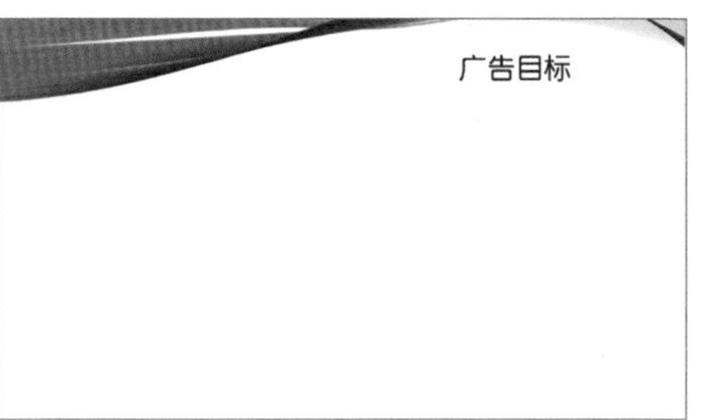

② 设置文本字体格式

添加文本后，还可按需对文本的字体格式进行设置，其具体操作方法如下。

步骤 01 **设置字体。**选择文本，单击“开始”选项卡中的“字体”下拉按钮，在打开的列表中选择“华文行楷”选项，如下左图所示。

步骤 02 **设置字号。**单击“字号”下拉按钮，选择“88”号，如下右图所示。

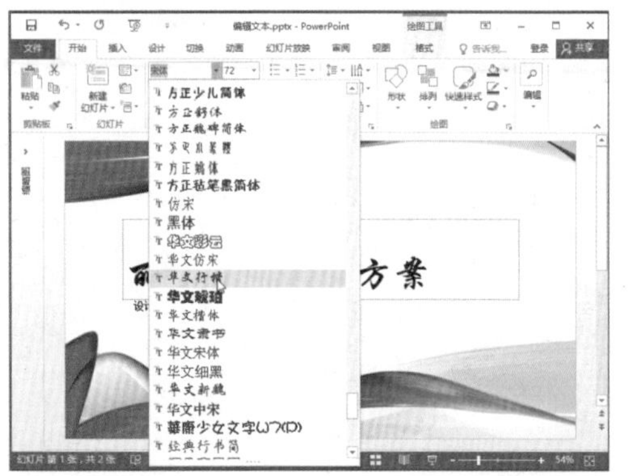

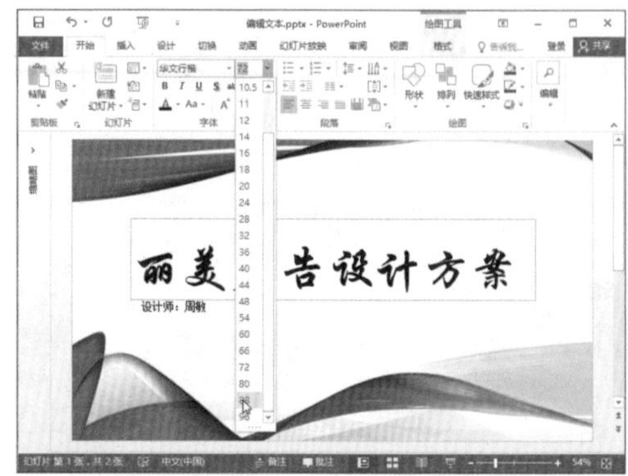

步骤 03 **选择“取色器”。**单击“字体颜色”下拉按钮，选择“取色器”选项，如下左图所示。

步骤 04 **吸取颜色。**光标变为小刷子形状，将其移至某一色块上方，会显示当前RGB值，在合适的颜色上单击，即可吸取该颜色作为字体颜色，如下右图所示。

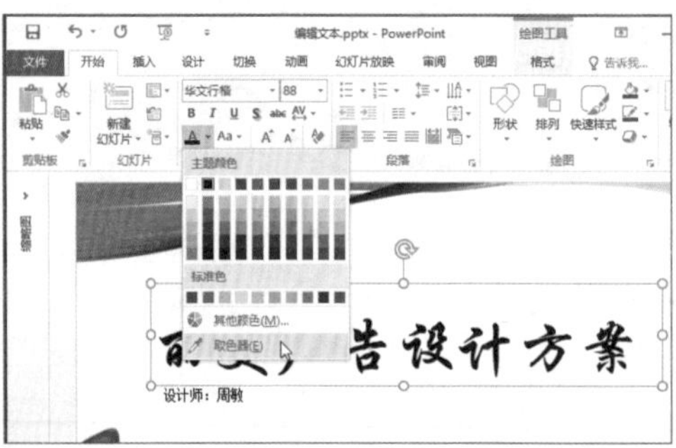

步骤 05 **设置字体。**还可以通过“字体”组中的“加粗”“倾斜”“下划线”“阴影”等命令对文本进行设置，或使用“字体”对话框设置字体，如右图所示。

③ 设置文本段落格式

如果页面中的文本较多，为了使页面内容排列有序，可对文本的段落格式进行设置，具体操作方法如下。

步骤 01 **设置文本对齐。**选择文本，可以通过“开始”选项卡中“段落”组中的命令对文本方向、文本对齐、行间距等段落格式进行设置，如下左图所示。

步骤 02 **设置段落格式。**单击“开始”选项卡中“段落”组的对话框启动器按钮，打开“段落”对话框，对文本的对齐方式、缩进、段落间距进行详细设置，如下右图所示。

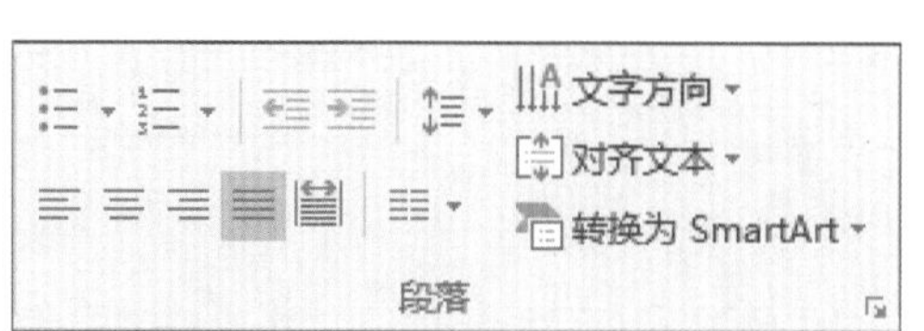

④ 添加项目符号或编号

如果页面中有多段并列关系或者顺序关系的文本，可以为其设置项目符号或编号，让文本排列更加美观。具体操作方法如下。

步骤 01 **选择项目符号样式。**选择文本，单击“开始”选项卡中的“项目符号”按钮，从展开的列表中选择合适的项目符号样式，即可为所选文本添加项目符号，如下左图所示。

步骤 02 **编辑项目符号。**选择“项目符号和编号”选项，打开“项目符号和编号”对话框，在“项目符号”选项卡中，对项目符号的大小、颜色进行设置，也可以单击“自定义”按钮，如下右图所示。

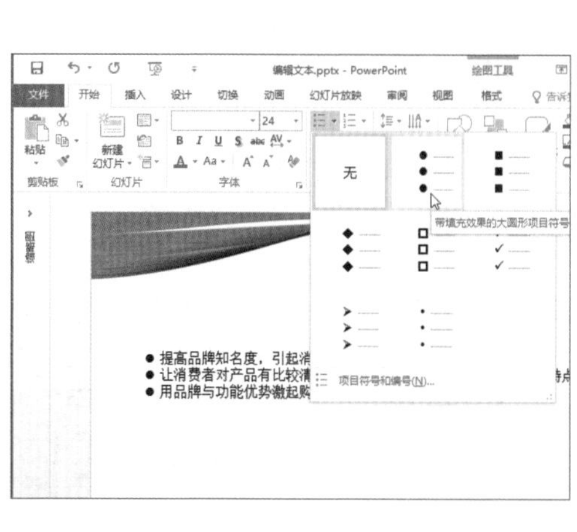

步骤 03 **选择符号样式。**打开“符号”对话框，选择一种合适的样式，然后单击“确定”按钮，如下左图所示。

步骤 04 **完成项目符号编辑。**返回“项目符号和编号”对话框，单击“确定”按钮，如下右图所示。

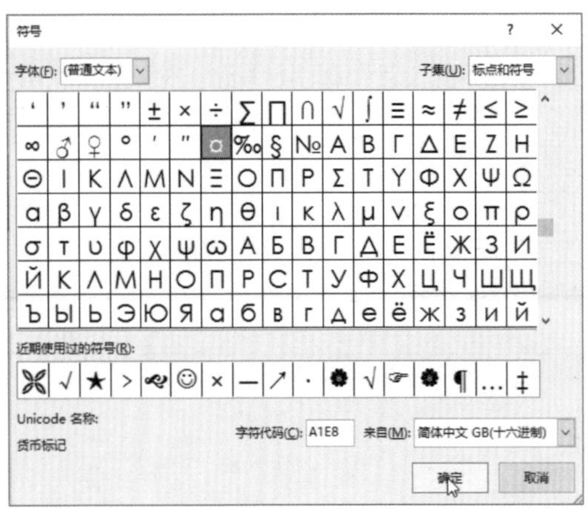

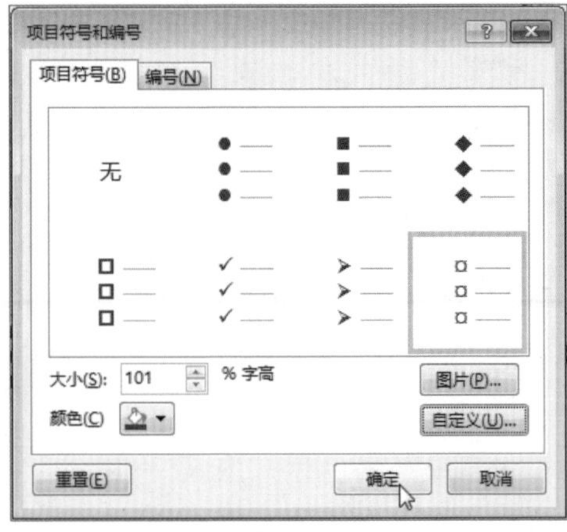

04 在幻灯片中插入图形和图片

为了更好地说明演示文稿中的内容，经常会在幻灯片页面中使用图形和图片。下面介绍如何在幻灯片中使用图形和图片。

❶ 插入图形

在幻灯片页面中使用图形，可以让页面的显示比例更合理，并且美化页面，还可以阐述事物流程等。下面介绍如何使用图形。

步骤 01 **插入图形。**选择幻灯片，切换至“插入”选项卡，单击“形状”按钮，从展开的列表中选择“矩形”，如下左图所示。

步骤 02 **添加形状。**光标将变为十字形，按住鼠标左键不放并拖动鼠标，绘制合适大小的图形，绘制完成后释放鼠标左键即可，如下右图所示。

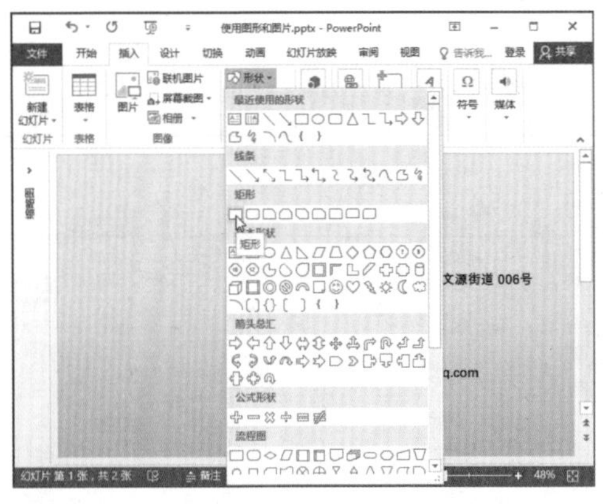

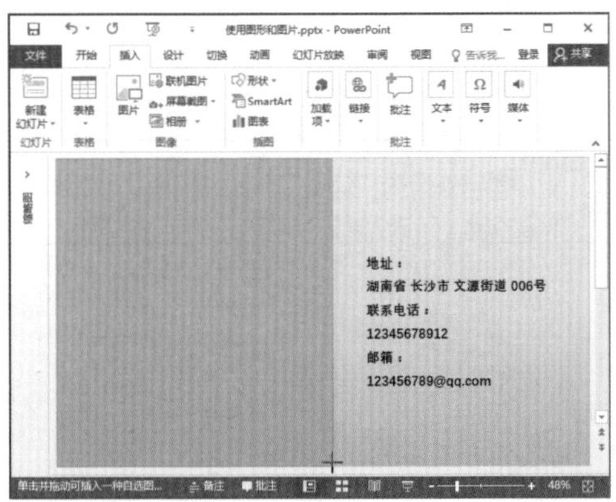

步骤 03 **显示其他样式。**选择形状，单击“绘图工具 – 格式”选项卡中“形状样式”组的“其他”按钮，如下左图所示。

步骤 04 **选择样式。**展开形状样式列表，选择“中等效果 – 橙色，强调颜色2”选项，如下右图所示。

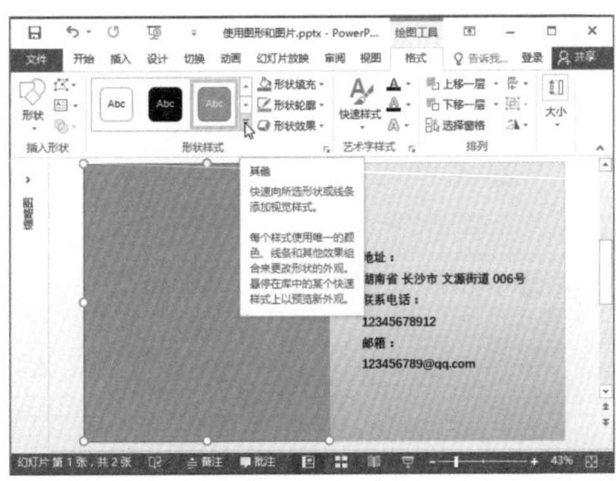
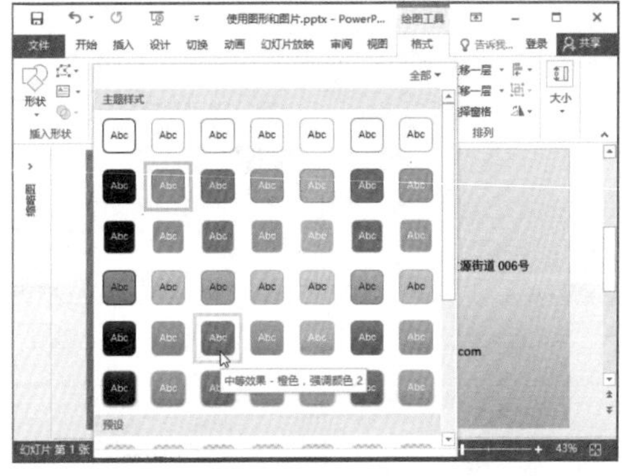

步骤 05 更改图形颜色。单击“形状填充”按钮，从展开的列表中选择合适的颜色，也可以选择“其他填充颜色”选项，如下左图所示。

步骤 06 设置颜色参数。打开“颜色”对话框，在“自定义”选项卡中设置RGB值为243、96、73，然后单击“确定”按钮，如下右图所示。

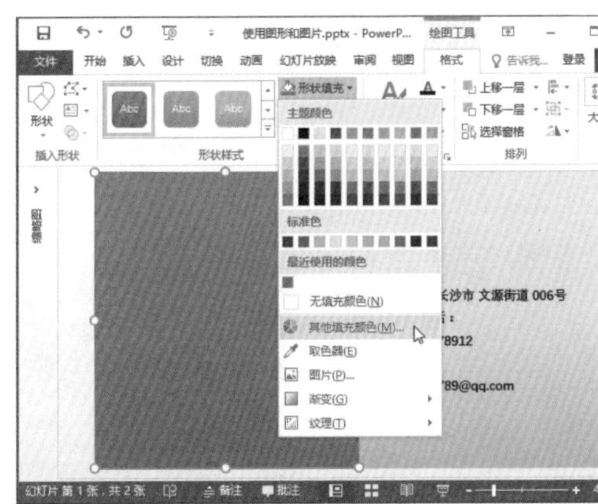
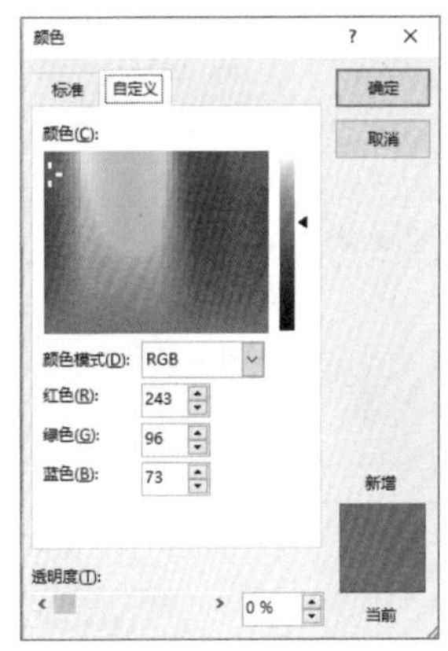

步骤 07 更改图形轮廓。单击“形状轮廓”按钮，从展开的列表中选择“白色，背景1”作为图形轮廓色，然后再次展开形状轮廓列表，选择“粗细→1磅”选项，如下左图所示。

步骤 08 更改形状效果。单击“形状效果”按钮，从展开的列表中选择“棱台→斜面”选项，如下右图所示。

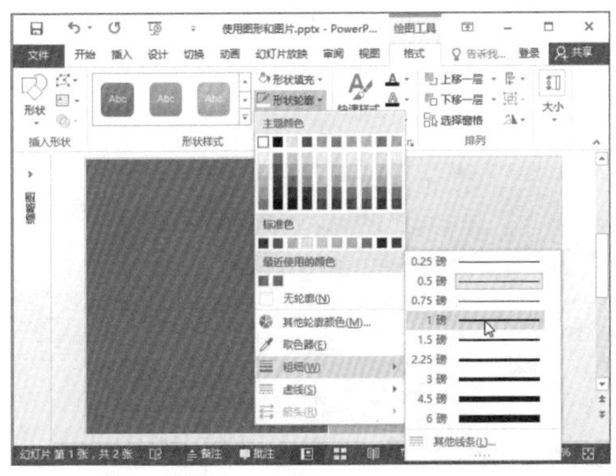

步骤 09 **自定义形状样式。** 选择图形后，右键单击，在弹出的快捷菜单中执行“设置形状格式”命令，如下左图所示。

步骤 10 **设置形状格式。** 打开“设置形状格式”窗格，可以在“形状选项”选项卡的“填充与线条”选项中对形状的颜色和轮廓进行设置；在“效果”选项中对图形的阴影、映像、发光、柔化边缘、三维格式、三维旋转进行设置，如下右图所示。

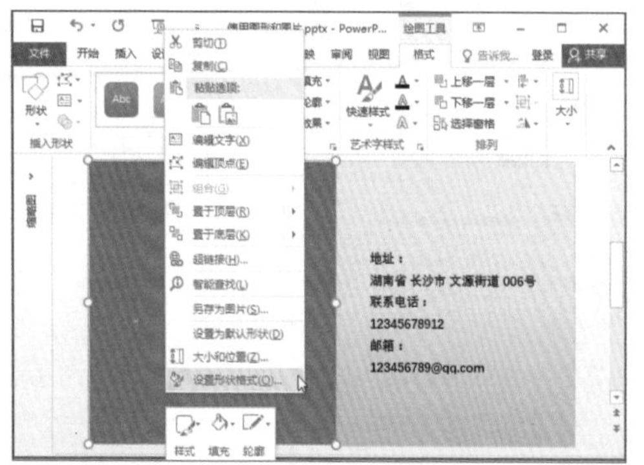

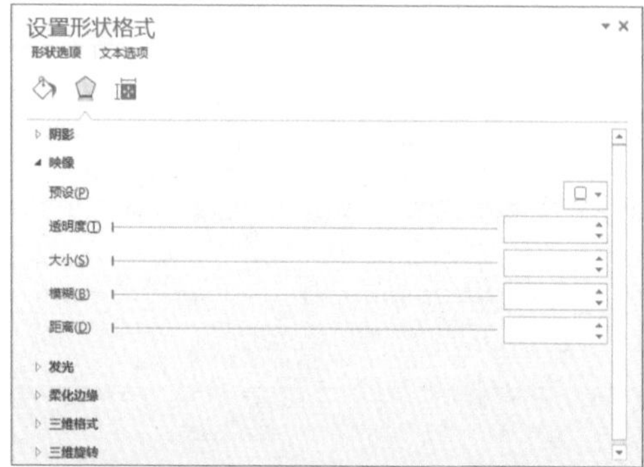

步骤 11 **更改形状。** 单击“绘图工具－格式”选项卡中的“编辑形状”按钮，选择“更改形状”选项，然后从级联菜单中选择“横卷形”，如下左图所示。

步骤 12 **启用“编辑顶点”命令。** 如果需要在原有图形的基础上对图形进行改动，则需选择图形并右击，在弹出的快捷菜单中执行“编辑顶点”命令，如下右图所示。

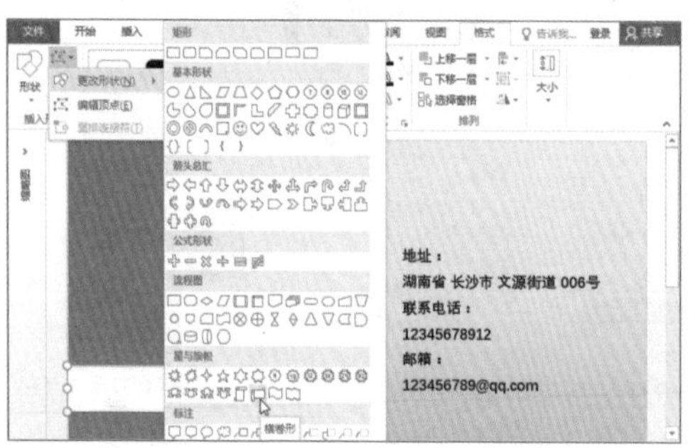

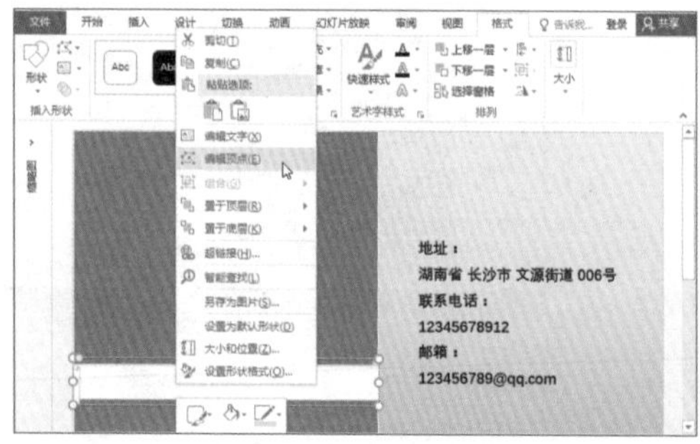

步骤 13 **编辑顶点。** 图形的周围会出现黑色的小点，即可以编辑的顶点，将光标定位至编辑顶点上，按住鼠标左键不放，拖动鼠标，对其进行编辑，如下左图所示。

步骤 14 **调整图形大小。** 将光标移至图形控制点上，按住鼠标左键不放，拖动图形，可调整图形大小。也可以通过“绘图工具－格式”选项卡中“大小”组中的“宽度”和“高度”数值框对图形大小进行调整，如下右图所示。

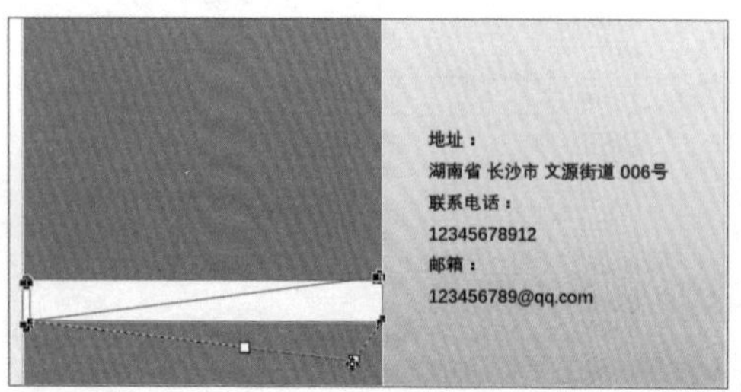

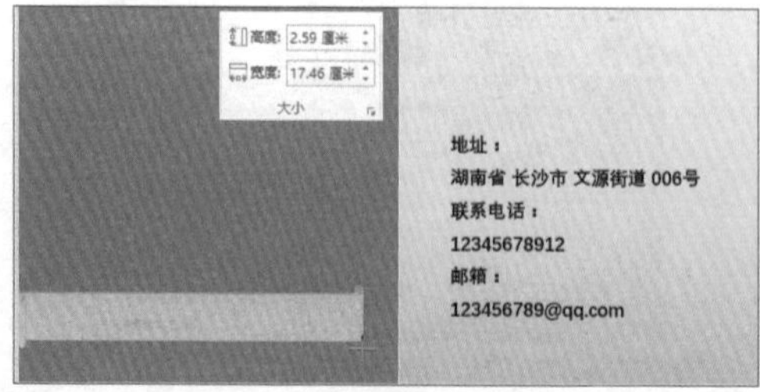

步骤 15 **对齐图形。**单击“绘图工具 - 格式”选项卡中的“对齐”按钮，选择“底端对齐”选项，然后再次展开对齐列表，选择“横向分布”选项，如下左图所示。

步骤 16 **组合图形。**选择所有图形和文本框，单击“绘图工具 - 格式”选项卡中的“组合”按钮，从列表中选择“组合”选项，如下右图所示。

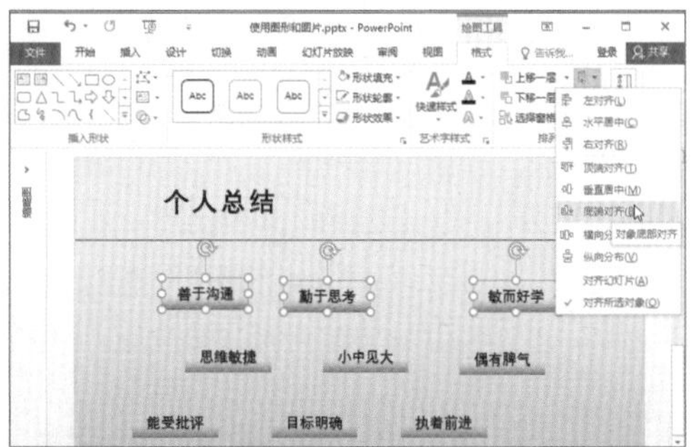

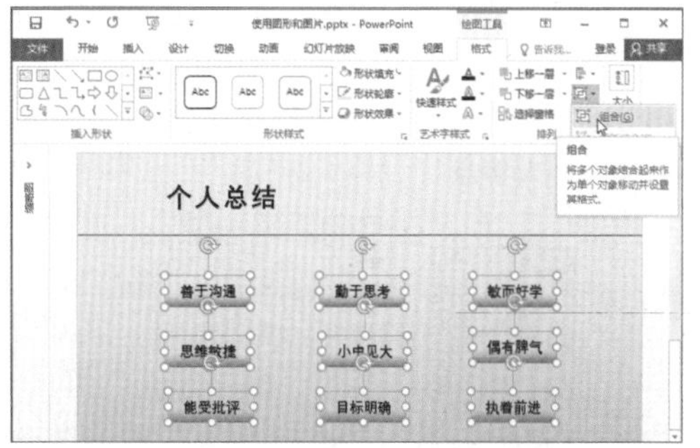

步骤 17 **查看结果。**可以看到，所有对象组合在了一起，如下左图所示。

步骤 18 **调整图形叠放次序。**选中图形，在“绘图”组中单击“排列”下拉按钮，选择“置于顶层”选项，可将所选图形置于顶层，如下右图所示。

② 插入图片

在幻灯片中使用图片不但可以美化页面，还可以吸引观众目光，让演讲更具趣味性。下面介绍如何使用图片。

步骤 01 **启动“图片”命令。**选择幻灯片，单击“插入”选项卡中的“图片”按钮，如下左图所示。

步骤 02 **选择图片。**打开“插入图片”对话框，选择需要的图片，单击“插入”按钮，如下右图所示。

步骤 03 **调整图片大小。**将图片插入幻灯片页面中，然后按需调整图片的大小和位置即可，如下左图所示。

步骤 04 **更改图片。**如果对插入的图片不满意，还可以更改插入的图片。选择需要更改的图片，单击“图片工具－格式”选项卡中的“更改图片”按钮。

步骤 05 **单击“浏览”按钮。**打开“插入图片”窗格，单击“来自文件”右侧的“浏览”按钮，如下右图所示。

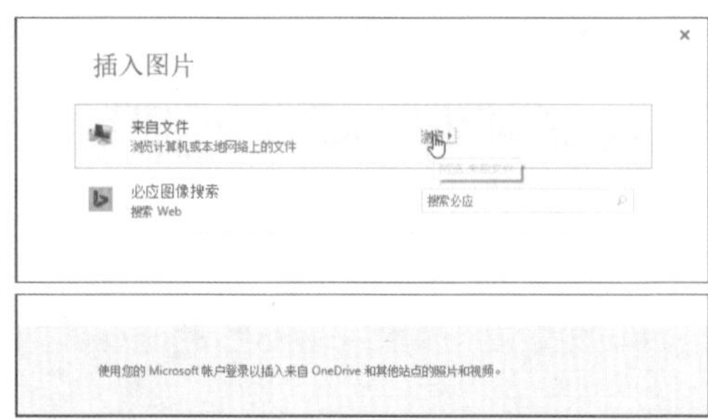

步骤 06 **选中图片。**打开“插入图片”对话框，选择图片，再单击“确定”按钮，如下左图所示。

步骤 07 **启用“裁剪”命令。**单击“图片工具－格式”选项卡中的“裁剪”按钮，如下右图所示。

步骤 08 **裁剪图片。**按住鼠标左键不放，按需裁剪图片，如下左图所示。

步骤 09 **调整亮度和对比度。**选择图片，单击“图片工具－格式”选项卡中的“校正”按钮，在展开的列表中选择合适的选项，可以对图片的锐化/柔化、亮度/对比度进行调整，如下右图所示。

步骤 10 调整饱和度和色调。通过“颜色”列表中的选项，可以对图片的饱和度、色调进行调整，也可以为图片重新着色，如下左图所示。

步骤 11 设置艺术效果。在“艺术效果”列表中选择合适的选项，可以为图片设置相应的艺术效果，如下右图所示。

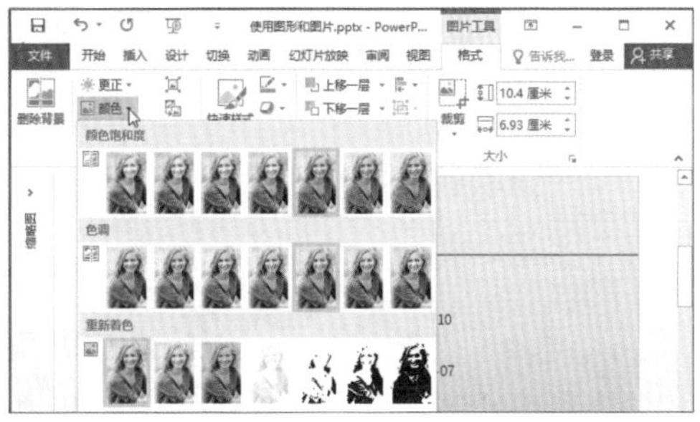

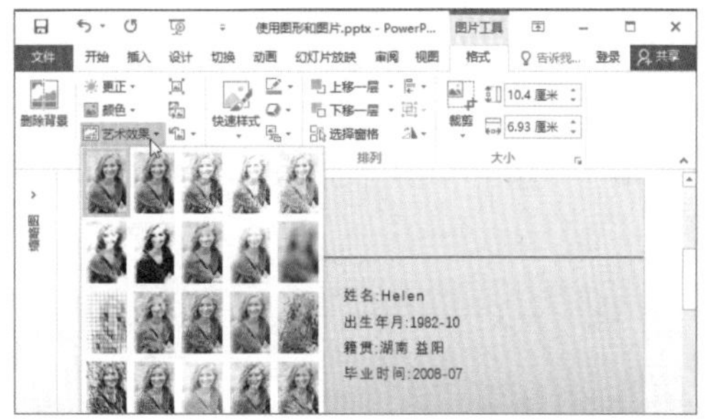

步骤 12 更改图片样式。单击“图片样式”的“其他”按钮，在展开的列表中为图片选择合适的图片样式，如下左图所示。

步骤 13 更改图片边框。单击“图片边框”按钮，通过展开列表中的选项或者其级联列表中的选项，可以为图片设置精美别致的边框，如下右图所示。

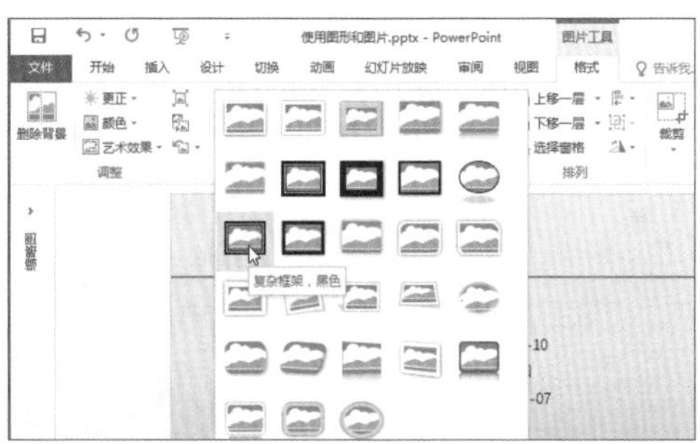

步骤 14 设置特殊效果。通过“图片效果”选项级联列表中的命令，可以为图片设置特殊效果，如下左图所示。

步骤 15 自定义图片样式。单击“图片样式”组中的“设置形状格式”按钮，打开“设置图片格式”对话框，在“填充与线条”选项卡中可以对图片的边框进行设置，在“效果”选项卡中可以对图片的阴影、映像、发光等效果进行详细设置，如下右图所示。

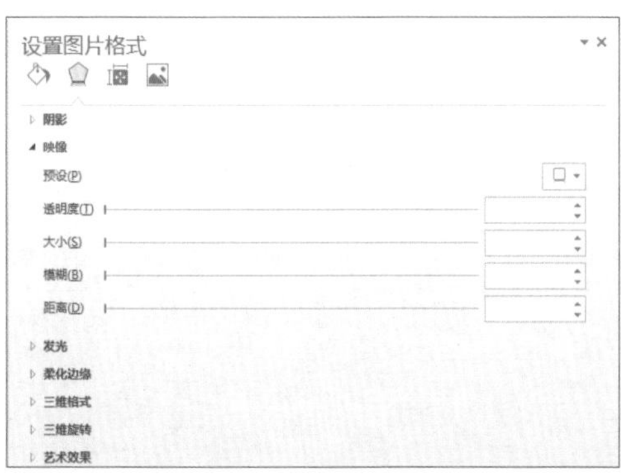

05 用相册创建演示文稿

在制作旅游相册、结婚相册等包含大量图片的演示文稿时，可以直接使用相册功能创建，具体的操作方法如下。

步骤01 **新建相册。**打开演示文稿，单击“插入”选项卡中的“新建相册”按钮，如下左图所示。

步骤02 **单击“文件/磁盘”按钮。**打开“相册”对话框，单击“文件/磁盘”按钮，如下右图所示。

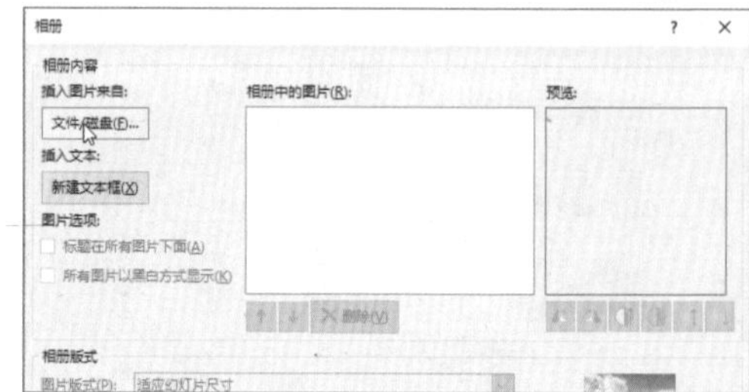

步骤03 **选择图片。**打开“插入新图片”对话框，选择任意一张图片，然后按快捷键Ctrl + A选择所有图片，单击“插入”按钮，如下左图所示。

步骤04 **设置相册版式。**返回至“相册”对话框，在“相册版式”选项组中，设置“图片版式”为“2张图片”版式，“相框形状”为“简单框架，白色”，再单击“浏览”按钮，如下右图所示。

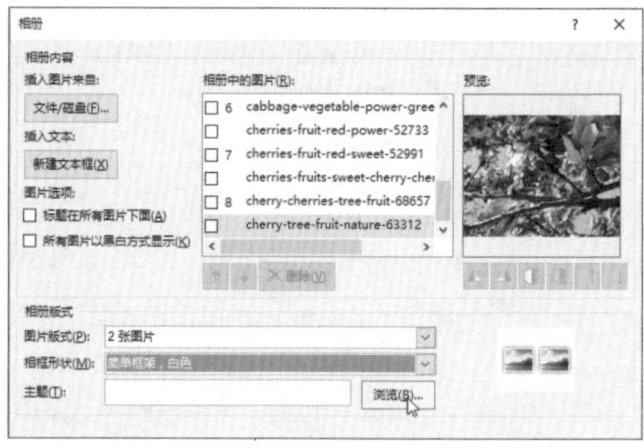

步骤05 **选择主题。**打开“选择主题”对话框，选择合适的主题，单击“选择”按钮，如下左图所示。

步骤06 **调整图片的亮度和对比度。**返回至“相册”对话框，选择图片，通过右侧预览窗格下的按钮对图片的亮度和对比度进行调整，完成后单击“创建”按钮即可创建相册，如下右图所示。

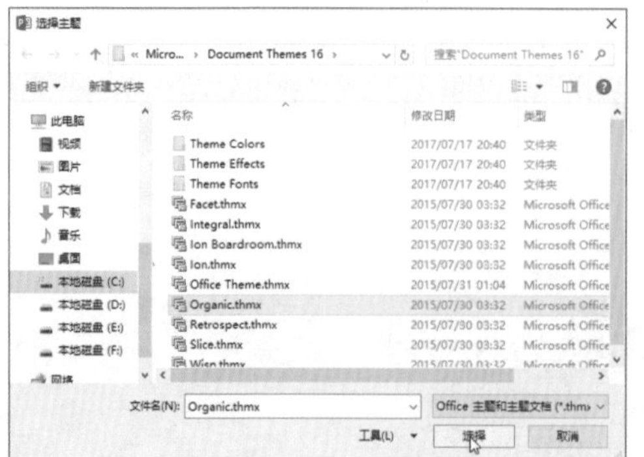

步骤07 保存文稿。在打开的窗口中，选择“浏览”选项，如下左图所示。

步骤08 设置保存路径及文稿名。打开“另存为”对话框，输入文件名，再单击“保存”按钮，如下右图所示。

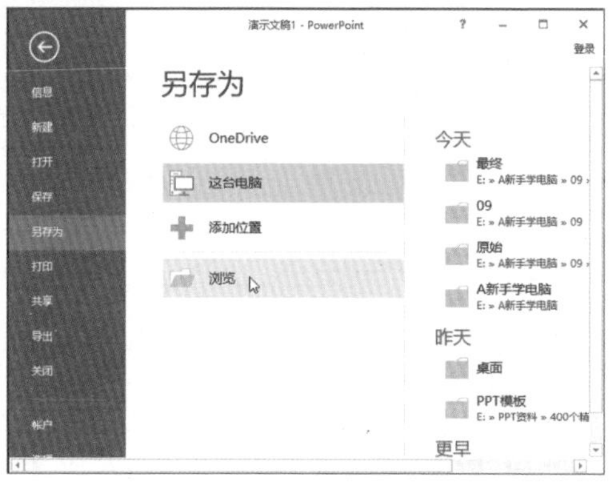

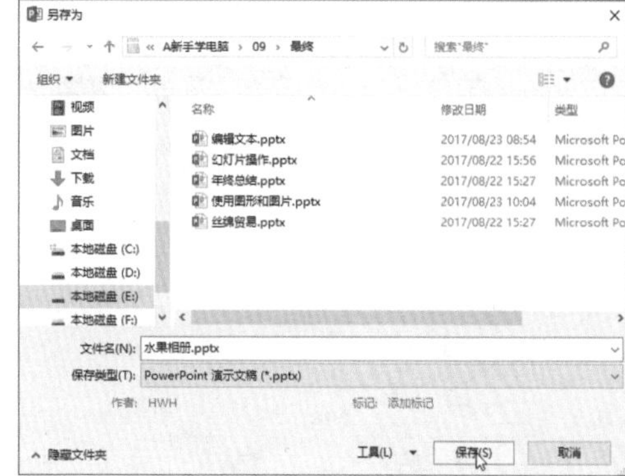

06 使用设计模板创建演示文稿

PPT模板是包含有既定版式、幻灯片背景、配色方案、固定图文表格排列方式的一类文件。例如，在工作中，作为一个行政人员，无论是工作汇报，还是员工培训，所用演示文稿都会使用公司既定的配色方案和模板。这就需要设计演示文稿模板，下面介绍操作方法。

步骤01 打开母版。打开演示文稿，单击“视图”选项卡中的“幻灯片母版”按钮，如下左图所示。

步骤02 选择背景样式。选择母版幻灯片，单击“背景样式”按钮，从列表中选择“样式10”，如下右图所示。

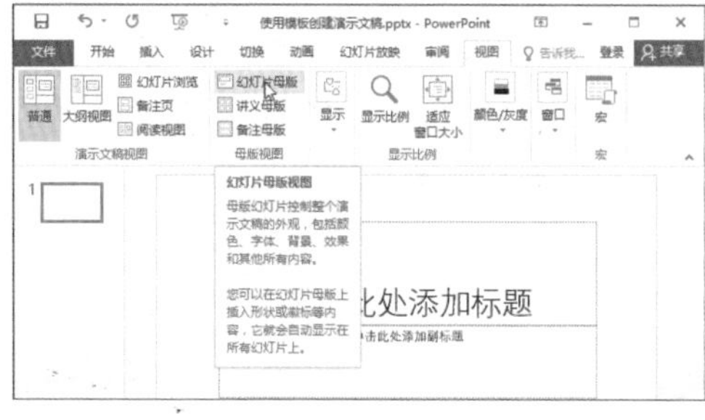

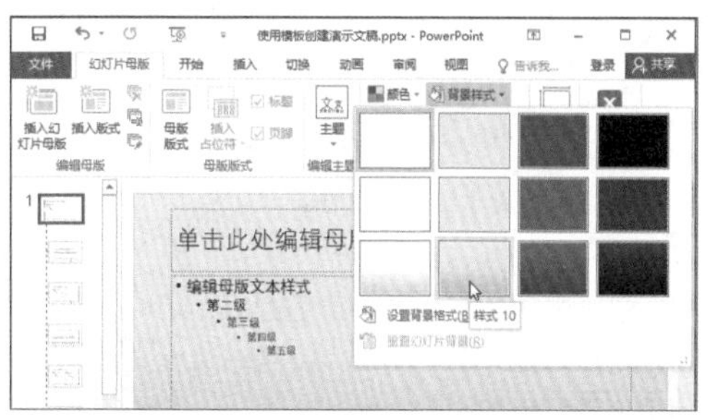

步骤03 绘制直线。单击“形状”按钮，选择“直线”形状，绘制一条橙色的粗细为3磅的直线，如下左图所示。

步骤04 选择母版版式。单击“幻灯片母版”选项卡中的“母版版式”按钮，如下右图所示。

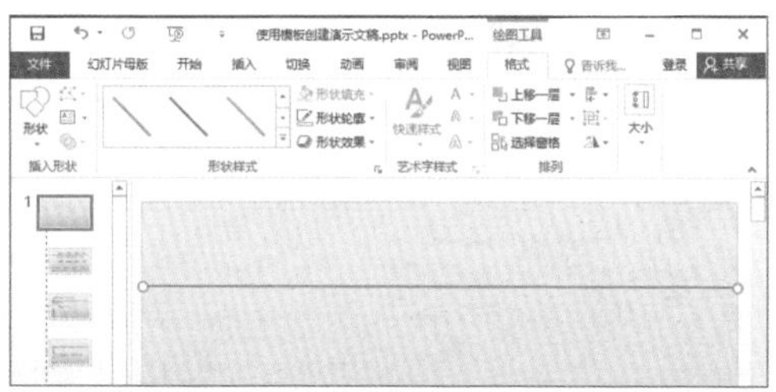

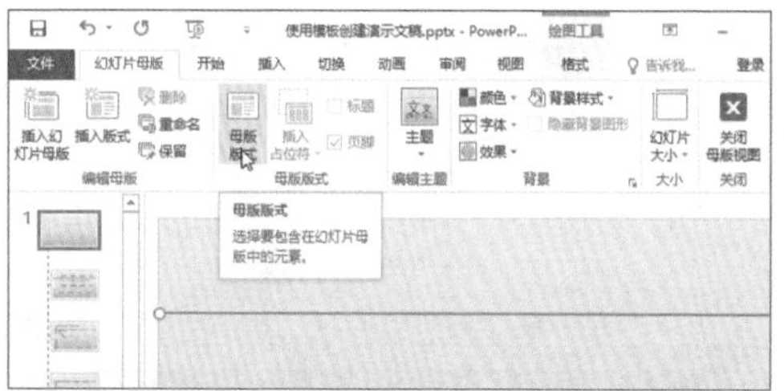

步骤 05 **选择占位符。** 打开“母版版式”对话框，勾选需要在幻灯片母版上显示的占位符选项，如下左图所示。

步骤 06 **设置占位符字体格式。** 在“开始”选项卡的“字体”组中，设置文本占位符的字体格式，如下右图所示。

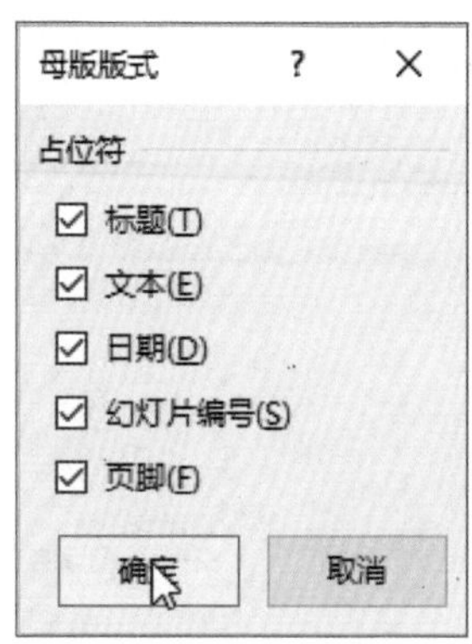

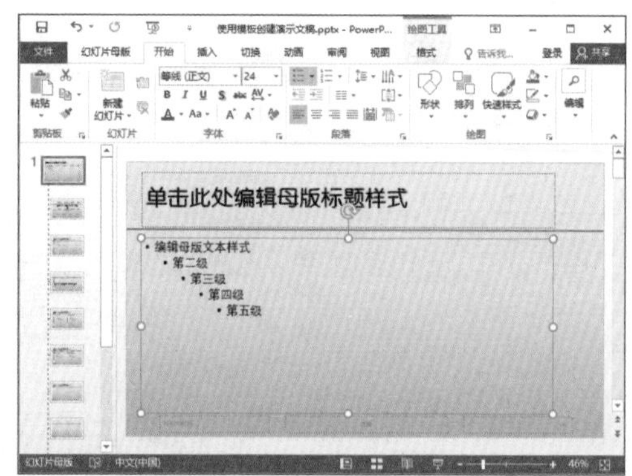

步骤 07 **插入图片占位符。** 选择标题幻灯片，在“幻灯片母版”选项卡中单击“插入占位符”下拉按钮，选择“图片”选项，如下左图所示。

步骤 08 **绘制占位符。** 按住鼠标左键不放，绘制占位符，如下右图所示。

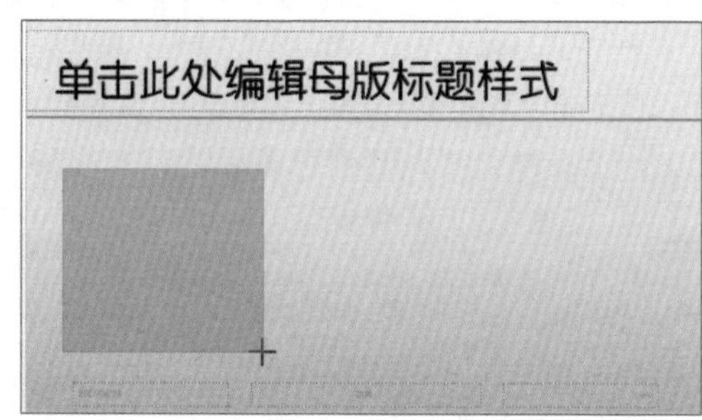

步骤 09 **关闭母版视图。** 幻灯片母版设置完毕，单击“关闭母版视图”按钮，如下左图所示。

步骤 10 **文稿另存为模板。** 按需对演示文稿编辑，编辑完毕后，将其另存为模板。打开“另存为”对话框，设置保存类型为“PowerPoint模板”，单击“保存”按钮，如下右图所示。

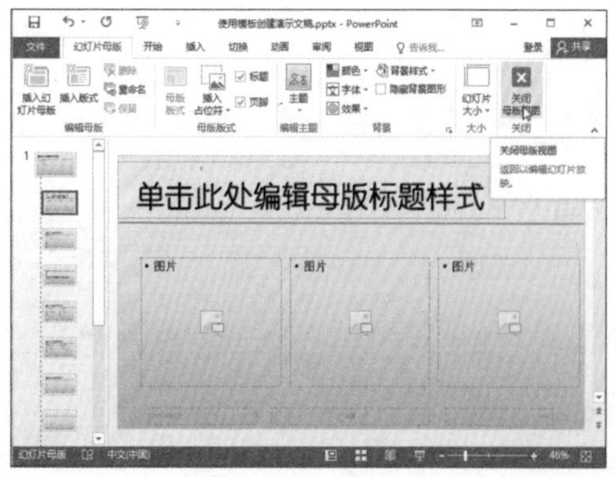

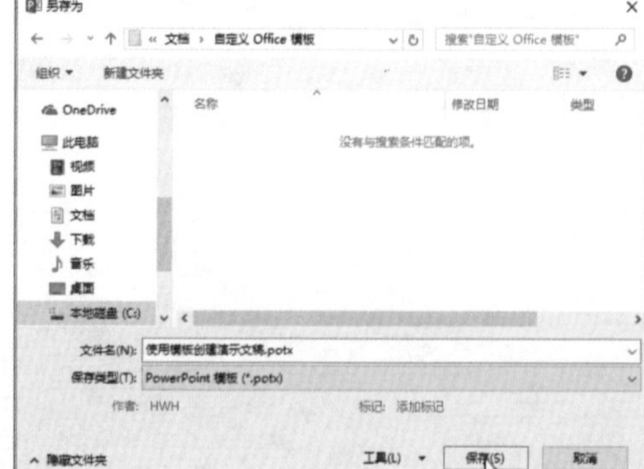

07 设置幻灯片切换效果

放映幻灯片的过程中，从上一张到下一张的过渡称为切换。PowerPoint提供了各种各样的切换效果，可以增强幻灯片的视觉效果。

❶ 设置幻灯片切换效果

幻灯片的切换效果是指连续的幻灯片之间的衔接效果。按照下面的方法操作即可为幻灯片添加切换效果。

步骤 01 **启用其他切换效果。**选择需要应用切换效果的幻灯片，单击“切换”选项卡中的“切换到此幻灯片”组中的“其他”按钮，如下左图所示。

步骤 02 **选择切换样式。**在展开的列表中，选择一种合适的切换方案，这里选择“悬挂”方案，如下右图所示。

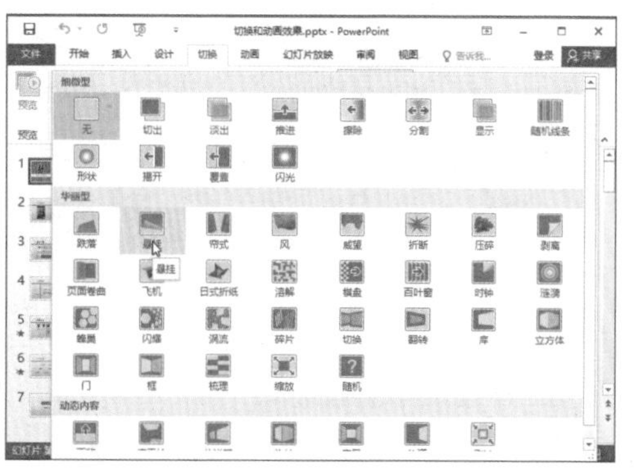

步骤 03 **设置效果选项。**设置切换效果后，在“幻灯片/大纲”窗格中可以看到幻灯片序号下方显示★符号。单击“效果选项”按钮，从列表中可以设置所选切换方案对应的效果，这里选择“向右”，如下左图所示。

步骤 04 **预览效果。**设置完成后，系统会自动播放该效果，用户也可以单击“预览”按钮，预览切换效果，如下右图所示。

❷ 设计切换声音和持续时间

为幻灯片应用切换效果后，还可以设置幻灯片切换时的声音和切换效果的持续时间，具体操作方法如下。

步骤 01 **添加声音。** 单击“声音”下拉按钮，选择合适的声音效果，这里选择“微风”选项，若选中最下方的“播放下一段声音之前一直循环”选项，在幻灯片切换期间将循环播放该音效，如下左图所示。

步骤 02 **设置持续时间。** 在“持续时间”数值框中可以调节切换的持续时间，如下右图所示。

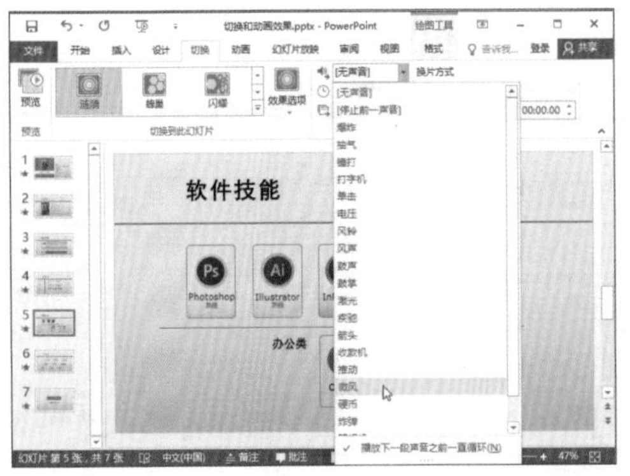

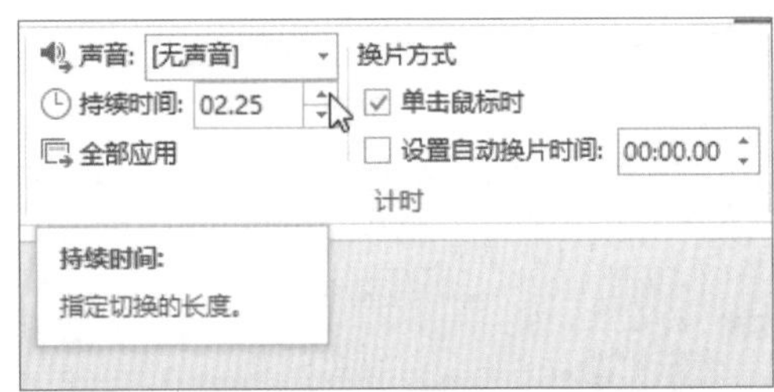

08 增加对象的动画效果

在放映演示文稿时，可根据当前内容为演示文稿中的文本、图片、图形以及表格等对象设置动画效果，让整个演示文稿动起来。下面介绍如何为对象添加动画效果以及常见动画效果的设计。

① 为对象添加动画效果

为对象添加动画效果很简单，按照下面的操作即可实现。

步骤 01 **添加单个动画效果。** 选择对象，然后单击“动画”选项卡中“动画”组的“其他”按钮，从展开的列表中进行选择，当光标停留在某一效果上时，可以预览该效果，这里选择“飞入”效果，如下左图所示。

步骤 02 **设置效果选项。** 添加动画效果后，单击“效果选项”按钮，在展开的列表中进行选择，这里选择“自左侧”选项，如下右图所示。

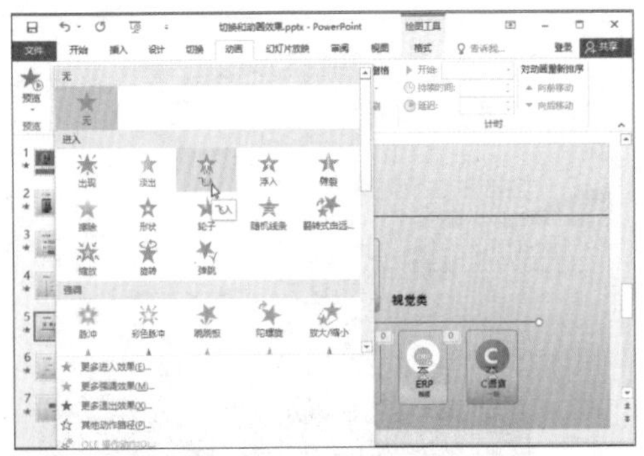

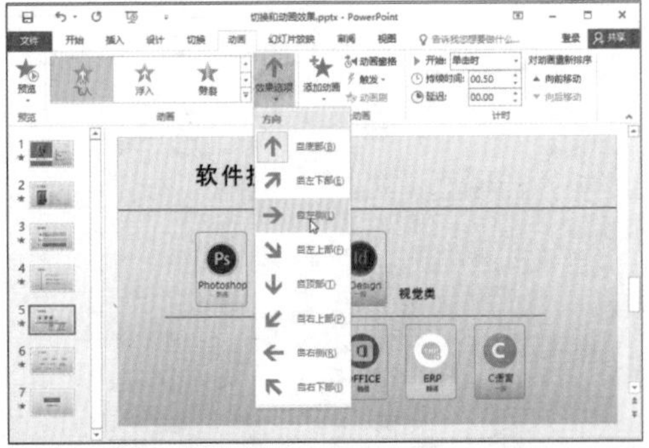

步骤 03 **设置动画开始方式。** 单击“开始”右侧下拉按钮，从列表中选择“上一动画之后”选项，如下左图所示。

步骤 04 **设置动画的持续时间和延迟。** 通过“计时”组中的“持续时间”数值框可设置动画持续时间，通过“延迟”数值框可设置动画在多长时间之后开始播放，如下右图所示。

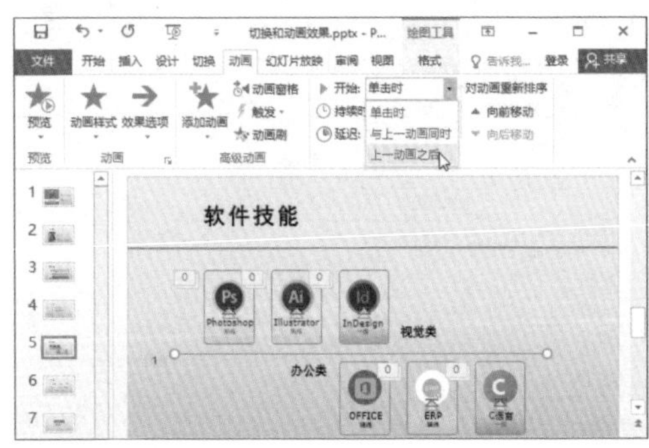

步骤 05 **修改和删除动画效果。**如果要对动画效果进行修改，可以单击动画左侧的数字，选中该效果，然后根据需要进行修改，如下左图所示。如果要删除该动画，可以选中该效果，然后按Delete键删除。

步骤 06 **启用动画窗格。**单击“动画”选项卡中的“动画窗格”按钮，如下右图所示。

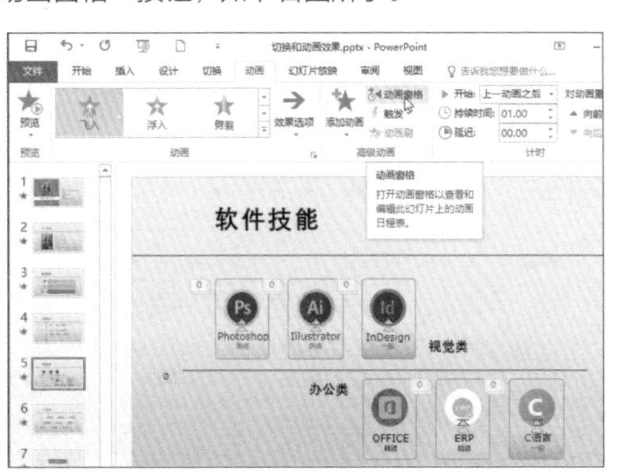

步骤 07 **启用效果选项。**打开“动画窗格”，右击选择要调整的动画选项，在弹出的快捷菜单中执行“效果选项”命令，如下左图所示。

步骤 08 **设置动画。**在打开的对话框中的“效果”选项卡中可设置动画效果，在“计时”选项卡中可为动画设置计时，如下中图和下右图所示。

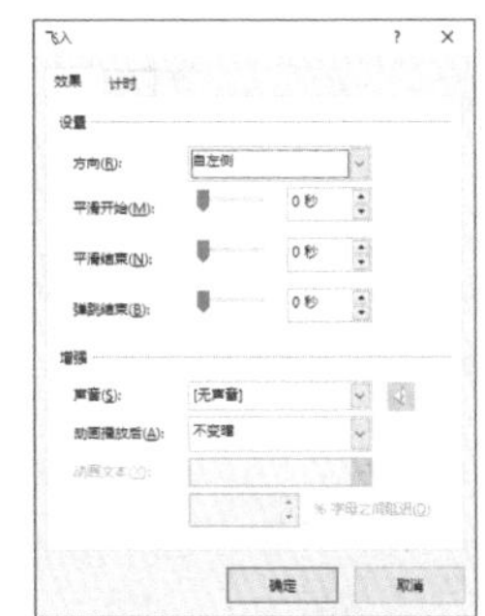

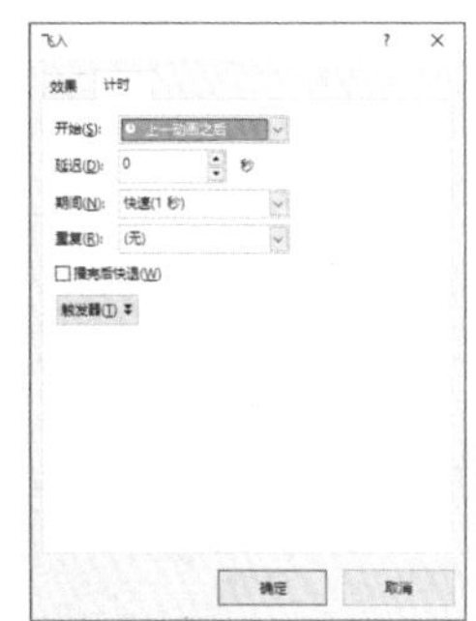

❷ 常见动画效果设计

系统根据动画的效果将动画分为进入、退出、强调以及路径四种类型，每种类型包括多种效果。当需要为同一对象添加多个动画时，还引入了组合动画的概念，下面将对这几种动画进行介绍。

步骤 01 **添加进入与退出组合动画。** 执行“动画→其他动画”命令，在列表中包括进入、强调、退出以及路径四种类型的动画，选择“更多进入效果”选项，如下左图所示。

步骤 02 **选择动画效果。** 打开“更多进入效果”对话框，选择“盒状”效果，单击“确定”按钮，如下右图所示。

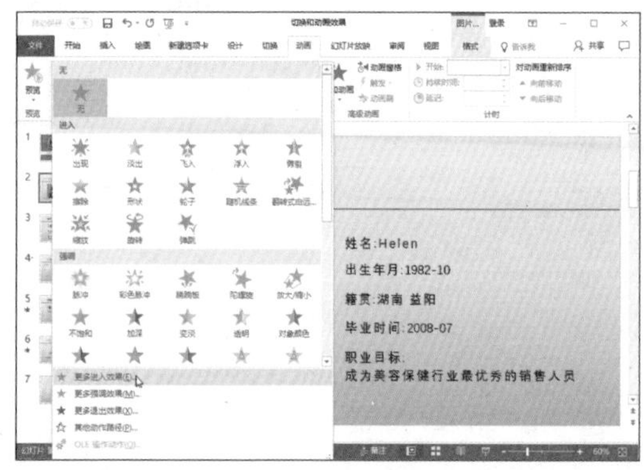

步骤 03 **选择菱形效果选项。** 在“效果选项”下拉列表中选择“菱形”选项，如下左图所示。

步骤 04 **设置持续时间。** 通过“计时”组中的命令，设置“开始”为“上一动画之后”，无延迟，持续时间为“02.50”，如下右图所示。

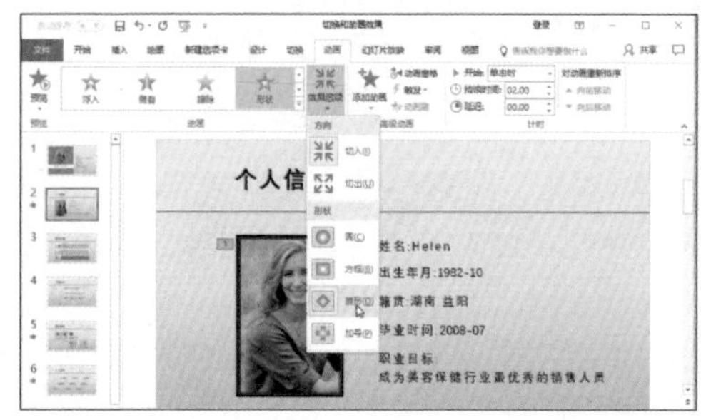

步骤 05 **添加动画。** 单击“添加动画”按钮，从列表中选择“更多退出效果”选项，打开“添加退出效果”对话框，选择“收缩并选择”选项，单击“确定”按钮，如下左图所示。

步骤 06 **预览动画。** 按需设置退出动画的开始方式和持续时间后，单击“预览”按钮，预览动画效果，如下右图所示。

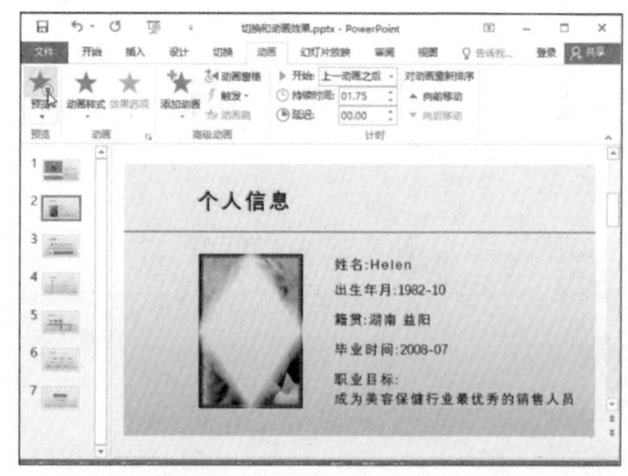

步骤 07 **添加强调动画。**选择文本框，在“动画样式”下拉列表中选择“彩色脉冲”选项，如下左图所示。

步骤 08 **设置颜色。**单击“效果选项”按钮，从列表中选择合适的颜色，如下右图所示。

步骤 09 **设置动画参数。**按需设置动画开始方式为“上一动画之后”，持续时间为“01.00”，单击“动画窗格”按钮，打开动画窗格，选择当前效果选项并右击，在弹出的快捷菜单中执行“效果选项”命令，如下左图所示。

步骤 10 **设置动画声音。**打开“彩色脉冲”对话框，在“效果”选项卡中的“增强”选项组中，单击“声音”右侧下拉按钮，从列表中选择“风铃”选项，如下右图所示。然后关闭对话框即可完成强调动画效果的设计。

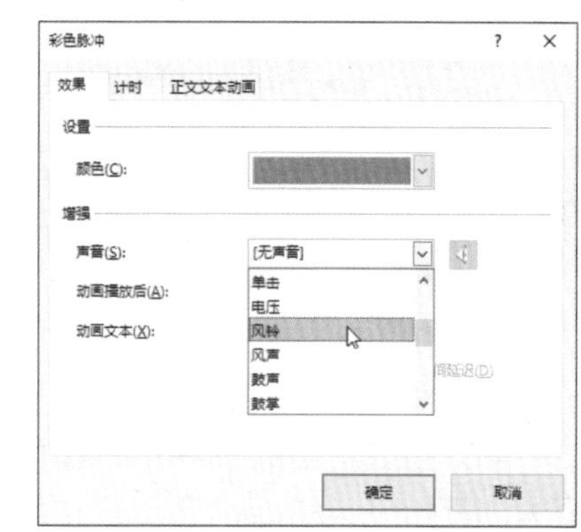

步骤 11 **添加路径动画。**在“动画”下拉列表中选择“循环”选项，如下左图所示。

步骤 12 **添加循环动画。**绘制循环路径动画，如下右图所示。

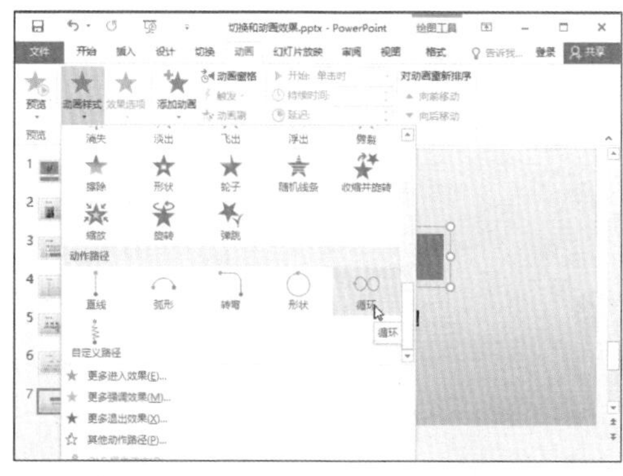

步骤 13 **指定动画开始位置。**在“动画样式”列表中选择“自定义路径”选项，光标变为十字形，按需在页面的合适位置单击鼠标左键，确定动画开始位置，如下左图所示。

步骤 14 **绘制动画路径。**按需绘制动画路径，绘制完毕后，直接按ESC键退出绘制，如下右图所示。

步骤 15 **执行“编辑顶点”命令。**选择动画路径的任意位置并右击，在弹出的快捷菜单中执行“编辑顶点”命令，如下左图所示。

步骤 16 **编辑顶点。**路径上出现的黑色实心点为可编辑的顶点，将光标移至顶点上方，拖动鼠标，可对顶点进行编辑，如下右图所示。

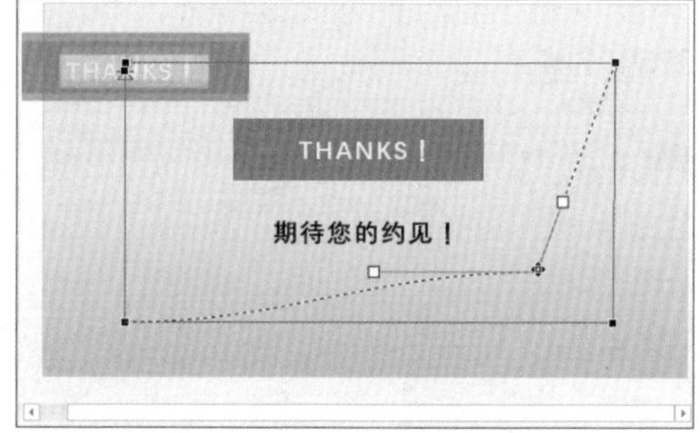

③ 添加超链接和动作按钮

可以使用超链接和动作按钮调用某些指定内容，实现某些特殊功能或者在幻灯片之间进行跳转。下面介绍操作方法。

步骤 01 **启动超链接。**选择需要设置超链接的文字，单击“插入”选项卡中的“链接”按钮，在其下拉列表中选择“插入链接”选项，如下左图所示。

步骤 02 **输入链接网址。**打开“插入超链接”对话框，在地址栏中输入链接的网址，单击“确定”按钮，如下右图所示。

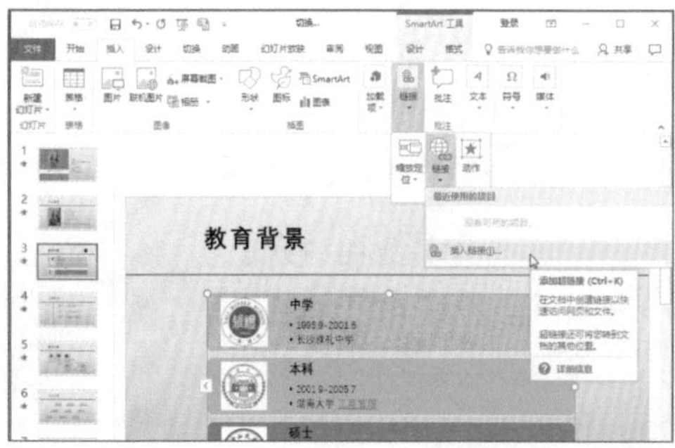

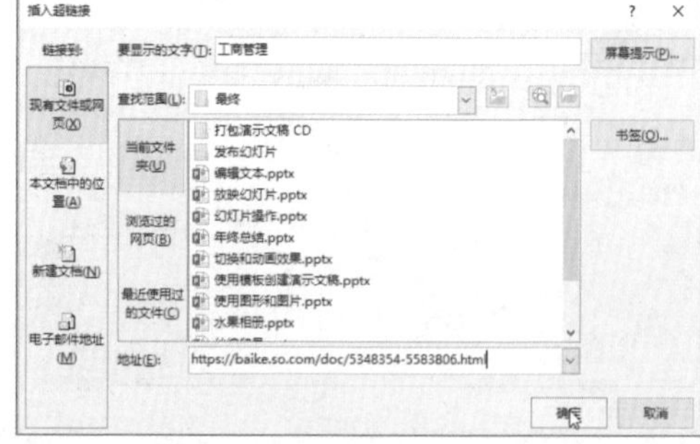

步骤 03 **插入动作按钮。**选择需要插入链接的幻灯片，单击“插入”选项卡中的“形状”按钮，选择“动作按钮：自定义”选项，如下左图所示。

步骤 04 **绘制形状按钮。**光标变为十字形，拖动鼠标绘制合适大小的动作按钮，如下右图所示。

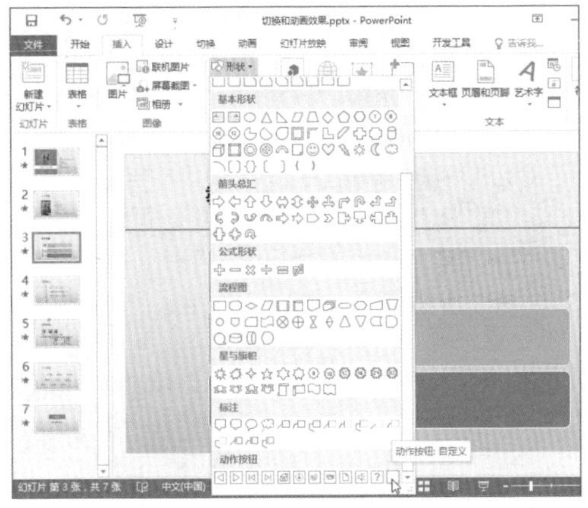

步骤 05 **设置链接到的位置。**在“操作设置”对话框中，单击“超链接到”单选按钮，在其下拉列表中可以设置链接到的位置，如下左图所示。

步骤 06 **设置动作声音。**勾选“播放声音”复选框，然后设置播放声音为“风声”，单击“确定”按钮，如下右图所示。

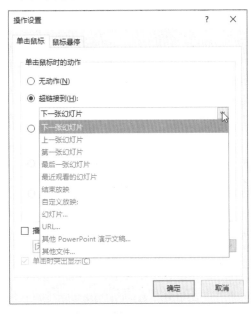

步骤 07 **美化动作按钮。**选中动作按钮，还可以通过“绘图工具 - 格式”选项卡中的命令美化动作按钮的格式，如下左图所示。

步骤 08 **编辑链接。**选择需要编辑超链接的对象，单击“插入”选项卡中的“超链接”按钮，或者右键单击，在弹出的快捷菜单中执行“编辑链接”命令，如下右图所示。

步骤 09 **更改链接。**在打开的“编辑超链接”对话框中进行更改即可，如下左图所示。

步骤 10 **更改动作链接。**对于通过动作按钮设置的超链接来说，需要单击“插入”选项卡中的“动作”按钮，在打开的“操作设置”对话框中进行更改，如下右图所示。

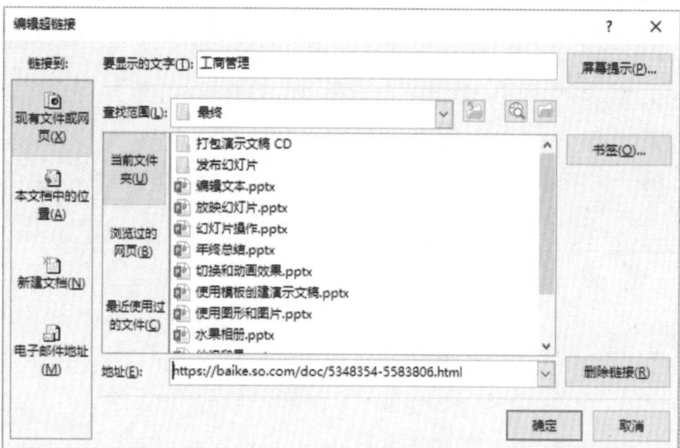

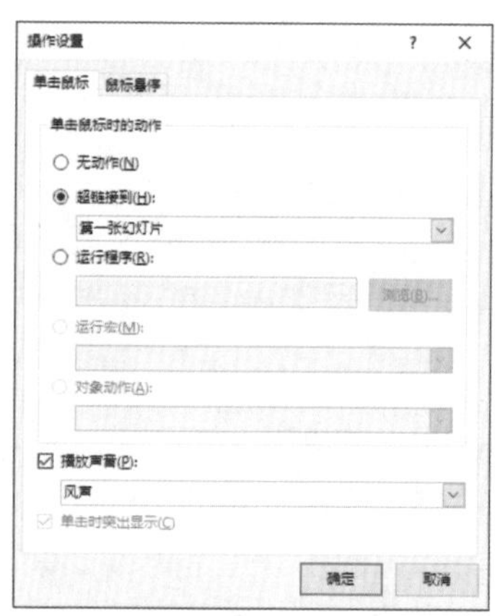

步骤 11 **清除超链接。**选择需要清除的超链接并右键单击，在弹出的右键快捷菜单中执行“删除链接”命令，如下图所示。

PowerPoint 2016高级应用

创建并编辑演示文稿后，还需要了解如何使用预设功能设计幻灯片、放映幻灯片、输出演示文稿等。下面分别进行介绍。

01 使用预设功能设计幻灯片

PowerPoint 2016提供了大量的主题模式，这些主题均有较好的配色和结构设计。当然用户需要根据演示文稿的风格进行选择，如果对内置的主题样式不满意，还可以自定义主题样式。

❶ 应用预定义主题

使用预定义主题，可以让用户不再为如何合理搭配界面颜色、字体样式以及对象样式等烦恼，操作方法如下。

步骤 01 **启动主题命令。**打开演示文稿，单击“设计”选项卡中“主题”组中的“其他”按钮，如下左图所示。

步骤 02 **选择主题样式。**在主题下拉列表中选择“深度”选项，即可应用该主题，如下右图所示。

步骤 03 **浏览主题。**还可以选择列表中的“浏览主题”选项，打开“选择主题或主题文档”对话框，选择主题后单击“应用”按钮，如下左图所示。

步骤 04 **应用结果。**此时，当前演示文稿已应用所选主题，如下右图所示。

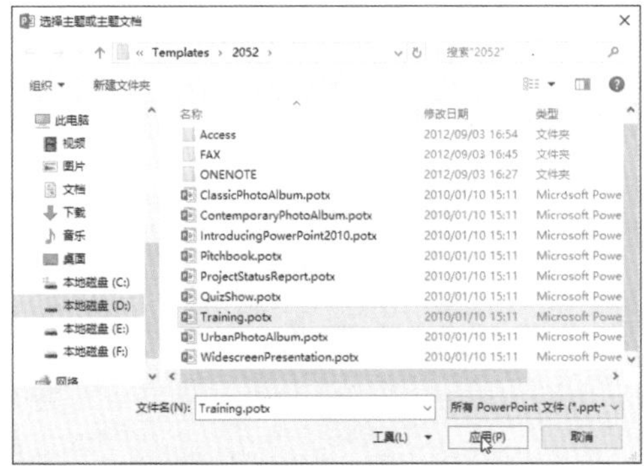

② 自定义主题

若系统内置的主题样式不能满足用户需求，还可以自定义主题样式，自定义主题样式包括主题颜色以及主题字体的定义。完成定义主题后，还可以将自定义的主题保存，其操作方法如下。

步骤 01 **设置主题颜色。**单击“设计”选项卡中“变体”组中的“其他”按钮，选择“颜色”选项，可以从其级联列表中选择一种主题颜色，也可以选择“自定义颜色”选项，如下左图所示。

步骤 02 **新建并保存主题颜色。**打开“新建主题颜色”对话框，在“主题颜色”选项组中分别设置文字/背景色以及强调文字颜色，完成后输入名称，再单击“保存”按钮，如下右图所示。

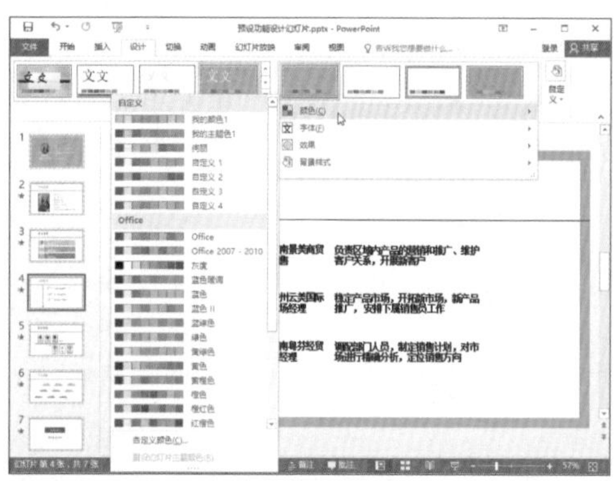

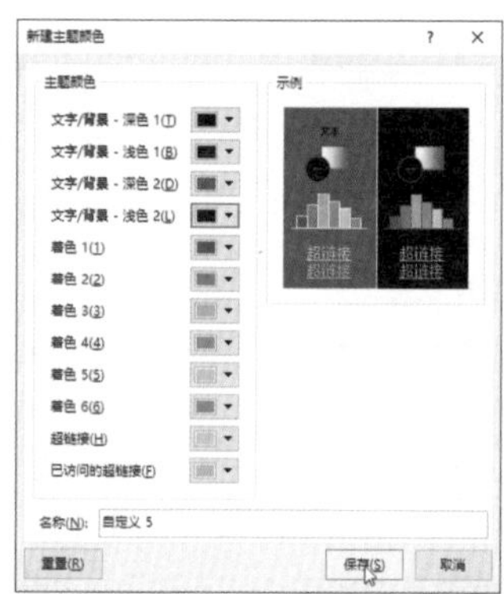

步骤 03 **查看保存结果。**返回到幻灯片页面，再次打开“颜色”列表，可以看到新建的“自定义5”颜色，如下左图所示。

步骤 04 **删除自定义主题。**展开主题列表，选择需要删除的主题，右键单击，在弹出的快捷菜单中执行“删除”命令即可，如下右图所示。

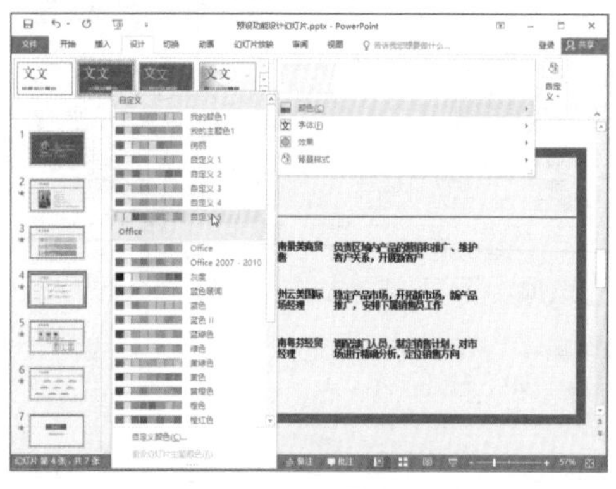

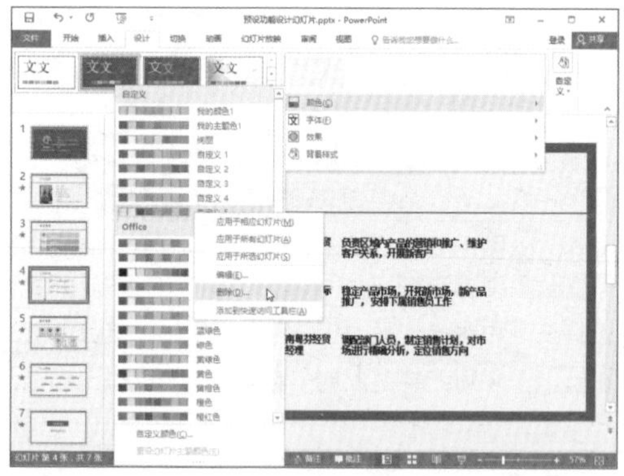

除此之外，还可以设置主题的字体、效果以及背景样式，设置方法与颜色的设置基本相同，这里不再赘述。

步骤 05 **启用保存主题功能。**在“设计”选项卡的“主题”组中，单击“其他”下拉按钮，选择“保存当前主题”选项，如下左图所示。

步骤 06 **保存当前主题。**打开“保存当前主题”对话框，输入文件名，单击“保存”按钮，保存当前主题，如下右图所示。

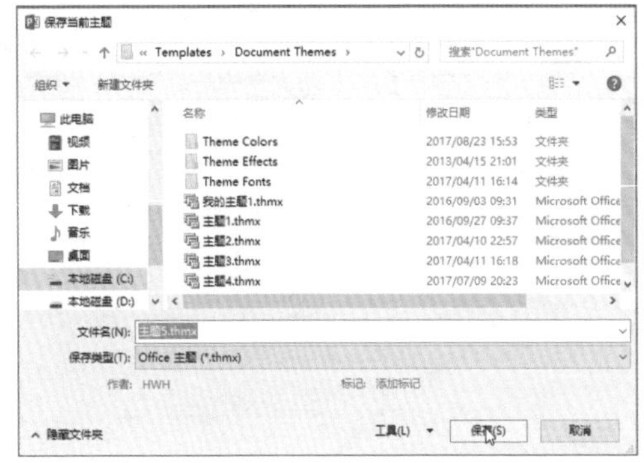

02 多种放映方式选择

在使用演示文稿演讲之前，需要了解如何放映，包括放映幻灯片、设置放映类型等，下面分别进行介绍。

❶ 放映幻灯片

演示文稿制作完成后，该如何将制作完成的演示文稿放映呢？下面将对其进行介绍。

步骤 01 **从头开始放映。**打开演示文稿，单击“幻灯片放映”选项卡中的“从头开始”按钮即可从第一张幻灯片开始放映，如下左图所示。

步骤 02 **从当期幻灯片开始放映。**选中第3张幻灯片，单击“从当前幻灯片开始”按钮，可从第3张幻灯片开始放映，如下右图所示。

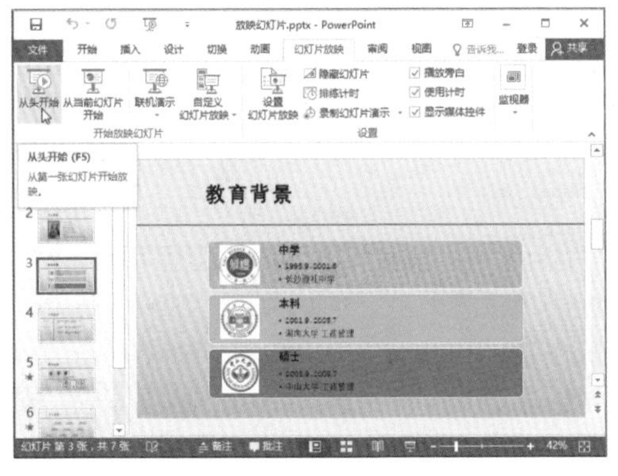

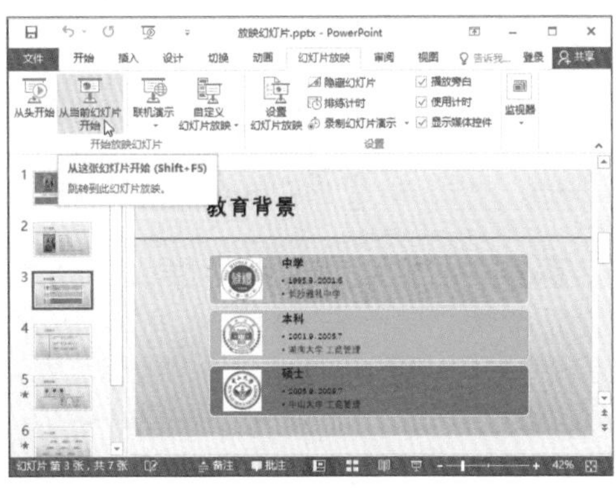

❷ 设置放映类型

在放映幻灯片之前，可以根据需要选择幻灯片的放映类型。幻灯片放映类型包括“演讲者放映（全屏幕）”“观众自行浏览（窗口）”和“在展台浏览（全屏幕）”三种。下面将对其进行介绍。

步骤 01 **单击“设置幻灯片放映”按钮。**打开演示文稿，切换至“幻灯片放映”选项卡，单击“设置幻灯片放映”按钮，如下左图所示。

步骤 02 **设置放映方式。**打开“设置放映方式”对话框，在“放映类型”选项组中进行选择即可，如下右图所示。

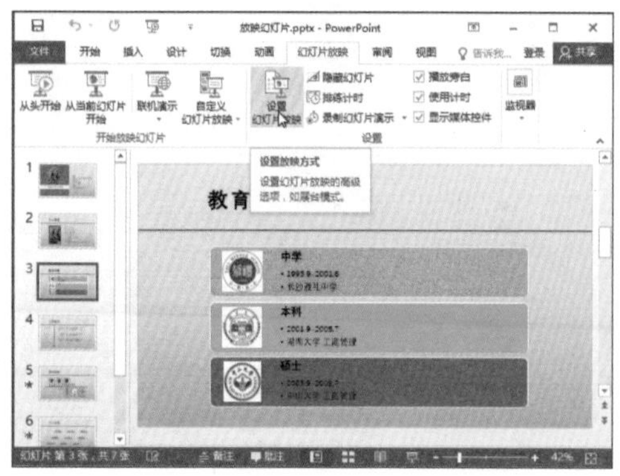

③ 创建自定义放映

如果要播放指定的几张幻灯片，可以自定义放映幻灯片。这些幻灯片可以是连续的，也可以是不连续的。操作方法如下。

步骤 01 **启用自定义放映。**打开演示文稿，单击“幻灯片放映”选项卡中“自定义幻灯片放映”按钮，从列表中选择“自定义放映”选项，如下左图所示。

步骤 02 **新建放映。**打开“自定义放映”对话框，单击“新建”按钮，如下右图所示。

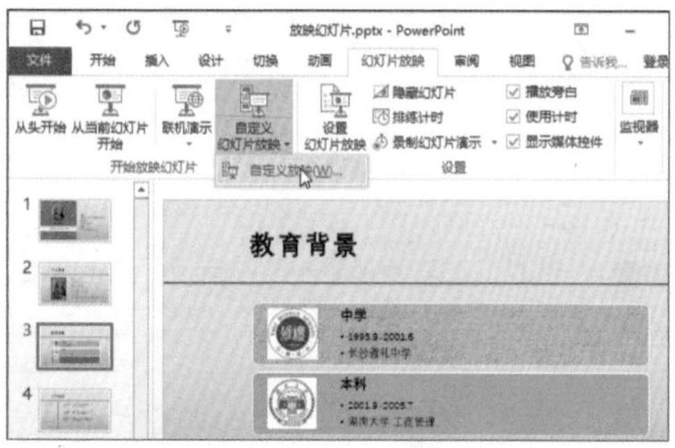

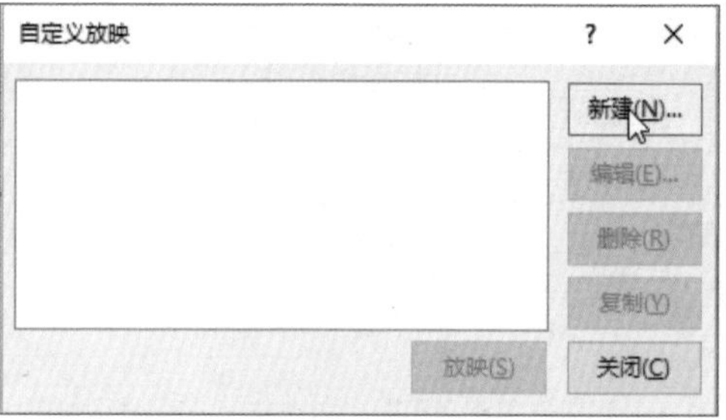

步骤 03 **定义自定义放映。**打开“定义自定义放映”对话框，在“幻灯片放映名称”文本框中输入“介绍”，从“在演示文稿中的幻灯片”列表中选中想要放映的幻灯片，单击“添加”按钮，再单击“确定”按钮，如下左图所示。返回上一级对话框，单击“放映”按钮。

步骤 04 **查看结果。**如果演示文稿中已经包含了一个自定义放映，那么单击“自定义幻灯片放映”按钮，从弹出的列表中可以看到自定义的放映，如果选择“自定义放映1”选项，则可直接播放该自定义放映，如下右图所示。

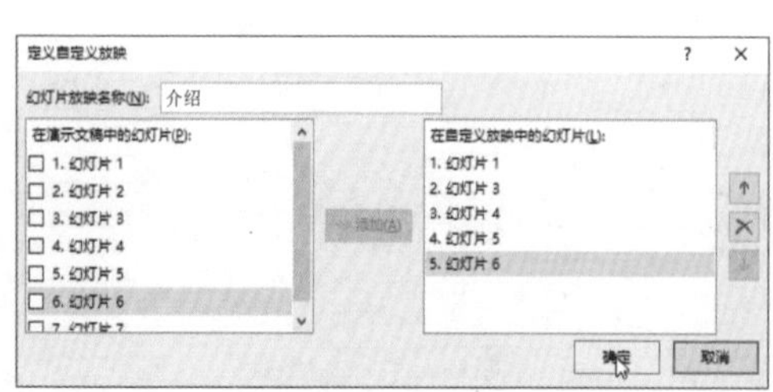

④ 模拟黑板功能

在利用幻灯片进行演讲时，如果需要对幻灯片页面中的重点内容进行标记，可以通过画笔或者荧光笔功能进行标记。如果要在演讲过程中添加文本，同样可以轻松实现。下面将分别进行介绍。

步骤 01 设置标记样式。打开演示文稿，按F5键放映幻灯片，右键单击，在弹出的快捷菜单中执行“指针选项→笔”命令，如下左图所示。

步骤 02 添加标记。设置完成后，拖动鼠标即可在幻灯片中的对象上进行标记，如下右图所示。

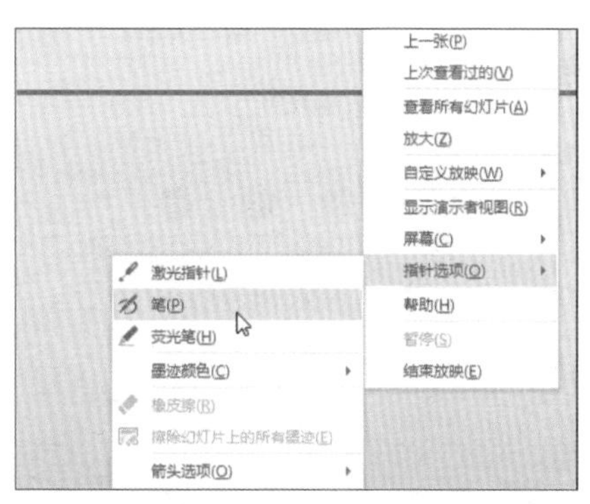

步骤 03 确认操作。绘制完成后，按Esc键退出，将弹出一个对话框。单击“保留”按钮，则保留标记墨迹，若单击“放弃”按钮，则清除标记墨迹，如下左图所示。

步骤 04 添加激光笔。若用户只希望突出显示某个地方，也可以用激光笔突出显示。按住Ctrl键的同时，单击鼠标左键即可显示激光笔，或者在播放时右击，在弹出的快捷菜单中执行“指针选项→激光指针”命令，光标可变为激光指针，如下右图所示。

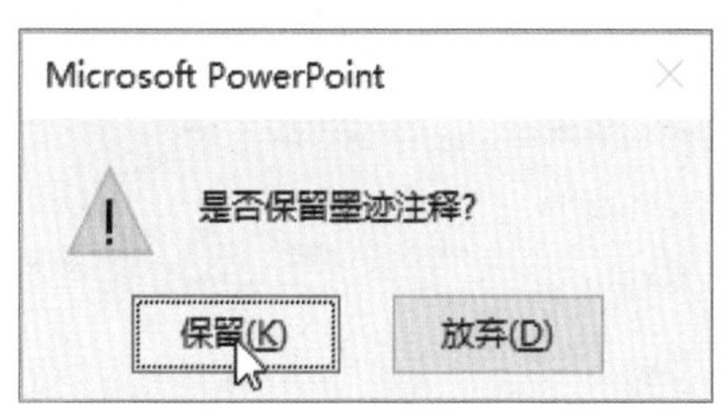

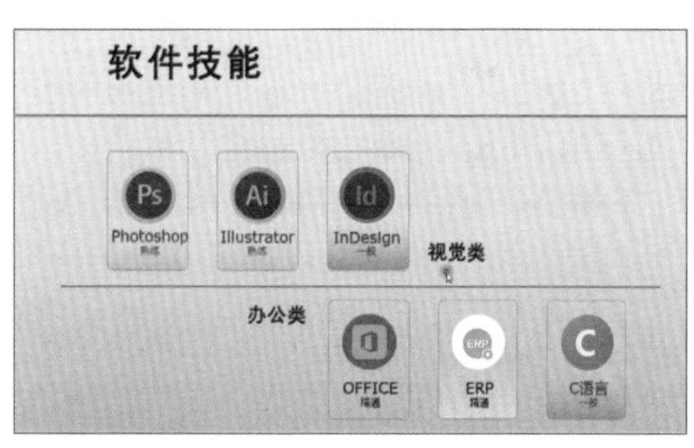

步骤 05 启动“PowerPoint选项”对话框。打开演示文稿，执行“文件→选项”命令，效果如右图所示。

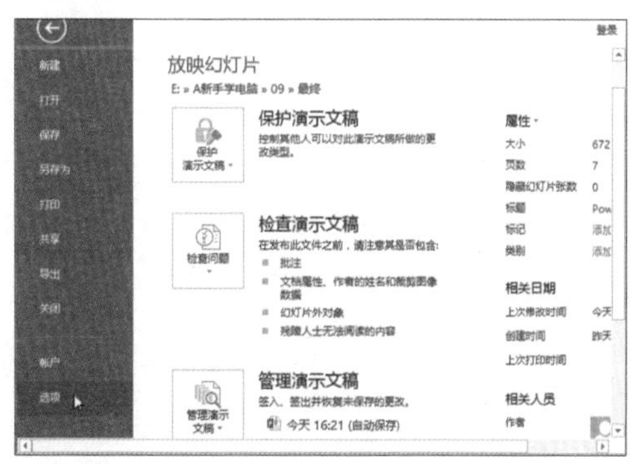

步骤 06 **添加“开发工具”。**打开“PowerPoint选项”对话框，在“自定义功能区”列表框中勾选“开发工具”复选框，单击“确定”按钮，关闭对话框，如下左图所示。

步骤 07 **完成添加。**返回至演示文稿，将出现“开发工具”选项卡，单击该选项卡中的“文本框（ActiveX控件）”按钮，如下右图所示。

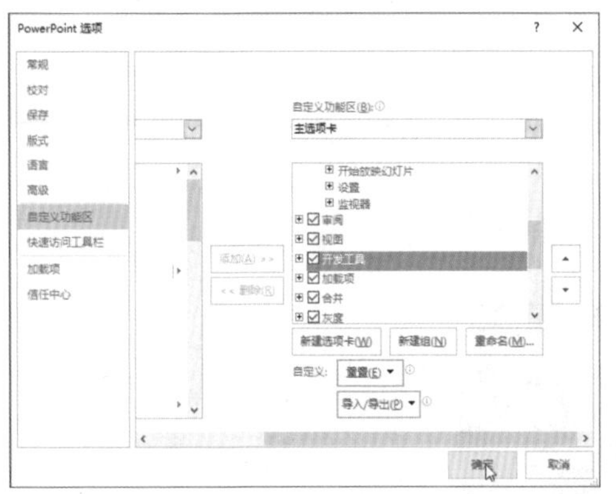

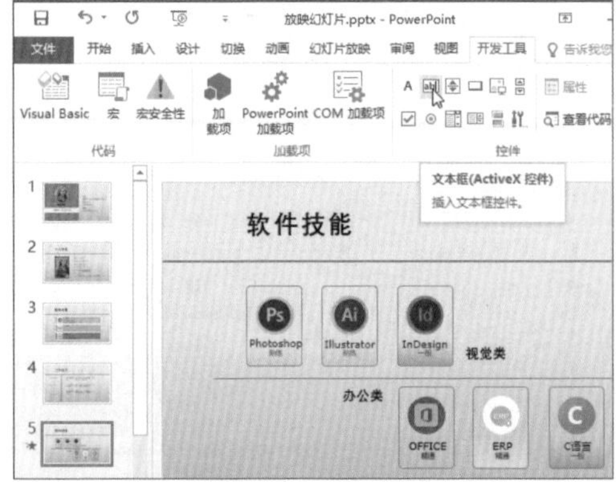

步骤 08 **绘制文本框控件。**拖动鼠标绘制合适的文本框控件，如下左图所示。

步骤 09 **添加文本。**按F5键播放时，就可以随心所意地在文本框处添加文本了，如下右图所示。

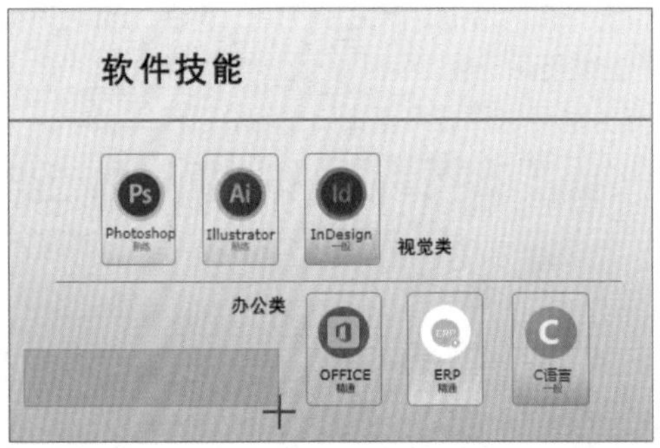

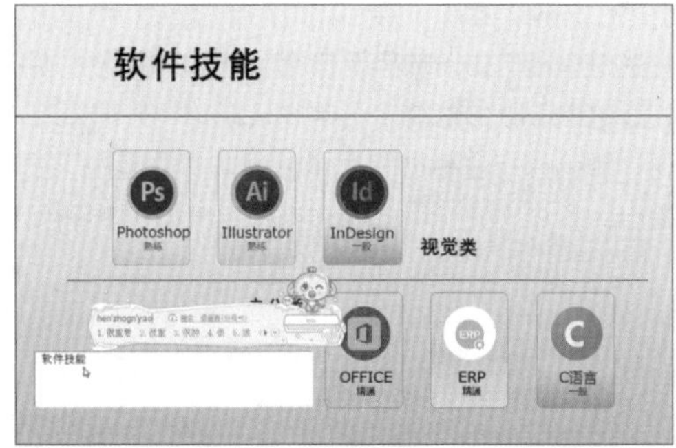

03 设置放映时间

使用幻灯片进行演讲时，还可以设置放映幻灯片的时长，下面对其进行介绍。

❶ 手动设置

手动设置幻灯片放映时间的操作很简单。只需选择幻灯片，切换至“切换”选项卡，勾选“设置自动换片时间”复选框，并输入时间参数即可，如下图所示。

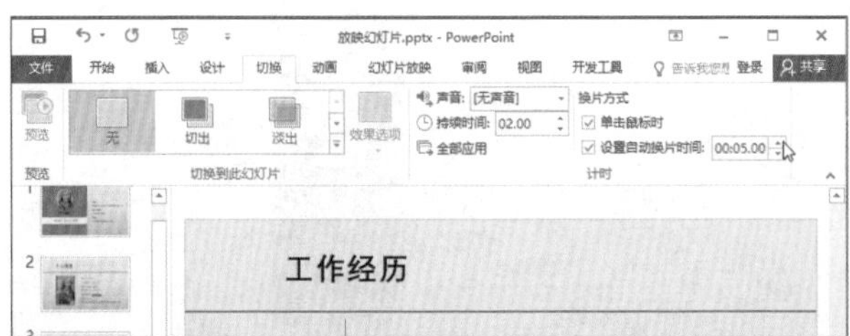

❷ 排练计时

在使用幻灯片演讲时，如何在登台之前把控演讲节奏呢？排练计时功能让您可以很好地把控时间，下面介绍如何使用排练计时功能。

步骤 01 **启动排练计时。**打开演示文稿，单击“幻灯片放映”选项卡中的“排练计时”按钮，如下左图所示。

步骤 02 **进入放映状态。**自动进入放映状态，左上角会显示“录制”工具栏，左边的时间代表当前幻灯页面放映所需时间，右边的时间代表放映所有幻灯片累计所需时间，如下右图所示。

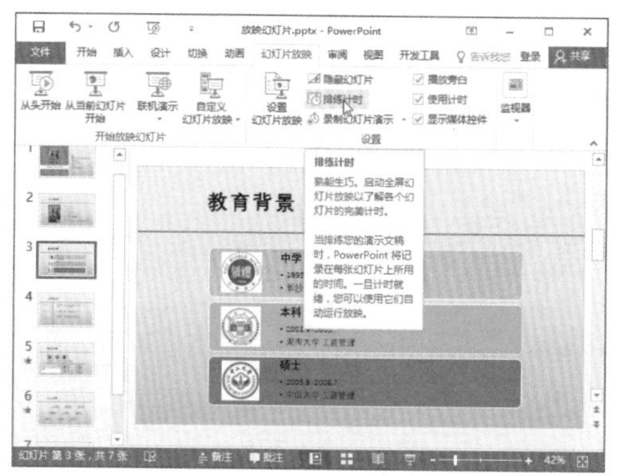

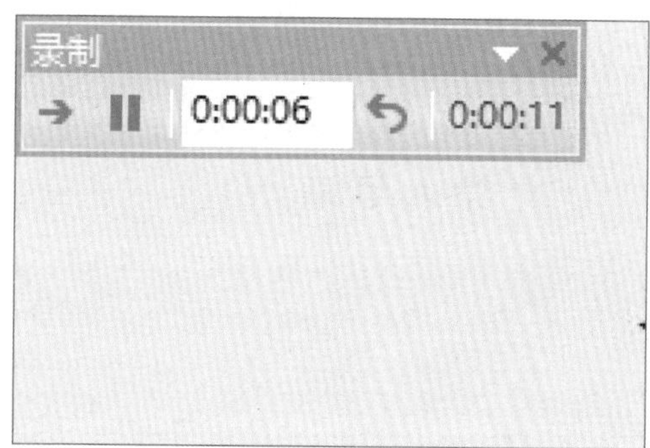

步骤 03 **设置放映时间。**根据实际需要，设置每张幻灯片的停留时间，翻到最后一张时，单击鼠标左键，会出现提示对话框，询问用户是否保留幻灯片排练时间，单击“是”按钮，如下左图所示。

步骤 04 **查看设置结果。**返回至演示文稿，在“视图”选项卡的“演示文稿”组中单击“幻灯片浏览”按钮，可以看到每张幻灯片放映所需时间，如下右图所示。

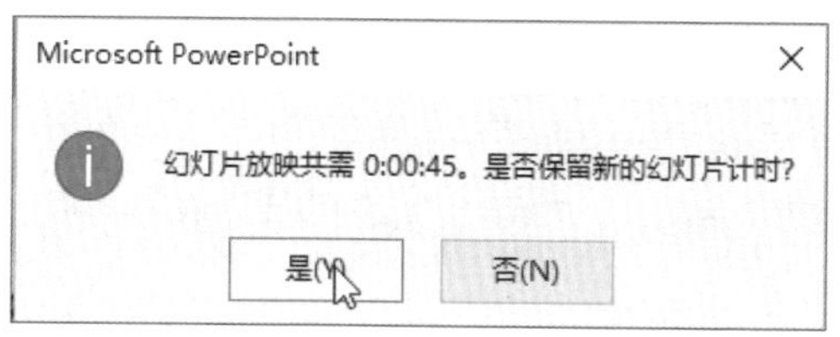

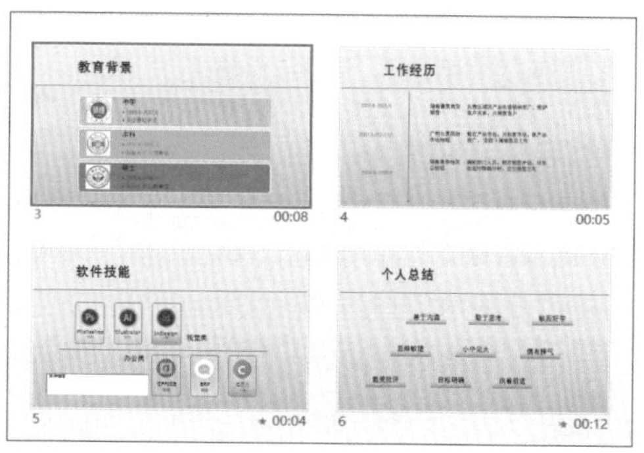

❸ 录制幻灯片

在放映幻灯片之前，为了更加全面地了解幻灯片的主要内容和播放速度，可以通过录制幻灯片来实现，下面将对其进行介绍。

步骤 01 **从头开始录制。**打开演示文稿，切换至“幻灯片放映”选项卡。单击“录制幻灯片演示”下拉按钮，从下拉列表中选择“从头开始录制”选项，如下左图所示。

步骤 02 **开始录制。**打开“录制幻灯片演示”对话框，根据需要勾选相应的复选框，单击“开始录制”按钮，如下右图所示。

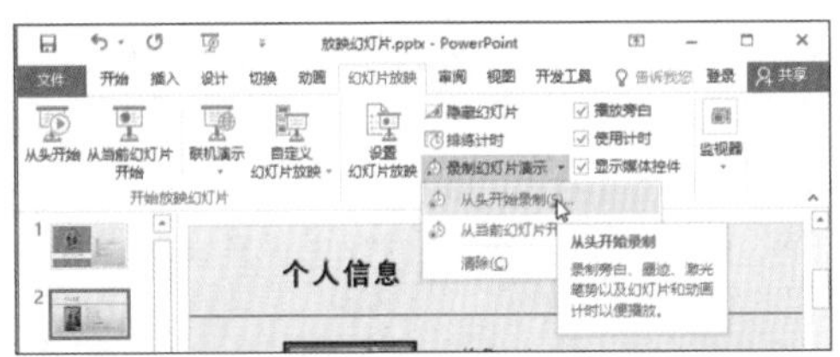
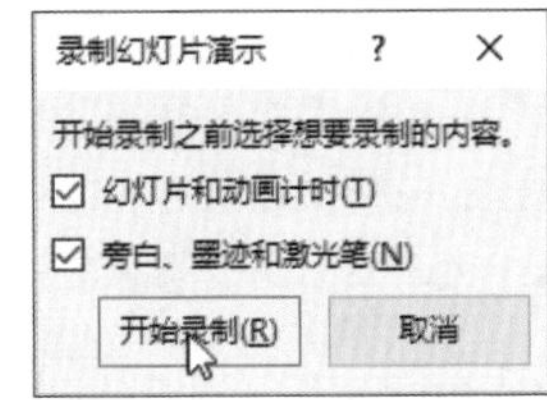

步骤 03 **录制状态。**将自动进入放映状态，左上角会显示“录制”工具栏，并开始录制旁白，单击“下一项”按钮，可切换至下一张幻灯片，单击“暂停”按钮，可以暂停录制，如下左图所示。

步骤 04 **查看录制结果。**录制完成后，幻灯片的右下角会有一个声音图标，声音为录制的旁白，如下右图所示。

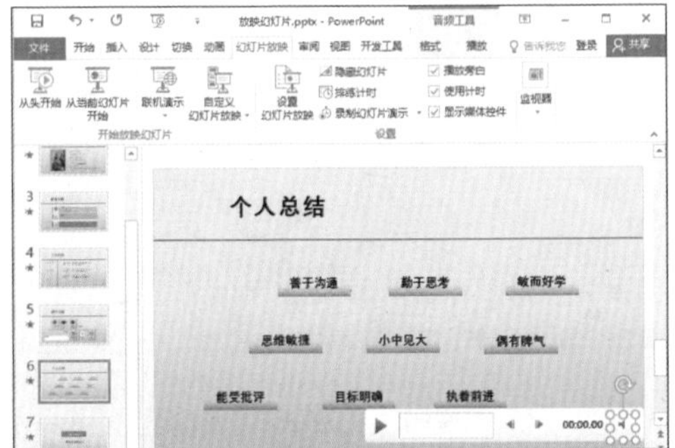

04 轻松输出演示文稿

在制作完成演示文稿后，还可以将演示文稿打包以便在任何电脑上都能查看，或者发布在其他位置以便其他同事访问，下面分别进行介绍。

❶ 打包演示文稿

演示文稿制作完成后，如果需要在未安装PowerPoint 2016的电脑上播放，可以将演示文稿及链接的各种媒体文件进行打包，这样就能轻松查看了，下面进行详细的介绍。

步骤 01 **选择导出。**打开演示文稿，执行“文件→导出”命令，如下左图所示。

步骤 02 **打包成CD。**选择“将演示文稿打包成CD”选项，然后单击右侧的“打包成CD”按钮，如下右图所示。

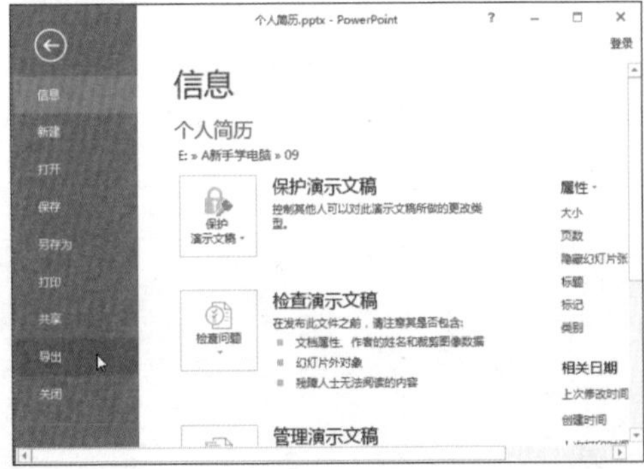

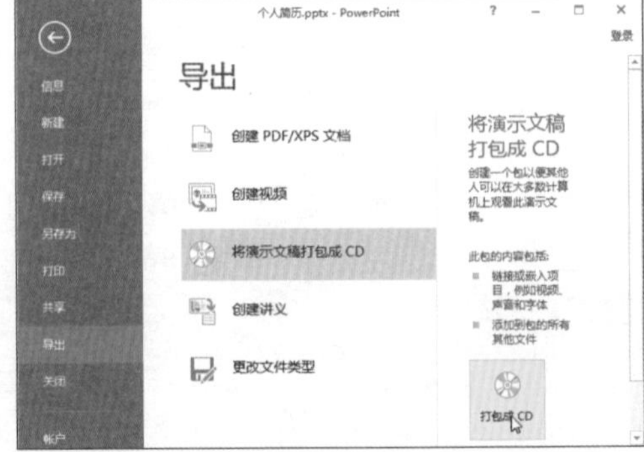

步骤 03 **添加文稿。**弹出“打包成CD”对话框，单击“添加”按钮，如下左图所示。

步骤 04 **选择文稿。**弹出“添加文件”对话框，选择需要一起进行打包的演示文稿，单击“添加”按钮，如下右图所示。

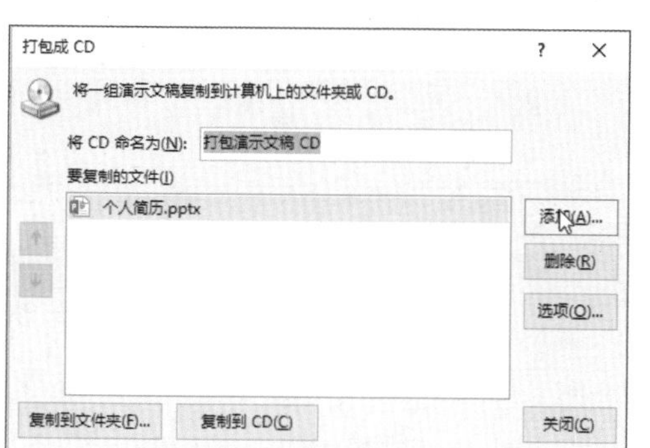

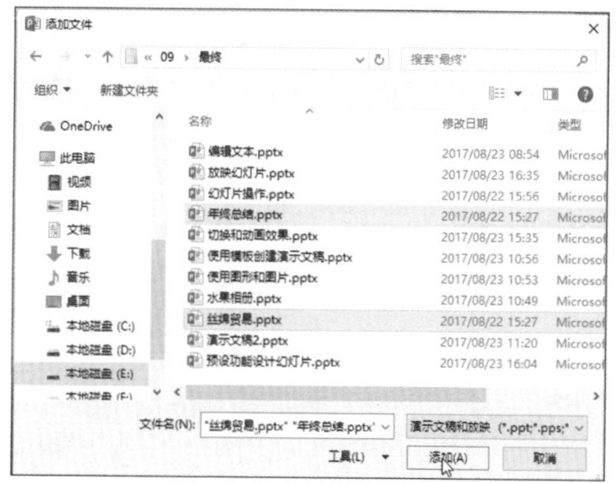

步骤 05 **设置相关选项。**返回至“打包成CD”对话框，单击“选项”按钮，打开“选项”对话框，对演示文稿的打包进行设置，这里使用默认设置，单击“确定”按钮，如下左图所示。

步骤 06 **复制文件夹。**返回至“打包成CD”对话框，单击“复制到文件夹”按钮，如下右图所示。

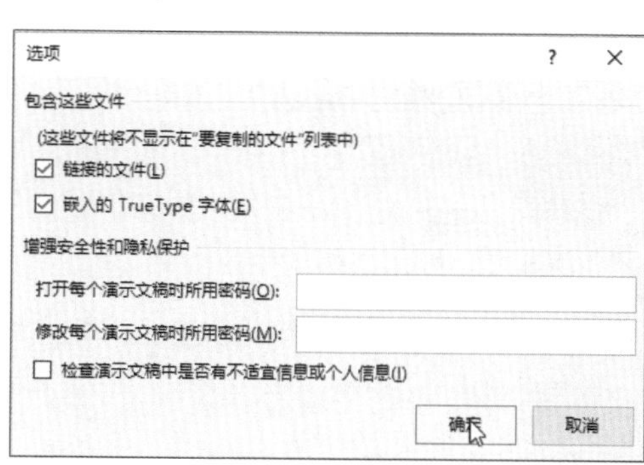

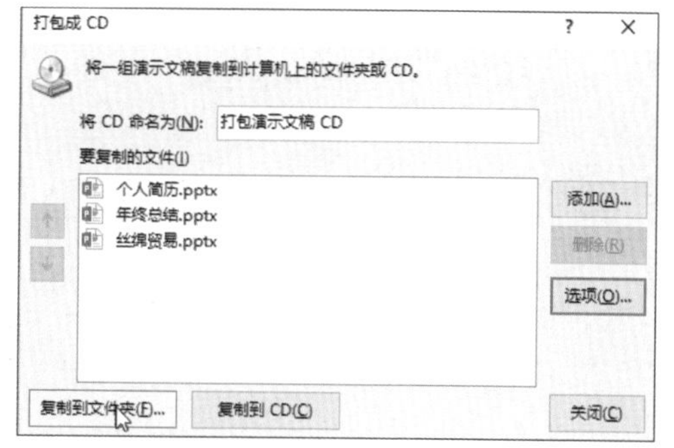

步骤 07 **输入文件名。**弹出“复制到文件夹”对话框，输入文件夹名称“打包演示文稿CD”，单击“浏览”按钮，如下左图所示。

步骤 08 **设置保存路径。**打开“选择位置”对话框，选择合适的位置，单击“选择”按钮，如下右图所示。

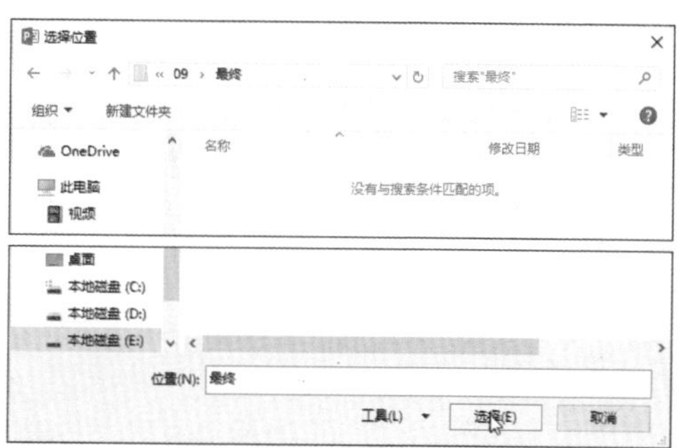

步骤 09 **确认操作。**单击“复制到文件夹”对话框中的“确定”按钮，弹出提示对话框，单击“是”按钮，如下图所示。系统开始复制文件，并弹出“正将文件复制到文件夹”对话框。

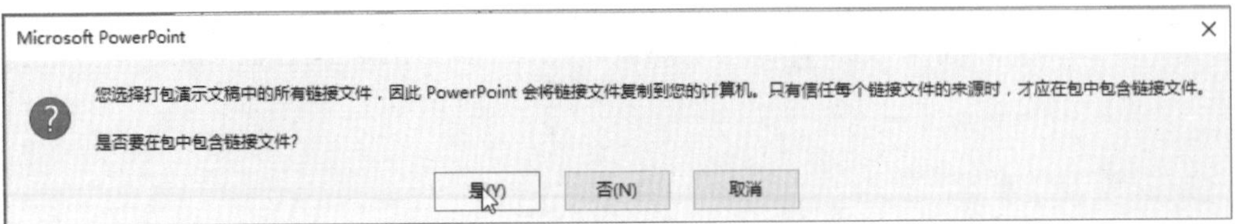

步骤 10 **查看保存结果。**复制完成后，自动生成“打包演示文稿CD”文件夹，在该文件夹中可以看到系统保存了所有与演示文稿相关的内容，如右图所示。

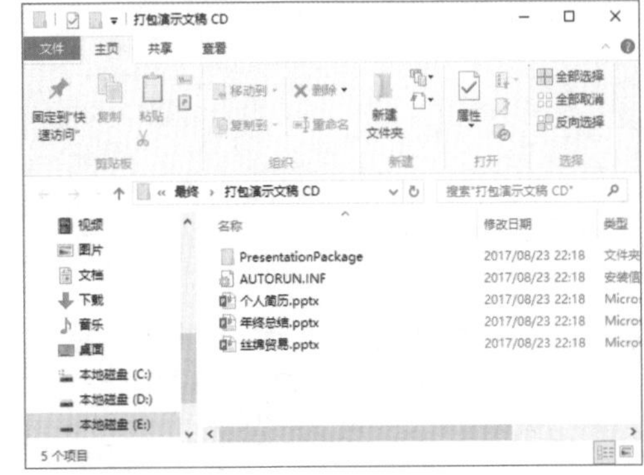

❷ 发布幻灯片

如果要将幻灯片发布在指定位置，方便其他用户查看或调用，可按照下面的方法进行操作。

步骤 01 **执行“共享”命令。**打开演示文稿，执行“文件→共享”命令，如右图所示。

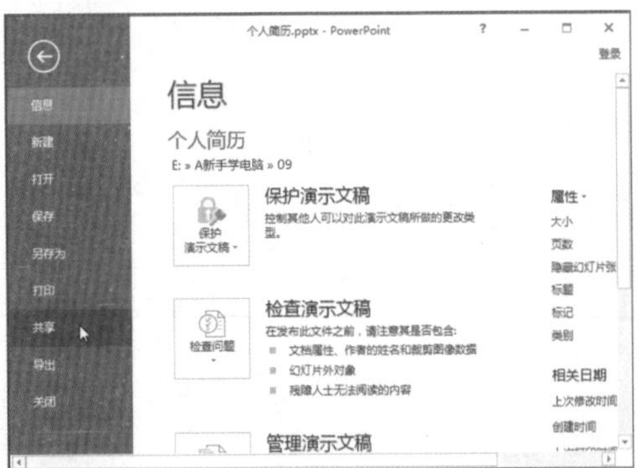

步骤 02 **发布幻灯片。**选择“发布幻灯片”选项，然后单击“发布幻灯片”按钮，如右图所示。

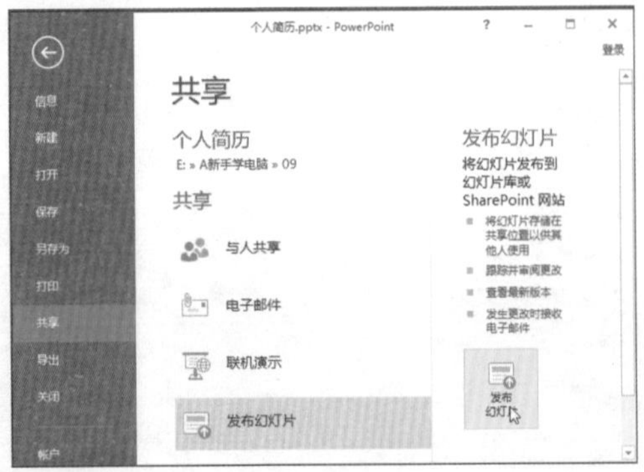

步骤 03 **选择浏览选项。**弹出“发布幻灯片”对话框，单击“全选”按钮，然后单击“浏览”按钮，如下左图所示。

步骤 04 **设置保存路径。**弹出“选择幻灯片库”对话框，选择合适的存储位置，单击“选择”按钮，如下右图所示。返回至上一级对话框，再单击“发布”按钮。

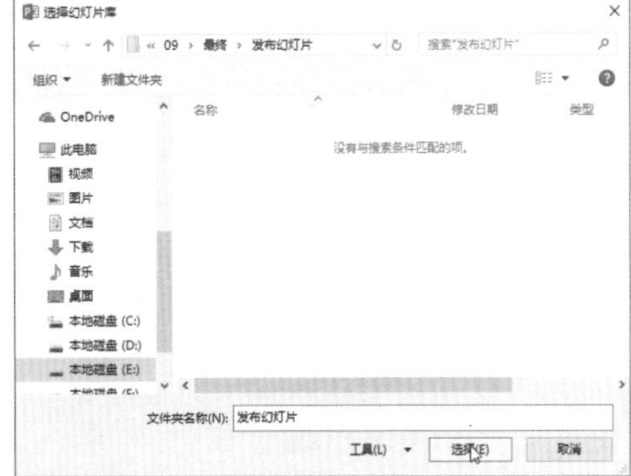

③ 设置并打印幻灯片

制作完成演示文稿后，还可以将演示文稿打印出来。下面介绍如何设置并打印幻灯片。

步骤 01 **执行“打印”命令。**打开演示文稿，执行“文件→打印”命令，如下左图所示。

步骤 02 **设置打印份数。**通过“份数”数值框，可设置打印的份数，如下右图所示。

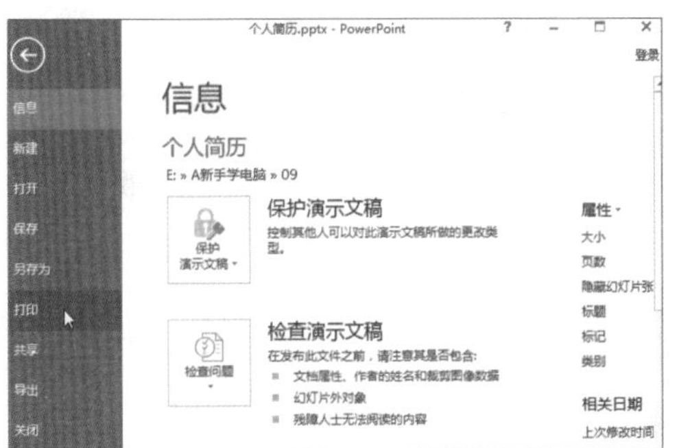

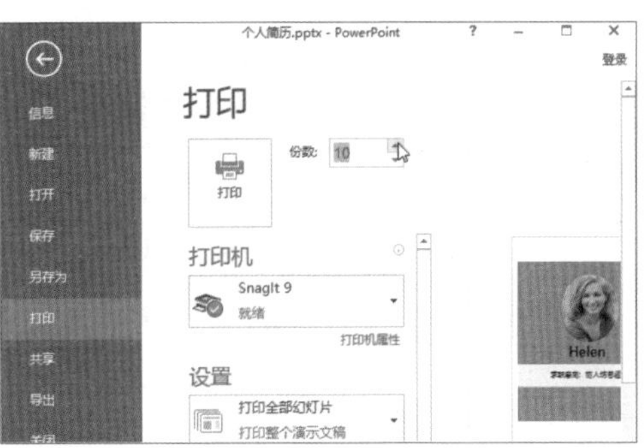

步骤 03 **选择打印机。**单击“打印机”下拉按钮，从列表中选择打印时使用的打印机，如下左图所示。

步骤 04 **设置打印范围。**单击“设置”下拉按钮，从列表中选择打印当前演示文稿中的哪些幻灯片，如下右图所示。

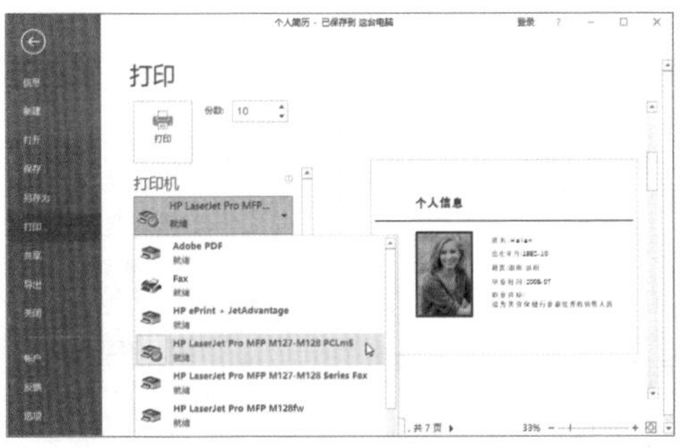

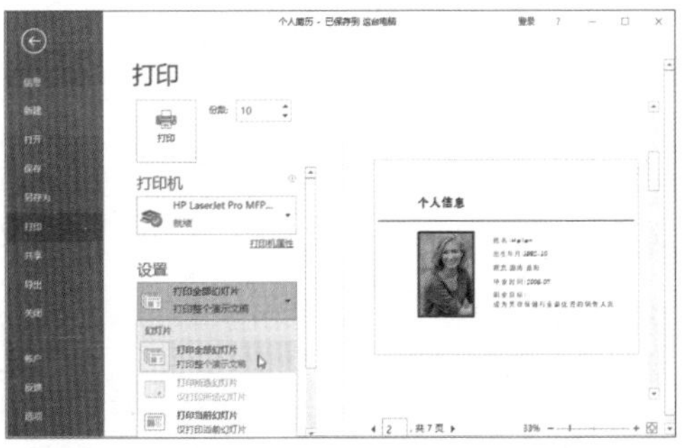

步骤 05 **自定义幻灯片打印范围。**如果选择“自定义范围”选项，则需要在下方的“幻灯片：”右侧的文本框中输入幻灯片编号或者幻灯片范围，如下左图所示。

步骤 06 **设置打印排版方式。**单击“整页幻灯片”下拉按钮，在展开的列表中设置幻灯片的打印版式、每页包含几张幻灯片、幻灯片是否添加边框等，如下右图所示。

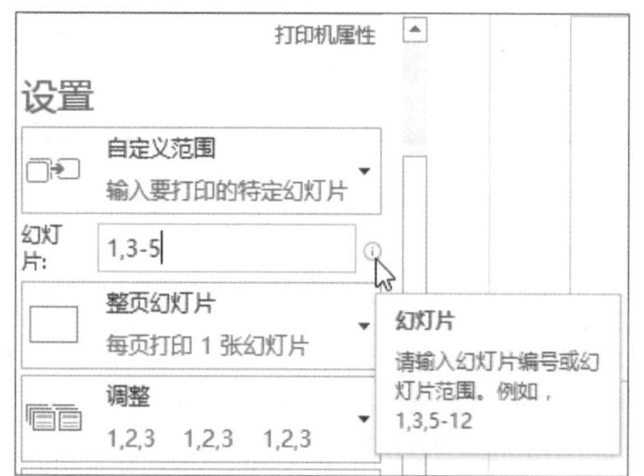

步骤 07 **设置打印色彩。**单击“颜色”下拉按钮，在列表中选择合适的选项，对打印时的色彩方式进行设置，如下左图所示。

步骤 08 **启动页眉页脚编辑。**单击“编辑页眉页脚”按钮，如下右图所示。

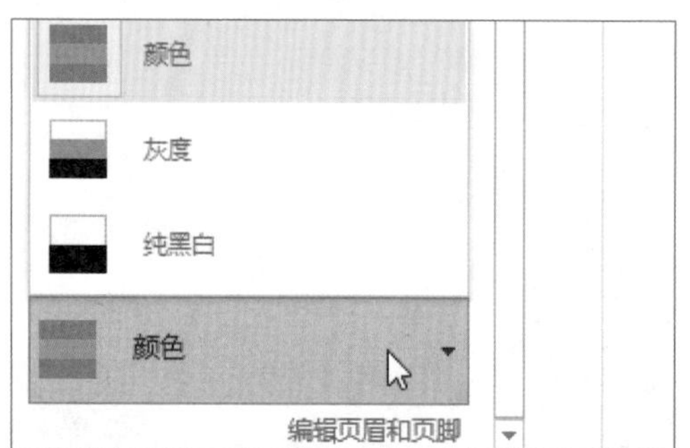

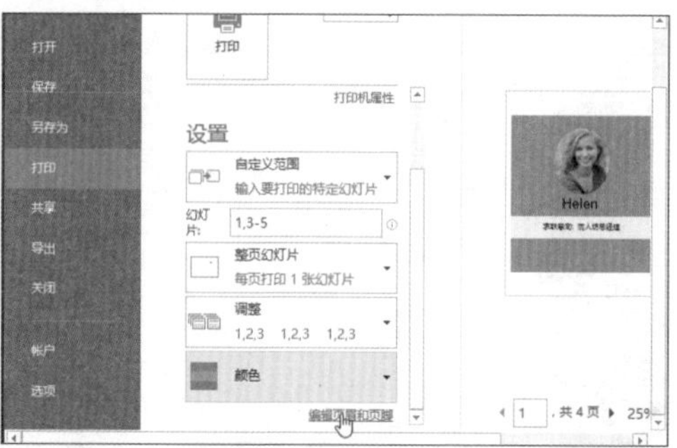

步骤 09 **设置页眉和页脚。**打开“页眉和页脚”对话框，可以对幻灯片/备注和讲义的页眉和页脚进行设置，完成后单击“应用”按钮，为当前幻灯片应用该效果，单击“全部应用”按钮，为所有幻灯片应用该效果，如下左图所示。

步骤 10 **打印幻灯片。**设置完成后，单击“打印”按钮，可打印幻灯片，如下右图所示。

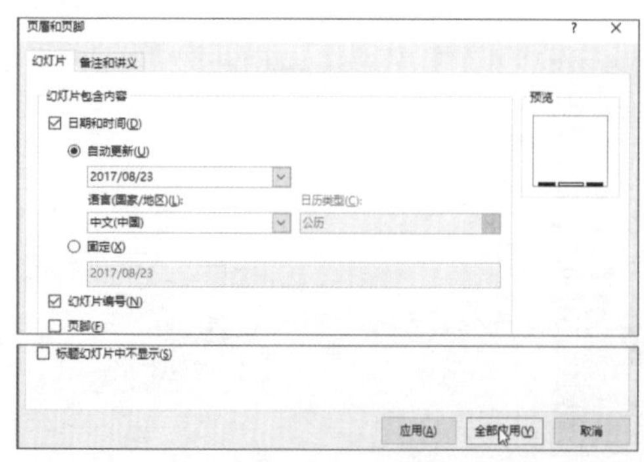

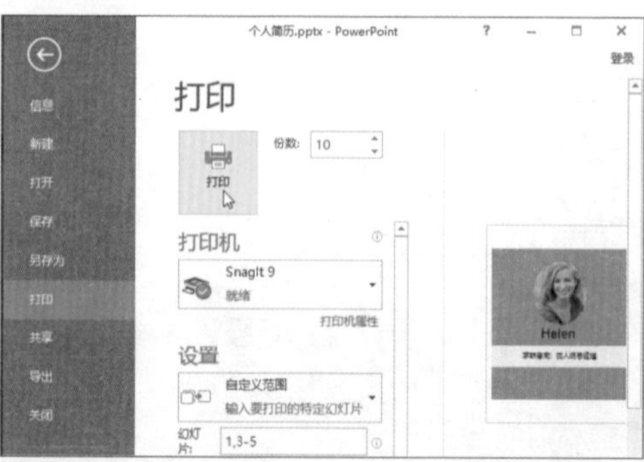

Chapter

10 网络连接与资源共享

内容导读

使用电脑时，如果要查找实时信息、参考资料，都需要上网才能实现。如果用户希望可以将电脑中的资源共享给其他用户，同样需要网络的支持。那么，该如何设置网络连接和创建局域网，并且共享网络资源呢？本章将对这些内容进行介绍。

知识要点

使用拨号连接上网

查看网络连接

使用网络安装向导

设置IP地址与工作组

共享打印机

Section 01

了解Internet

Internet使用相同的通讯协议，把世界各地的计算机、计算机网络设备连接在一起，以实现最大范围的资源共享。

01 什么是Internet

Internet通常称为因特网、互联网等。它是全球性的最具有影响力的计算机互连网络。Internet指以NSFnet为基础，遵循TCP/IP协议，由大量网络互联而成的“超级网”。它具有开放性、共享性、平等性、低廉性、交互性等特点。

Internet起源于一个名叫ARPANET的广域网。该网是1969年由美国国防部高级研究计划署（ARPA）创办的一个实验性网络。后来不断有新团体的网络加入，该网变得越来越大，功能也逐步完善，1983年正式命名为Internet，我国于1993年正式接入Internet。

Internet主要是由通信线路、路由器、主机与信息资源等部分组成的。

❶ 通信线路

可以分为两类：有线通信线路与无线通信信道。传输速率指的是每秒钟可以传输的比特数。它的单位为位/秒（bps）。通信线路的最大传输速率与它的带宽成正比。

❷ 路由器

路由器是Internet中最重要的设备之一，它负责将Internet中的各个局域网或广域网连接起来。

❸ 主机

主机是Internet中不可缺少的成员，它是信息资源与服务的载体。主机可以分为两类：服务器与客户机。服务器是信息资源与服务的提供者，它一般是性能较高、存储容量较大的计算机；客户机是信息资源与服务的使用者，它可以是普通的微型机或便携机。

❹ 信息资源

信息资源是指人类社会信息活动中积累起来的以信息为核心的各类信息活动要素（信息技术、设备、设施、信息生产者等）的集合。

02 Internet的服务功能

Internet的基本服务功能主要有以下几种：网络信息服务（WWW）、电子邮件服务（E-mail）、文件传输服务（FTP）、远程登录服务（Telnet）、广域信息系统（Wais）、电子公告板服务（BBS）等。下面对常见的几种服务进行介绍。

❶ 网络信息服务

又称因特网网上信息服务，指的是在网络环境下信息机构和行业利用计算机、通讯和网络等现代技术从事信息采集、处理、存贮、传递和提供利用等一切活动，其目的是为了给用户提供所需的网络信息数据、产品和快捷的服务，让人们从繁重的体力劳动中解放出来，享受网络带来的省事、省心、省力。

❷ 电子邮件服务

E-mail是一种通过Internet与其他用户进行联系的快速、简便、价廉的现代化通信手段，也是目前Internet用户频繁使用的一种服务功能。

❸ 文件传输服务

文件传输服务由TCP/IP的文件传输协议FTP（File Transfer Protocol）支持。文件传输协议负责将文件从一台计算机传输到另一台计算机上，并且保证其传输的可靠性。人们将这一类服务称为FTP服务。通常，人们也把FTP看成用户执行文件传输协议所使用的应用程序。采用FTP传输文件时，不需要对文件进行复杂的转换。

❹ 远程登录服务

远程登录是Internet最早提供的基本服务功能之一。Internet中的用户远程登录是指用户使用Telnet命令，使自己的计算机暂时成为远程计算机的一个仿真终端的过程。一旦用户成功地实现了远程登录，用户使用的计算机就可以像一台与对方计算机直接连接的本地终端一样进行工作。

❺ 广域信息系统

广域信息系统（Wais）是一个分布式文本搜索系统，它的信息库内容丰富，涉及面广，从各类文档到各类专业文档库应有尽有，系统根据文件的内容建立索引。Wais允许用户通过使用自然语言给定关键词，可以获得大量的文本信息。

❻ 电子商务服务

电子商务主要涵盖三个方面的内容：一是政府贸易管理的电子化，即采用网络技术实现数据和材料的处理、传输和存储；二是企业电子商务，即企业间利用计算机技术和网络技术实现与供货商、用户之间的商务活动；三是电子购物，即企业通过网络为个人提供的服务及商业的行为。

❼ 电子公告板服务

电子公告板BBS（Bulletin Board System）也称电子布告栏系统，在国内一般称作网络论坛。BBS为用户开辟一块展示“公告”信息的公用存储空间作为“公告板”，这就像实际生活中的公告板一样，用户在这里可以围绕某一主题开展持续不断的讨论，可以把自己参加讨论的文字“张贴”在公告板上，或者从上面读取其他人“张贴”的信息。电子公告板的好处是可以由用户来“订阅”，每条信息也能象电子邮件一样被拷贝和转发。

03 Internet相关术语

下面介绍Internet常用的相关术语。

❶ 网页

- **网页**：是一组精心设计制作的类似于图书的页面，用户通过浏览器看到的页面即网页。
- **主页**：站点的第一个页面称为主页（HomePage），它是站点的出发点。一般由主页通过超链接的方式进入其他页面，或引导用户访问其他网页服务器网址上的页面。

- **网站：**多个相关的Web页的组合叫做网站。
- **服务器：**放置Web站点的计算机叫做Web服务器。

② HTML

- HTML（**超文本标记语言**）：WWW的信息是基于超文本标记语言描述的文件，所有WWW的页面都是用HTML编写的超文本文件。超文本文件是包含超链接的文件。在浏览一个页面时，总会看见有些文字或其他对象，当光标放在这些对象上时，会由“箭头”形状变成“小手”形状，当单击鼠标时会进入新的页面，这些文字或对象就是超链接。

③ 超文本传输协议（HTTP）

- HTTP（**超文本传输协议**）：是WWW使用的协议，但HTTP的服务不限于WWW，HTTP协议允许用户在统一界面下，采用不同的协议访问不同的服务，如FPT、DNS、SMTP、TELNET等。

④ URL（Uniform Resource Locator）

WWW采用“统一资源定位”来表示超媒体之间的链接。

- **URL的作用：**不论身处何地，用哪种计算机，只要输入同一个URL，就会连接到相同的网页。目前，几乎所有Internet的文件或服务都可以用URL的形式表示。
- **URL组成：**由双斜线分成两部分，前一部分指出访问方式，后一部分指明文件或服务所在服务器的地址及具体存放位置。

⑤ 客户/服务器方式

WWW由客户机（Client）、服务器（Server）、HTTP（超文本传输协议）组成。

- **WWW的工作方式：**以客户机/服务器（Client/ Server）方式工作。
- **实际的工作过程：**客户机向服务器发送一个请求，并从服务器上得到一个响应，服务器负责管理信息并对来自客户机的请求做出回答。
- **信息的传送：**客户机与服务器都使用HTTP传送信息，而信息的基本单位就是网页。当选择一个超链接时，WWW服务器就会把超链接所附的地址读出来，然后向相应的服务器发送一个请求，要求相应的文件，最后服务器对此做出响应并将超文本文件传送给用户。

网络连接

如果需要向其他用户发送信息或者登录网站，首先需要保证电脑网络连接畅通。下面介绍如何为电脑设置网络连接。

01 上网前的准备

使用电脑联网时，一般有3种方式：专线连接、拨号连接、无线连接。下面分别对其进行介绍。

❶ 专线连接

通过专用线路将局域网接入Internet，局域网的用户可以通过此专线进入Internet，这种方式的上网速度比较快。专线连接有四种方式：ISDN专线接入 、ADSL专线接入、DDN专线接入、光纤接入。

使用专线上网时，用户需要用一条网线将电脑接入网络，并且所用电脑要配有网卡。

❷ 拨号连接

一般单用户通过电话线上网，这种上网方式比较简单，但速度较慢。通过拨号接入Internet的第一件事就是向某个ISP申请一个合法的Internet帐号。ISP是Internet服务提供商的简称。它是用户接入Internet的入口。只有成功申请到Internet帐号，才能与ISP建立连接，然后由ISP动态分配一个IP地址，使用户的电脑成为Internet中的一员。

拨号上网时，用户需要一条电话线和调制解调器将电脑连接入网。

❸ 无线连接

无线连接允许用户建立远距离无线连接的全球语音和数据网络，也包括为近距离无线连接进行优化的红外线技术及射频技术。

使用无线连接时，要求电脑配有无线网卡，并且处于无线网覆盖范围内。

02 建立拨号宽带连接

随着经济和科技的不断进步，电脑进入千家万户，那么将网络安装入户并且将网线与电脑连接后，如何设置拨号宽带连接？下面进行详细介绍。

步骤 01 **打开网络和共享中心。**在Win10系统中，任务栏右下角有网络连接状态图标，在该图标上右键单击，在弹出的快捷菜单中执行“打开网络和共享中心”命令，如右图所示。

步骤 02 **设置新的网络。**打开“网络和共享中心”窗口，单击“设置新的连接或网络”选项，如下左图所示。

步骤 03 **选择连接选项。**弹出“设置连接或网络”界面，选择“连接到 Internet”选项，单击“下一步”按钮，如下右图所示。

步骤 04 创建新连接。弹出“连接到Internet”界面，单击“否，创建新连接”单选按钮，单击“下一步”按钮，再选择“宽带（PPPOE）”选项，如下图所示。

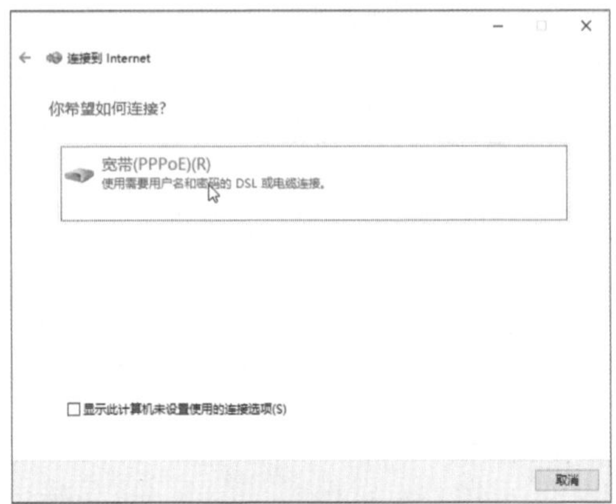

步骤 05 输入帐号密码。需要输入正确的宽带帐号和密码，这个帐号和密码是安装网线时宽带运营商提供的，单击“连接”按钮，如下左图所示。

步骤 06 自动连接网络。稍等片刻，等待网络连接完成即可，如下右图所示。

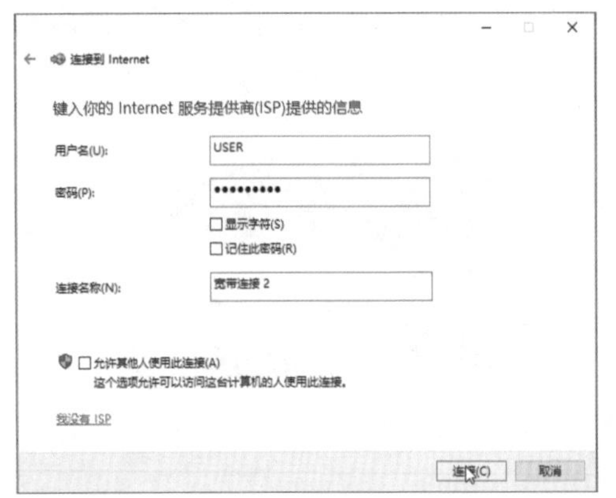

03 建立无线网络连接

越来越多的用户为了使用方便，会选择无线网络。在使用无线连接时，首先确保路由器无线功能已启用，知道当前路由器的无线加密密码，当前电脑具有无线网卡或者已经插入无线网卡，且处于无线网覆盖范围。按照下面的方法可将电脑接入无线网。

步骤 01 进入无线设置。在任务栏中可以看到网络连接状态图标，如果未开启Wi-Fi功能，该图标显示为▣，单击该图标，在打开的列表中选择“网络设置”选项，如下左图所示。

步骤 02 打开无线功能。打开“网络和INTERNET”窗口，拖动Wi-Fi选项的滑块，使其处于“开”状态，如下右图所示。

步骤 03 **选择无线网。**电脑将自动检测无线网络，在需要连接的无线网络上单击，勾选“自动连接”复选框，单击“连接”按钮，如下左图所示。勾选“自动连接”复选框后，在以后启动电脑时，如果电脑处于该无线网信号覆盖范围内，则自动连接到该无线网络。

步骤 04 **输入密钥。**按需输入网络安全密钥，单击“下一步”按钮，如下右图所示。

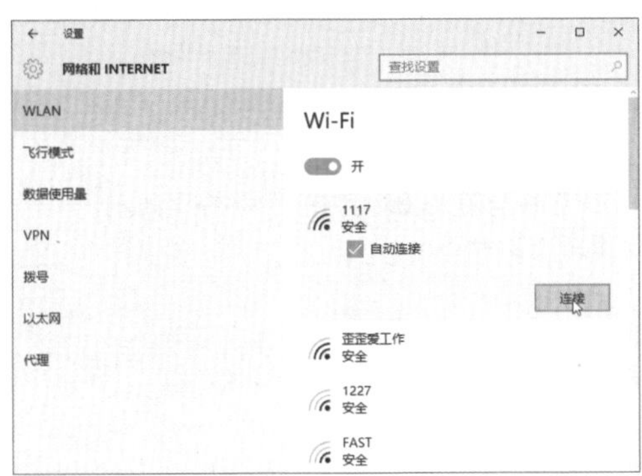

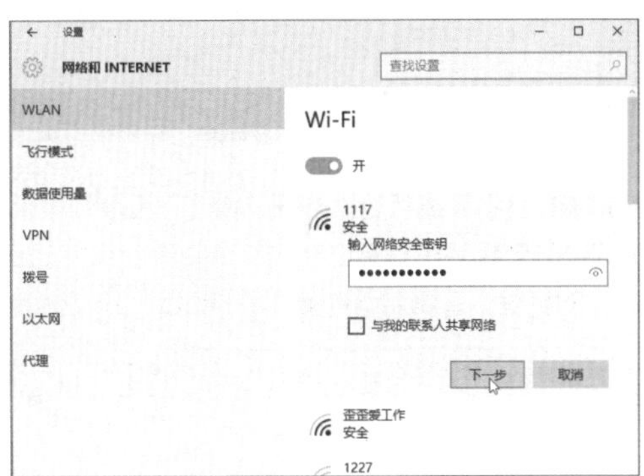

步骤 05 **安全提示。**弹出提示，按需单击“是”按钮或“否”按钮，如下左图所示。

步骤 06 **成功连接。**连接网络成功后，可以看到网络连接状态图标发生了改变，如下中图所示。

步骤 07 **直接连接。**如果电脑已经开启Wi-Fi功能，则直接单击网络连接状态图标，在弹出的窗格中直接单击需要连接的无线网，然后单击“连接”按钮，并输入网络安全密钥，再单击“下一步”按钮，即可连接到网络，如下右图所示。

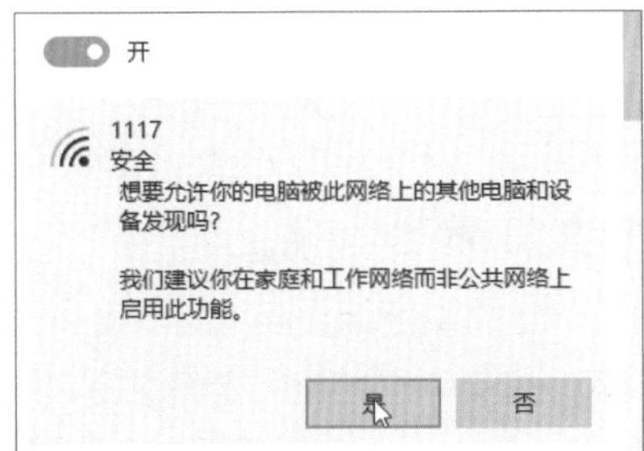

04 查看网络连接

启动电脑后，通过任务栏中的网络状态图标可以了解当前网络连接状态。表示无线网已连接且可以上网，表示无线网未连接表示，表示无线功能关闭，表示宽带已连接且可以上网，表示宽带未连接。如果需要进一步了解网络连接，可按照下面方法操作。

步骤 01 **打开设置中心。**在网络状态图标上右击，在弹出的快捷菜单中执行“打开网络和共享中心”命令，如下左图所示。

步骤 02 **选择当前连接。**打开“网络和共享中心”窗口，单击当前连接的网络名称，如下右图所示。

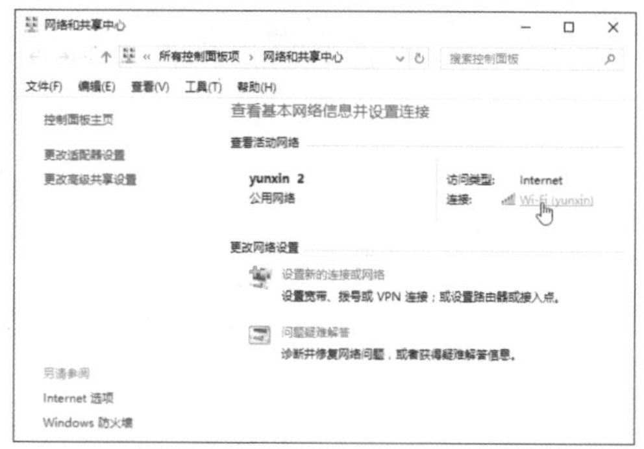

步骤 03 **查看无线状态。**打开“Wi-Fi状态”对话框，可以查看当前无线网状态，如下左图所示。

步骤 04 **查看更多信息。**单击“Wi-Fi状态”对话框中的“详细信息”按钮，打开“网络连接详细信息”对话框，查看网络连接详细信息，如下右图所示。

05 断开网络连接

如果想断开当前网络连接，可按照下面的方法操作。

步骤 01 **断开网络。**单击网络状态图标，单击当前连接的网络名称，接着单击出现的“断开连接”按钮，即可断开网络，如下左图所示。

步骤 02 **关闭无线功能。**对于无线网连接来说，也可以单击上一步骤中的“网络设置”按钮，在打开的对话框中将Wi-Fi滑块拖动到“关”状态，如下右图所示。宽带连接的断开同无线网络的断开大体一致，这里就不再赘述。

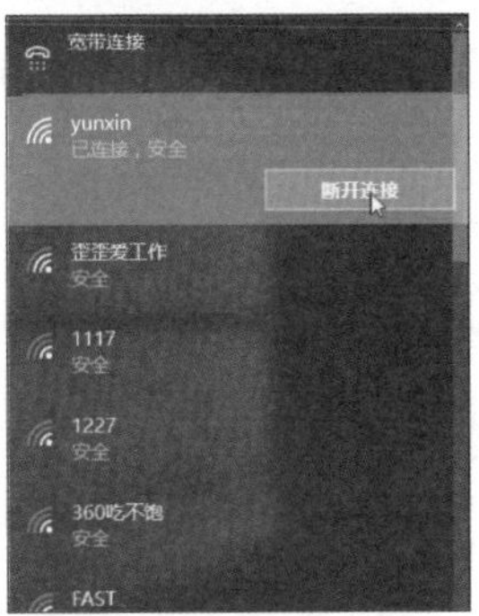

局域网的创建和使用

在公司、学校、工厂等场所，由各种计算机、网络设备和服务器等组成的计算机通信网简称LAN。它可以通过数据通信网或专用数据电路与另外的局域网、数据库或处理中心连接。

01 安装局域网

通过局域网可以让员工在公司开会的时候分享同一份资料；可以让教师在教学中共享课件。以创建临时局域网为例介绍，具体操作方法如下。

步骤 01 **查看状态。**打开“Wi-Fi状态”对话框，单击“属性”按钮，如下左图所示。

步骤 02 **勾选协议。**在“网络”选项卡中勾选所有项目，如下右图所示。

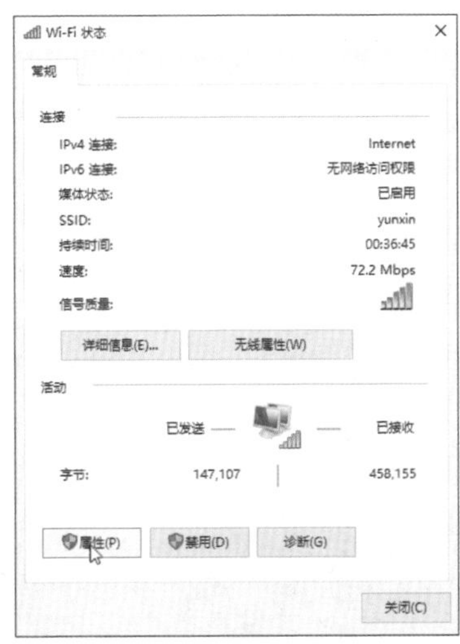

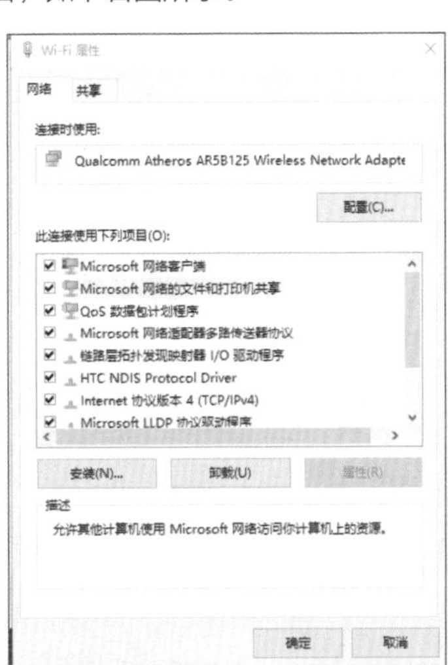

步骤 03 **启动共享上网。**切换至“共享”选项卡，勾选“允许其他用户通过此计算机的Internet连接来连接”复选框，按需选择是否勾选“允许其他网络用户控制或禁用共享的Internet连接”复选框，再单击“设置”按钮，如下左图所示。

步骤 04 **勾选服务功能。**打开“服务”窗格，依次勾选“服务”列表框中的各选项，例如，勾选“FTP服务器”选项，如下右图所示。

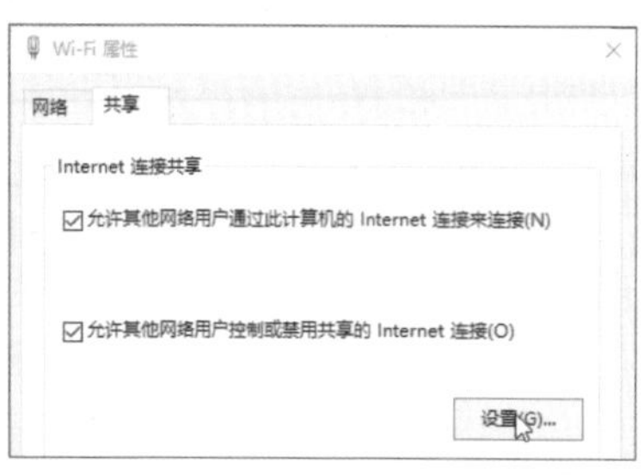

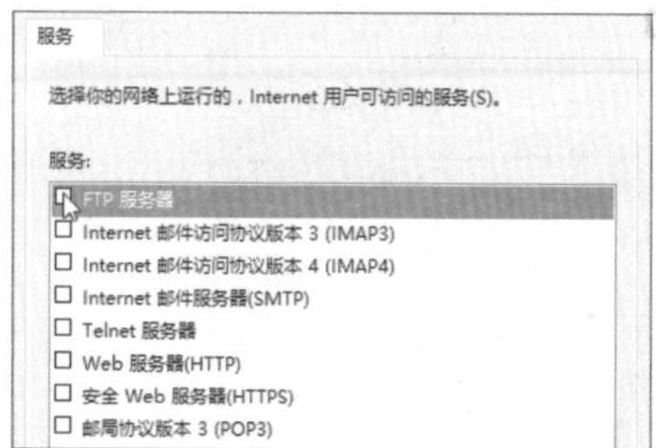

步骤 05 **设置FTP信息。**弹出“服务设置”窗格，可以设置访问地址，单击“确定”按钮，如下左图所示。为所有项目设置同一计算机名或IP地址，方便以后访问。

步骤 06 **打开网络和共享中心。**返回桌面，在网络状态图标上右击，在弹出的快捷菜单中执行“打开网络和共享中心”命令，如下右图所示。

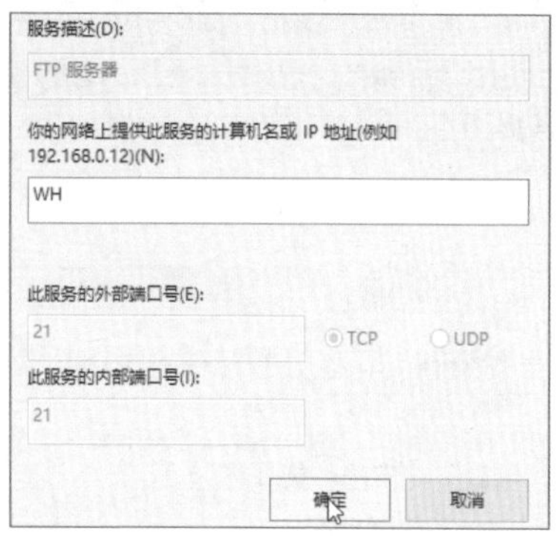

步骤 07 **设置新的连接或网络。**打开“网络和共享中心”窗口，单击“设置新的连接或网络”选项，如下左图所示。

步骤 08 **连接到工作区。**弹出“设置连接或网络”界面，选择“连接到工作区”选项，单击“下一步”按钮，如下右图所示。

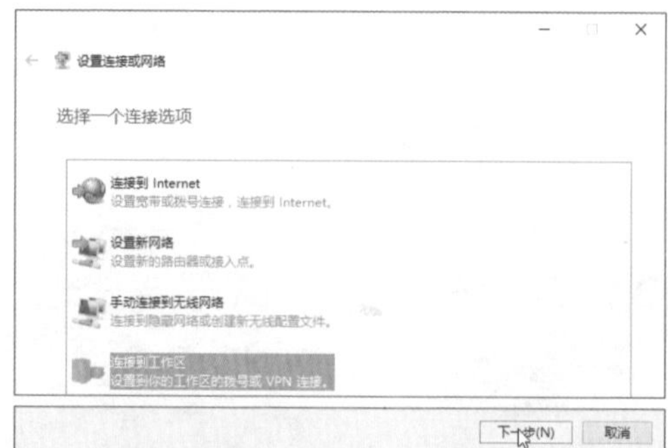

步骤 09 **连接VPN。**弹出“连接到工作区”界面，单击“使用我的Internet连接（VPN）”选项，如下左图所示。

步骤 10 **输入服务器地址。**输入步骤05中设置的地址，单击“创建”按钮，如下右图所示。

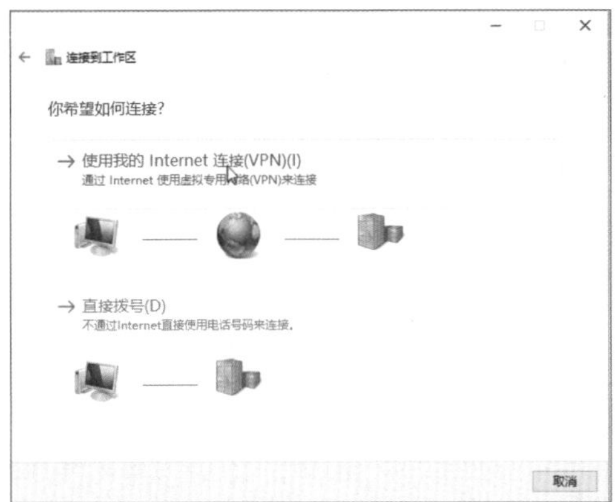

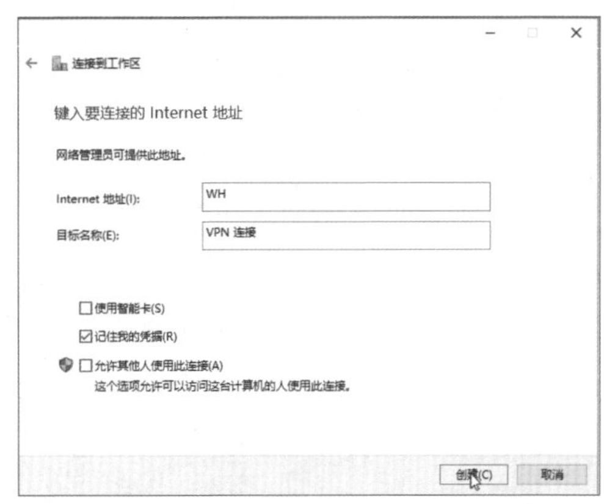

步骤 11 **创建连接。**显示正在创建连接，如下左图所示。

步骤 12 **连接VPN。**创建完成后，单击网络状态图标，单击“VPN连接”选项，如下右图所示。

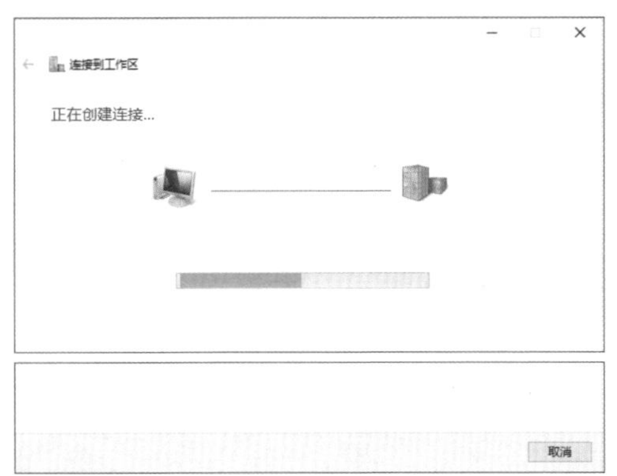

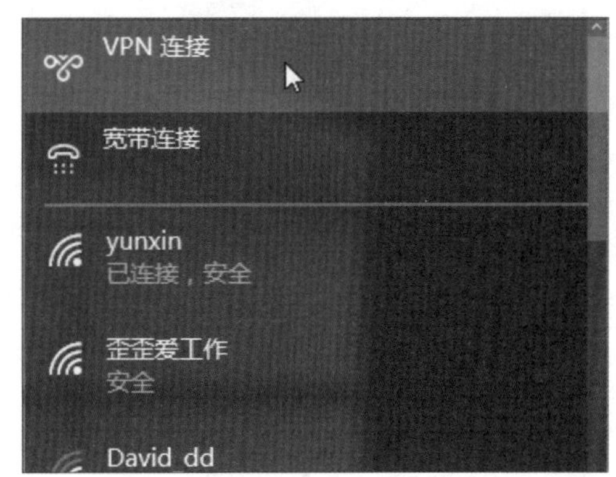

步骤 13 **设置VPN。**打开“网络和INTERNET”窗口，单击“VPN连接”选项，单击出现的“高级选项”按钮，如下左图所示。

步骤 14 **编辑VPN。**打开“VPN连接”窗口，单击“编辑”按钮，如下右图所示。

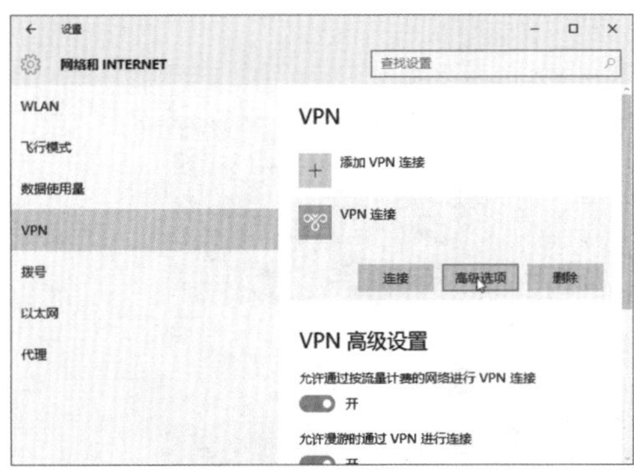

步骤 15 **设置用户名密码。**按需设置用户名和密码，设置完成后，单击“保存”按钮，如下左图所示。

步骤 16 **启动VPN连接。**如果其他用户需要连接至创建的局域网，则可打开“网络和INTERNET”窗格，单击“VPN连接”选项，接着单击出现的“连接”按钮，如下右图所示。

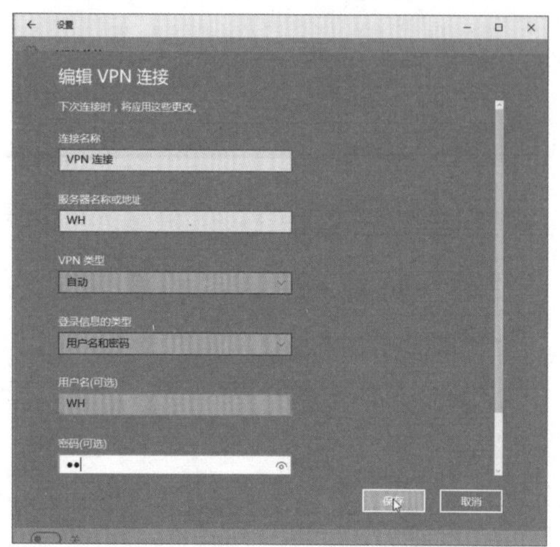

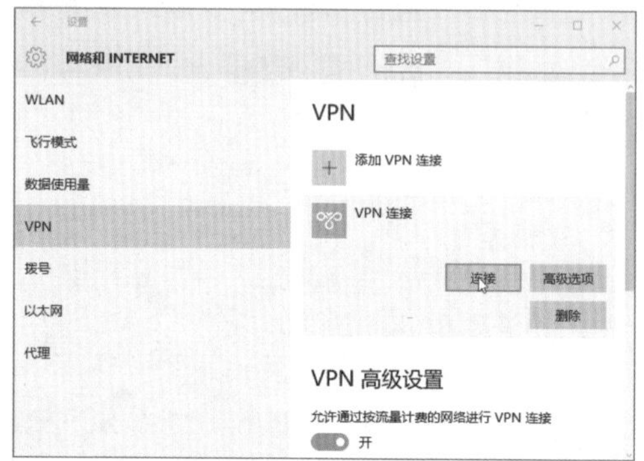

步骤 17 **输入用户名及密码。**按需输入网络管理员提供的用户名和密码，再单击“确定”按钮，即可连接到局域网，如右图所示。

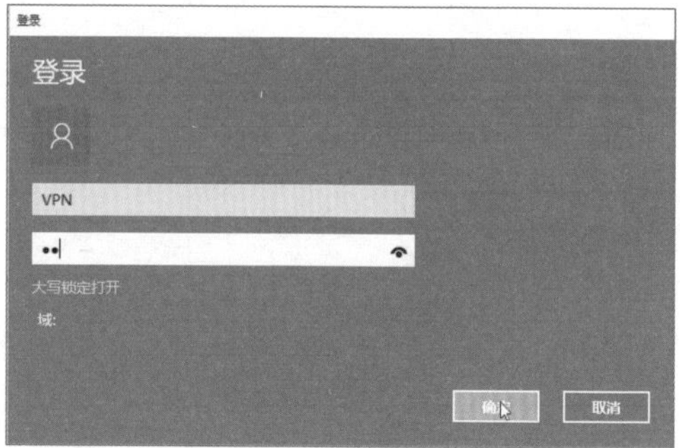

02 设置IP地址与家庭组

IP地址用来标识一个节点的网络地址。Internet给每一台上网的计算机分配了一个32位长的二进制数字编号，这个编号就是IP地址。

1 设置IP地址

在使用电脑连接网络时，如何设置IP地址呢？可按照下面的方法操作。

步骤 01 **进入网络设置中心。**在网络连接状态图标上右击，在弹出的快捷菜单中执行“打开网络和共享中心”命令，如右图所示。

步骤 02 **更改网卡设置。**打开“网络和共享中心”窗口，单击“更改适配器设置”选项，如下左图所示。

步骤 03 **进入网卡属性。**选择当前计算机连接的网络并右击鼠标，在弹出的快捷菜单中执行“属性”命令，如下右图所示。

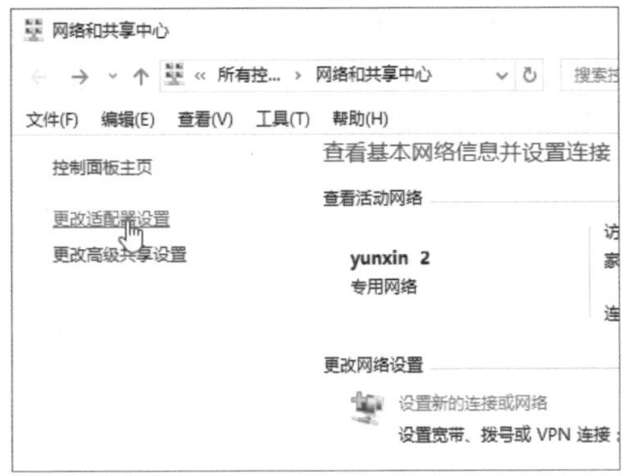

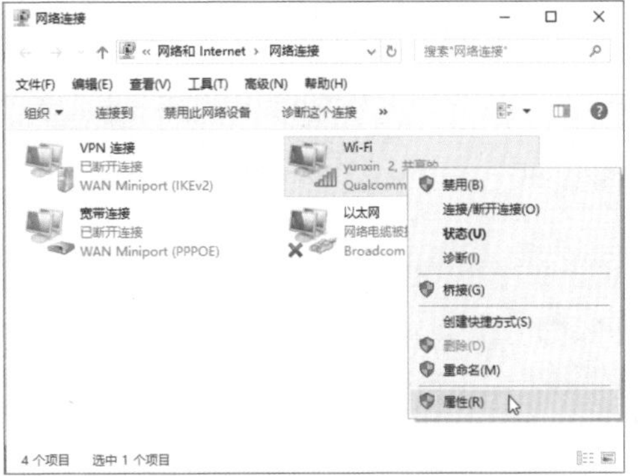

步骤 04 **进入网络设置。**打开“Wi-Fi属性”对话框，选择“Internet协议版本4（TCP/IPv4）”选项，单击“属性”按钮，如下左图所示。

步骤 05 **设置IP。**在打开的对话框中，按需为电脑设置IP地址即可，如下右图所示。

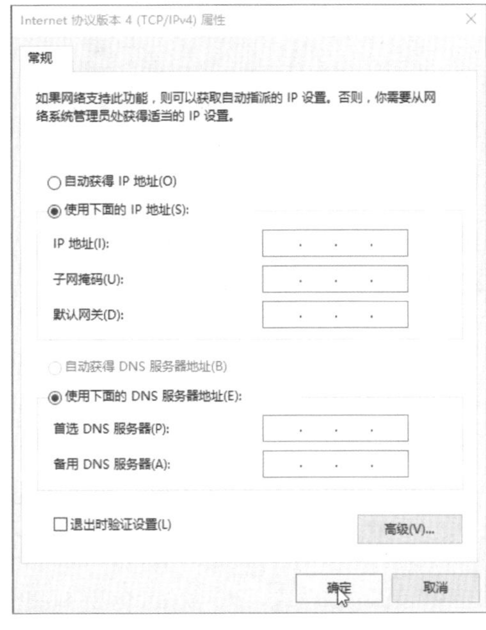

❷ 建立家庭组

如果多个用户处于同一网络中，可以创建家庭组，让网络中所有成员共享文件和打印机，其操作方法如下。

步骤 01 **设置家庭组。**打开“网络和共享中心”，单击“家庭组”选项，如下左图所示。

步骤 02 **单击“创建家庭组”按钮。**在“家庭组”对话框中单击“创建家庭组”按钮，如下右图所示。

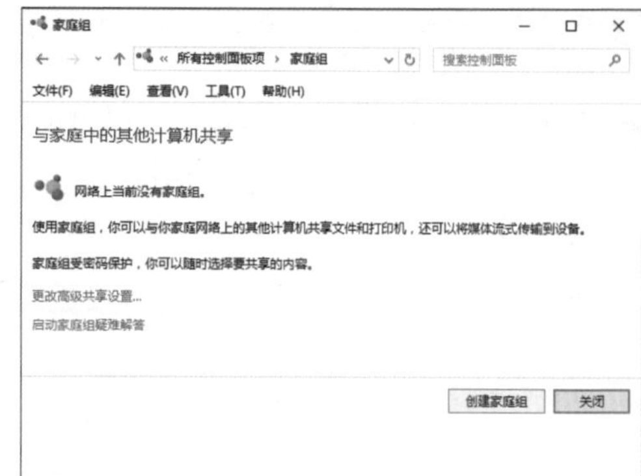

步骤 03 **查看功能。**查看家庭组的功能，再单击“下一步”按钮，如下左图所示。

步骤 04 **设置共享内容。**按需设置需要共享的文件夹和设备，单击“下一步”按钮，如下右图所示。

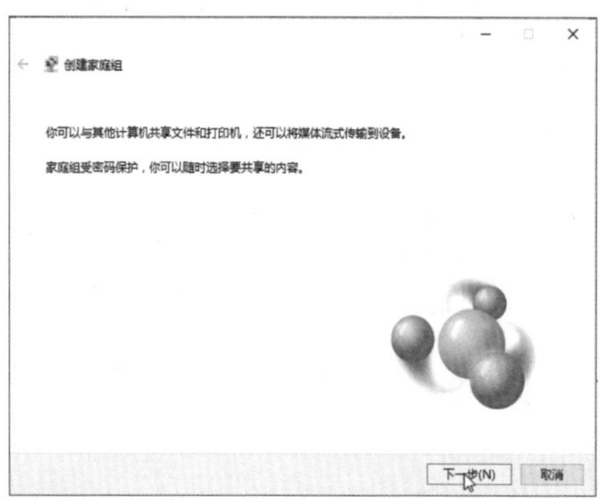

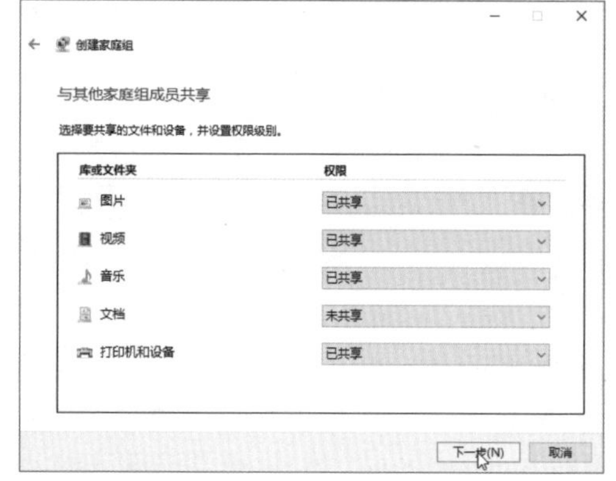

步骤 05 **创建家庭组。**弹出正在创建窗格，如下左图所示。

步骤 06 **查看家庭组密码。**创建家庭组后，会弹出家庭组密码，单击“完成”按钮，如下右图所示。

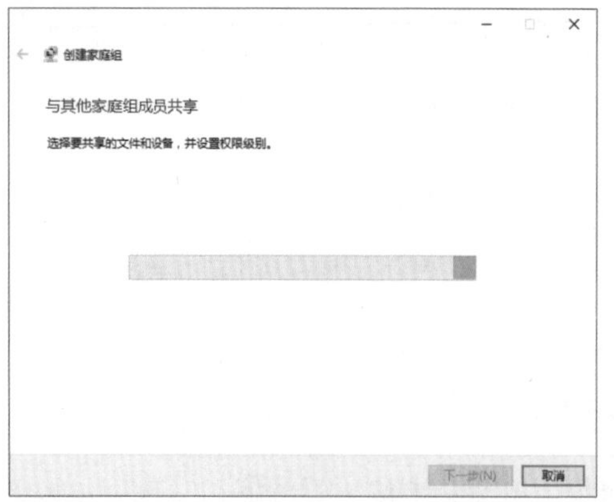

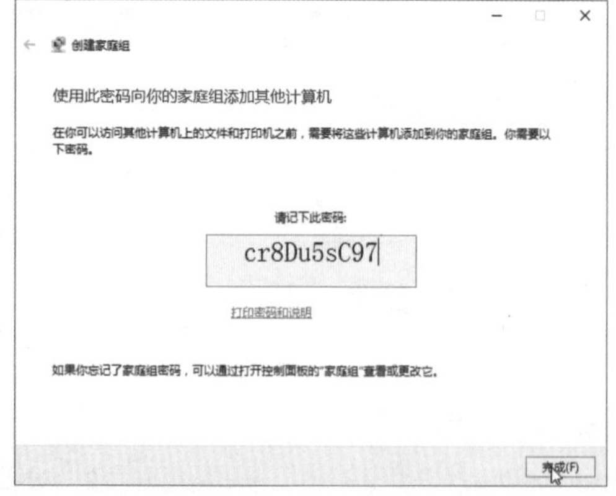

步骤 07 **启用更改密码功能。**返回“家庭组”窗格，如果需要修改家庭组密码，可单击“更改密码”选项，如下左图所示。

步骤 08 **更改密码。**弹出提示框，单击“更改密码”选项，如下右图所示。

步骤 09 **输入新密码。**输入新的家庭组密码，单击“下一步”按钮，如下左图所示。

步骤 10 **更改成功。**提示更改密码成功，单击“完成”按钮，如下右图所示。

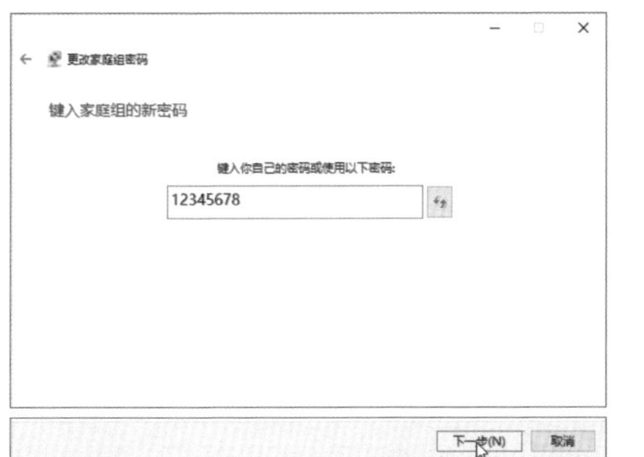

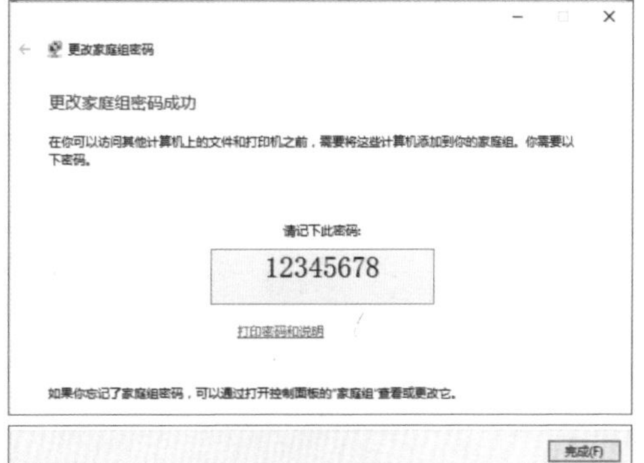

Section 04 网络资源共享

在日常工作中，经常需要将公共文件存放于文件夹中共享。同一办公室内的人员共同使用一台打印机时，可以将打印机共享使用。下面分别进行介绍。

01 共享文件夹

共享文件夹就是指某台电脑用来和其他电脑相互分享的文件夹。下面介绍如何将文件夹共享。

步骤 01 **共享文件夹给指定用户。**选择需要共享的文件夹并右击，在弹出的快捷菜单中执行“共享”命令，如下左图所示。

步骤 02 **设置访问用户。**打开“文件共享”对话框，输入需要共享文件的用户名，单击“添加”按钮，如下右图所示。

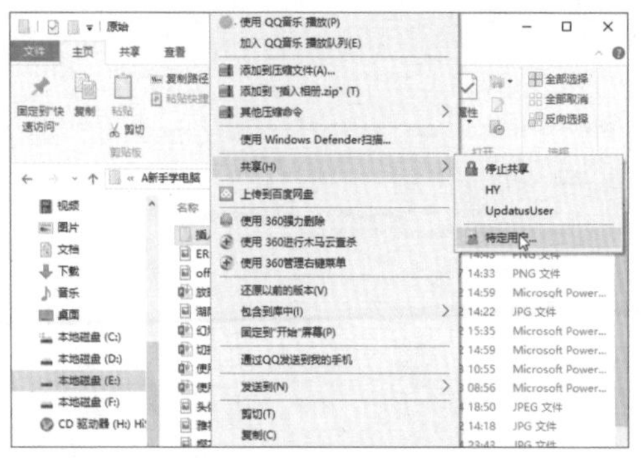

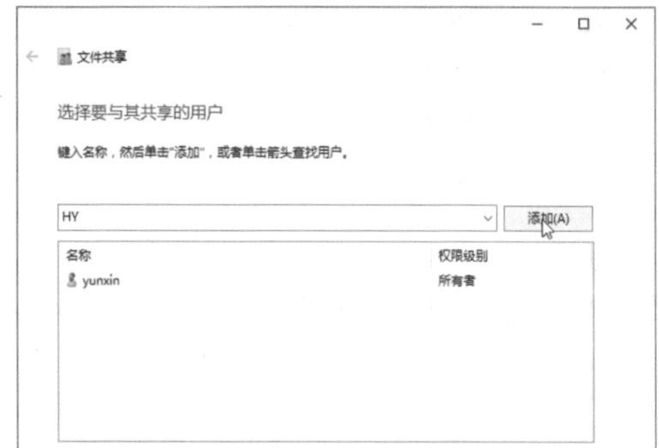

步骤 03 **设置权限。**单击“权限级别”按钮，从列表中选择“读取/写入”选项，如下左图所示。

步骤 04 **完成共享。**单击“共享”按钮，提示文件及已共享，再单击“完成”按钮，如下右图所示。

步骤 05 **启动控制面板。**在应用程序图标上右击，从右键开始菜单中执行“控制面板”命令，如下左图所示。

步骤 06 **启动管理工具。**打开“所有控制面板项”窗口，单击“管理工具”选项，如下右图所示。

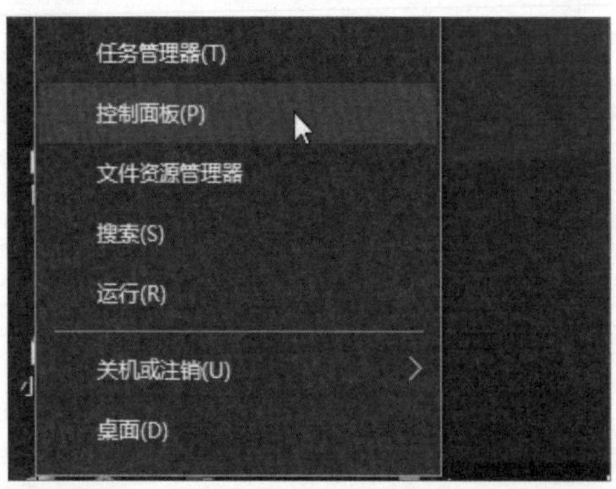

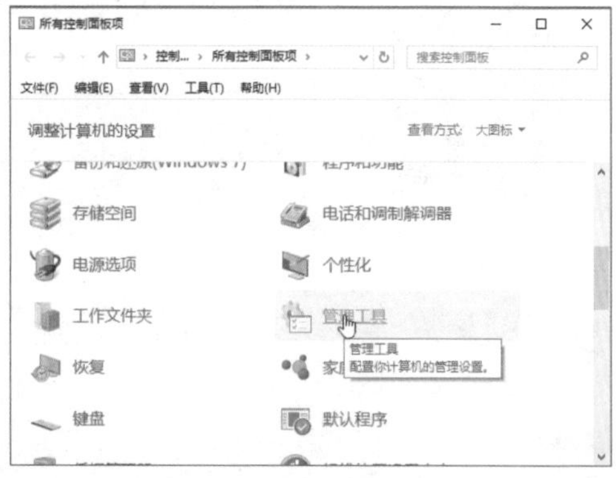

步骤 07 **进入计算机管理。**打开“管理工具”窗口，双击“计算机管理”选项，如下左图所示。

步骤 08 **新建共享。**打开“计算机管理”窗口，依次选择“共享文件夹→共享”选项，在右侧空白处右击，在弹出的快捷菜单中执行“新建共享”命令，如下右图所示。

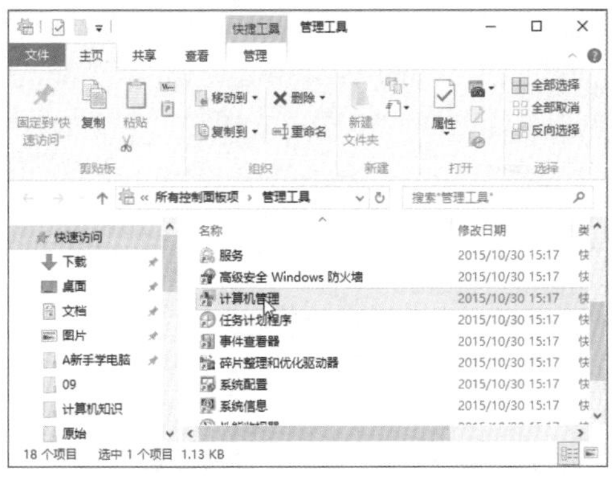

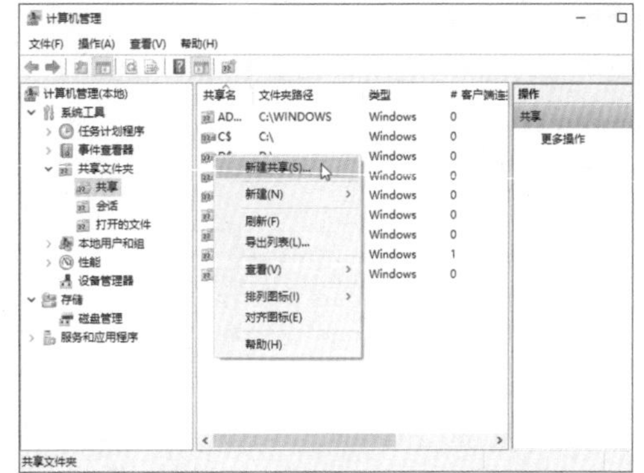

步骤 09 启动创建向导。弹出“创建共享文件夹向导”对话框，单击“下一步”按钮，如下左图所示。

步骤 10 查找文件夹。单击“文件夹路径”右侧的“浏览”按钮，如下右图所示。

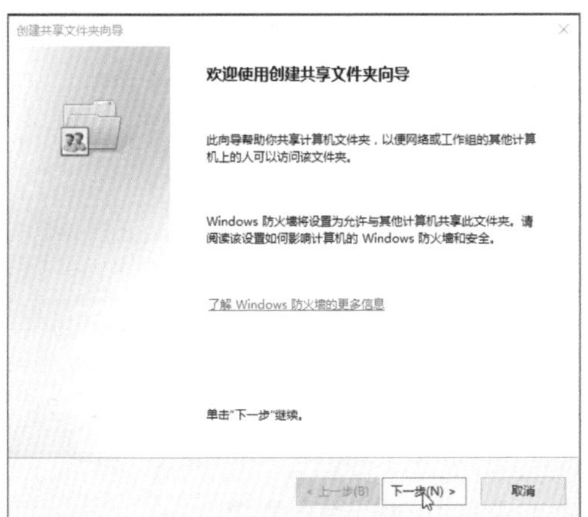

步骤 11 选择文件夹。选择文件夹，单击“确定”按钮，如下左图所示。

步骤 12 完成选择。单击“下一步”按钮，如下右图所示。

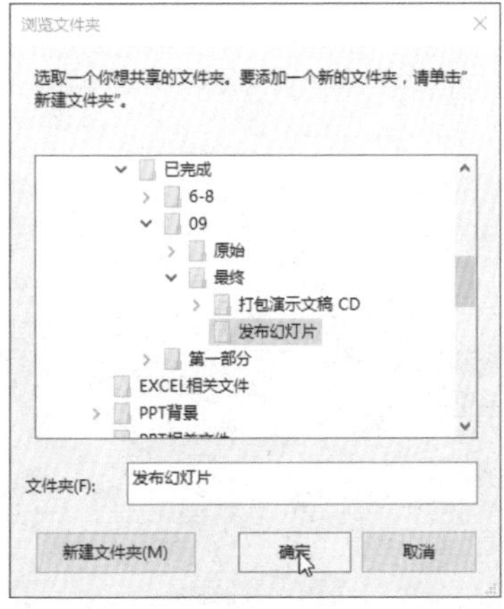

步骤 13 **查看配置。**保持默认设置，单击“下一步”按钮，如下左图所示。

步骤 14 **设置权限。**按需设置共享文件夹权限，单击“完成”按钮，如下右图所示。

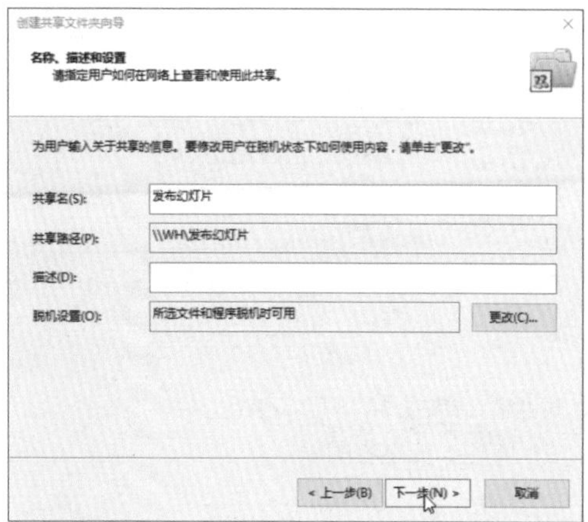

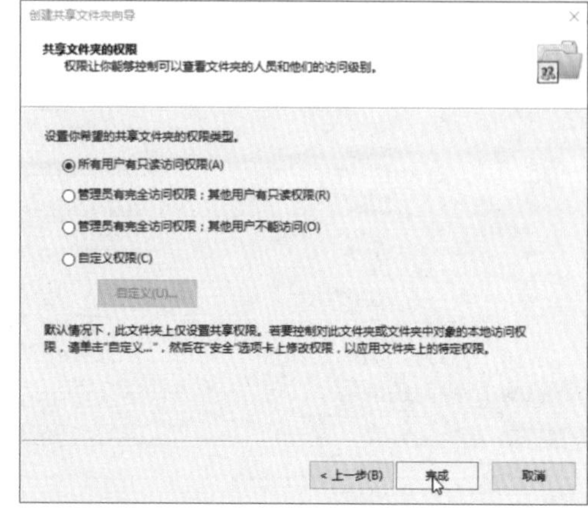

步骤 15 **完成共享设置。**共享成功后，弹出提示，单击“完成”按钮，如右图所示。

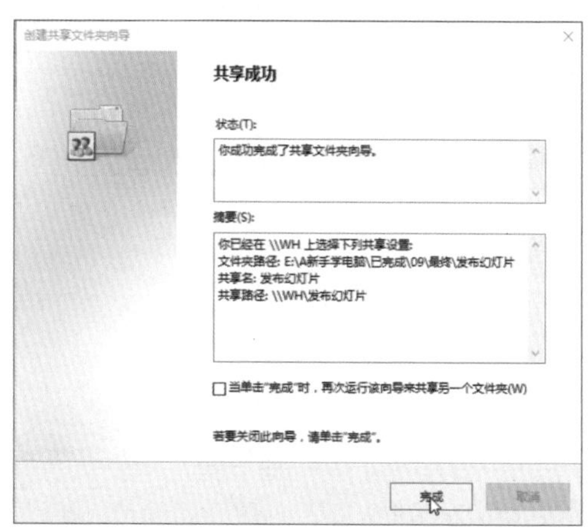

02 共享打印机

为了节约成本，经常需要多人使用一台打印机，那么如何让多人使用打印机打印文件呢？将打印机共享后即可实现，下面介绍如何实现打印机共享操作。

步骤 01 **进入控制面板。**在应用程序图标上右击，从右键开始菜单中执行“控制面板”命令，如右图所示。

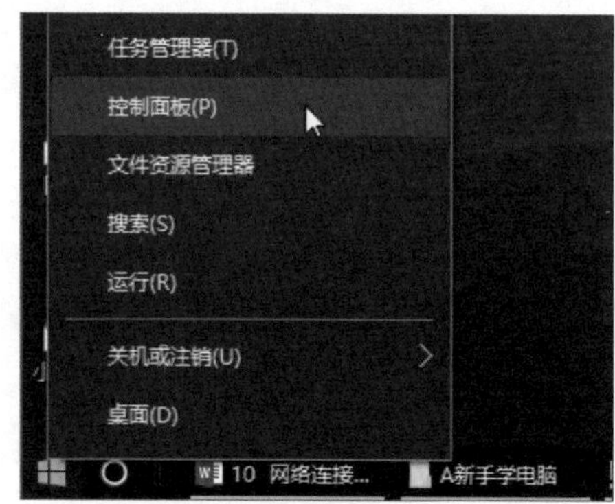

步骤 02 **设置打印机。**打开“所有控制面板项”窗口，选择“设备和打印机”选项，如下左图所示。

步骤 03 **进入属性设置。**选择打印机并右击，在弹出的快捷菜单中执行“打印机属性”命令，如下右图所示。

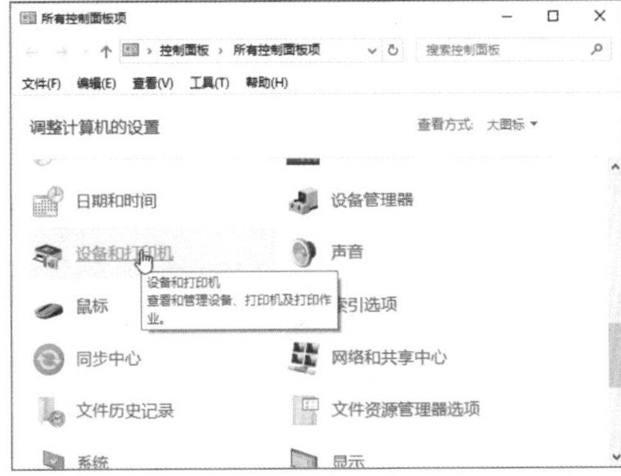

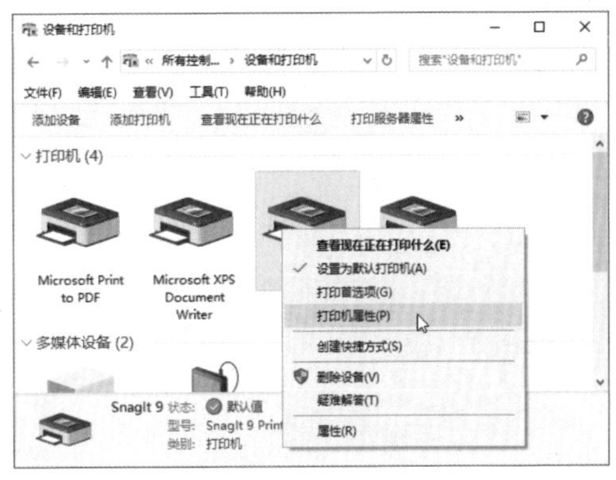

步骤 04 **设置共享。**打开“属性”对话框，在“共享”选项卡中勾选“共享这台打印机”复选框，设置共享名，再单击“应用”按钮，如右图所示。

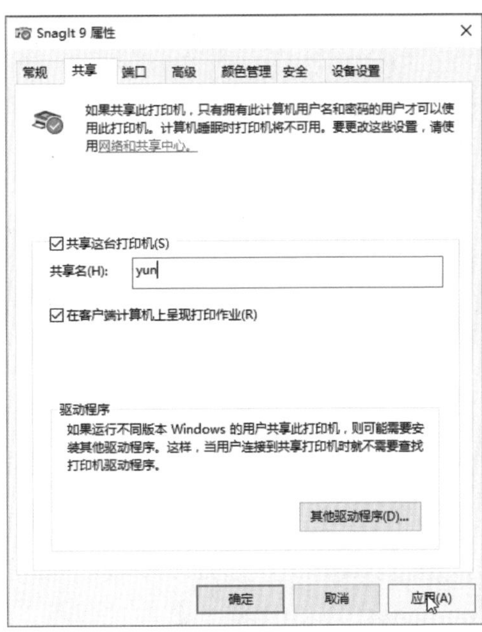

Chapter 11

体验Edge的魅力

内容导读

Windows 10内置的浏览器为Microsoft Edge。通过Edge浏览器，用户可以登录邮箱、访问网页、保存图片。本章对Edge浏览器进行详细介绍。

知识要点

浏览与收藏网页

查看与清除网页浏览记录

使用Edge浏览器的即时搜索功能

下载网上资源

屏蔽不良信息

巧识冒牌网站

新的浏览器Edge

启动Edge浏览器后，即可进入浏览器主页面，下面来了解一下全新的Edge浏览器。

浏览器界面包含标题栏、菜单栏、工具栏、URL地址栏、页面显示区、滚动条等，如右图所示。

标题栏显示当前主页面名称，位于浏览器左上角。在标题栏最右侧有最小化、最大化、关闭3个按钮。在按钮下方为浏览器的菜单栏。标题栏下方为工具栏。工具栏和菜单栏之间为URL地址栏。最右侧有一个滚动条，可向下滑动查看页面内容。界面中最大的显示区域为页面显示区，显示当前页面内容。

Edge浏览器界面简洁，在查找内容阅读时，受到的干扰较少。可以直接在地址栏中快速搜索指定内容，也可以直接在网页上做笔记、涂鸦等。

Section 02

Edge浏览器的基本操作

在使用Edge浏览器的过程中，基本操作包括设置Edge浏览器、打开和关闭网页、浏览与收藏网页、查看网页浏览记录等。下面分别进行介绍。

01 设置Edge浏览器

下面对Edge浏览器的一些常规设置进行介绍。

步骤 01 **启动浏览器。**单击应用程序图标，从“开始”菜单中执行“所有应用→Microsoft Edge”命令，如右图所示。如果Microsoft Edge应用程序图标固定在开始屏幕，也可以直接单击开始屏幕上方的Microsoft Edge图标。

步骤 02 **选择"设置"选项。**启动浏览器后，单击屏幕右上角标题栏下方的"更多"按钮，从列表中选择"设置"选项，如右图所示。

步骤 03 **设置主题。**单击"选择主题"下拉按钮，从列表中选择一种合适的主题方案，如右图所示。

步骤 04 **设置浏览器打开方式。**"打开方式"有4种：起始页、新建标签页、前页、特定页。选择前3种中的任意一种后，需在"新标签页打开方式"列表中选择一种合适的打开方式，如下左图所示。

步骤 05 **自定义设置。**如果设置"打开方式"为"特定页"，则在下方列表中有"MSN""必应""自定义"3个选项可供选择，这里选择"自定义"选项，如下中图所示。

步骤 06 **添加地址。**在地址栏中输入特定页地址，再单击"添加"按钮，如下右图所示。

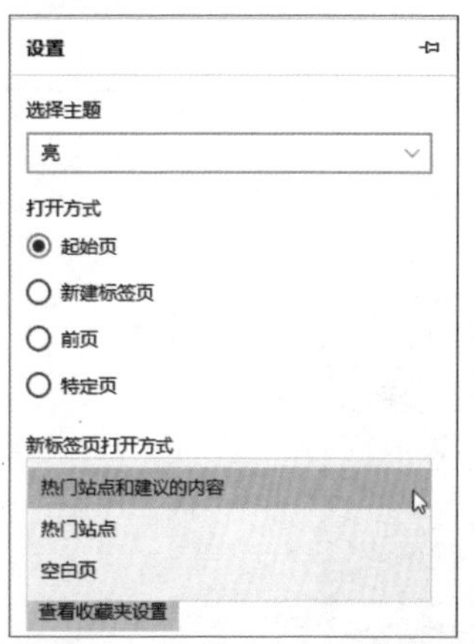

步骤 07 **打开两个页面。**如果指定了两个页面为打开页面，则重新启动浏览器后将出现两个主页面，如下左图所示。

步骤 08 **打开必应界面。**如果在步骤05中选择了“必应”作为指定页，则重启浏览器后，界面如下右图所示。

步骤 09 **其他设置选项。**在“同步你的内容”选项下，用户还可以设置是否同步内容；在“阅读”选项下，用户可以设置阅读视图风格和阅读视图字号，如下左图所示。

步骤 10 **高级设置。**在上一步骤中，单击“查看高级设置”按钮，可设置是否显示主页按钮，是否阻止弹出窗口等，如下右图所示。

设置
同步你的内容
在你的 Windows 设备上查看收藏夹和阅读列表。
同步
开
阅读
阅读视图风格
默认
阅读视图字号
中
高级设置
查看高级设置

02 打开与关闭网页

如果需要查找某个特定信息，需要打开网页；查找完毕后，为了让这些不再使用的网页不影响用户阅读信息，需关闭网页。打开与关闭网页的操作方法如下。

步骤 01 **单击页面选项。**启动Edge浏览器后，直接单击页面中“热门站点”中的某一个选项，如下左图所示。

步骤 02 **打开网页。**打开对应的网页，还可以继续单击网页中的其他链接，如下右图所示。

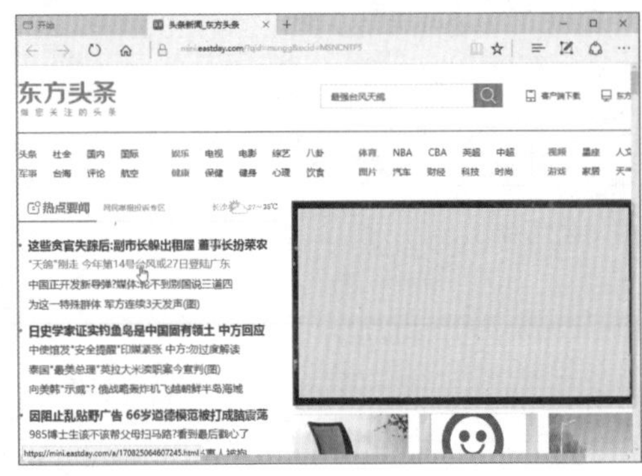

步骤 03 **输入关键字打开。** 直接在搜索框中输入关键字或地址，单击“转到”按钮，如下左图所示。打开对应网页后，在列表中选择合适的项打开对应网页。

步骤 04 **关闭网页。** 直接单击“关闭标签页”按钮，可将当前网页关闭，如下右图所示。

步骤 05 **确认操作。** 若单击Edge浏览器右上角“关闭”按钮，则弹出提示框，单击“全部关闭”按钮，可直接关闭多个网页，并且关闭Edge浏览器，如右图所示。

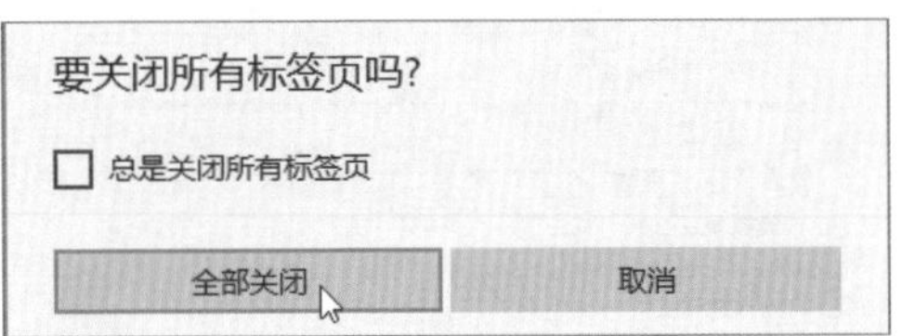

03 浏览与收藏网页

使用浏览器查找信息时，需要浏览多个网页进行查找，如果需要将重要信息收藏，可以直接收藏网页，下面对其进行介绍。

步骤 01 **浏览网页。** 启动浏览器，输入关键词“Edge浏览器”，单击“转到”按钮，打开搜索列表，在需要浏览的链接上单击，如右图所示。

步骤 02 **收藏网页。**打开想要收藏的网页后，直接单击地址栏右侧的“添加到收藏夹或阅读列表”按钮，如下左图所示。

步骤 03 **设置“名称”和“保存位置”。**在打开的“中心”窗格中的“收藏夹”选项卡中，可设置收藏网页的“名称”和“保存位置”，设置完成后，单击“保存”按钮，如下右图所示。

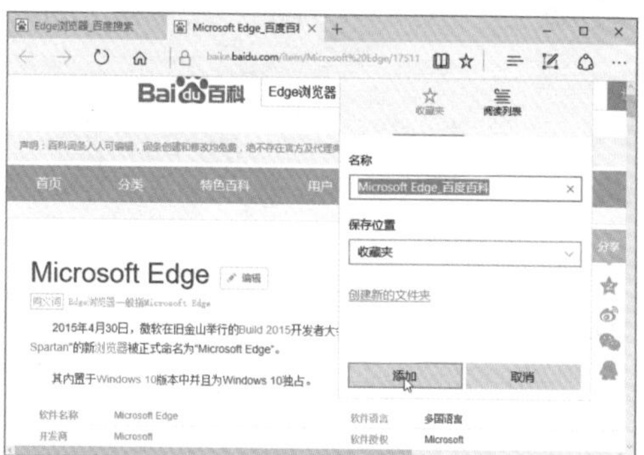

步骤 04 **单击“收藏夹设置”选项。**如果想显示收藏夹栏，方便以后访问收藏的网页，可单击“收藏夹设置”选项，如下左图所示。

步骤 05 **显示收藏夹。**将“显示收藏夹栏”下方的滑块拖动到“开”一端，即可显示收藏夹栏，如下右图所示。

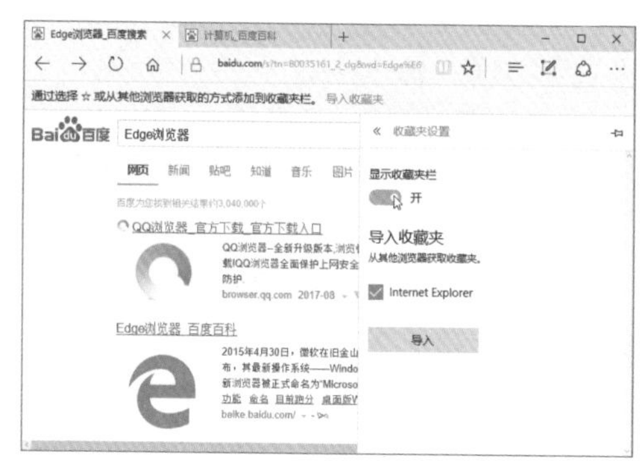

步骤 06 **导入收藏夹。**打开需收藏的网页，单击收藏夹栏中的“导入收藏夹”选项，如下左图所示。

步骤 07 **显示结果。**收藏的网页将显示在收藏夹中，如下右图所示。

04 查看和清除网页浏览记录

用户可以查看和清除网页浏览记录，具体操作方法如下。

步骤 01 **选择历史记录。**单击“中心”按钮，选择“历史记录”选项，如下左图所示。

步骤 02 **打开历史记录。**打开历史记录列表，可以查看网页浏览记录，如下右图所示。

步骤 03 **清除网页浏览记录。**将光标移至需要清除的记录选项，会在右侧出现删除按钮，直接单击该按钮，可将该条浏览记录删除，如右图所示。单击“清空所有历史记录”选项，可清空所有的网页浏览记录。

Section 03 搜索与下载网上资料

使用Edge浏览器，可以尽情地搜索网页资料，并且可以按需下载网络资源。下面介绍如何使用Edge搜索与下载网上资料。

01 使用Edge浏览器的即时搜索功能

Edge浏览器提供了即时搜索功能，让用户可以快速搜索需要的内容，其操作方法如下。

步骤 01 **输入关键字。**启动浏览器，在搜索框中输入关键词“大虾”，在下方会显示相关搜索项，如下左图所示。

步骤 02 **选择匹配选项。**从相关项中选择“大虾的家常做法”选项，如下右图所示。

步骤 03 **查看相关项。**搜索到相关信息，选择需要查看的项并单击查看，如下左图所示。

步骤 04 **关键字搜索。**若输入关键词“大虾”后，直接进行搜索，则可显示所有关于大虾的信息，选择合适的信息查看即可，如下右图所示。

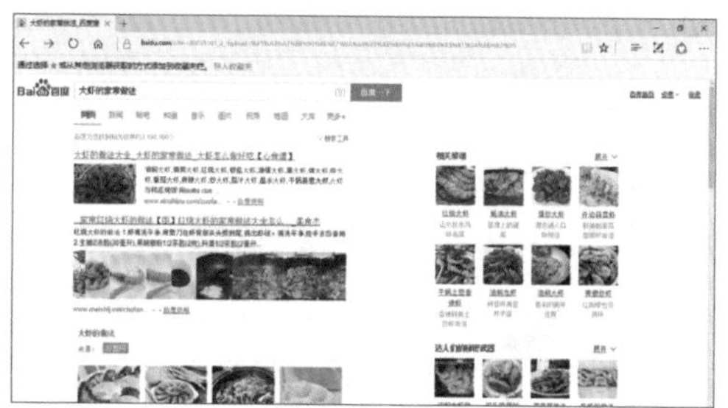

02 使用搜索引擎搜索网上信息

搜索引擎指自动从Internet搜集信息，经过一定整理以后，提供给用户进行查询的系统。使用Edge浏览器搜索网上信息时，除了内置搜索引擎，还可以使用其他搜索引擎，其操作方法如下。

步骤 01 **关键字搜索。**直接在搜索框中输入关键词“计算机”，单击“转到”按钮，如下左图所示。

步骤 02 **查看相关信息。**搜索到相关信息，单击需要查看的项查看信息，如下右图所示。

步骤 03 使用360搜索引擎。如果需要看电视剧，则可直接单击导航页上的“电视剧”选项，如下左图所示。

步骤 04 显示相关信息。打开包含相关信息页面，选择需要观看的电视剧，如下右图所示。

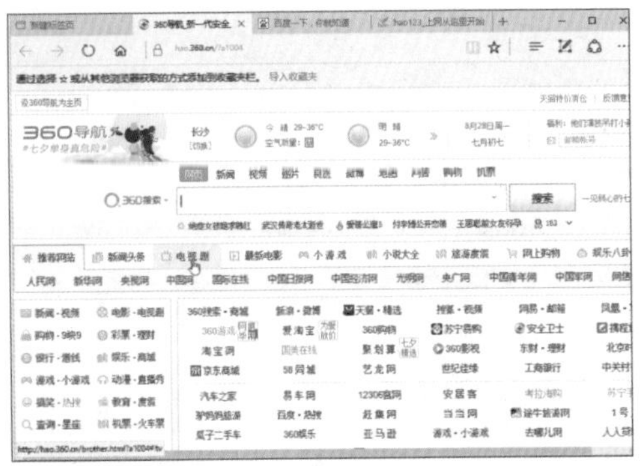

步骤 05 使用百度搜索引擎。单击“新闻”选项，如下左图所示。

步骤 06 查看相关新闻。打开新闻列表，可输入关键词查找相关新闻，也可以通过列表选择“科技”分类下的相关新闻，如下右图所示。

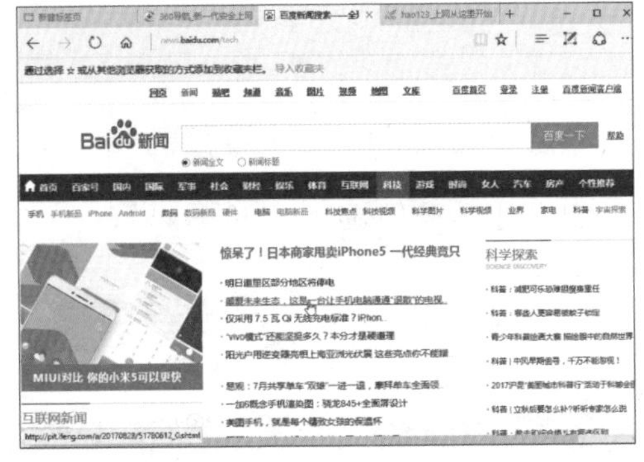

步骤 07 使用搜狗引擎。在搜索框中输入关键词“立秋”，单击“搜索”按钮，如下左图所示。

步骤 08 查看搜索信息。搜索到相关信息，再选择合适的项，如下右图所示。

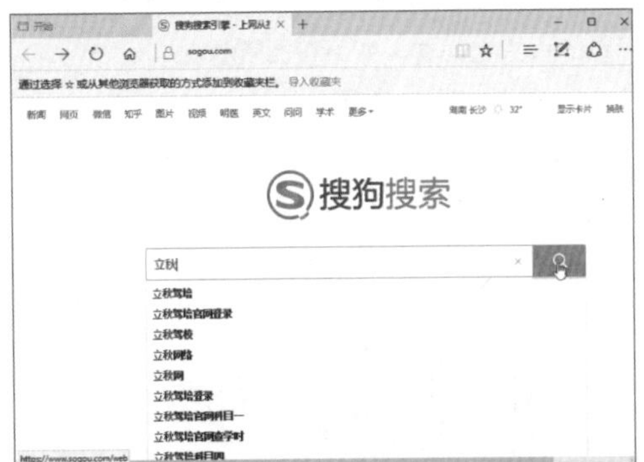

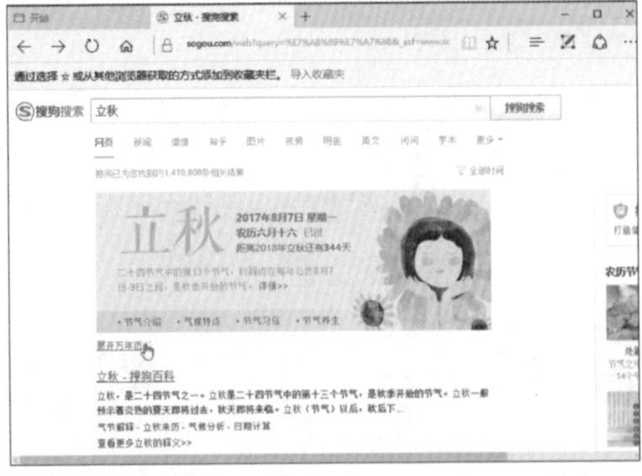

03 下载网上资源

可以通过浏览器下载网上资源，这里以下载“植物大战僵尸”小游戏为例进行介绍。

步骤 01 **选择360导航。**启动浏览器后，单击“360导航”选项，如下左图所示。

步骤 02 **输入小游戏。**打开导航页，选择“小游戏”选项，如下右图所示。

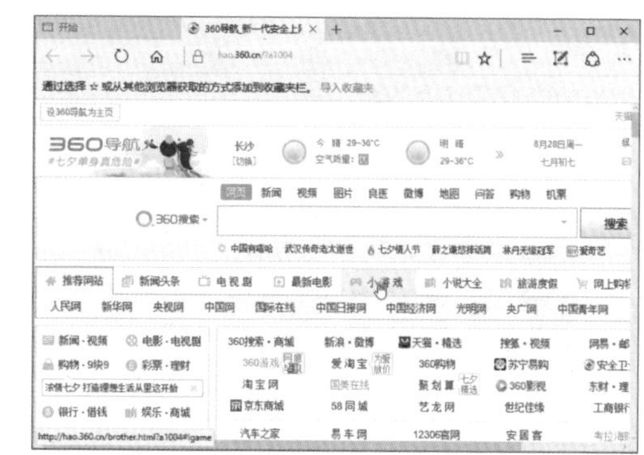

步骤 03 **选择游戏种类。**打开“小游戏”列表，选择“植物大战僵尸”选项，如下左图所示。

步骤 04 **立即下载。**打开相关页面，单击“立即下载”按钮，如下右图所示。

步骤 05 **PC版下载。**跳转至下载页面，单击“PC版下载”按钮，如下左图所示。

步骤 06 **运行程序。**下载程序完成后，在窗口下方会弹出提示框，单击“运行”按钮，可运行该程序，如下右图所示。

04 图片的保存

在浏览网页时，如果想把搜索到的精美图片保存到本地电脑中，可按照下面的方法操作。

步骤 01 输入关键字搜索。启动浏览器，输入关键词，单击“转到”按钮，如下左图所示。

步骤 02 单击网页链接。单击需要访问的网页链接，如下右图所示。

步骤 03 单击图片。在需要保存的图片上单击，如下左图所示。

步骤 04 另存为图片。打开链接网页，在图片上右击，在弹出的右键菜单中执行“将图片另存为”命令，如下右图所示。

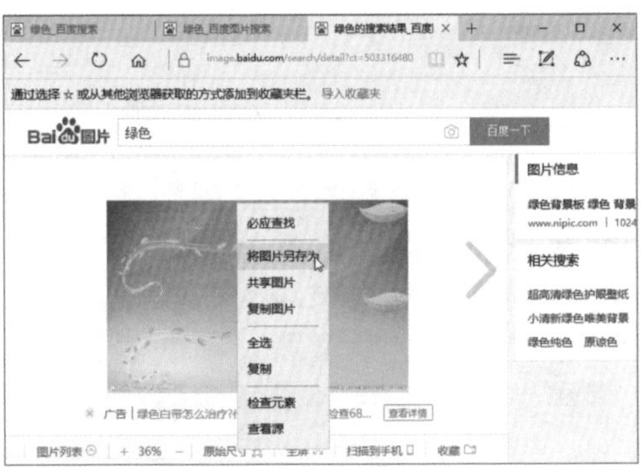

步骤 05 保存图片。打开“另存为”对话框，按需进行设置，单击“保存”按钮，如下左图所示。

步骤 06 查看保存结果。打开文件夹，可以看到网页中的图片已经保存至文件夹中，如下右图所示。

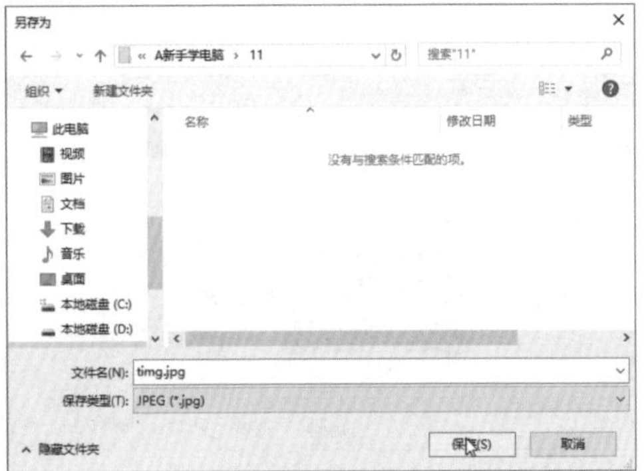

05 网页的打印

如果用户需要将网页上的信息打印出来，无需转化到Word文档中进行打印，可直接通过浏览器打印，其具体操作方法如下。

步骤 01 选择打印。单击“更多”按钮，选择“打印”选项，如下图所示。

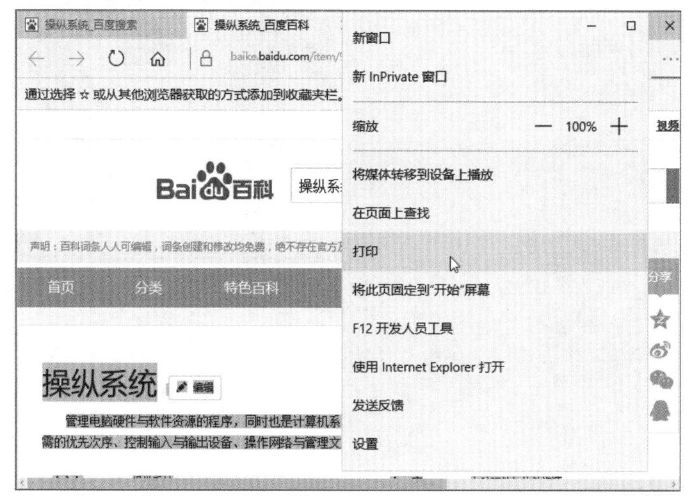

步骤 02 打印设置。在打印页面中，可预览网页打印效果，也可选择打印机，设置打印方向、份数、页面范围、缩放比例等，然后单击“打印”按钮，即可打印网页，如下图所示。

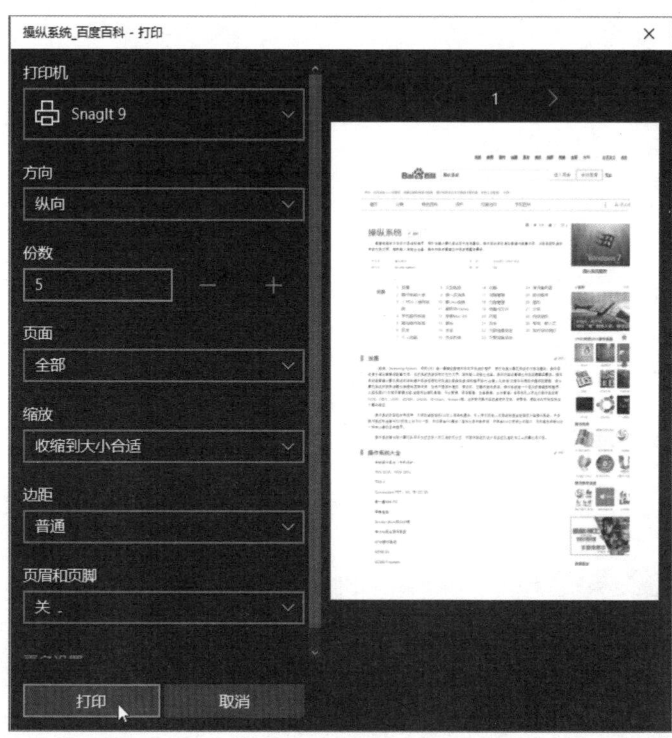

Chapter

12 网上娱乐与生活

内容导读

使用电脑可以收发邮件，使用QQ或微信、微博进行社交、分享生活和信息，网上购物以及网上炒股等，下面分别介绍如何完成这些事项。

知识要点

接收和回复电子邮件

使用QQ进行交流

在QQ中发送和接收文件

玩转微信

微博的使用

学会淘宝购物

网上支付

电子邮件E-mail

电子邮件就是网上的邮件。在日常工作和生活中，如果需要和客户、同事或者朋友交流信息，使用电子邮件可轻松实现。下面以新浪邮箱的使用为例进行说明。

01 电子邮件及帐号注册

如果想要使用电子邮件收发信息，需要在相关网站注册帐号，其操作方法如下。

步骤 01 **单击“注册”按钮。**打开新浪邮箱官网，单击“注册”按钮，如下左图所示。

步骤 02 **注册操作。**输入邮箱地址、密码、手机号码、图片验证码、短信验证码，单击“立即注册”按钮，如下右图所示。

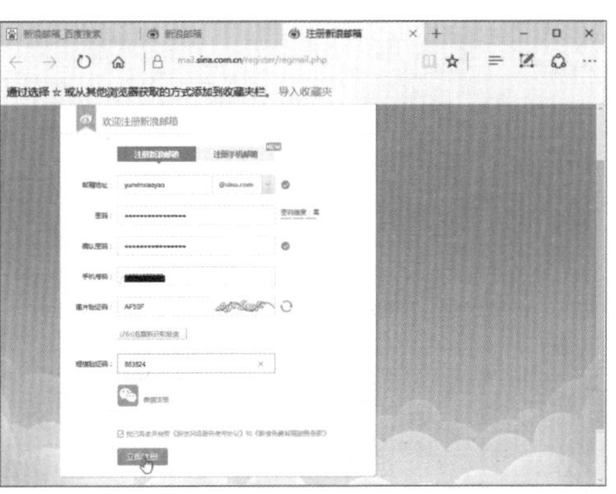

步骤 03 **使用微信注册。**如果在上一步骤中单击“微信注册”按钮，会弹出提示框，再用手机微信扫描二维码，如下左图所示。

步骤 04 **注册操作。**设置邮箱地址、密码，单击“立即注册”按钮，如下右图所示。

步骤 05 **启用邮箱设置向导。**注册邮箱完毕，会自动登录邮箱，弹出设置向导，单击“下一项”按钮，按需选择即可，如下左图所示。

步骤 06 **选项设置。**单击右上角的“设置”按钮，在打开的页面中可对常规设置、邮件签名、来信规则等进行设置，如下右图所示。

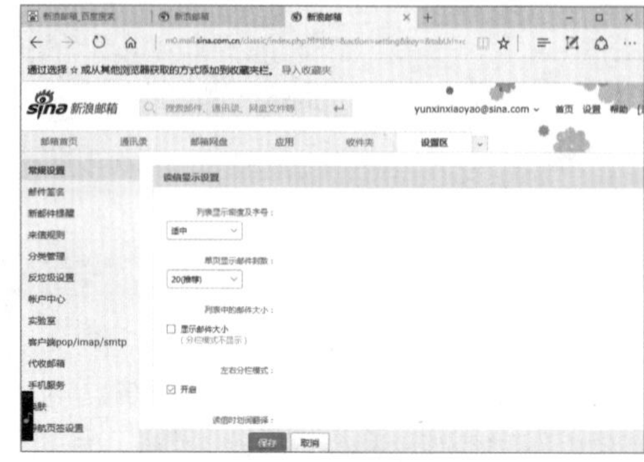

02 登录邮箱并发送邮件

注册电子邮箱后，如何登录电子邮箱并发送邮件呢？其操作方法如下。

步骤 01 **登录邮箱。**打开新浪邮箱官网，输入帐户名和密码，单击“登录”按钮，如下左图所示。

步骤 02 **准备写信。**单击“邮箱首页”选项卡中“写信”按钮，如下右图所示。

步骤 03 **设置昵称和签名。**如未设置昵称和签名，则弹出提示框，按需设置昵称和签名，再单击“确定”按钮，如下左图所示。

步骤 04 **设置写信页面。**按需添加收件人地址，设置主题，设置发送文本的字体格式，单击“更换信纸”按钮，在右侧列表中选择合适的信纸样式，如下右图所示。

步骤 05 **添加附件。**添加文本信息后，如需添加附件，则单击“添加附件”按钮，如下左图所示。

步骤 06 **选择文件。**打开“打开”对话框，选择文件，单击“打开”按钮，如下右图所示。

步骤 07 **发送文件。**附件上传完毕，单击“发送”按钮，如下左图所示。

步骤 08 **完成发送。**发送邮件完毕，会弹出提示信息，如下右图。

03 接收和回复电子邮件

如果他人发送来了邮件，如何接收和回复电子邮件呢？其操作方法如下。

步骤 01 **显示未读邮件。**登录邮箱后，如果有未读邮件，则可直接单击“未读邮件”选项，如下左图所示。

步骤 02 **查看邮件。**打开列表，直接单击需要查看的邮件，如下右图所示。

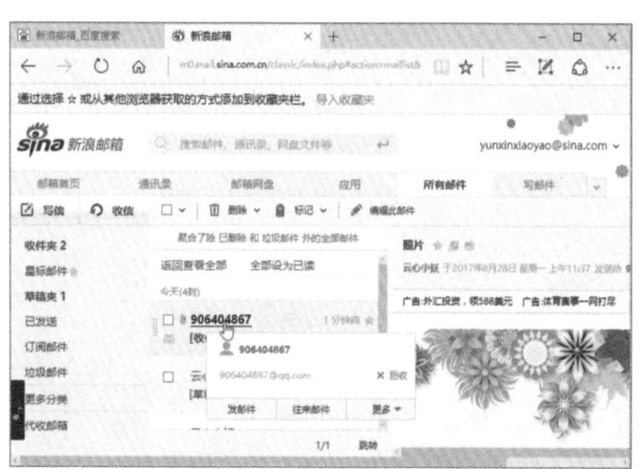

步骤 03 **下载附件。**如果需要下载附件，直接单击“全部下载”按钮，可将当前邮件中的所有附件下载，如下左图所示。

步骤 04 **回复邮件。**在附件下方的文本框中，可以快捷回复邮件，也可以单击“回复”下拉按钮，从列表中选择“回复”选项，如下右图所示。

步骤 05 **发送回复邮件。**按需编辑回复邮件中的信息，单击“发送”按钮，如右图所示。

04 转发电子邮件

如果用户需要将已发送或者收到的邮件转发给其他用户，可按照下面的方法进行操作。

步骤 01 **准备转发邮件。**打开需要转发的邮件，单击“转发”按钮，如下左图所示。

步骤 02 **发送邮件。**按需编辑邮件信息，然后单击“发送”按钮即可，如下右图所示。

05 删除电子邮件

邮箱都会有限定的容量，如果存在过多的邮件，会影响查看和阅读邮件的效率，可以将不需要的邮件删除，其方法如下。

步骤 01 **选择相关邮件。**登录邮箱，选择“邮箱首页→收件夹”选项，单击下拉按钮，从列表中选择“全部”选项，如下左图所示。

步骤 02 **删除邮件。**单击“删除”下拉按钮，选择“删除”选项，如下右图所示。

新浪微博

如果想要分享心情、故事以及生活中每个瞬间，可以使用微博将这些记录下来。下面以新浪微博为例介绍如何开通微博、发布微博、关注微博。

01 开通微博

如果已经申请了新浪邮箱，可按照下面的操作开通微博。

步骤 01 **从邮箱开通。**登录新浪邮箱，在“应用”列表中，单击“新浪微博”图标，如下左图所示。

步骤 02 **输入注册信息。**打开“微博注册”页面，输入昵称、性别、生日、所在地、验证码，再单击“立即开通”按钮，如下右图所示。

步骤 03 **信息验证。**弹出“短信验证”对话框，输入手机号码，单击“下一步”按钮，如下左图所示。

步骤 04 **发送验证内容。**弹出“确认”对话框，按需编辑短信内容989678发送到1069 0090 166，如下右图所示。

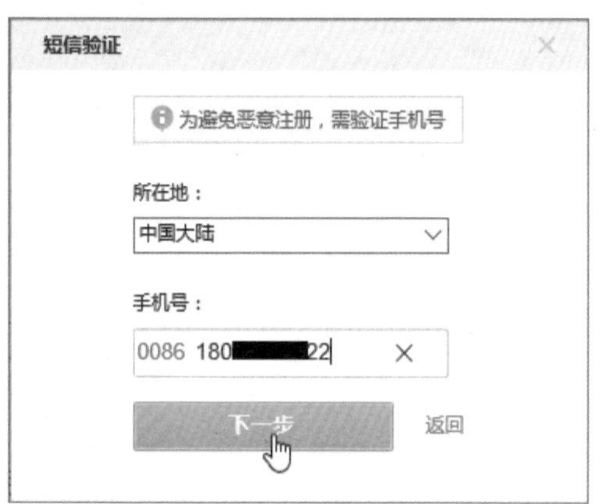

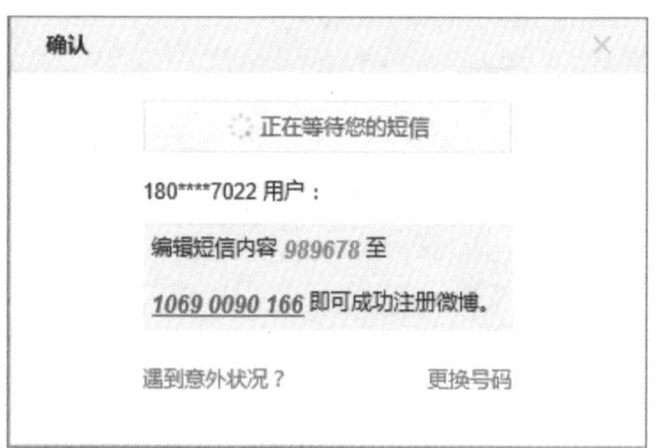

步骤 05 **进入微博页面。**发送手机短信成功后，自动登录微博，可设置兴趣，再单击“进入微博”按钮，即可进入微博，如右图所示。

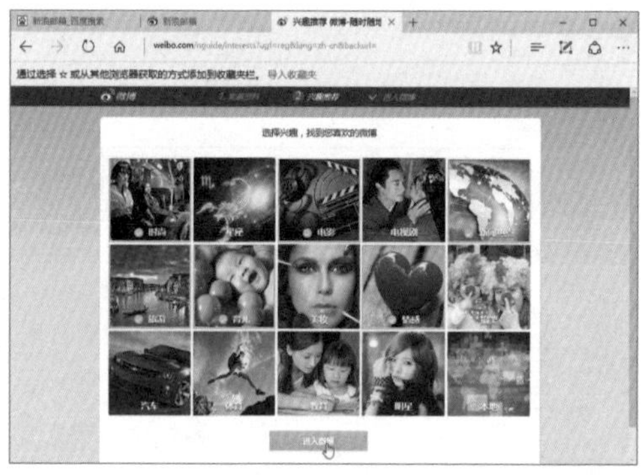

02 发布微博

开通微博后，用户可以发布微博，下面举例进行介绍。

步骤 01 **选择表情。**登录微博后，会在页面上方显示“有什么新鲜事告诉大家”窗格，在其中可以添加表情和文本，并附加图片，单击“表情”按钮，可以选择合适的表情，如下左图所示。

步骤 02 **选择图片样式。**单击“图片”按钮，再选择“拼图”选项，如下右图所示。

步骤 03 打开多张图片。单击“打开多张图片”按钮，如下左图所示。

步骤 04 打开图片。打开“打开”对话框，按需选择图片，单击“打开”按钮，如下右图所示。

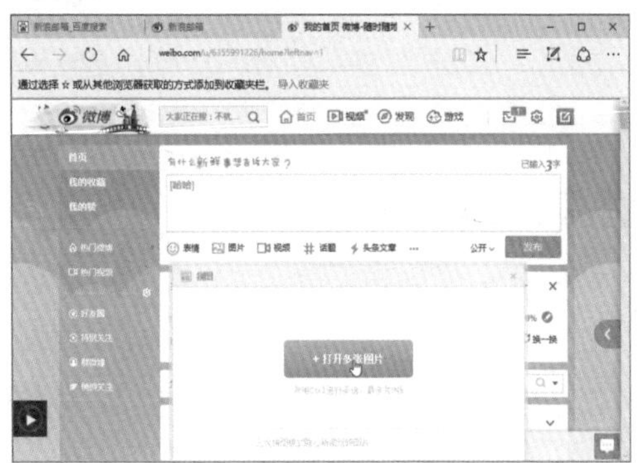

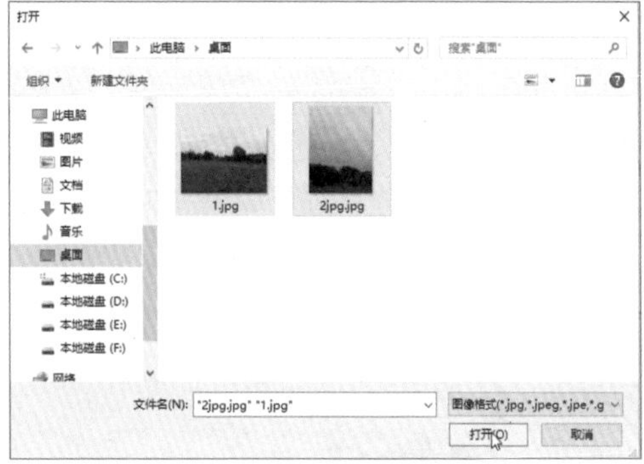

步骤 05 发送到微博。为图片选择合适的模板，单击“发送到微博”按钮，如下左图所示。

步骤 06 权限设置。单击“权限”下拉按钮，可从列表中选择该条微博可以被哪些人看到，如下右图所示。

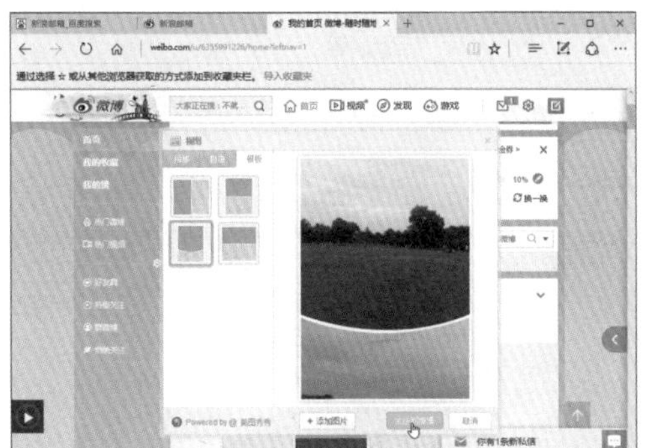

步骤 07 发布微博。单击“发布”按钮，发布微博，效果如下图所示。

03 关注微博

可以关注某些微博，当其有动态时，就能快速查看了。关注的操作方法如下。

步骤 01 **关注热门微博。**选择“热门微博→电视剧”选项，将光标移至需要关注的微博头像上，会出现一个提示框，单击“关注她”按钮，即可关注该微博，如下左图所示。

步骤 02 **创建分组。**弹出“关注成功”对话框，单击“创建新分组”按钮，创建新组并命名为“电视剧”，再单击“保存”按钮，如下右图所示。

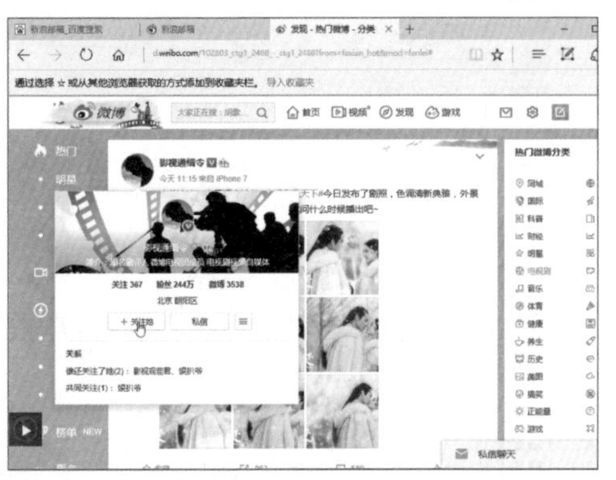

步骤 03 **搜索指定帐号微博。**在搜索框中输入需要关注的微博的帐号或者昵称，再单击“搜索”按钮，如右图所示。

步骤 04 **关注微博。**搜索到该微博后，单击“关注”按钮，如右图所示。弹出“关注成功”对话框，按需设置并保存即可。

腾讯QQ

腾讯QQ在人们的生活和工作中几乎成了不可或缺的一部分。使用它可以和异地的亲人朋友交流信息、音视频通话等。下面介绍如何使用QQ。

01 申请与登录QQ

想使用QQ与他人交流，首先要申请一个QQ帐号并登录，才能进行交流，其操作方法如下。

步骤 01 **注册帐号。**启动QQ，在打开的登录界面中单击“注册帐号”选项，如下左图所示。

步骤 02 **输入注册信息。**打开QQ注册网页，或者直接打开该网页，设置用户名和密码，输入手机号码和验证码，单击“立即注册”按钮，如下右图所示。

步骤 03 **完成注册。**注册成功后，单击“立即登录”按钮，如下左图所示。

步骤 04 **确认信息。**弹出提示框，单击“是”按钮，如下右图所示。

步骤 05 **输入登录信息。**打开QQ登录界面，输入帐号和密码，单击“登录”按钮，如下左图所示。

步骤 06 **打开QQ界面。**登录后即打开QQ界面，如下右图所示。

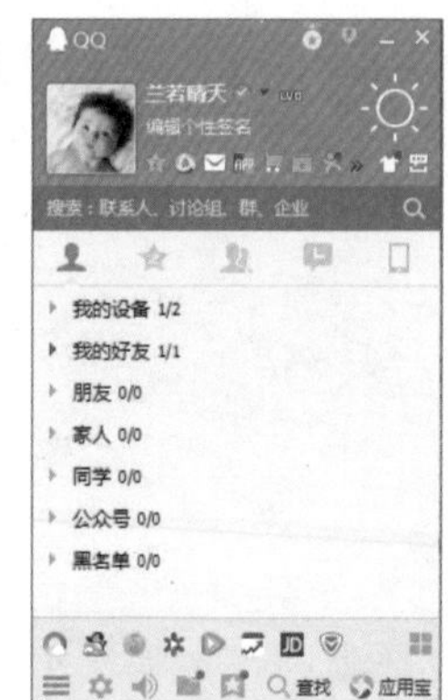

02 添加QQ好友

如果使用QQ和他人交流，需要将他们的QQ帐号添加到好友列表，添加好友的操作方法如下。

步骤 01 **搜索好友帐号。**直接在头像下方的搜索框中输入好友帐号，即可在下方出现该好友信息，单击右侧的"加为好友"按钮，如下左图所示。

步骤 02 **验证信息。**弹出"添加好友"对话框，输入验证信息，单击"下一步"按钮，如下右图所示。

步骤 03 **设置备注信息。**设置备注姓名，单击"分组"下拉按钮，从列表中选择合适的分组，如下左图所示。

步骤 04 **创建好友分组。**如果需要新建一个组，则在上一步骤中，选择"新建分组"选项，在弹出的"好友分组"对话框中输入分组名称，再单击"确定"按钮，如下右图所示。

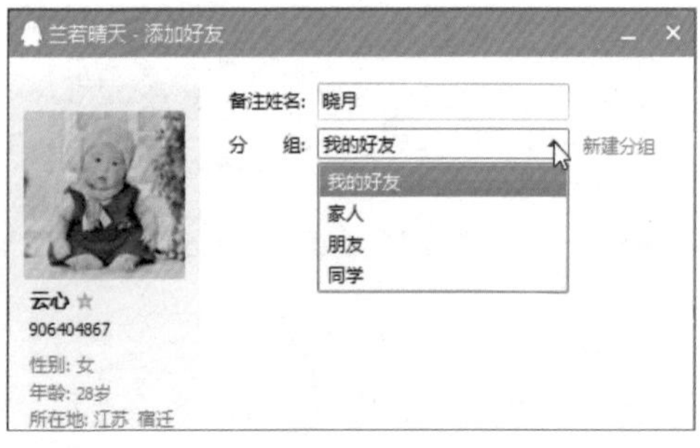

步骤05 **完成操作。**单击“完成”按钮，如下左图所示。

步骤06 **查看添加结果。**等待对方通过请求后，在好友列表中的指定组中可以看到该好友，如下右图所示。

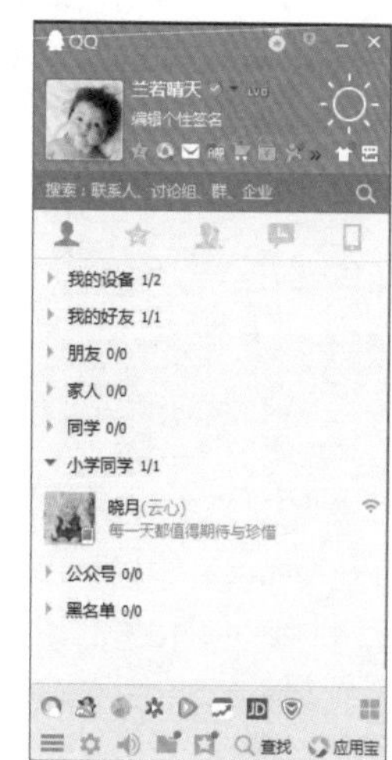

03 使用QQ交流

添加好友之后，如果需要和好友交流，可按照下面的方法进行操作。

步骤01 **双击好友名称。**在好友列表中，直接在该好友名称上双击，如下左图所示。

步骤02 **发送消息。**打开消息对话框，输入文本消息，单击“发送”按钮可发送消息，如下右图所示。

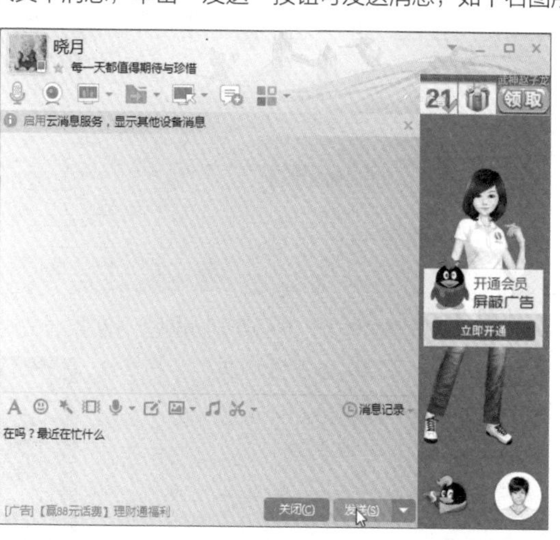

步骤03 **发送录音。**在消息输入框上方有一个工具栏，用户可以按需设置文本格式、添加表情、发送窗口抖动等。例如，单击“录音”按钮，录音完毕后，单击“发送”按钮，如下左图所示，可向好友发送录音。

步骤04 **发起语音通话。**单击窗口左上角的“发起语音通话”按钮，如下右图所示。

步骤 05 **设置通话相关选项。**好友接受语音通话后，右侧会出现“正在通话聊天窗格”，可以调节通话音量，单击“挂断”按钮，可以挂断通话，如下左图所示。

步骤 06 **视频通话。**单击“发起视频通话”按钮，等待好友接受后，可进行视频聊天，如下右图所示。

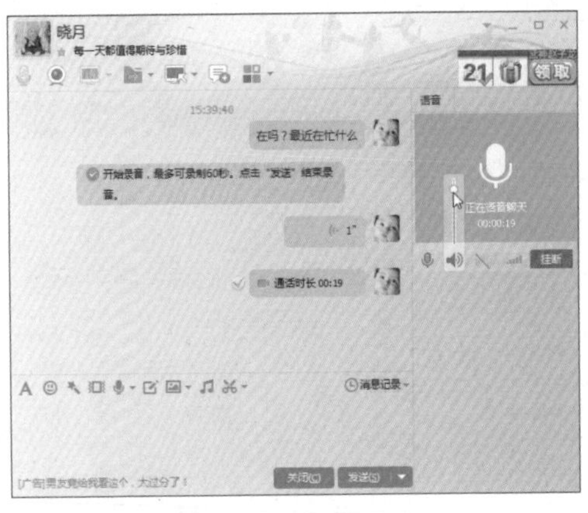

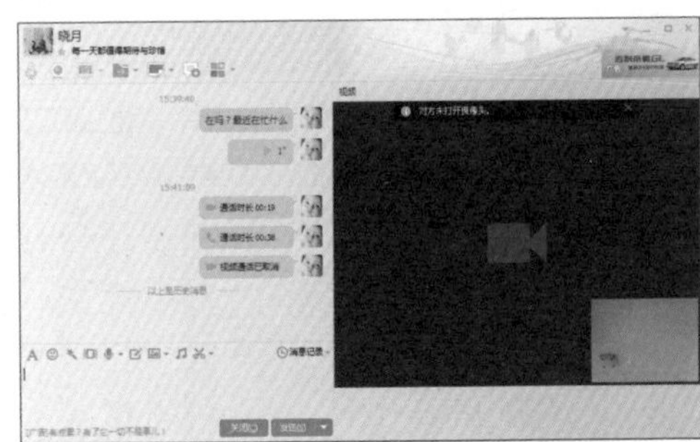

04 发送和接收文件

还可以使用QQ传输文件。下面介绍如何发送和接收文件。

步骤 01 **发送文件。**选择需要发送的文件，按快捷键Ctrl+C复制，如右图所示。

步骤 02 **复制文件至对话框。**在消息输入框中，按快捷键Ctrl+V粘贴，可直接发送该文件。或者直接将文件图标拖动至消息对话框中，如下左图所示。

步骤 03 **在线或离线发送文件。**通过“转在线发送”或者“转离线发送”选项，可以让文件在线发送或离线发送，如下右图所示。

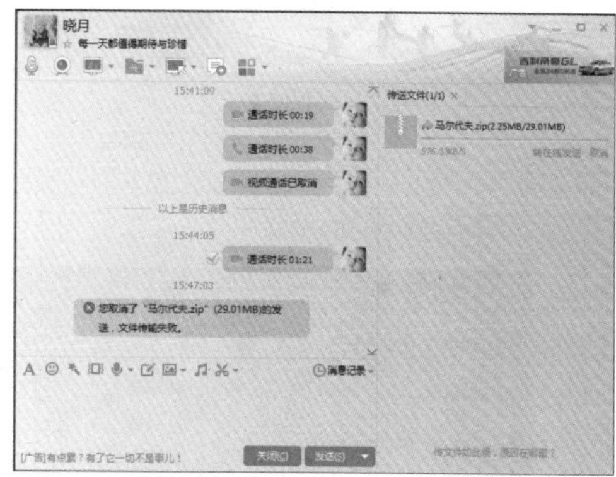

步骤 04 **接收文件。**如果对方发送了文件，可直接单击“接收”按钮，接收文件，如下左图所示。

步骤 05 **打开接收的文件。**接收文件完毕，单击“打开”按钮，可打开文件，如下右图所示。

步骤 06 **文件另存为。**如果在步骤04中选择了“另存为”选项，可打开“浏览文件夹”对话框，将文件保存至其他位置，如右图所示。

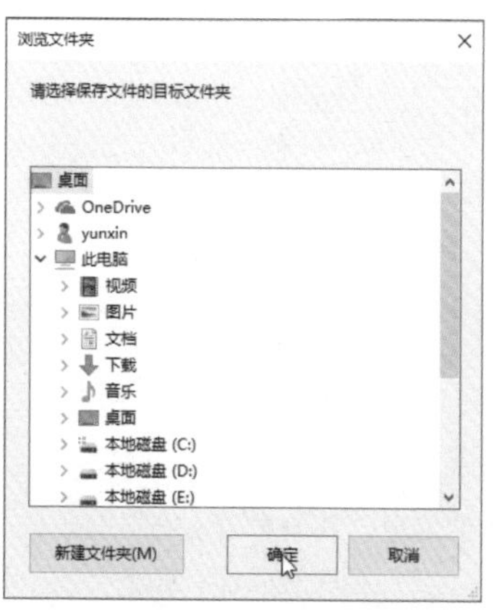

微信互联（PC端）

微信是继QQ之后另一种社交软件。随着微信手机版的普遍使用之后，PC端微信也开始越来越多地应用在日常生活和工作中。下面介绍如何使用PC端微信。

步骤 01 **登录微信。**安装微信后，桌面会出现快捷方式图标，双击该图标，如下左图所示。

步骤 02 **扫描二维码。**出现登录界面，使用手机扫描该二维码即可登录微信，如下右图所示。

步骤 03 **登录微信。**登录微信后，默认是在“聊天”选项中，如下左图所示。

步骤 04 **向好友发消息。**切换至“通讯录”选项，选择需要聊天的联系人，单击右侧列表中的“发消息”按钮，如下右图所示。

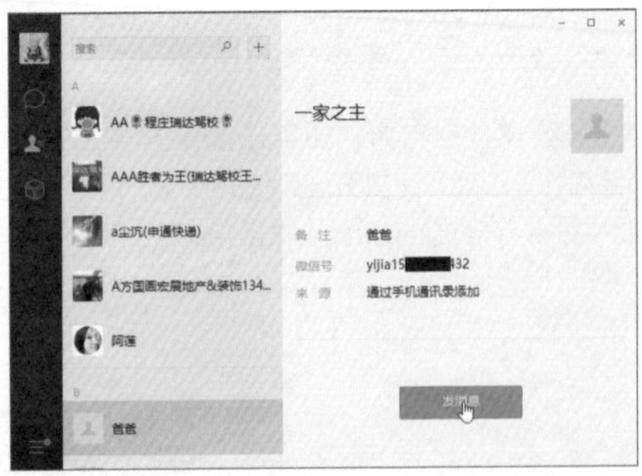

步骤 05 **发送信息。**在消息框中编辑信息并发送即可，如下左图所示。

步骤 06 **发送其他信息。**在消息框上方，有表情、发送文件、截图、语音聊天以及视频聊天按钮，单击相应的按钮，可实现相应的操作，如下右图所示。

步骤 07 **发起群聊。**单击“通讯录”列表上方的“发起群聊”按钮，如下左图所示。

步骤 08 **添加群聊人员。**选择要添加至群聊的联系人，再单击“确定”按钮，如下右图所示。

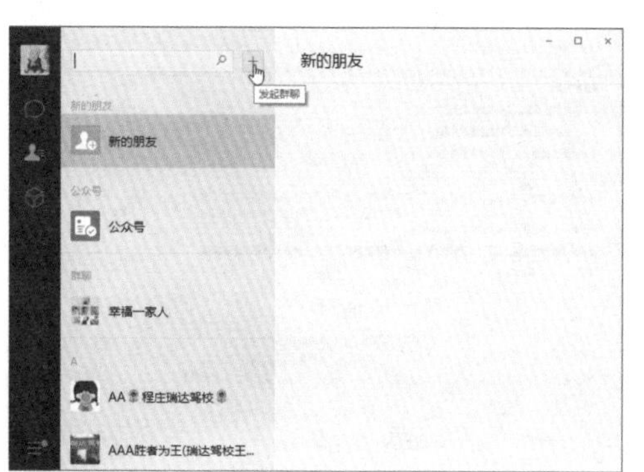

步骤 09 **其他相关设置。**单击“更多”按钮，选择“设置”选项，如下左图所示。

步骤 10 **通用设置。**打开“设置”对话框，可以对帐号设置、通用设置、快捷按键等进行设置，如下右图所示。

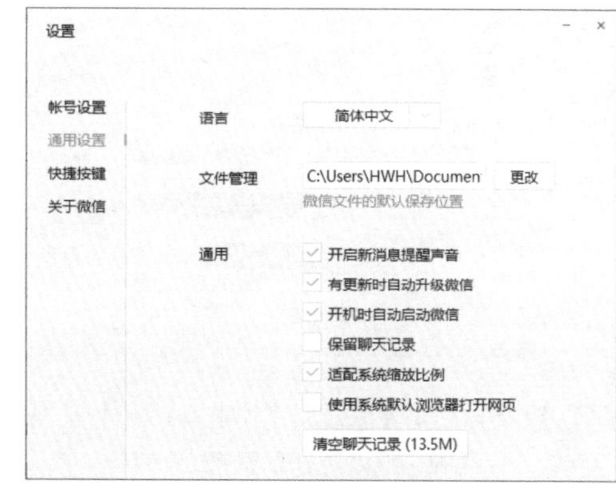

网上购物

如今越来越多的人选择了网上购物，只需在网页上选择并付款后，即可在家等待货物上门。这种方便的购物方式越来越为广大用户所接受。下面以在淘宝网购物为例进行介绍。

01 进入淘宝并注册新用户

如果还没有淘宝帐号，需要进入网页注册帐号，其操作方法如下。

步骤 01 **使用手机号注册。**打开淘宝网页，单击左上角的“免费注册”选项，如下左图所示。

步骤 02 **同意协议。**弹出“注册协议”，单击“同意协议”按钮，如下右图所示。

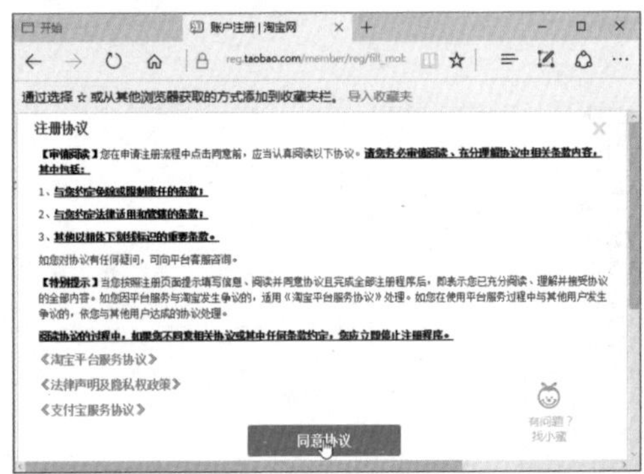

步骤 03 **输入手机号。**按需输入手机号，单击“下一步”按钮，如下左图所示。

步骤 04 **确认验证码。**输入手机上收到的验证码，单击“确认”按钮，如下右图所示。

步骤 05 **使用邮箱注册。**如果手机号未被注册，直接跳转至步骤08，如果手机号已被注册，单击“不是我的，使用邮箱继续注册”选项，如下左图所示。

步骤 06 **输入帐号。**输入电子邮箱帐号，单击“下一步”按钮，如下右图所示。

步骤 07 **查收邮件。**单击“请查收邮件”按钮，如下左图所示。

步骤 08 **提交登录信息。**进入邮箱并激活后，自动切换至“填写帐号信息”页面，设置登录密码和登录名，再单击“提交”按钮，如下右图所示。

步骤 09 **设置支付选项。**跳转至“设置支付方式”页面，可设置银行卡号、持卡人签名等，也可以单击“跳过，到下一步”选项，如下左图所示，跳过该选项。

步骤 10 **完成注册。**提示注册成功，并自动登录淘宝网，左上角显示用户名，如下右图所示。

02 激活支付宝

使用淘宝购物时，支付宝功能将帮助用户快速付款，只有激活支付宝，才能实现该功能。下面介绍如何激活支付宝。

步骤 01 **帐号管理。**登录淘宝帐号，将光标移至用户名上方，单击“帐号管理”选项，如下左图所示。

步骤 02 **绑定设置。**选择“支付宝绑定设置”选项，如下右图所示。

步骤 03 **进入支付宝。**单击“进入支付宝”选项，如下左图所示。

步骤 04 **立即认证。**将光标移至“未认证”选项上，单击出现的“立即认证”选项，如下右图所示。

步骤 05 **设置支付密码。**按需设置支付密码，如下左图所示。

步骤 06 **设置身份信息。**按需设置身份信息，再单击“确定”按钮，如下右图所示。

步骤 07 **设置支付方式。**按需设置支付方式，再单击“同意协议并确定”按钮，如下左图所示。

步骤 08 **完成注册。**弹出注册成功提醒，如下右图所示。

认证申请提交成功，等待支付宝公司向提交的银行卡上打入1元以下的金额，并请在1-2个工作日后查看银行帐户所收到的准确金额，再登录支付宝帐号。单击“申请认证”然后单击“输入汇款金额”进入输入金额页面；输入收到的准确金额，点“确定”继续完成确认。输入的金额正确后，即时审核填写的身份信息，请耐心等待几秒钟审核通过，即通过支付宝实名认证。

03 查找商品

如果要在淘宝网购买商品，首先需要查找到商品，下面介绍如何查找商品。

步骤 01 **按分类查找。**在首页左侧列表中，网站有分类导航，选择“女人→春秋外套→裙子→套装裙”选项，如右图所示。

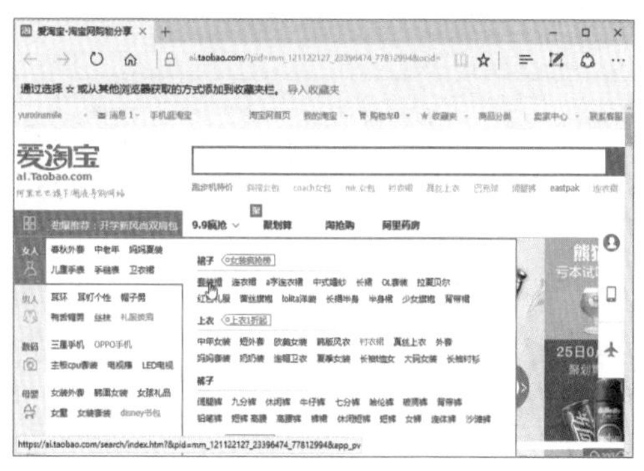

步骤 02 **查看相关信息。**可查找到与套装裙相关的商品信息，可根据品牌、年龄、尺码等信息筛选后查看，如右图所示。

步骤 03 **指定关键字查找。**在首页的搜索框中直接输入关键字，单击“搜索”按钮，搜索指定商品，如下左图所示。

步骤 04 **查看商品。**筛选后单击某商品列表，可进一步查看商品，如下右图所示。

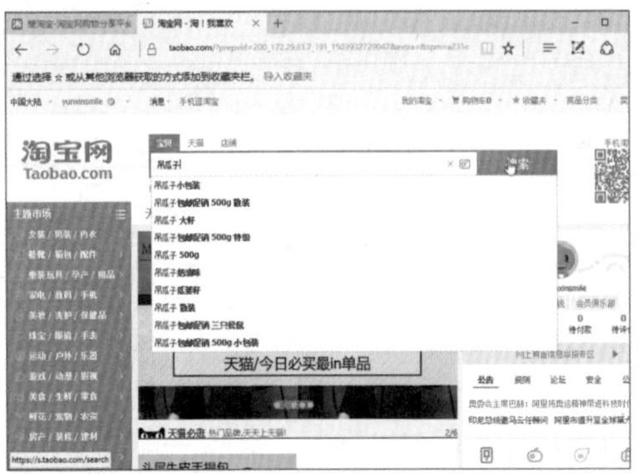

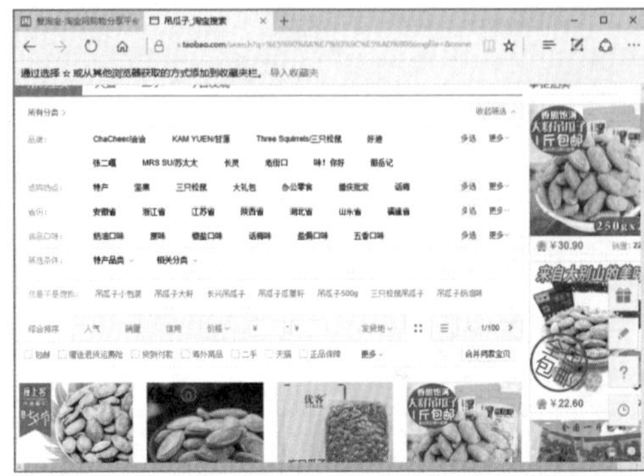

04 选定商品并购买

找到需要的商品后，如何购买商品呢？下面介绍购买商品的操作方法。

步骤 01 **立即购买。**打开商品链接后，选择口味和数量，单击“立即购买”按钮，如下左图所示。

步骤 02 **输入收货地址。**弹出“创建收货地址”对话框，设置收货地址，再单击“保存”按钮，如下右图所示。

步骤 03 **提交订单。**确认订单信息，确认无误后，单击“提交订单”按钮，如下左图所示。

步骤 04 **确认付款。**跳转至支付页面，输入支付密码，单击“确认付款”按钮，如下右图所示。

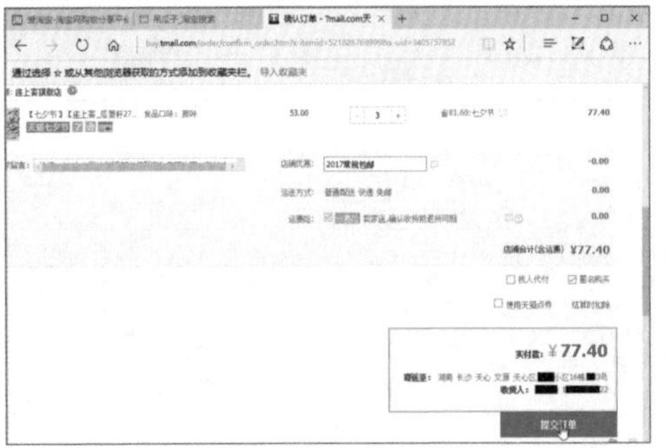

步骤 05 **完成购物操作。**付款完成后，会弹出付款成功的提示信息，如下图所示。

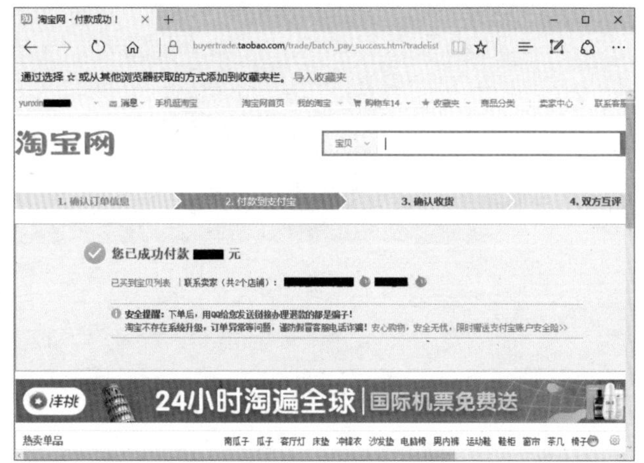

玩转炒股

股票是股份证书的简称，是股份公司为筹集资金而发行给股东作为持股的凭证，股东可以依此取得股息和红利。股票是股份公司资本的构成部分，它可以转让、买卖、抵押，是资本市场上一种长期的信用工具。

01 股票的基本特征

股票作为一种有价证券，具有以下基本特征。

- **收益性：**股票不仅可以为投资者带来分红的收益和送股的权益，而且可以在股票市场或场下交易中溢价卖出，以获得超额的投资回报。
- **责权性：**股票持有者就是股份有限公司的股东，具有参与股份公司盈利分配的权利，也具有承担有限责任的义务，还有权或通过其代理人出席股东大会、选举董事会并参与公司的经营决策。
- **流通性：**股票是一种流通性很强的流动资产，可以在股票市场上随时转让，也可以继承、赠与、抵押，但不能退股。
- **长久性：**股票投资是一种没有期限的长期投资，股票一旦被购买，只要股票发行公司存在，任何股票持有者都不能退股，但可以出售或转让股票。
- **波动性：**由于股票可以在股票市场交易，而股票在交易时受市场因素和非市场因素的影响，其价格常常会发生变化，与投资者当初购买时的价格不一致。
- **风险性：**上市公司不一定每年都会分红，其股票价格也不一定会一直上涨，反而有可能会一直跌到投资者所购买的价格之下。如果上市公司破产或退市，则投资者可能血本无归。

02 股票的分类

股票的分类有很多种，下面将对分类标准进行介绍。

❶ 按股东权利分

按股东权利分，可分为普通股和优先股，如下图所示。

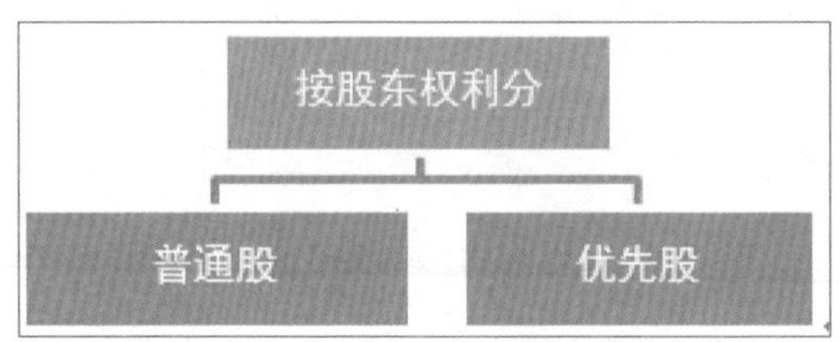

- **普通股：**普通股是公司资本构成中最普通、最基本的股份，其发行范围最广且发行量最大。普通股的股息和分红不是在购买时约定的，而是根据股票发行公司的经营业绩来确定的。若公司经营业绩好，普通股股息就会高；若公司经营业绩差，普通股股息可能就没有。在证券市场交易的股票都属于普通股。
- **优先股：**优先股是相对于普通股来说的。股份公司发行的在分配红利和剩余财产时比普通股具有优先权的股份。优先股股票的发行一般是股份公司出于某种特定的目的和需要，且会在票面上注明“优先股”字样。由于优先股通常预先明确股息收益率，该收益不会根据公司经营情况而增减，所以优先股股票实际上是股份公司一种举债集资的形式，持有者往往没有选举权和被选举权，对股份公司的重大经营决策也无投票权。

❷ 按投资主体分类

在国内，按投资主体分类，上市公司的股份可以分为国有股、法人股、公司职工股和社会公众股，如下图所示。

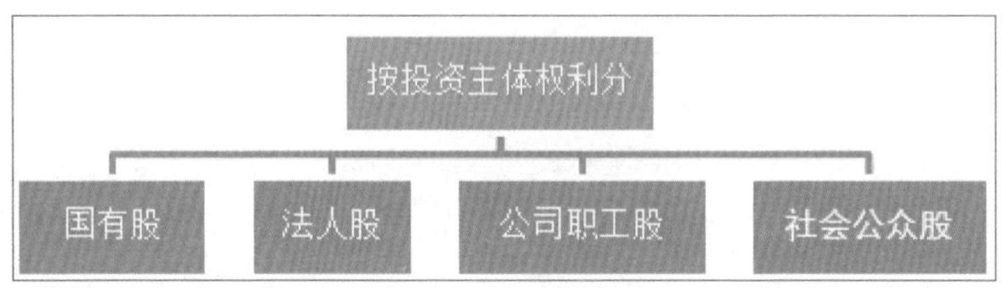

- **国有股：**国有股是指有权代表国家投资的部门或机构以国有资产向公司投资所形成的股份。由于我国大部分股份制公司都是由原国有大中型企业改制而来，因此，国有股在公司股权中占有很大的比重。股改前，国有股占上市公司总市值50%左右。
- **法人股：**法人股是指公司法人或具有法人资格的事业单位和社会团体以其依法可经营的资产向公司非上市流通股部分投资所形成的股份。法人股又可分为境内发起法人股、外资法人股和募集法人股。股改前，法人股占上市公司总市值20%左右。
- **公司职工股：**公司职工股是指本公司职工在公司公开向社会发行股票时按发行价格所认购的股份。按照《股票发行和交易管理暂行条例》规定，公司职工股的股本数额不得超过拟向社会公众发行股本总额的10%。但目前股份公司在发行股份时已取消了公司职工股这一类别，均以流通股代替。
- **社会公众股：**社会公众股是指我国境内个人和机构以其合法财产向公司可上市流通股部分投资所形成的股份。这是一种可完全流通的股份，只是部分战略机构投资者和股份公司高管受相关条款限制，在一定时期内不得随意出售其所持有的股票，所以这部分股票又称为限售流通股。

随着股改的成功实施，至2010年，我国上市公司所有股份均可实现流通，只有部分国有股和法人股会因控股需要而不能随意出售转让。

❸ 按上市地点分类

按照股份公司上市交易的地点不同，我国股票可分为A股、B股、H股、N股和S股，如下图所示。

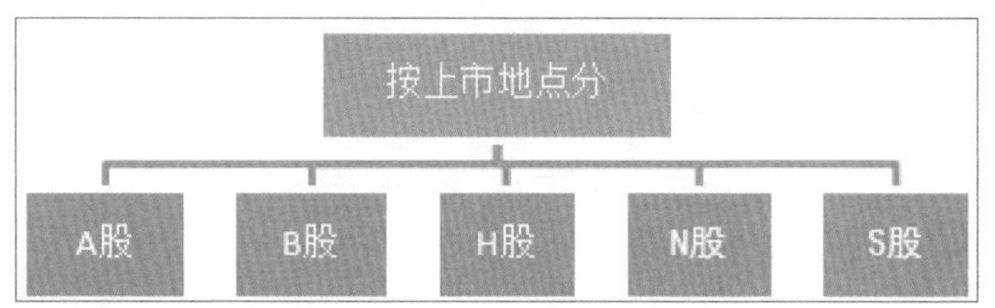

- **A股**：A股的正式名称是人民币普通股票。它是由我国境内公司发行，供境内机构、组织或个人（不含台、港、澳地区投资者）以人民币认购和交易的普通股股票。
- **B股**：B股的正式名称是人民币特种股票。它是以人民币标明面值，以外币认购和买卖，在境内证券交易所上市交易，公司的注册地和上市地都在境内的股票。
- **H股**：H股是注册地在内地，上市地在香港的外资股。香港的英文是Hong Kong，取其第一个单词的首字母，在港上市的外资股就叫H股。
- **S股**：S股是注册地在内地、上市地在新加坡的外资股。新加坡的第一个英文字母是S，在新加坡上市的外资股就称为S股。
- **N股**：N股是注册地在内地、上市地在纽约的外资股。纽约的第一个英文字母是N，在纽约上市的外资股就称为N股。

❹ 按公司业绩分类

按照上市公司经营业绩的好坏，我国股票可分为绩优股、垃圾股、ST股、*ST股和PT股，如下图所示。

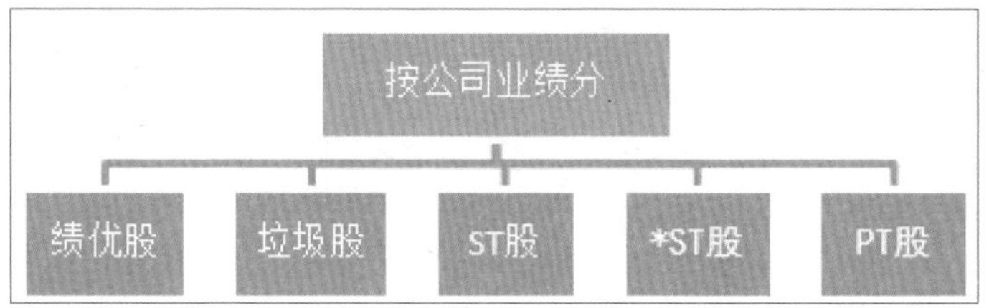

- **绩优股**：绩优股即指业绩优良公司的股票。在国内投资者衡量绩优股的主要指标是每股税后利润和净资产收益率。一般而言，每股税后利润在全体上市公司中处于中上地位，公司上市后净资产收益率连续三年显著超过10%的股票当属绩优股之列。
- **垃圾股**：垃圾股与绩优股相对应，是指那些业绩较差的公司的股票。
- **ST股**：根据1998年实施的股票上市规则，我国将对财务状况或其他状况出现异常的上市公司的股票交易进行特别处理，由于“特别处理”的英文是Special Treatment（缩写是ST），所以此类股票就简称为ST股。
- ***ST股**：*ST股指即将退市的股票，这类公司的经营状况比ST公司还要糟糕。通常公司经营连续三年亏损，将会出现退市预警。

- **PT股**：PT股即实施特别转让的股票。换句话说，该类股票是停止任何交易，价格清零，等待退市的股票。沪深证券交易所从1999年7月9日起，对这类暂停上市的股票实施“特别转让服务”。PT股只在每周五的开市时间内进行，一周只有一个交易日可以进行买卖，且涨幅最大为5%，没有跌幅限制，风险相应增大。

除此之外，按照上市公司流通股份的大小，我国股票还可以分为大盘股、中小盘股、创业板块等。

03 股票的名称及代码

股票的命名有一定的原则。沪深两地的股票简称大多数是4个字，很多公司的名称前面都带有所在地的名称，如西藏城投、四川长虹等。有的只是公司的简称，如东方园林、燕京啤酒等。

除了上述命名方法外，深交所有时会将地名简化为一个字，公司名称简为两个字，第四个字则是用来区分A股和B股，如深振业A、深发展A等。虽然股票的名称被简化，但是随着上市公司数量的增多，要投资者记住所有公司的名称显然有些困难，因此对股票进行了编号，不仅便于投资者记忆，还方便了证券市场的管理，尤其适用于目前的电子化操作。

上市公司除了有自己的名称外，还有一个证券代码。证券名称与代码是一一对应的，且证券的代码一旦确定，就不再更改。根据证券编码实施方案，上市证券均采用6位数编制方法，其中前3位数用于区别证券品种，如下表所示。

	上海证券交易所	深圳证券交易所
A股	601288（农业银行）	002024（苏宁电器）
B股	900905（老凤祥B）	200056（深国商B）
创业板		300088（长信科技）

注：在此只对股票代码进行了说明

04 股票开户流程

炒股需要先开户。开户时可以到证券公司的营业部柜台办理，柜台营业员会帮助办理相关事宜。一些开通银证通的银行柜台也可以代理开户。具体流程如下左图所示。

目前，证券公司的各种服务非常周到细致，个人只需携带身份证到营业部，会有专门的服务人员引导办理。最终投资者将会拿到证券帐户卡，如下右图所示。

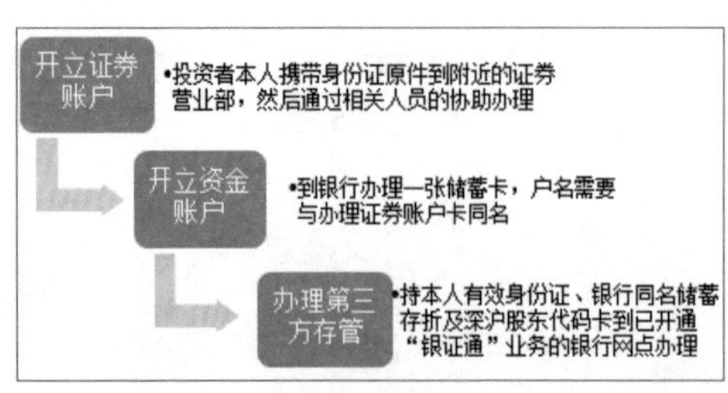

根据中国证监会的规定，投资股票市场时，个人只能在一个证券公司开户，每个投资者只能拥有一个帐户。

05 股票交易规则

下面对一些基本的证券交易规则进行介绍。

❶ 交易时间

周一至周五（法定节假日除外）

上午9:30－11:30（上午9:15－9:25会进行集合竞价）

下午1:00－3:00

❷ 交易单位

- 股票的交易以“股”为单位，100股=1手，委托买入数量必须为100股或其整数倍。
- 基金的交易以“份”为单位，100份=1手，委托买入数量必须为100份或其整数倍。
- 国债现券和可转换债券的交易以“手”为单位，1000元面额=1手，委托买入数量必须为1手或其整数倍。
- 当委托数量不能全部成交或分红送股时可能出现零股（不足1手的为零股），零股只能委托卖出，不能委托买入零股。

❸ 报价单位

股票以“股”为报价单位，如辰州矿业（002155）35.73元，即表示现价为35.73元/股。交易委托价格最小变动单位为1分钱。

❹ 委托撤单

在委托未成交之前，投资者可以撤销委托。

❺ 涨跌幅限制

在一个交易日内，每只证券的交易价格相对上一个交易日收市价的涨跌幅度不得超过10%，ST股票交易日涨跌幅限制在5%。但首日上市的股票不受涨跌幅限制。

❻ T+1交收

T表示交易当天，T+1表示交易日当天的第二天。T+1交易制度指投资者当天买入的证券不能在当天卖出，需待第二天进行自动交割过户后方可卖出。需要注意的是，债券、权证当天允许T+0回转交易。

当天卖出股票的资金回到投资者帐户后，可以用来买入股票，但当天不能提取，必须到交收后才能提款。

06 买入/卖出股票

了解了股票的基本知识后，接下来介绍如何买卖股票。

❶ 买入股票

在进行股票交易时，通常有闪电买入/卖出、普通买入/卖出两种，区别只是普通买入/卖出是进行委托的时候有交易价格，委托可能不会成交。闪电买入/卖出是按当时的市价进行，成交的可能性比普通的大些。一般是在行情比较好进行追涨或是突然大幅跳水急于脱手时用闪电买入或卖出。

首先进入分时界面，然后在分时界面中右击，在弹出的快捷菜单中选择买入方式，如普通买入，如下左图所示。

接下来会显示交易界面，输入买入价格以及买入的数量，单击“买入”下单后，再进行一次确认即可。这里的买入价格和数量都由自己设定，当然买入价格不能低于跌停价，也不能高于涨停价。如果想快速进行交易，在买入时可以设置价格高于现价，如果认为股价有可能继续下探，则可以设置一个低于现价的价格，如下右图所示。这样，当达到这个价格之后，系统会自动成交。闪电买入的方式与之类似，就不再赘述。

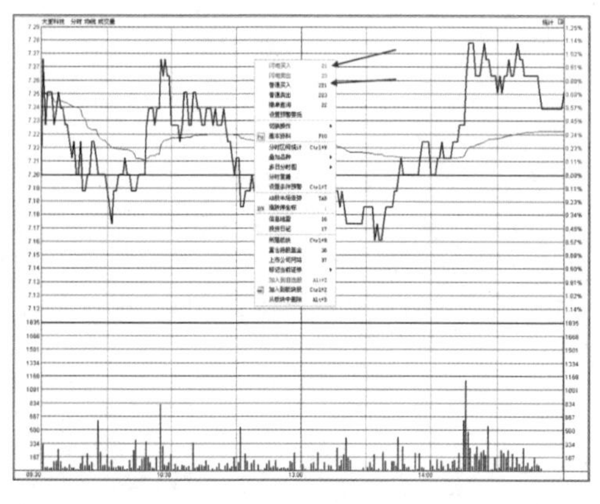

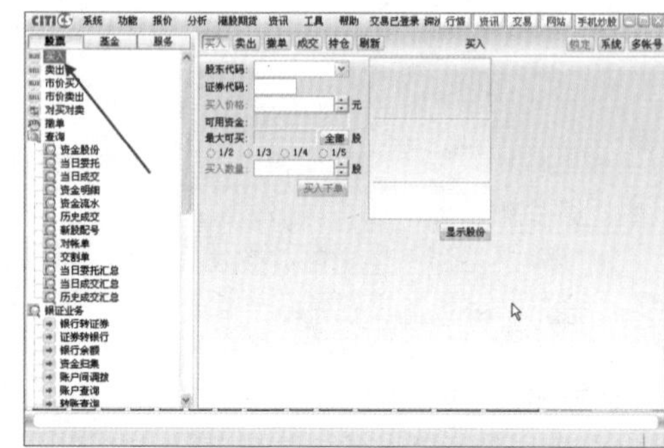

❷ 卖出股票

卖出的操作方式也很简单，与买入类似，只要在右键快捷菜单中选择相应的卖出方式即可。接下来在显示的卖出界面中输入要卖出的目标价位和数量，单击“卖出”下单后，再进行一次确认即可。同样，卖出价格不能高于涨停价。

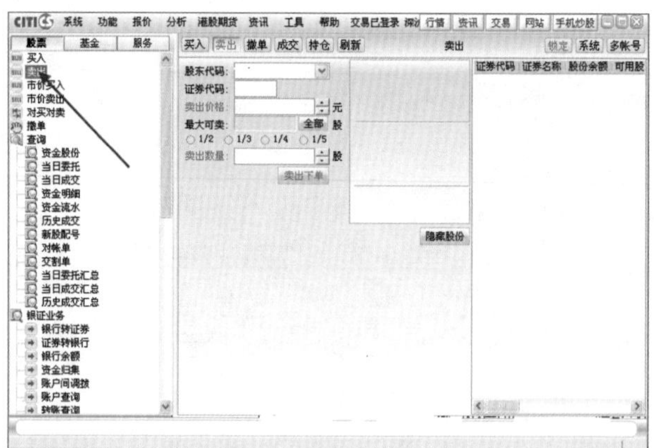

Chapter

13 电脑系统管理

内容导读

在使用电脑时，还需要对电脑的系统管理有全面的了解，包括使用性能监视器查看计算机性能，使用任务管理器查看和管理任务进程，系统的备份和还原等。本章将进行详细介绍。

知识要点

性能日志和警报

启动任务管理器

应用程序的管理

进程与性能的管理

使用Ghost备份与还原系统

Windows10映像备份与还原

Section 01

查看系统性能

如果电脑出现卡机、运行速度变慢等情况，可以使用Windows性能监视器实时检查运行程序影响计算机性能的方式，还可以收集日志数据供以后分析使用。

01 性能监视器

性能监视器是一种简单且功能强大的可视化工具，用于实时以及从日志文件中查看性能数据。使用它可以检查图表、直方图或报告中的性能数据。

步骤 01 打开控制面板。在应用程序图标上右击，从右键开始菜单中执行“控制面板”命令，如下左图所示。

步骤 02 启动管理工具。打开“所有控制面板项”窗口，单击“管理工具”选项，如下右图所示。

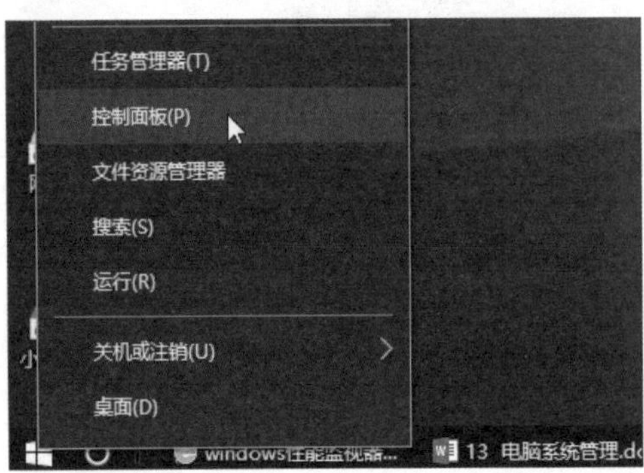

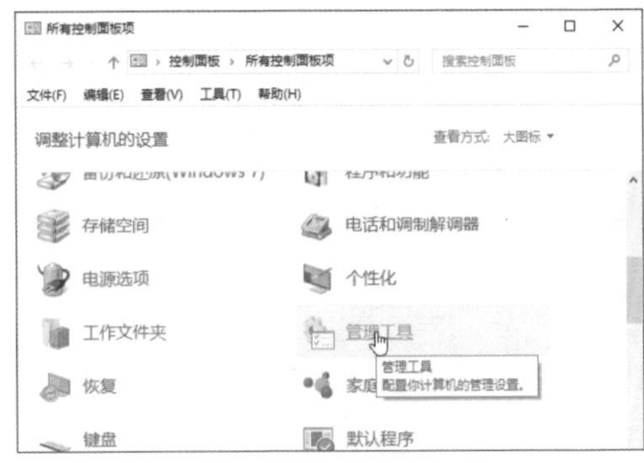

步骤 03 进入启动设置界面。打开“管理工具”窗口，选择“性能监视器”选项，如下左图所示。

步骤 04 启动性能监视器。打开“性能监视器”窗口，如下右图所示。

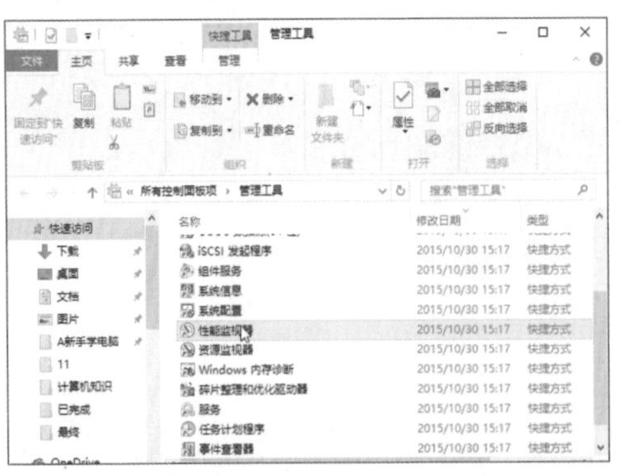

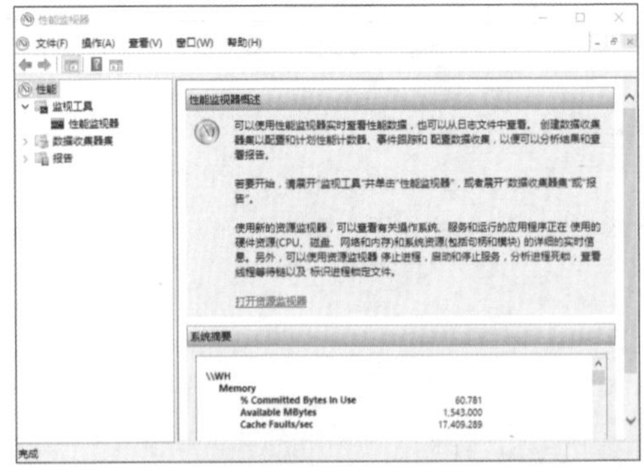

步骤 05 打开并查看性能监视器。在左侧列表中选择“监视工具→性能监视器”选项，可打开性能监视器，如下左图所示。

步骤 06 创建自定义性能监视器。用户还可以按需定制性能监视器。在“性能监视器”选项上右击，在弹出的快捷菜单中执行“新建→数据收集表”命令，如下右图所示。

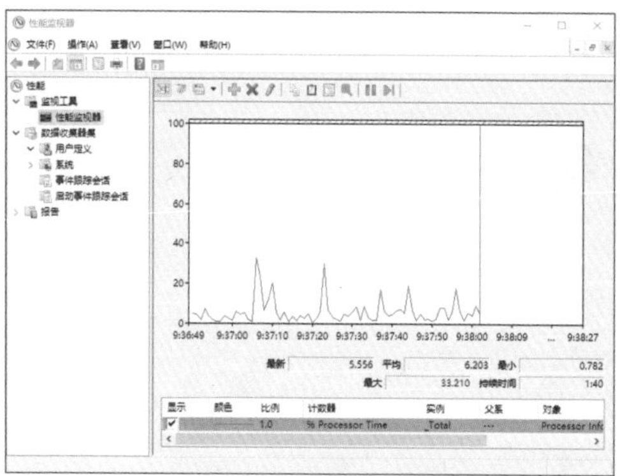

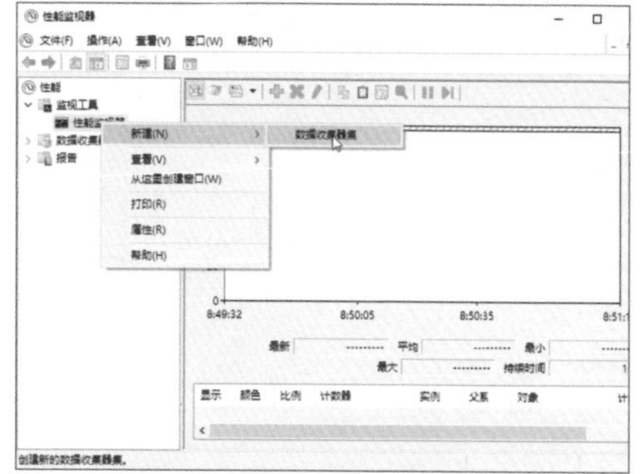

步骤 07 启动配置。打开导航窗格，保持默认设置，单击“下一步”按钮，如下左图所示。

步骤 08 设置数据保存位置。保持默认设置，单击“下一步”按钮，如下右图所示。

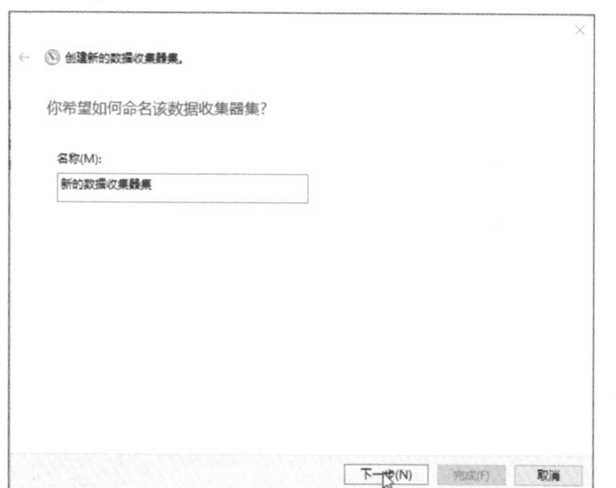

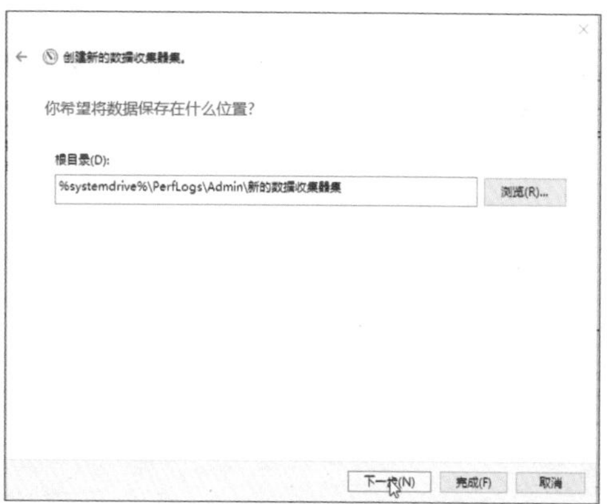

步骤 09 完成配置。单击“立即启动该数据收集器集”单选按钮，再单击“完成”按钮，如下左图所示。

步骤 10 配置收集器。选择“数据收集器集→用户定义→新的数据收集器”选项，并在其上右击，在弹出的快捷菜单中执行“属性”命令，如下右图所示。

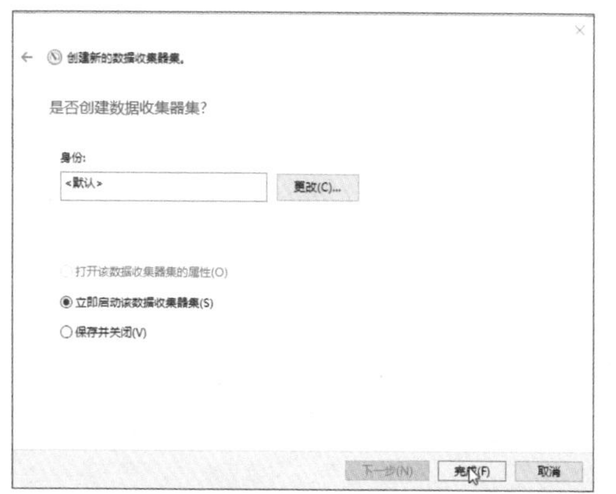

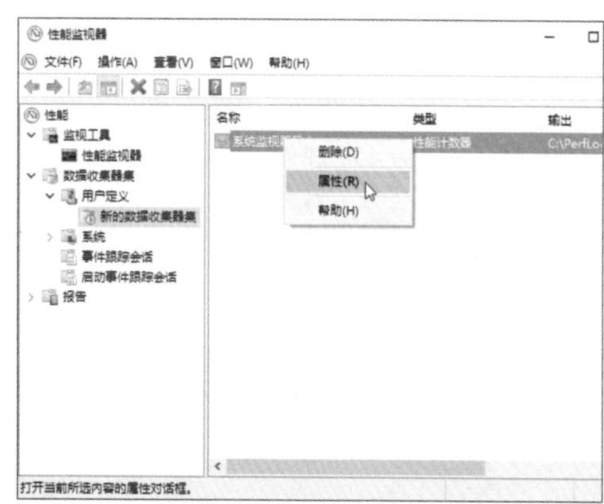

步骤 11 添加监视项。打开“系统监视器日志 属性”对话框，单击“添加”按钮，如下左图所示。

步骤 12 **配置监视内容。**在打开的对话框中勾选“显示描述”复选框，选择需要计数的项，再单击“添加”按钮，如下右图所示。

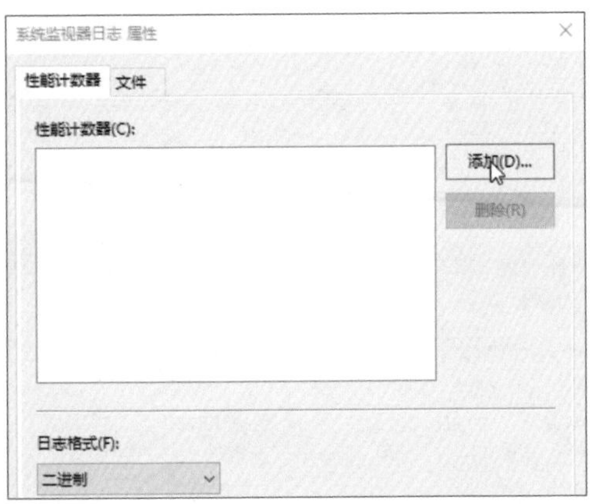

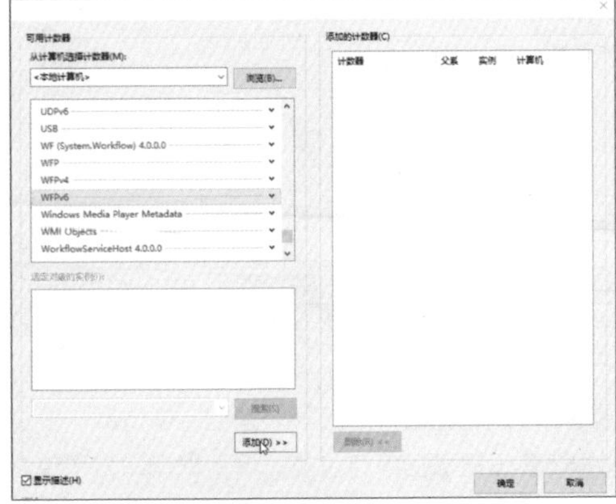

步骤 13 **添加计数器。**按需添加多个计数器后，单击“确定”按钮，如下左图所示。

步骤 14 **完成配置。**返回“系统监视器日志 属性”对话框，单击“确定”按钮，如下右图所示。

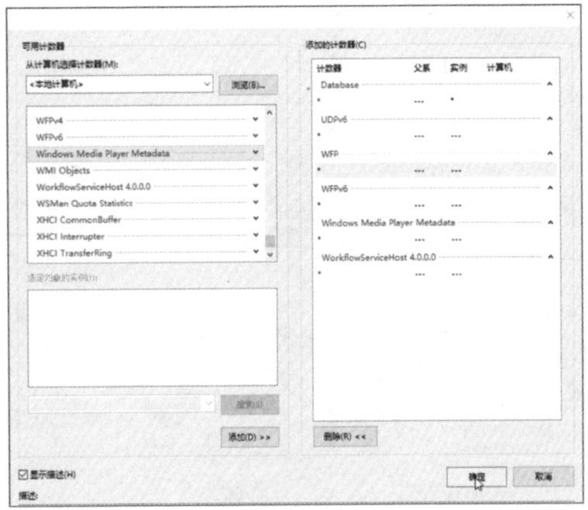

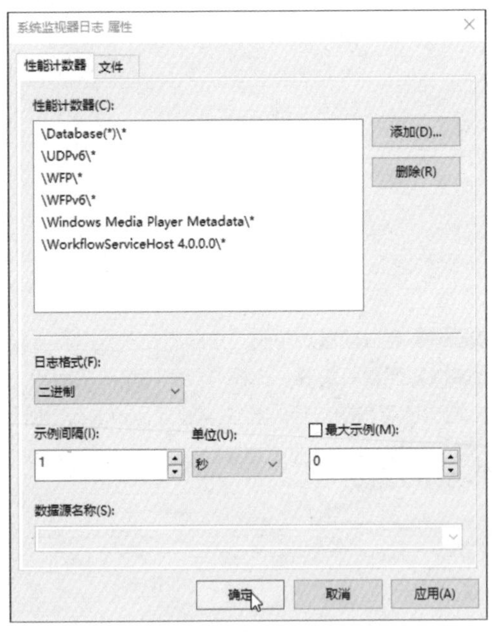

步骤 15 **查看提示信息。**弹出提示对话框，单击“确定”按钮，如右图所示。

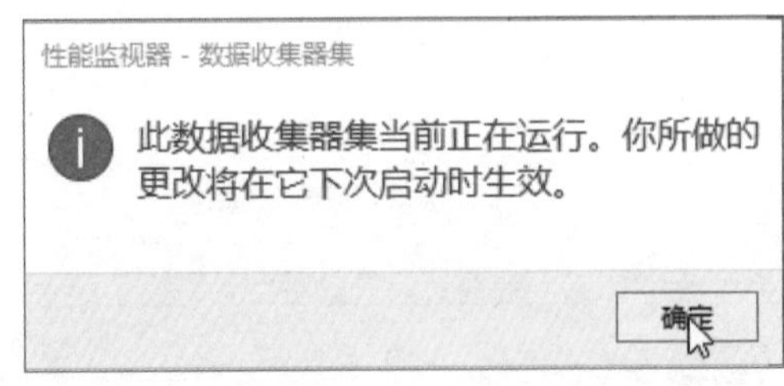

02 性能日志和警报

下面介绍如何查看性能日志和警报。

步骤 01 更改显示图形。打开性能监视器后，在右侧图表区域上方可以看到功能按钮，用于查看当前活动、查看日志数据、更改图形类型、添加、删除、突出显示灯。单击某一按钮，可进行相应的操作，如单击“更改图形类型”按钮，可从其列表中选择合适的图形，如下左图所示。

步骤 02 启动查看日志功能。单击“查看日志数据”按钮，如下右图所示。

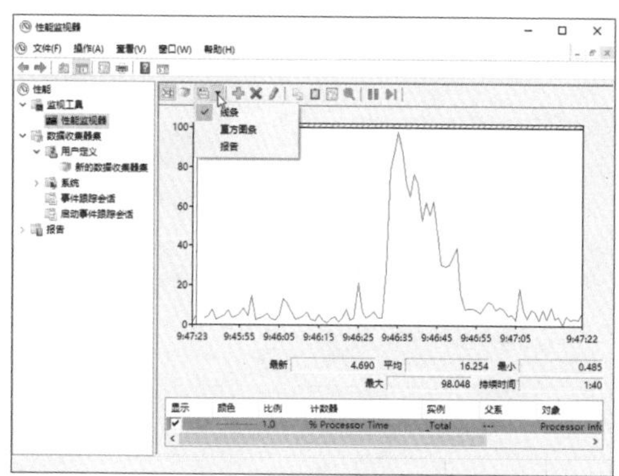

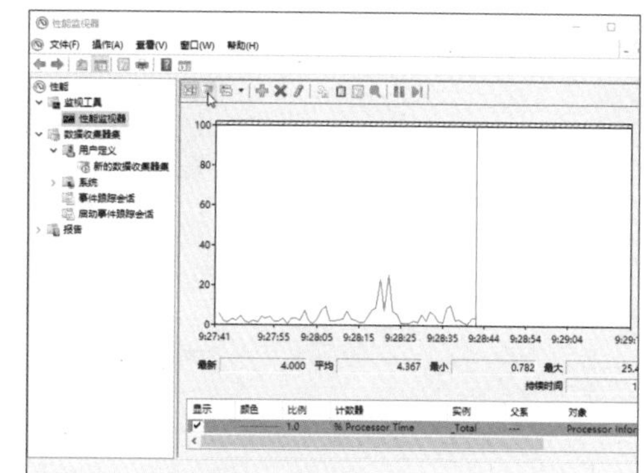

步骤 03 设置数据。打开“性能监视器 属性”对话框，在“常规”选项卡中可对显示元素、报告、直方图等进行设置，在“来源”选项卡中可对当前监视器的数据来源进行更改，如下图所示。

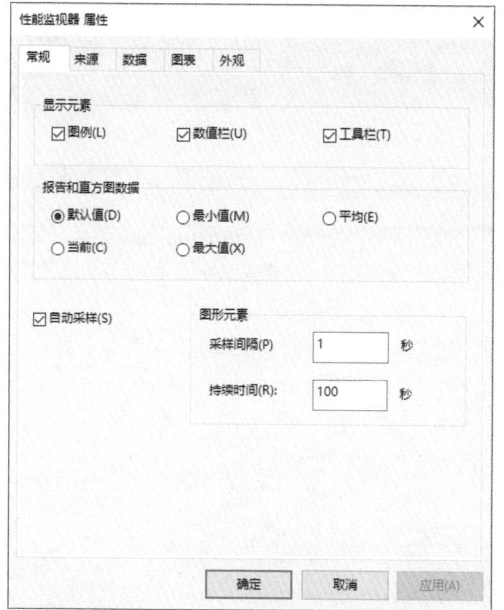

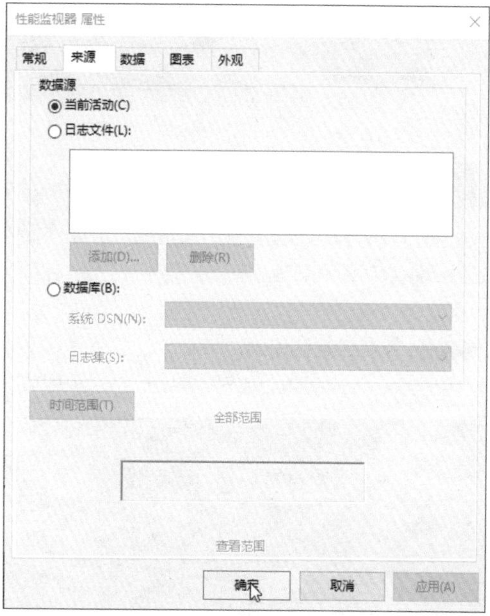

步骤 04 设置外观。在“数据”选项卡中可对图形的颜色、宽度、比例、样式进行设置，在“图表”和“外观”选项卡中可对图表的标题、垂直轴以及背景等进行设置，如下图所示。

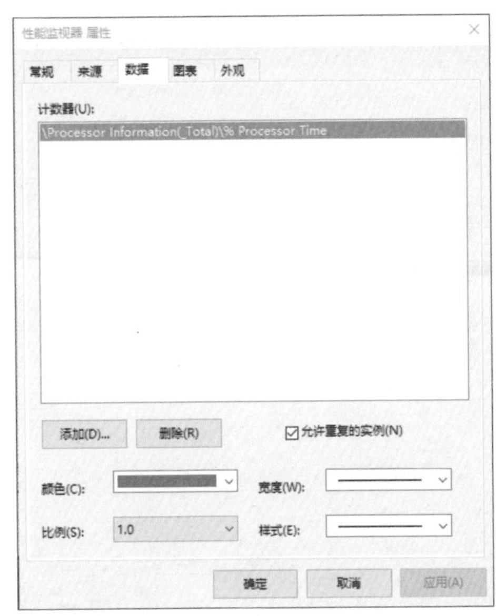

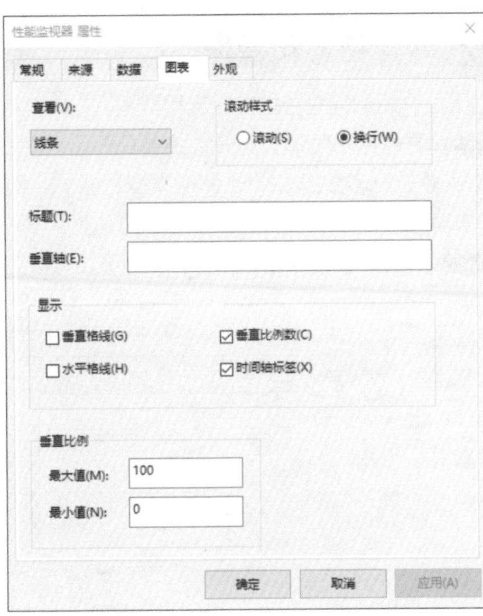

Section 02

任务管理器

Windows任务管理器提供了有关计算机性能的信息，并显示了计算机上所运行的程序和进程的详细信息；如果连接到网络，还可以查看网络状态。下面介绍如何使用任务管理器。

01 启动任务管理器

通过任务管理器查看任务工作状态的操作很简单，按照下面介绍的操作步骤即可实现。

步骤 01 启动任务管理器。在任务栏右击，在弹出的快捷菜单中执行“任务管理器”命令，如下左图所示。

步骤 02 查看任务管理器。打开“任务管理器”窗口，有文件、选项、查看菜单。还有进程、性能、应用历史记录、启动、用户、详细信息以及服务7个选项卡，如下右图所示。

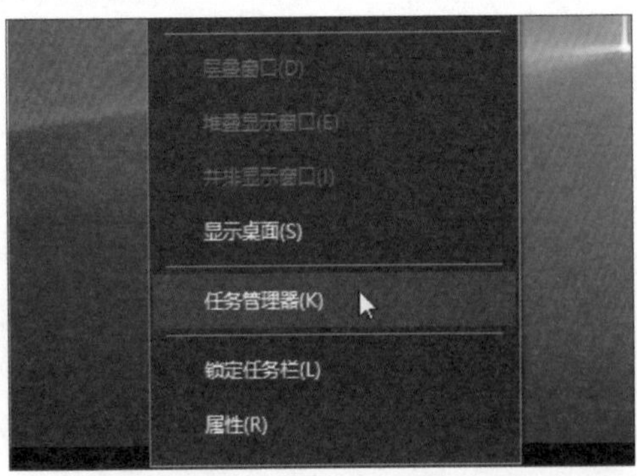

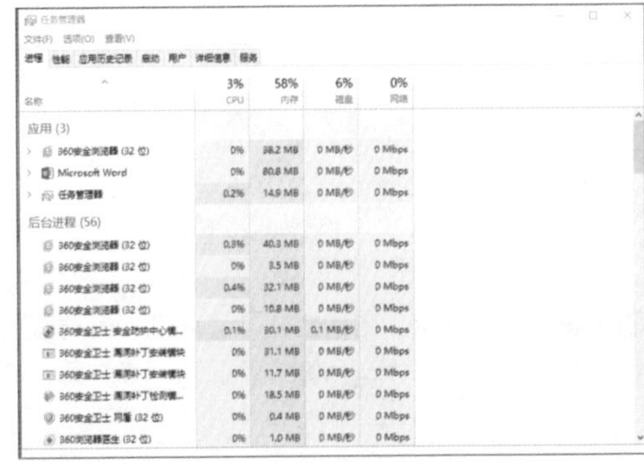

02 应用程序进程管理

在“进程”和“详细信息”选项卡中显示了所有当前正在运行的应用程序，不过只会显示当前已打开窗口的应用程序，而QQ、MSN Messenger等最小化至系统托盘区的应用程序并不会显示出来。下面介绍如何结束和开始任务。

步骤 01 **结束任务。**在“进程”选项卡中，选择某一任务进程，单击“结束任务”按钮即可结束任务，如下左图所示。

步骤 02 **其他方法。**在“详细信息”选项卡中，同样可以选择某一进程，单击“结束任务”按钮，结束该进程，如下右图所示。

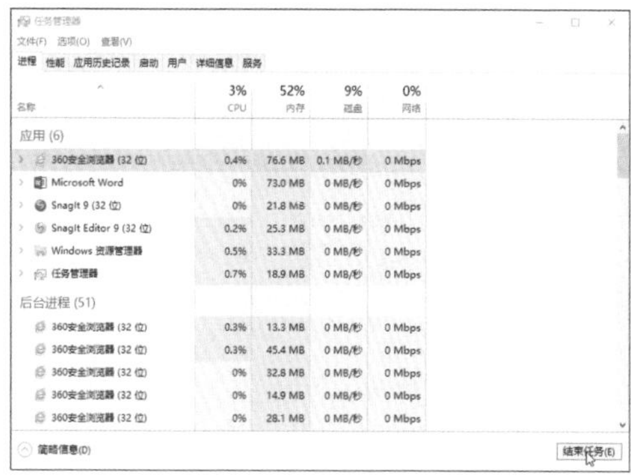

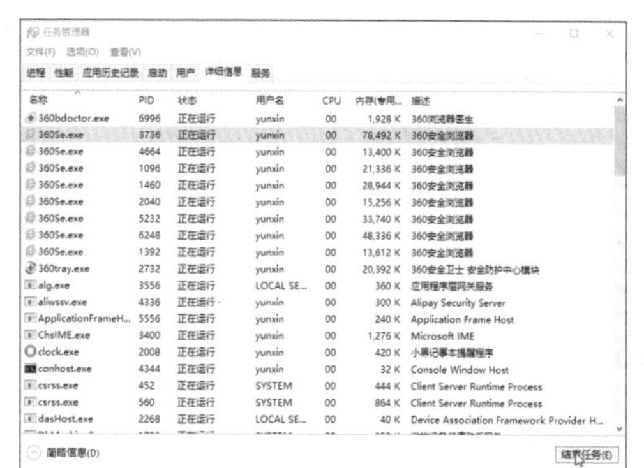

步骤 03 **开始新任务。**执行“文件→运行新任务”命令，如下左图所示。

步骤 04 **输入任务名。**打开“新建任务”对话框，输入名称并单击“确定”按钮，如下右图所示。

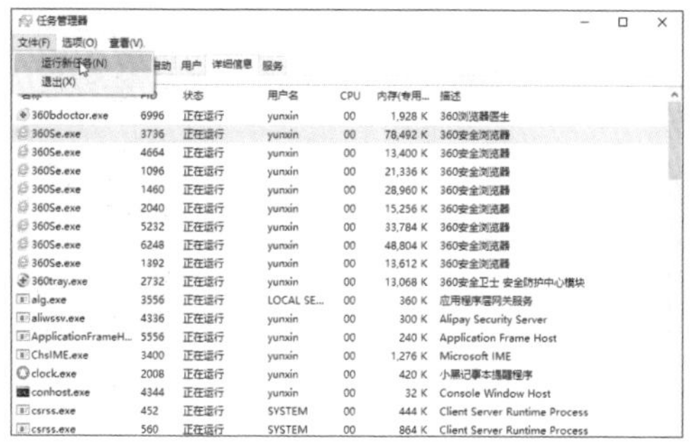

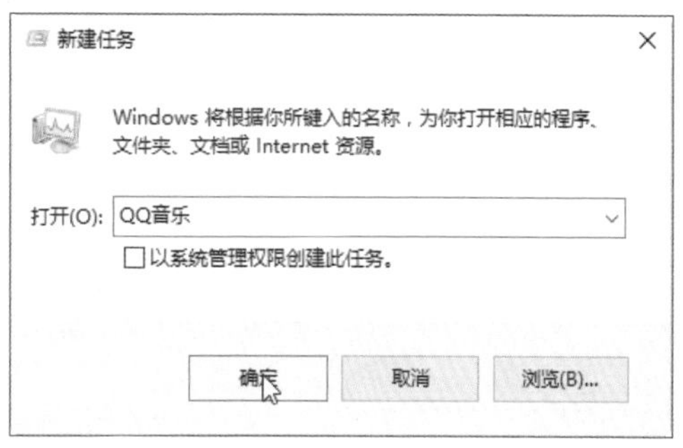

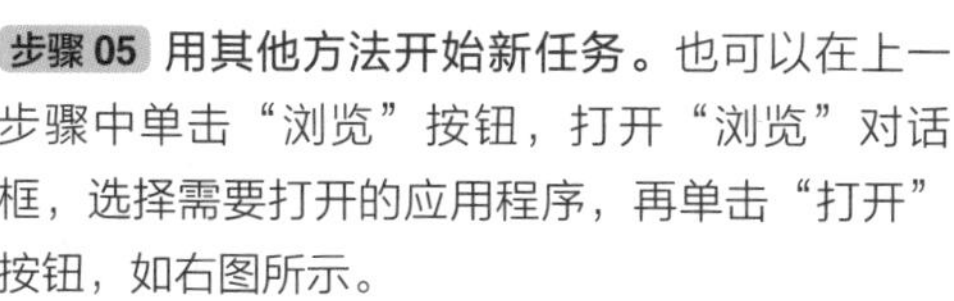

步骤 05 **用其他方法开始新任务。**也可以在上一步骤中单击“浏览”按钮，打开“浏览”对话框，选择需要打开的应用程序，再单击“打开”按钮，如右图所示。

03 性能的管理

如果需要查看电脑的性能动态，同样可以在任务管理器中实现，其操作方法如下。

步骤 01 **查看CPU状态。**切换至“性能”选项卡，选择CPU选项，在右侧窗格中可以查看CPU的使用情况，如下左图所示。

步骤 02 **查看内存使用情况。**选择“内存”选项，可以对内存的使用情况进行查看，如下右图所示。

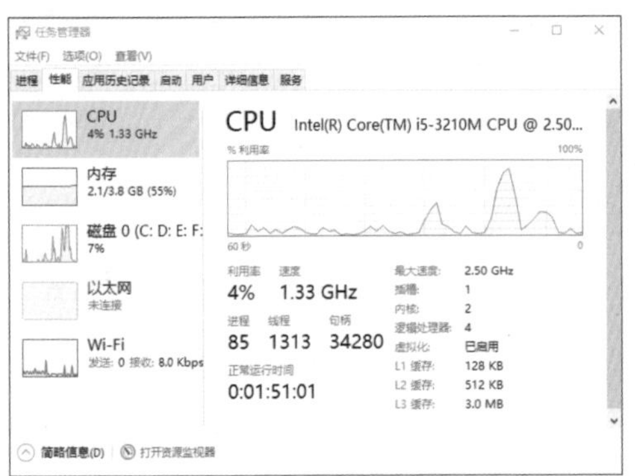

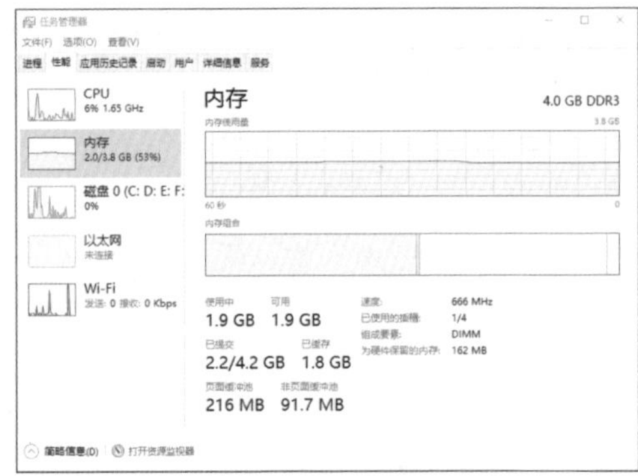

步骤 03 **查看网络状态。**选择Wi-Fi选项，可以查看网络连接情况，如下左图所示。

步骤 04 **查看资源监视器。**如果需要详细了解CPU、内存、Wi-Fi的性能，可在上一步骤中选择“打开资源监视器”选项，打开“资源监视器”，查看各选项的详细信息，如下右图所示。

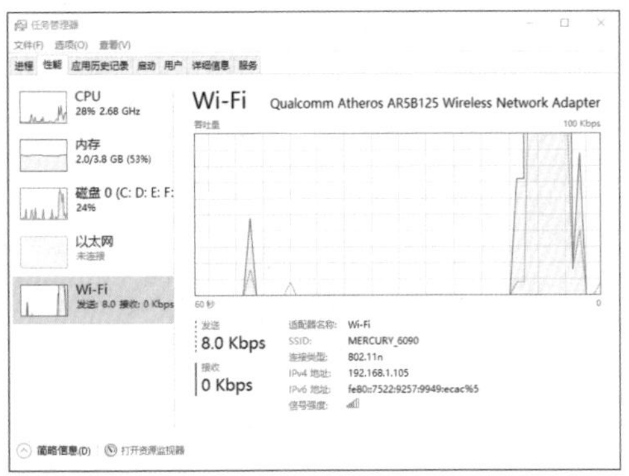

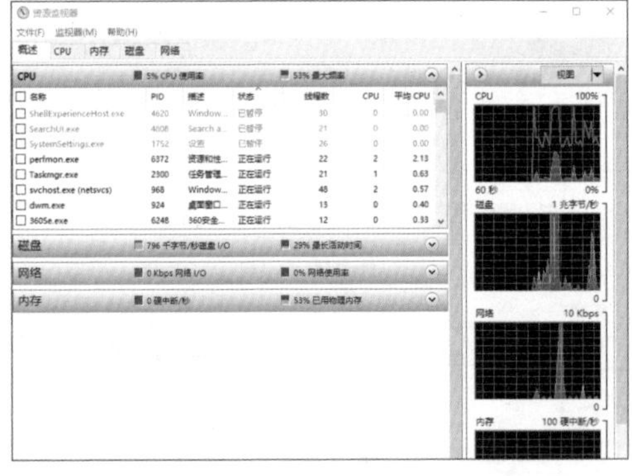

步骤 05 **查看网络连接。**在“资源监视器”中的“网络”选项卡中，可对当前电脑的网络连接信息进行查看，如右图所示。

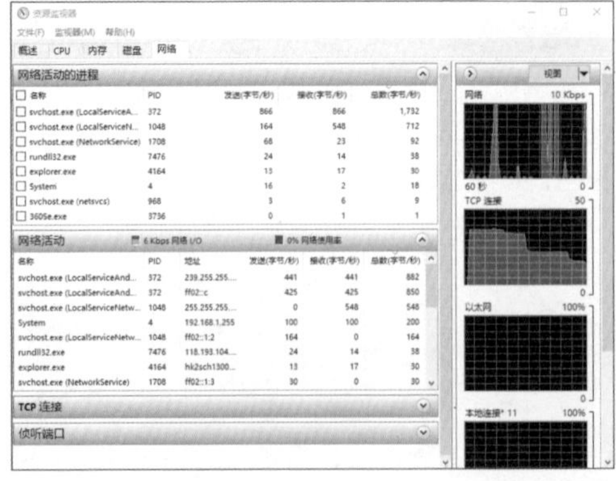

04 禁止开机启动

如果每次开机都会自动启动多个软件，会降低开机速度，可禁止某些开机自动启动项。

在“任务管理器”中的“启动”选项卡中，选择需要禁止启动的项，再单击“禁用”按钮即可禁止，如右图所示。

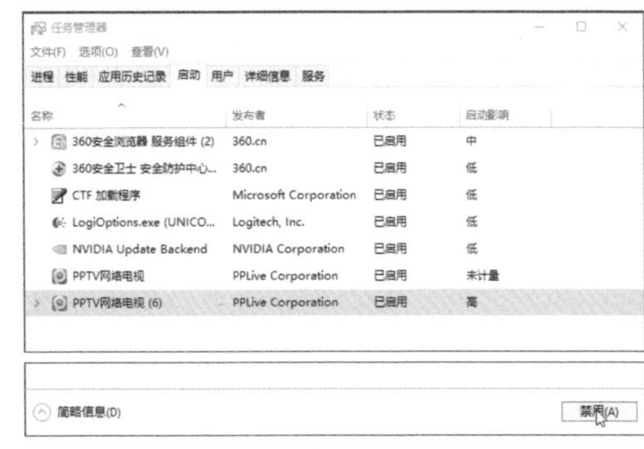

系统备份与还原

Windows 10提供了备份与还原功能，让用户不必为了丢失数据而烦恼。只要提前做好备份工作，发生意外丢失数据后，可以快速还原数据。

01 “系统还原”备份与还原

为了避免系统崩溃后重装系统的烦恼，可以将系统备份。如果系统不够稳定或者发生意外，可以还原系统，其操作方法如下。

步骤 01 执行“设置”命令。单击桌面左下角的应用程序按钮，执行“开始→设置”命令，如下左图所示。

步骤 02 选择“更新和安全”。打开“设置”窗口，选择“更新和安全”选项，如下右图所示。

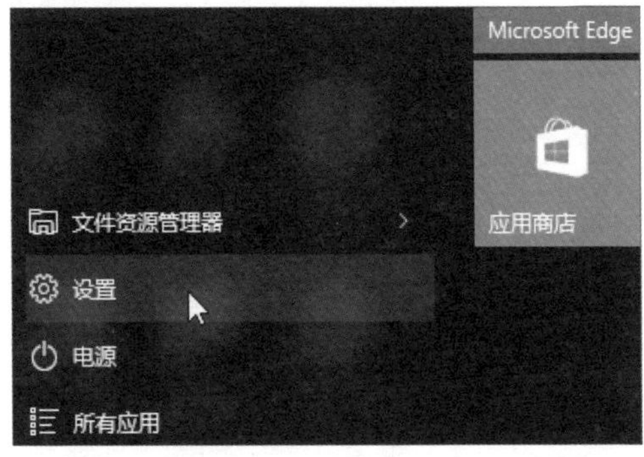

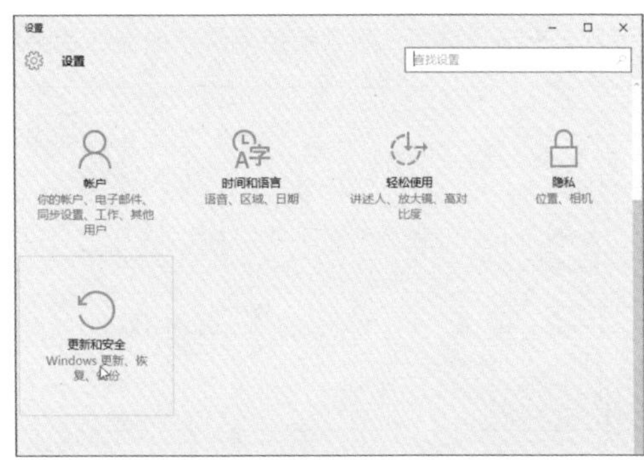

步骤 03 转到备份和还原。进入“更新和安全”界面，选择“备份”选项，单击“转到备份和还原（Windows7）”选项，如下左图所示。

步骤 04 启动备份设置。打开“备份和还原（Windows 7）”窗口，单击“备份”选项组中的“设置备份”按钮，如下右图所示。

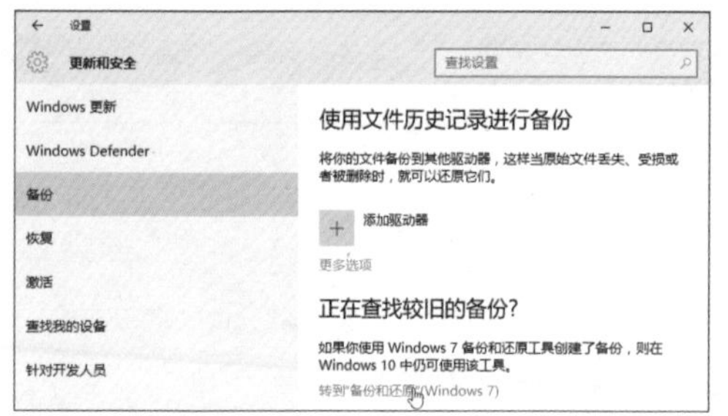

步骤 05 **选择保存位置。**将打开“设置备份”窗口，在此选择“保存备份的位置”，建议将备份文件保存到外部存储设备中。选择要备份文件的磁盘，单击“下一步”按钮，如下左图所示。

步骤 06 **选择备份内容。**显示“你希望备份哪些内容”界面，在此按默认选择“让Windows选择（推荐）”选项，单击“下一步”按钮，如下右图所示。

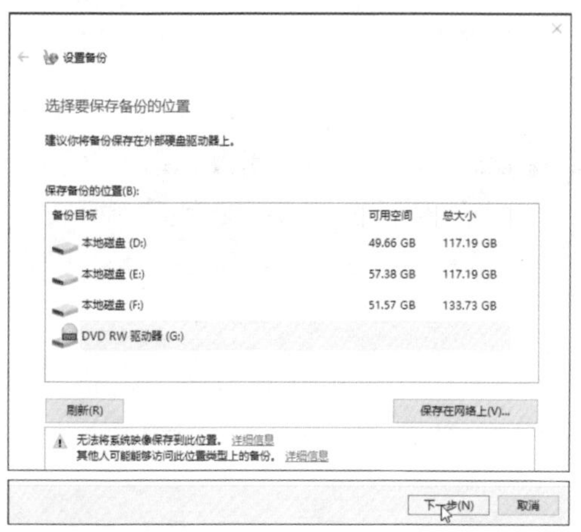

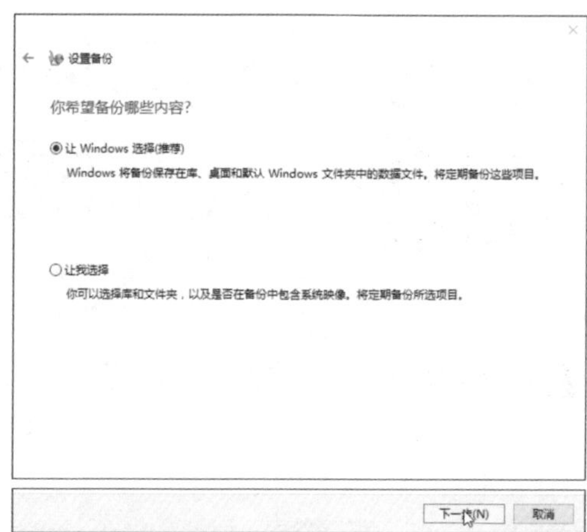

步骤 07 **确认信息。**确认备份选项，正确无误后单击“保存设置并进行备份”按钮，如下左图所示。

步骤 08 **自动开始备份。**此时将自动返回“备份和还原”界面，同时进入“系统备份”操作。整个过程需要一定的时间，耐心等待整个备份操作的完成即可，如下右图所示。

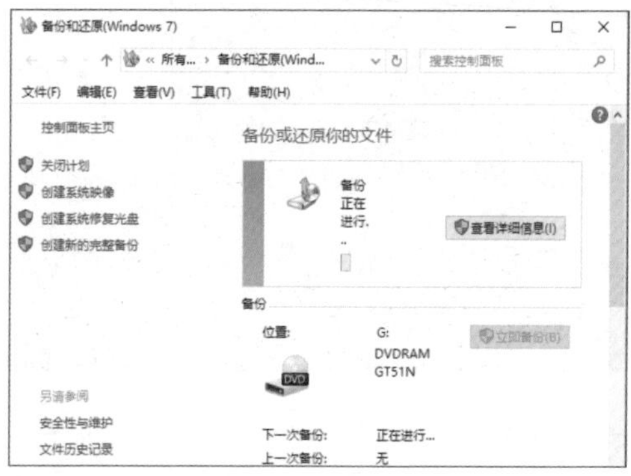

步骤 09 **启动还原。**打开“备份和还原（Windows 7）”窗口，从此界面可以查看到之前备份的文件，“还原”选项组中单击“还原我的文件”按钮。如下左图所示。

步骤 10 **选择还原内容。**打开“还原文件”窗口，单击“浏览文件夹”按钮，并在打开的对话框中选择“备份文件”所在的文件夹，再单击“添加文件夹”按钮，如下右图所示。

步骤 11 **确认还原信息。**返回“还原文件”窗口，选中要恢复的备份文件夹，单击“下一步”按钮，如下左图所示。

步骤 12 **覆盖还原。**弹出“你想在何处还原文件”界面，单击“原始位置”单选按钮，再单击“还原”按钮，此时将自动进行Windows 10正式版系统的还原操作，如下右图所示。

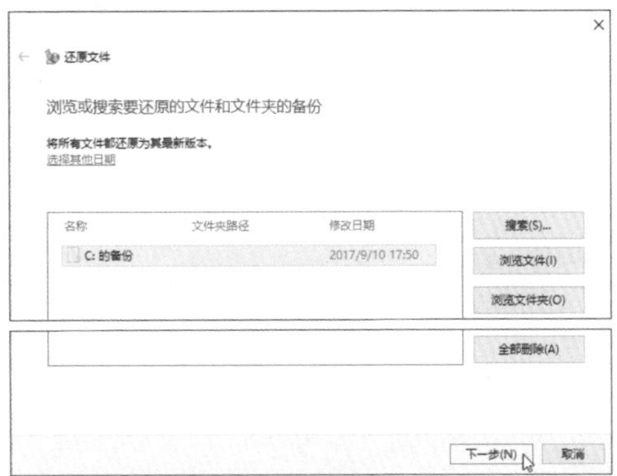

02 使用Ghost备份与还原系统

使用Ghost软件可快速备份和还原系统，具体操作方法如下。

步骤 01 **启动Ghost。**下载并打开备份还原软件，根据提示一步一步操作即可。小白一键备份还原工具默认备份系统盘符为C盘，如果系统安装在其他盘区，请手动勾选确认，同时注意镜像保存路径下的磁盘空间容量足够，再单击“备份”按钮，如右图所示。

步骤 02 **提示信息。**在弹出的提示框中单击“确定”按钮，如右图所示。电脑将会进入重启状态并开始系统备份。

步骤 03 完成系统备份后，电脑会再次重启且正常进入原系统桌面，此时需要查看系统备份后的目标磁盘上的GHOST文件，确认无误并妥善保存，以备还原系统使用。

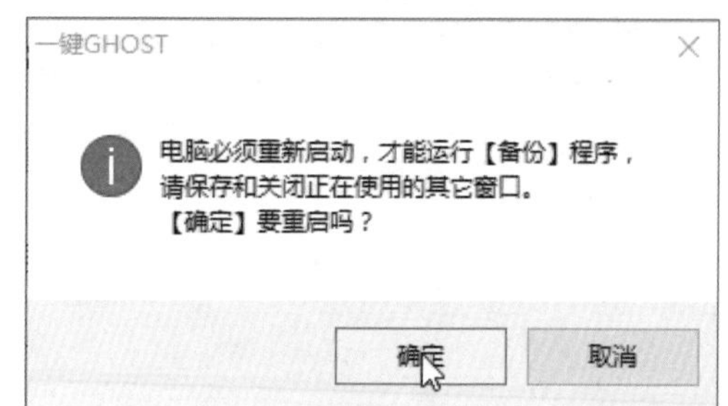

03 Windows 10映像备份与还原

可以通过创建Windows10映像备份进行系统的备份与还原，操作方法如下。

步骤 01 **启动映像创建。**打开“备份和还原（Windows 7）”窗口，选择“创建系统映像”选项，如下左图所示。

步骤 02 **设置保存位置。**按需设置后单击“下一步”按钮，如下右图所示。

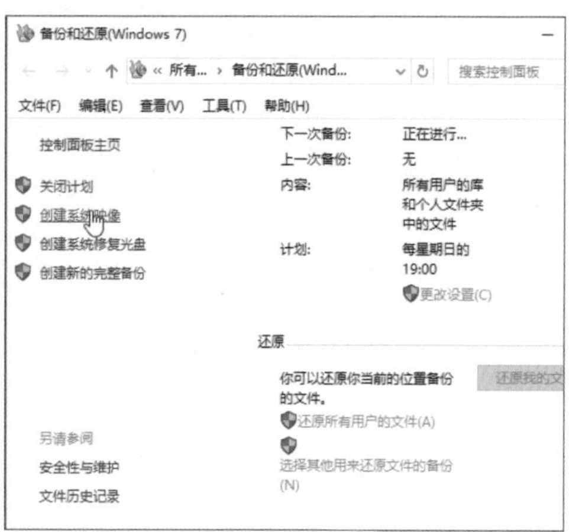

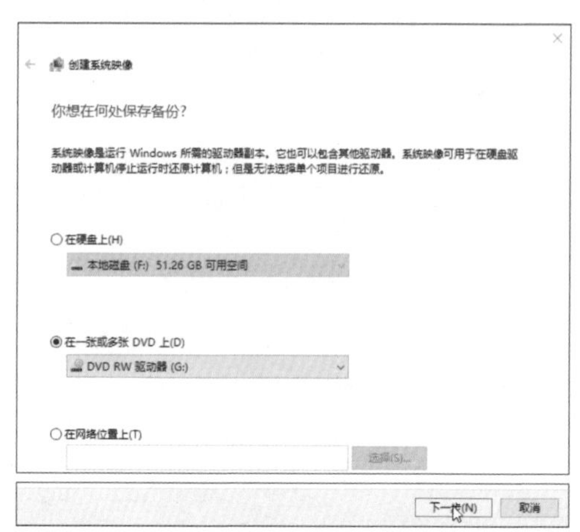

步骤 03 **设置备份的分区。**按需设置后单击“下一步”按钮，如下左图所示。

步骤 04 **开始备份。**确认备份设置，单击“开始备份”按钮，如下右图所示。

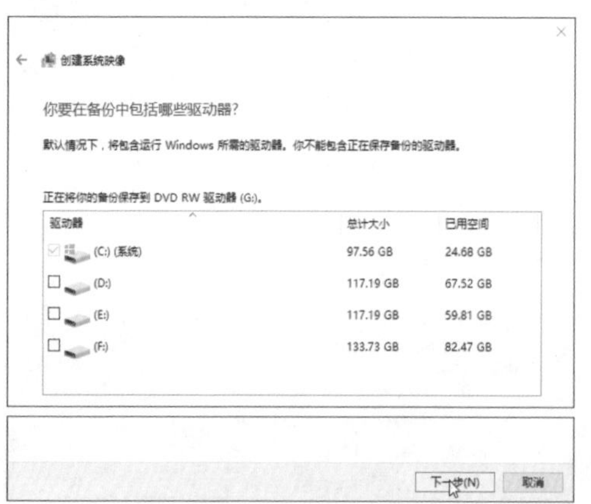

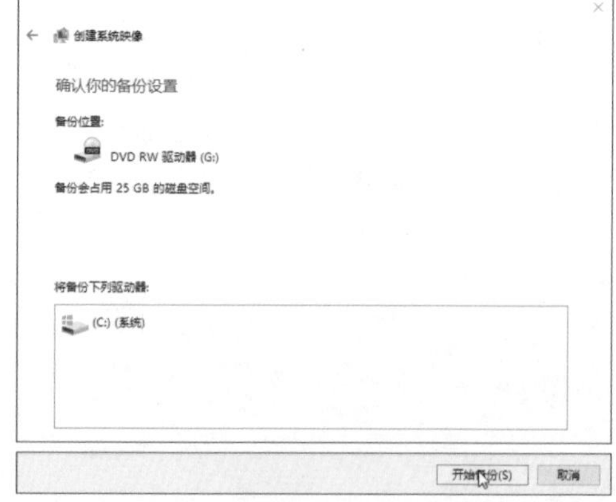

步骤 05 **还原映像。**进入“设置”界面，选择左侧的“恢复”选项，在右侧单击“立即重启”按钮，如下左图所示。

步骤 06 **进入高级启动。**重启计算机后，系统进入“高级启动”界面，在界面中选择“疑难解答”选项，如下右图所示。

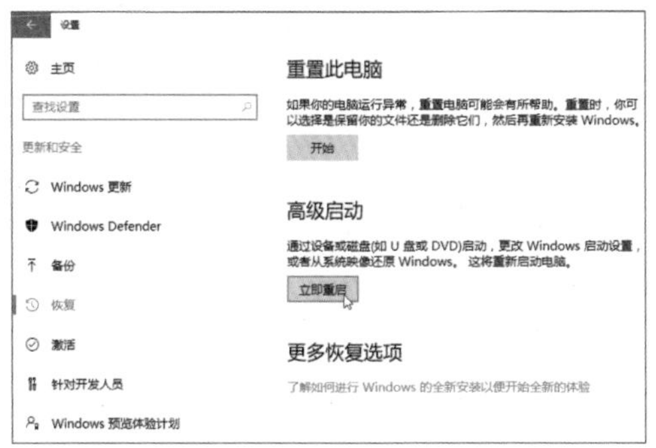

步骤 07 **启动映像恢复。**在“高级选项”界面中，选择“系统映像恢复”选项，如下左图所示。

步骤 08 **选择操作系统。**在“系统映像恢复”界面中，选择Windows 10选项，如下右图所示。

步骤 09 **选择系统映像。**在“选择系统映像备份”界面中查看最新的系统映像，如果没有问题，则单击“下一步”按钮，如下左图所示。

步骤 10 **选择其他还原方式。**在“选择其他的还原方式”界面中，单击“下一步”按钮，如下右图所示。

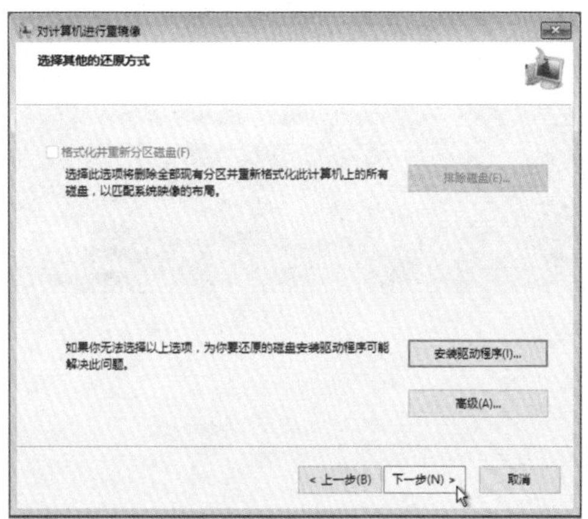

步骤 11 **确认还原信息。**根据配置内容查看信息，如果没有错误，单击“完成”按钮，如下左图所示。

步骤 12 **提示信息。**系统弹出警告信息，单击“是”按钮，如下右图所示。

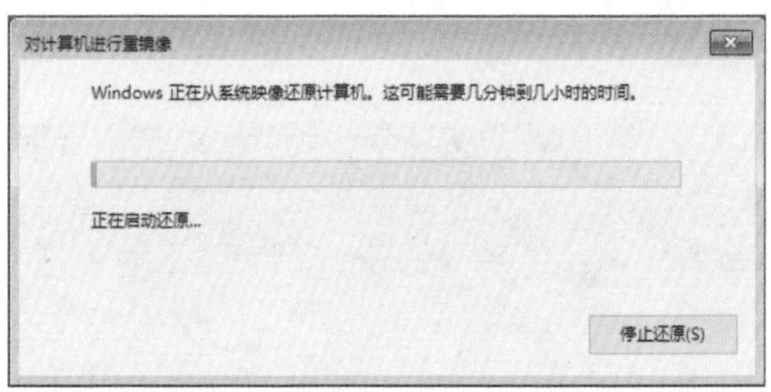

步骤 13 **开始还原。**系统开始进行映像还原，如右图所示。

步骤 14 **完成还原。**完成后，系统重启到桌面，完成映像的恢复。

步骤 15 **从光驱启动。**另外，如果已经进入不了系统，那么用户可以使用安装光盘启动电脑，进入安装界面后，单击“下一步”按钮，如下左图所示。

步骤 16 **修复计算机。**单击“修复计算机”链接，如下右图所示。也可以进入高级启动界面，进行还原。

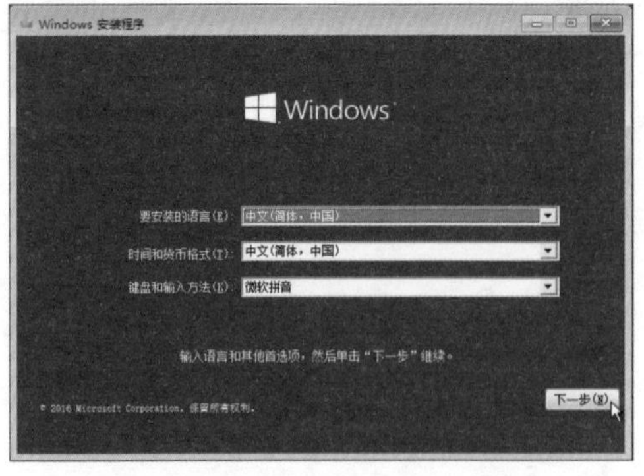

Chapter 14 系统的安全与维护

内容导读

使用电脑时，为了防止病毒或者他人对电脑进行恶意攻击，需要对电脑系统进行保护。本章将介绍电脑病毒的常识、如何查杀病毒、如何使用360安全卫士、如何做好网络防范以及磁盘的高级维护操作。

知识要点

电脑病毒预防知识

电脑的维护常识

使用360杀毒软件

启用Windows 10防火墙

使用系统自带的更新功能

磁盘的清理与碎片整理

Section 01 电脑系统的安全性

使用电脑的过程中，确保电脑的安全性非常重要。感染电脑病毒将会导致系统瘫痪和文件丢失。下面来了解什么是电脑病毒、如何预防电脑病毒以及电脑维护的相关常识。

01 什么是电脑病毒

电脑病毒对电脑危害极大，下面了解电脑病毒的概念、特征、分类等。

❶ 电脑病毒概念

电脑病毒是利用电脑软硬件存在的弱点编制的一组指令集或程序代码。它能通过某种途径潜伏在电脑的存储介质（或程序）里，当达到某种条件时被激活，通过修改其他程序的方法将自己以精确拷贝或者可能演化的形式植入其他程序中，从而感染其他程序，对电脑资源进行破坏，具有很大的危害性。

❷ 电脑病毒特征

电脑病毒具有下面几种特征。

- **传染性：**电脑病毒将自身的复制代码通过内存、磁盘、网络等传播给其他文件或系统，使其他文件或系统也带有这种病毒，并成为新的传染源。
- **隐蔽性：**电脑病毒具有很强的隐蔽性，有的可以通过病毒软件检查出来，有的根本就查不出来，有的时隐时现、变化无常。病毒处理起来通常很困难。其隐蔽性表现在两方面：一是传染的隐蔽性，二是病毒存在的隐蔽性。
- **破坏性：**病毒程序一旦侵入当前系统，将对磁盘文件增、删、改、抢占系统资源或对系统运行进行干扰，甚至破坏整个系统。
- **潜伏性：**病毒侵入系统后，一般不立即发作，它可以潜伏几周或几个月或更长时间，在满足激发条件时才发作。
- **可触发性：**可触发性是指病毒的发作都有一个特定的激发条件，当外界条件满足电脑病毒发作的条件时，电脑病毒就被激活，并开始传播和破坏。

❸ 电脑病毒的分类

按照不同的分类依据，电脑病毒可分为下面几种。

- **按病毒的入侵途径分类：**入侵型病毒 、源码型病毒 、外壳型病毒 、操作系统型病毒 。
- **按病毒的破坏程度分类：**良性病毒 、恶性病毒、极恶性病毒、灾难性病毒 。
- **按病毒的传染目标分类：**引导型病毒 、文件型病毒 、混合型病毒、宏病毒 。

❹ 电脑病毒传播的途径

电脑病毒主要通过下面几种途径传播：

- 通过不可移动的电脑硬件设备进行传播。
- 通过移动存储设备（包括光盘、软盘、移动硬盘、U盘等）进行传播。

- 通过网络进行传播。
- 通过点对点通信系统和无线通道传播。

02 有效预防电脑病毒

既然电脑病毒对电脑的危害如此之大，该如何有效地预防电脑病毒呢？这就要求在使用电脑时注意下面几点。

- **建立好的上网习惯：**在使用电脑工作时，对一些来历不明的邮件及附件不要打开，不要访问一些不太了解的网站，不要执行下载后未经杀毒处理的软件，这些好的习惯会降低感染电脑病毒的概率。
- **关闭或删除系统中不需要的服务：**默认情况下，许多操作系统会安装一些辅助服务，如FTP服务、Telnet、Web服务等。这些服务为病毒传播提供了方便，而对用户没有太大用处。如果用户确实不需要使用它们，可以将其删除，将会大大降低被攻击的概率。
- **经常升级安全补丁：**大多数网络病毒是通过系统安全漏洞进行传播的，所以应该定期下载最新的安全补丁，防范于未然。
- **使用复杂的密码：**许多网络病毒通过猜简单密码的方式攻击系统，因此使用复杂的密码将会大大提高电脑的安全系数。
- **迅速隔离受感染的电脑：**当电脑发现病毒或异常时应立刻断网，以防止电脑受到更多的感染，或者成为传播源，再次感染其他电脑。
- **了解病毒知识：**了解尽可能多的病毒知识后，在使用电脑的过程中可以及时发现新病毒并采取相应的措施，使自己的电脑免受病毒破坏。
- **安装专业的杀毒软件：**在病毒日益增多的今天，使用杀毒软件，是越来越经济的选择。不过用户在安装了反病毒软件之后，应该经常进行升级、将一些主要监控功能打开（如邮件监控、内存监控等），遇到问题要上报，这样才能真正保障电脑的安全。
- **安装个人防火墙软件：**由于网络的发展，用户电脑面临的黑客攻击越来越严重。许多网络病毒都通过黑客攻击电脑。因此，用户还应该安装个人防火墙软件，将安全级别设为中或高，这样才能有效地防止网络上的黑客攻击。

03 电脑的维护常识

如何使用电脑才能延长电脑的寿命，并且可以让电脑硬件运行良好呢？可以从以下几个方面着手。

❶ 选择恰当的摆放位置

电脑在运行时会产生电磁波和磁场，因此将电脑放置在远离电视机、录音机的地方，可以防止电脑的显示器和电视机屏幕的相互磁化，避免交频信号互相干扰。电脑是由许多电子元件组成的，因此务必要将电脑放置在干燥的地方，以防止潮湿引起电路短路。在运行过程中，CPU会散发大量的热量，如果不及时散热，则有可能因CPU过热而导致工作异常，应将电脑放置在通风的位置。

❷ 切记电脑的开关机顺序

对笔记本电脑来说，直接开关机即可。对于台式电脑来说，应先将外部设备（显示器、音响等）连接电源启动，再将主机连接电源启动。关机时，则是先关闭主机，再关闭外部设备。还应该注意以下几点：Windows系统不能随意开关机，一定要正常关机；如果死机，应先设法“软启动”，再“硬启动”（按Reset键），实在不行再“硬关机”（按电源开关数秒种）。

在使用电脑的过程中，相关设备不要随便移动，不要插拔各种接口卡，也不要拆卸外部设备和主机之间的信号电缆。如果需要改动，则必须在关机且断开电源线的情况下进行。用户不要擅自打开显示器和主机，如果出现异常情况，应该及时与专业维修人员联系。

③ 定时清洁除尘保养

电脑在工作的时候，会产生一定的静电场、磁场，加上电源和CPU风扇运转产生的吸力，会将悬浮在空气中的灰尘颗粒吸进机箱并滞留在板卡上。如果不定期清理，灰尘将越积越多，严重时甚至会使电路板的绝缘性能下降，导致短路、接触不良、霉变，造成硬件故障。显示器内部如果灰尘过多，高压部分最容易发生“跳火”现象，导致高压包的损坏。因此应定期打开机箱，用干净的软布、不易脱毛的小毛刷、吹气球等工具除尘。显示器因为带有高压，最好是由专业人员清洗。表面的灰尘，可用潮湿的软布和中性高浓度的洗液进行擦拭，擦完后不必用清水清洗，残留在上面的洗液有助于隔离灰尘，下次清洗时只需用湿润的毛巾进行擦拭即可。

④ 防止静电现象

在插拔电脑中的部件时，如声卡、显卡等，在接触这些部件之前，应该先使身体与接地的金属或其他导电物体接触，释放身体上的静电，以免静电破坏电脑的部件。

⑤ 光驱的使用

光驱上的激光头如果不经常使用，会因落尘生霉点，老化速度加快，所以要定期使用光驱。质量差的光盘会在光盘高速旋转时损伤激光头，所以最好使用高质量光盘。当光驱中的光盘不用时，请将光盘取出，不然光驱一直高速旋转处于待命状态，会对光驱造成磨损。定期对光驱进行清理、除尘，会降低光驱的老化速度。

⑥ 硬盘的使用

硬盘的重要功能之一是存储数据。一块硬盘的寿命是数千小时，一般可以用二年多。要对硬盘定期检查和进行磁盘整理，从而提高硬盘的速度和延长硬盘的寿命。

查杀电脑病毒和木马

用户可以使用杀毒软件检查和消除电脑或网络中多种常见病毒。下面以360杀毒软件的使用为例进行介绍。

01 360杀毒软件

360杀毒软件是国内最受用户喜爱的杀毒软件之一，并且是一款完全免费的杀毒软件。它具有领先的防杀引擎，为用户提供全时全面的病毒防护，不但查杀能力出色，而且能第一时间防御新出现的木马病毒。在使用时无需激活码，轻巧快速不卡机。对系统资源占用极少，对系统运行速度的影响微乎其微。启动360杀毒软件后，界面如下图所示。

02 功能与特色

360杀毒软件具有病毒查杀、隔离沙箱、防黑加固等功能，下面分别进行介绍。

❶ 病毒查杀

360杀毒提供了四种手动病毒扫描方式：快速扫描、全盘扫描、自定义扫描以及宏病毒扫描，如下图所示。

❷ 隔离沙箱

在打开文件或者软件时，在其上右击并在弹出的快捷菜单中执行“在隔离沙箱中运行”命令，随后在使用该文件或者程序时，如果触及到木马网站、下载了病毒或盗号木马，木马、病毒会运行在这块隔离的空间中，不会对实际的系统产生任何影响，如下图所示。

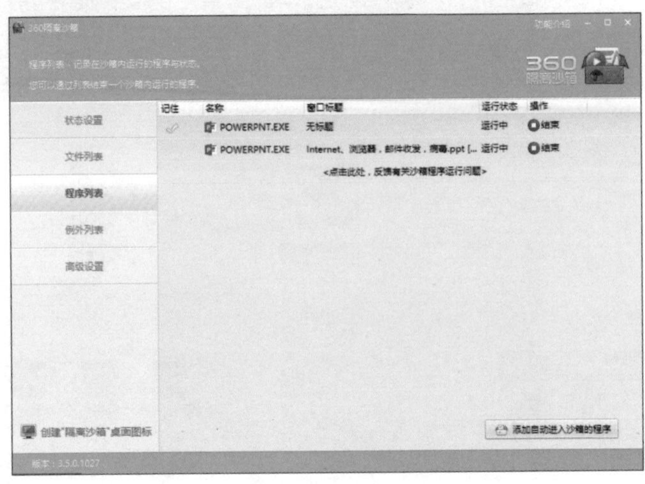

❸ 防黑加固系统

使用防黑加固功能，可对系统进行检测如果检测到防御入侵能力弱的项目或漏洞，会提醒用户加固系统，如下图所示。

❹ 广告拦截

结合360安全浏览器的广告拦截功能和360杀毒独有的拦截技术，可以精准拦截各类网页广告、弹出式广告、弹窗广告等，为用户营造干净、健康、安全的上网环境。

步骤 01 **选择过滤插件。**单击360软件开始界面上的“弹窗过滤”按钮，弹出提示框，按需选择需要过滤的插件，单击“确定”按钮，如下左图所示。

步骤 02 **手动添加。**选择“开启过滤”选项，单击“手动添加”按钮，如下右图所示。

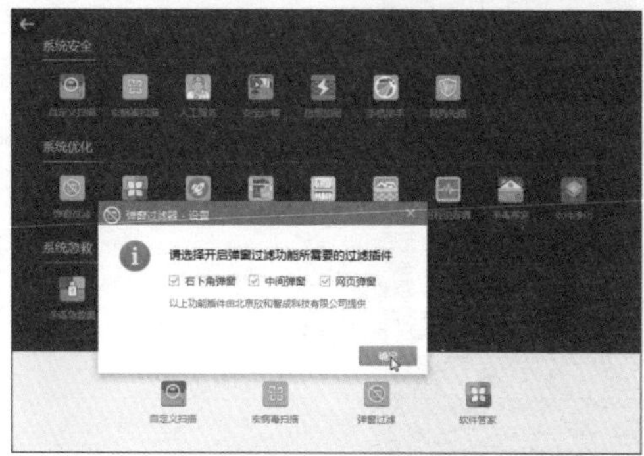

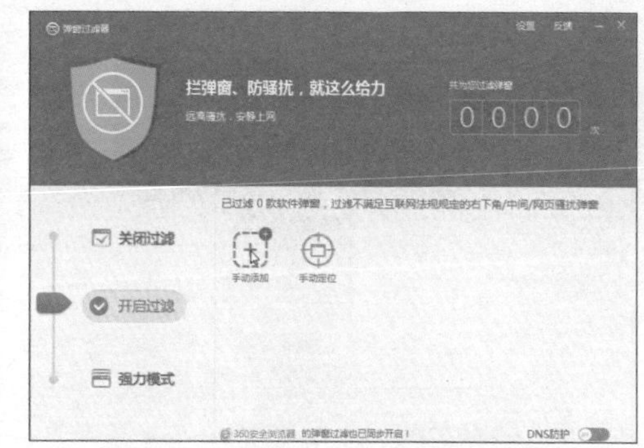

步骤 03 **添加需过滤的软件。**打开“弹出过滤管理”窗格，添加需要开启过滤的软件，如右图所示。

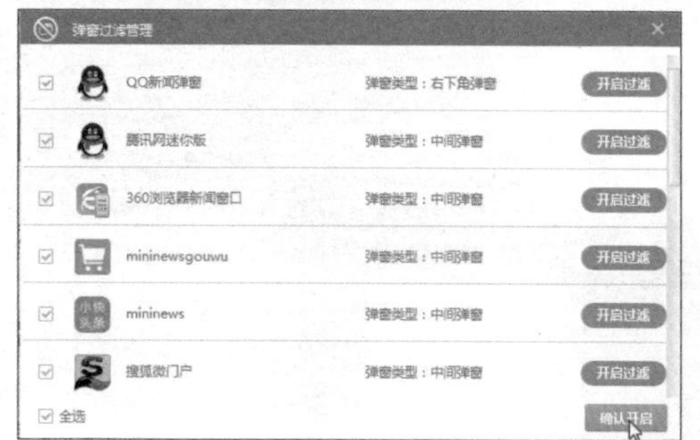

❺ 上网加速

通过优化电脑的上网参数、内存占用、CPU占用、磁盘读写、网络流量，清理IE插件等全方位的优化清理工作，360杀毒软件可以消除电脑上网卡、上网慢的症结，带来更好的上网体验，如下图所示。

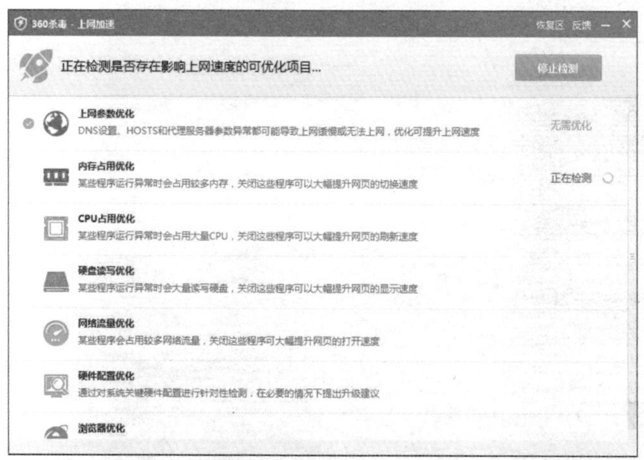

❻ 软件净化

在安装软件时，可能会遇到各种各样的捆绑软件，甚至一些莫名软件会在不经意间安装到电脑中。利用新版杀毒内嵌的捆绑软件净化器可以精准监控，对软件安装包进行扫描，及时报告捆绑的软件并进行拦截，同时可以自定义选择安装，如下图所示。

❼ 杀毒搬家

在使用杀毒软件的过程中，随着引擎和病毒库的升级，其安装目录所占磁盘空间会有所增加，可能会导致系统运行效率降低。360杀毒新版提供了杀毒搬家功能。仅一键操作，就可以将360杀毒整体移动到其他的本地磁盘中，为当前磁盘释放空间，提升系统运行效率，如下图所示。

❽ 功能大全

360杀毒提供21款专业全面的软件工具，用户无需再去浩渺的互联网上寻找软件，就可以优化处理各类电脑问题，如下图所示。

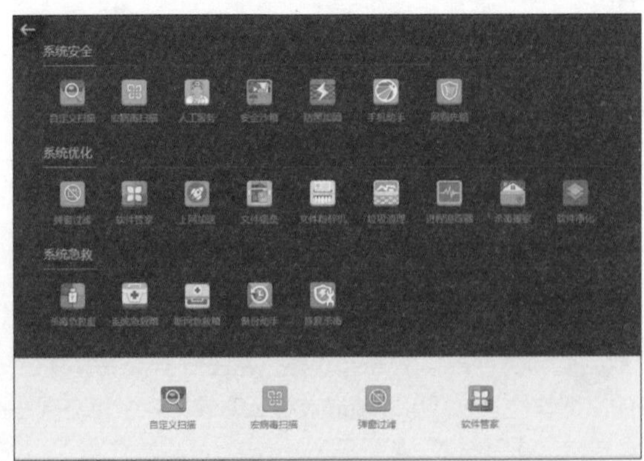

03 病毒查杀

前面介绍了360杀毒软件提供的四种基本的病毒查杀操作，接下来介绍如何利用这四种操作查杀病毒。

步骤 01 **快速扫描。**启动360杀毒软件后，在主界面上选择“快速扫描”选项，如下左图所示。

步骤 02 **扫描内容。**软件扫描Windows系统目录及Program Files目录，如下右图所示。

步骤 03 **列出异常内容。**如果发现系统有异常，将会列出有异常的项，单击“立即处理”按钮可处理系统异常，如下左图所示。

步骤 04 **全盘扫描。**在主界面上选择“全盘扫描”选项，系统将扫描所有磁盘，如下右图所示。

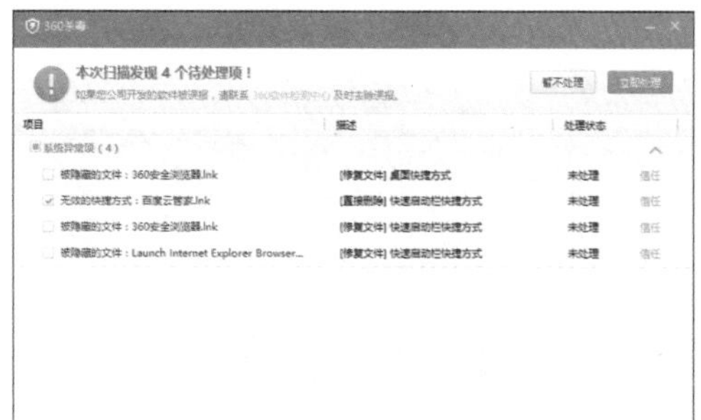

步骤 05 **自定义扫描。**在界面上选择“自定义扫描”选项，打开“选择扫描目录”对话框，选择需要扫描的目录或文件，然后单击“扫描”按钮，如下左图所示。

步骤 06 **开始扫描。**系统会对指定的目录或文件进行扫描，如下右图所示。

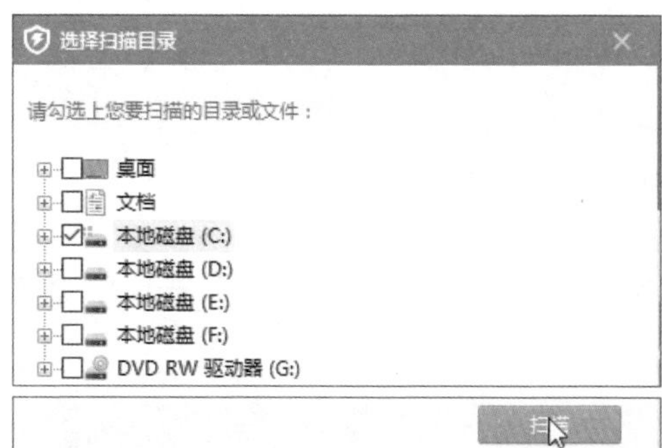

步骤 07 宏病毒扫描。在界面上选择“宏病毒扫描”选项，弹出提示对话框，单击“确定”按钮，如下左图所示。

步骤 08 开始宏病毒扫描。软件可全面处理寄生在Excel、Word等文档中的Office宏病毒。启动扫描之后，会显示扫描进度窗口。在这个窗口中可看到正在扫描的文件、总体进度以及发现问题的文件，如下右图所示。

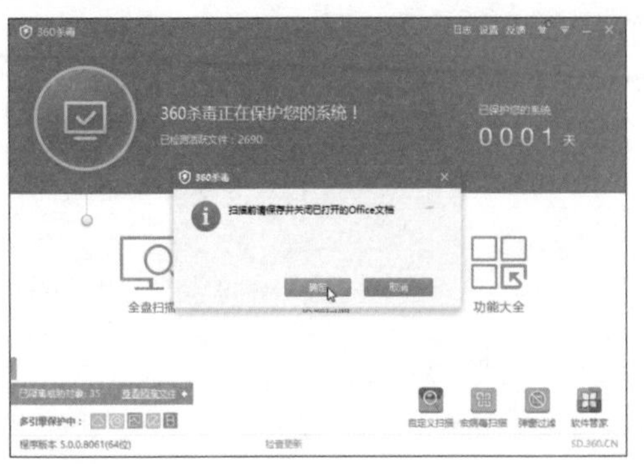

04 杀毒软件的设置

在使用杀毒软件时，可以对杀毒软件的相关选项进行设置，下面介绍如何设置杀毒软件。

步骤 01 启动设置界面。启动360杀毒软件后，选择开始界面右上角的“设置”选项，如下左图所示。

步骤 02 设置选项。打开“360杀毒-设置”对话框，包括常规设置、升级设置、多引擎设置等9个选项，选择相应选项后，可对360杀毒软件进行相应的设置，如下右图所示。

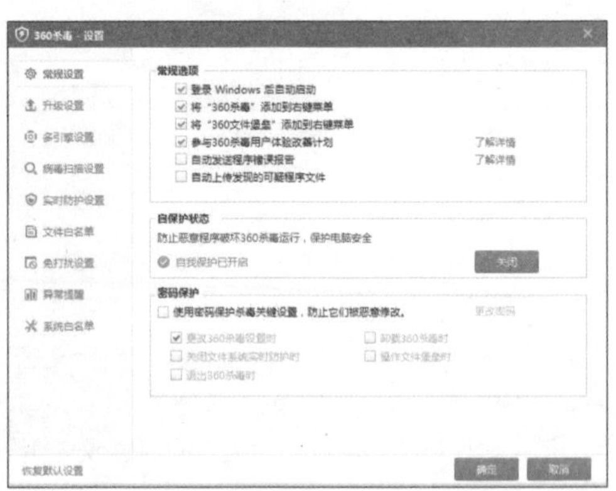

05 杀毒软件的升级和修复

病毒的变异和更新很快，需要定期对杀毒软件进行升级和修复，按照下面的方法操作即可。

步骤 01 杀毒软件升级。可以直接选择软件开始界面上的“检查更新”选项，如下左图所示。

步骤 02 系统提示。系统将自动检查病毒库和程序是否是最新版本，如下右图所示。如果不是，根据提示下载安装即可。

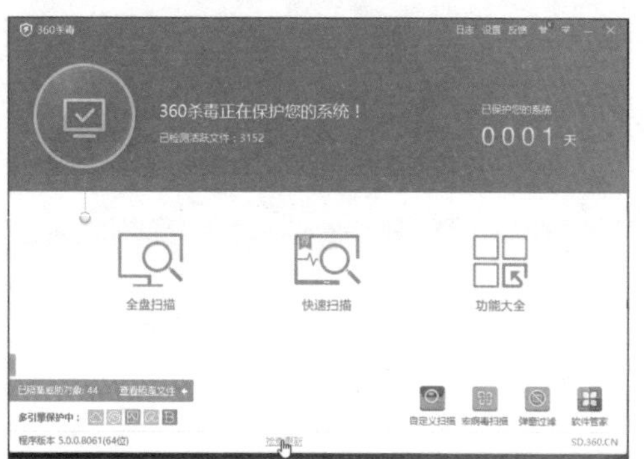

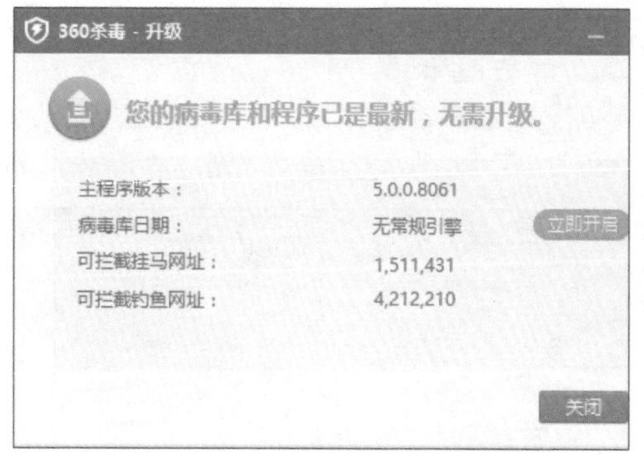

步骤 03 **杀毒软件修复安装。**选择软件开始界面上的“功能大全”选项，在打开的功能大全列表中选择“修复杀毒”选项，如下左图所示。

步骤 04 **自动更新。**系统将下载最新的360杀毒安装包，如下右图所示。下载完成后自动安装并打开360杀毒软件。

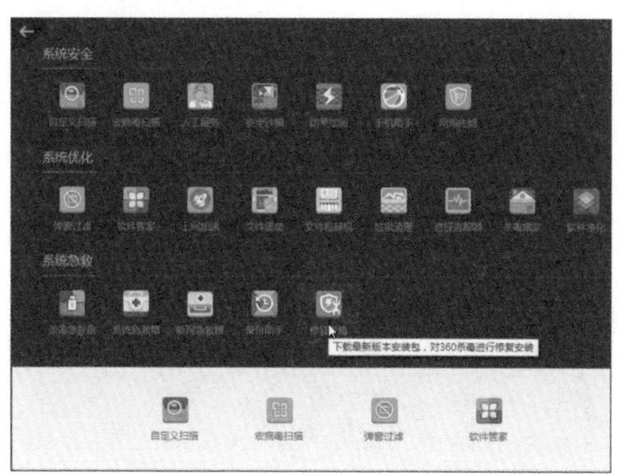

Section 03 360安全卫士

360安全卫士运用云安全技术，在拦截和查杀木马的效果、速度以及专业性上表现出色，能有效防止个人数据和隐私被木马窃取，被誉为“防范木马的第一选择”。

360安全卫士自身非常轻巧，同时具备开机加速、垃圾清理等多种系统优化功能，可大大加快电脑运行速度。内含的360软件管家、360网盾可帮助用户轻松下载、升级和强力卸载各种应用软件，还可帮助用户拦截广告，安全下载、聊天和上网。

01 升级设置

在使用360安全卫士时，可以对软件界面、升级设置等选项进行设置。下面介绍如何进行升级设置。

步骤01 进入设置。启动360安全卫士软件，单击右上角的“主菜单”按钮，从列表中选择“设置”选项，如下左图所示。

步骤02 设置升级选项。打开“360设置中心”对话框，选择“基本设置→升级设置”选项，可以对360安全卫士的升级选项进行设置，如下右图所示。

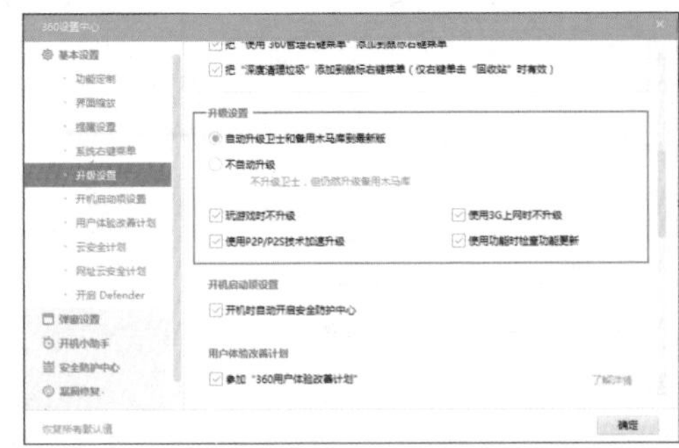

02 电脑体检

经常进行电脑体检，将有助于及时发现系统漏洞，从而提高系统安全性。下面介绍如何使用360卫士对电脑体检。其操作方法如下。

步骤01 启动体检。启动360安全卫士软件后，单击“电脑体检”按钮，然后单击“立即体检”按钮，如下左图所示。

步骤02 一键修复。体检完毕后，若有需要修复的项，选择修复项并单击“一键修复”按钮，如下右图所示。

步骤03 开始优化。如果有需要优化的项，会弹出“电脑体检”对话框，在“优化加速”选项卡中选择需要优化的项，再单击“确认优化”按钮，如右图所示。

03 木马查杀

如果需要对电脑进行木马查杀，可按照下面的方法操作。

步骤 01 **启动木马查杀。**启动360安全卫士软件后，单击“木马查杀”按钮，然后单击“快速查杀”按钮，如下左图所示。

步骤 02 **开始扫描。**开始对电脑进行扫描，会显示扫描进度，如下右图所示。

步骤 03 **一键处理。**如果扫描到需要处理的项，选择该项并单击“一键处理”按钮，如下左图所示。

步骤 04 **重启电脑。**处理完毕，弹出提示框，选择何时重启电脑以彻底完成处理，如下右图所示。

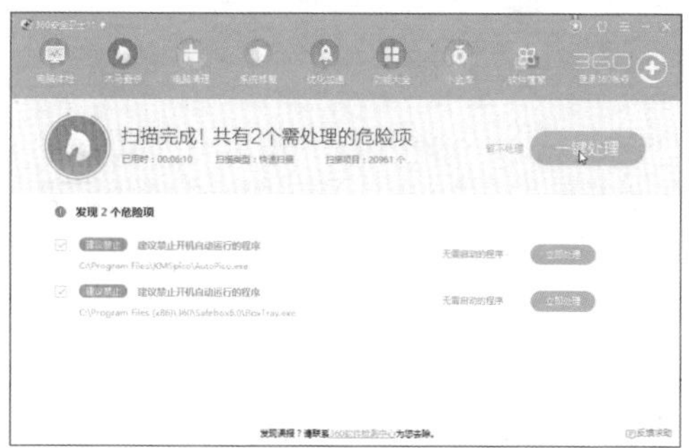

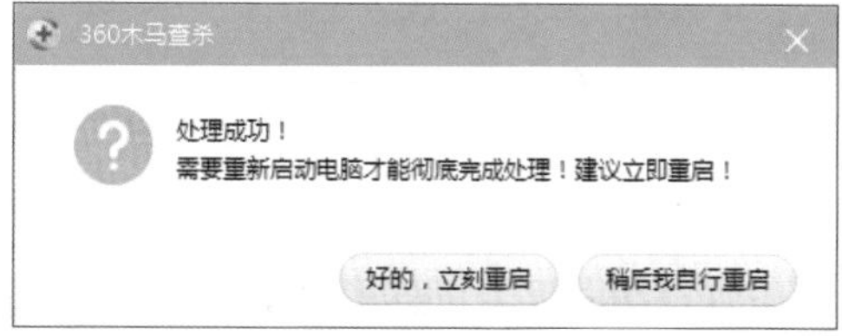

04 电脑清理

在使用电脑的过程中，会产生很多垃圾、插件、痕迹等，会占用越来越多的内存，从而导致电脑运行速度下降。用户可定期对电脑进行清理，其操作方法如下。

步骤 01 **开始清理。**启动360安全卫士软件后，单击“电脑清理”按钮，然后单击“全面清理”按钮，如右图所示。

步骤 02 **一键清理。**全面扫描完毕后，会显示可以清理的项，用户可按需选择需清理的项，然后单击“一键清理”按钮，如下左图所示。

步骤 03 **完成清理。**清理完毕后，可以看到所清理的内容，再单击“完成”按钮即可，如下右图所示。

05 其他功能

除了上述功能外，360安全卫士还可以对系统进行优化加速、系统修复。若需要更多功能，单击开始界面中的“功能大全”按钮，可以显示360安全卫士所有的工具，如右图所示。

通过功能大全中的工具，360安全卫士还可以对电脑安全、数据安全、网络优化、系统工具、游戏优化等进行保护。

Section 04 做好网络安全防范

在电脑连接网络时，做好网络安全防范，可以降低电脑感染病毒的概率。下面介绍如何启用Windows 10防火墙以及使用系统自带的更新功能。

01 启用Windows 10防火墙

防火墙是帮助电脑确保信息安全的软件，会依照特定的规则，允许或是限制数据的传输。Windows 10自带的防火墙功能让用户无需专业软件，即可实现对电脑信息的保护。下面介绍如何开启Windows 10防火墙。

步骤 01 **打开防火墙设置界面。**按快捷键Win+X，或者在右键开始菜单中执行“控制面板”命令，打开“所有控制面板项”窗口，选择“Windows防火墙”选项，如下左图所示。

步骤 02 **进入启用或关闭界面。**打开“Windows防火墙”窗口，选择左侧列表中的“启用或关闭Windows防火墙”选项，如下右图所示。

步骤 03 **启动防火墙。**可以设置启用防火墙，然后单击“确定”按钮，如右图所示。

02 使用系统自带的更新功能

在对系统更新时，可使用系统自带的更新功能，其操作方法如下。

步骤 01 **进入“设置”界面。**执行“开始→设置”命令，如下左图所示。

步骤 02 **进入“更新与安全”界面。**打开“设置”窗口，选择“更新与安全”选项，如下右图所示。

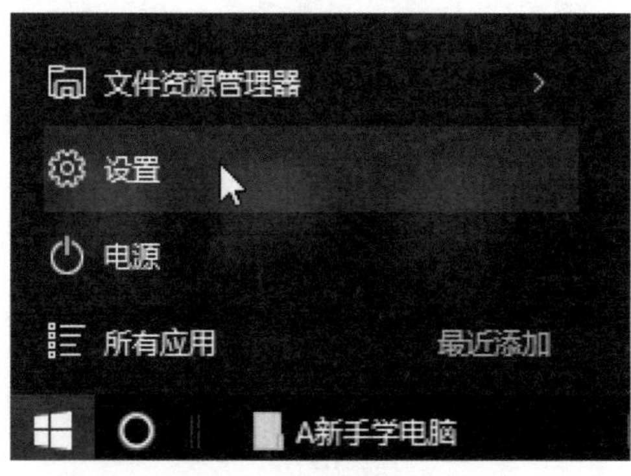

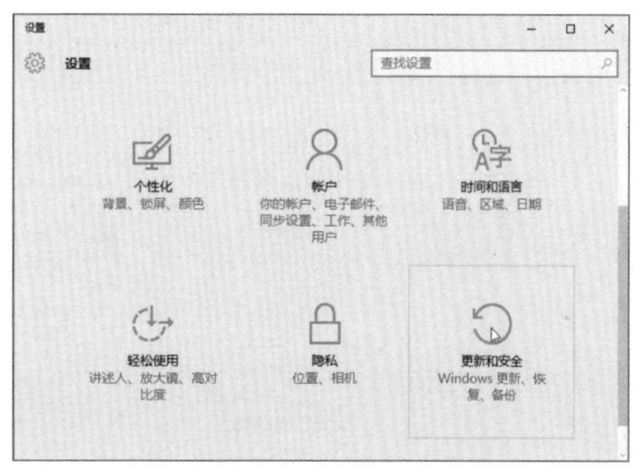

步骤 03 **检查更新。**选择“Windows更新”选项，再单击“检查更新”按钮，可以检查是否有新版本，如下左图所示。

步骤 04 **高级设置。**在上一步中选择“高级选项”选项，进入“高级选项”界面，对系统更新作进一步设置，如下右图所示。

磁盘的高级维护

在使用电脑时，定期对磁盘进行维护，可延长电脑的使用寿命，加快电脑的运行速度。下面介绍如何进行磁盘的清理和维护。

01 磁盘的清理

对电脑的磁盘进行定期清理，能够优化系统，可提高电脑的运行速度。Win10系统磁盘清理的操作步骤如下。

步骤 01 **启动“属性”设置。**选择需要整理的磁盘，这里选择的是D盘，然后右键单击，在弹出的快捷菜单中执行“属性”命令，如下图所示。

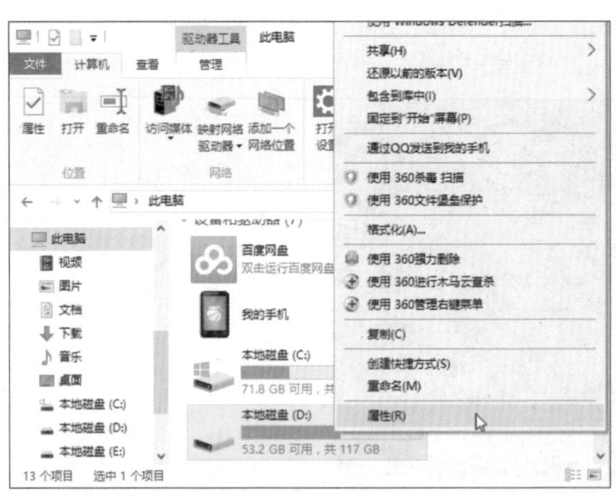

步骤 02 **启动磁盘清理。**打开“本地磁盘(D)属性”对话框，在“常规”选项卡中单击“磁盘清理”按钮，如下左图所示。

步骤 03 **选择清理项。**打开“磁盘清理”对话框，按需勾选需要清理的项，再单击“确定”按钮即可，如下右图所示。

02 磁盘碎片整理

对磁盘碎片进行整理，同样可以提高电脑的运行速度，其操作方法如下。

步骤 01 **启动优化设置。**打开“本地磁盘(D)属性”对话框，切换至“工具”选项卡，单击“优化”按钮，如右图所示。

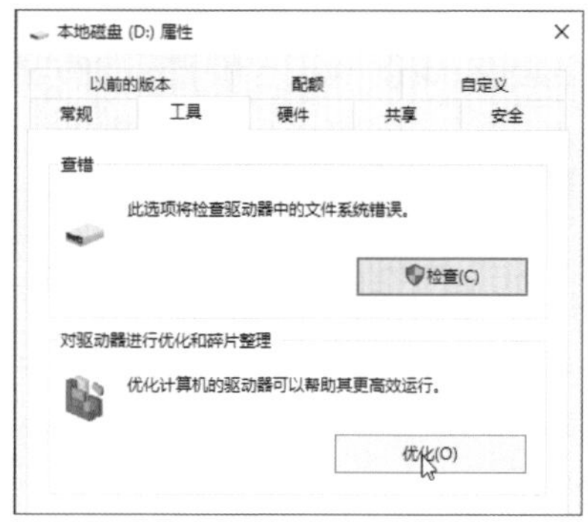

步骤 02 **选择驱动器。**打开“优化驱动器”对话框，勾选需要优化的驱动器，再单击“分析”按钮，如下左图所示。

步骤 03 **开始优化。**分析驱动器完毕，单击“优化”按钮，电脑将对驱动器进行多次优化，需要停止时，单击“停止”按钮即可，如下右图所示。

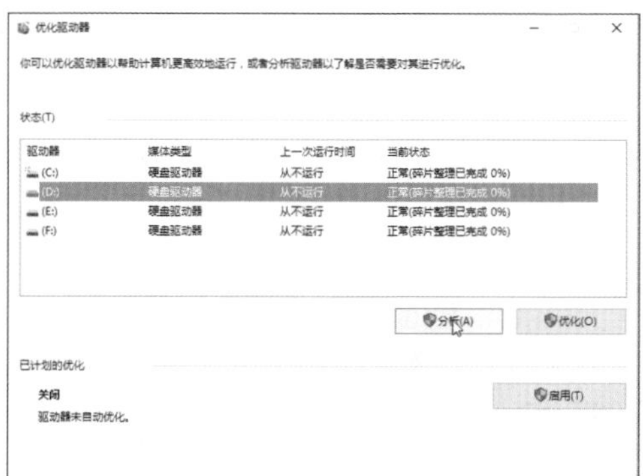

内容简介

随着科技的发展，电脑已经成为办公和生活中不可或缺的工具，本书针对电脑的基础知识、上网娱乐、高效办公、电脑优化维护等几大方面，循序渐进地讲解了新手如何从入门到精通使用电脑。全书共 14 章，主要内容包括：初识电脑、Windows 10 操作系统的基本操作、个性化设置、输入法切换、文件管理、网络连接与设置、丰富的网络生活、网游及网络交流互动、Word/Excel/PPT 操作使用、电脑系统的优化与维护方法、备份与还原等。本书内容浅显易懂，真正做到从零起步掌握电脑的使用，既适合想要自学电脑的初学者，也适合作为大中专院校和培训机构作为教材使用。

图书在版编目（CIP）数据

新手学电脑从入门到精通 / 李旭，李洪涛编著. -- 北京：北京希望电子出版社，2017.12

ISBN 978-7-83002-568-7

Ⅰ. ①新… Ⅱ. ①李… ②李… Ⅲ. ①电子计算机—基本知识 Ⅳ. ① TP3

中国版本图书馆 CIP 数据核字 (2017) 第 263955 号

出版： 北京希望电子出版社

地址： 北京市海淀区中关村大街 22 号 中科大厦 A 座 9 层

邮编： 100190

网址： www.bhp.com.cn

电话： 010-82620818（总机）转发行部

010-82702675（邮购）

传真： 010-62543892

经销： 各地新华书店

封面： 多 多

编辑： 全 卫

校对： 王丽锋

开本： 787mm×1092mm 1/16

印张： 19

字数： 451 千字

印刷： 北京天颖印刷有限公司

版次： 2018 年 2 月 1 版 1 次印刷

定价： 65.00 元（配 1DVD）